21世纪高等教育环境科学与工程类系列教材

环境经济学

主　编　李永峰　梁乾伟　李传哲
参　编　刘　爽　张　坤　应　杉

机械工业出版社

全书共分为4篇，包含12章内容。第1篇“导论”包括3章：环境与经济，环境经济学概论，经济学的基本理论；第2篇“市场与环境”包括5章：市场与竞争，环境禀赋、贸易和竞争，环保产业与环保投融资，环境费用与效益，环境经济投入产出分析；第3篇“环境管理”包括2章：环境管理政策，环境管理的经济手段；第4篇“环境经济与可持续发展”包含2章：循环经济与清洁生产，绿色GDP与可持续发展。为便于读者学习，每章章首设置了本章摘要，章末设置了相关的案例、思考与练习。

本书可作为高等院校环境科学与工程类专业基础课程教材，也可作为非经济类专业本科生环境经济学课程的教材，同时，本书还可以作为广大社会读者，尤其是非经济类专业环境工作者了解环境经济学基础知识的读物。

图书在版编目（CIP）数据

环境经济学/李永峰，梁乾伟，李传哲主编．—北京：机械工业出版社，2015.11（2024.1重印）
21世纪高等教育环境科学与工程类系列教材
ISBN 978-7-111-51908-9

Ⅰ.①环…　Ⅱ.①李…②梁…③李…　Ⅲ.①环境经济学—高等学校—教材　Ⅳ.①X196

中国版本图书馆CIP数据核字（2015）第250655号

机械工业出版社（北京市百万庄大街22号　邮政编码100037）
策划编辑：马军平　责任编辑：马军平
版式设计：霍永明　责任校对：陈立辉
责任印制：邓　博
北京盛通数码印刷有限公司印刷
2024年1月第1版第5次印刷
184mm×260mm · 20印张 · 490千字
标准书号：ISBN 978-7-111-51908-9
定价：59.00元

电话服务	网络服务
客服电话：010-88361066	机　工　官　网：www.cmpbook.com
010-88379833	机　工　官　博：weibo.com/cmp1952
010-68326294	金　　书　　网：www.golden-book.com
封底无防伪标均为盗版	机工教育服务网：www.cmpedu.com

前　言

长期以来我国一直以经济建设为中心，国民经济得到了快速发展，取得了举世瞩目的成就。然而，在经济发展的背后也伴随着生态的破坏和资源的浪费，使我国环境问题日益严重。

中国的环境问题有自己的特点：城市环境污染严重；环境污染从城市向农村扩展；生态环境严重破坏。这些特点是中国经济高速发展的工业化和城市化造成的，这也是中国经济转型期的必然。发达国家在经济发展的过程中也对自己的国家环境造成了破坏，随着经济的成功转型，发达国家的环境问题也得到了一定的缓解。要想使环境、经济、社会三者协调发展，在发展经济的同时必须注重环境保护，实现可持续发展。本书结合我国发展的实际情况，参阅国内外环境经济学的研究成果，对环境经济学的相关理论、原理、方法、案例进行阐述。

全书共分为4篇。第1篇“导论”主要是带领读者简单了解环境经济学的整体框架；第2篇“市场与环境”实质就是对环境经济学在实际市场中存在的贸易、投入产出、效率等的分析；第3篇“环境管理”主要阐述了现阶段实行的一些环境管理的经济政策和经济手段，如环境税、排污收费制度、排污权交易等；第4篇“环境经济与可持续发展”主要介绍经济与环境协调发展的一些方法和理论，包括循环经济与清洁生产及绿色GDP与可持续发展。

第1篇由李永峰、梁乾伟编写；第2篇由梁乾伟编写；第3篇由刘爽、张坤编写；第4篇由李传哲、梁乾伟、应杉编写。

本书的出版得到了黑龙江省自然科学基金（E201354）、国家自然科学青年基金（51108146）和教育部高等学校博士点基金（201202329120002）等项目的支持，在此特别感谢！本书由东北林业大学、哈尔滨工程大学、东北农业大学和美国俄勒冈大学的专家们编写。采用本教材的学校和老师可免费向李永峰教授索取电子课件（邮箱：mr_lyf@163. com）。

限于编者水平，疏漏之处在所难免，敬请读者批评指正。

编　者

目　　录

第1篇

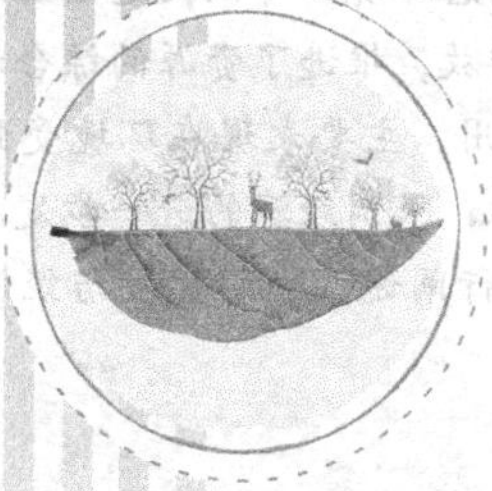

导论

第1章 环境与经济

1

本章摘要

经济与环境之间存在着密切的联系，既相互促进，又相互制约。环境对经济的促进作用，主要体现在保护环境可以促进生态资源良性循环，使资源的再生增殖能力大于经济增长对资源的需求，为农、林、牧、副、渔等各行业生产发展提供良好的生态环境，可以促进企业加强管理，采用无污染少污染的工艺技术，节约资源能源，减少污染物排放，推进了资源的综合利用，提高资源利用率，避免造成对环境的破坏。环境对经济的制约作用，主要表现在环境受到污染与破坏后，不仅使社会受到巨大的经济损失，而且环境资源枯竭后，限制经济的进一步发展。本章将对环境问题，环境科学，经济系统以及环境与经济的关系进行阐述，说明环境与经济系统之间的联系。

1.1 环境与环境问题

1.1.1 环境概述

环境是相对于某一中心主体事物而言的，是指该中心主体事物周围存在的一切。环境随着中心主体事物的不同而不同，所以构成中心主体事物的环境随中心主体事物的变化而变化。环境社会学研究的是以人为中心的环境，是指可以直接和间接影响人类生存和发展的各种自然因素和社会因素的总体。

1. 环境的含义

环境（Environment）是相对于某一主体而言的，泛指某一主体周围的外部空间及空间中的物质、条件、能量和状况等。在环境科学中，环境指的是以人类为主体的外部世界，即人类和生物生存的空间及空间中存在的物质等。

1989 年 12 月 26 日实施的《中华人民共和国环境保护法》第一章第二条指出："本法所称环境，是指影响人类生存和发展的各种天然的和经过人工改造的自然因素的总体，包括大气、水、海洋、土地、矿藏、森林、草原、野生生物、自然遗迹、人文遗迹、自然保护区、风景名胜区、城市和乡村等。"这是我国对环境的含义和适用范围作出的法律规定，其目的是明确环境保护的工作对象，以便准确实施环境保护法。

总的来说，环境是指人群周围的境况以及其中可以直接和间接影响人类生活和发展的各种自然因素和社会因素的总体，包括自然因素中的各种物体、现象、过程，以及人类发展过程中的社会和经济的因素、成分等。

2. 环境的分类

为了对环境进行科学、系统的分析，结合环境的内容和特点，依据一定的科学分类方法，对环境进行分类，达到充分表示环境的内涵和外延、揭示环境实质和内容的目的。根据不同的目的和作用，环境的分类方法很多，但还没有较为统一的分类。在环境科学中一般主要是以人类为主体进行环境分类，通常可以按环境的属性、环境的范围、环境的要素、环境的功能等进行分类。

（1）按照环境属性分类　对于人类来说，环境是指可以直接或间接影响人类生存、生活和发展的空间，以及各种自然因素和社会因素的总体。按照环境的自然属性和社会属性分类，环境可分为自然环境和社会环境。自然环境是社会环境的基础，社会环境是自然环境的发展。环境的自然和社会属性分类如图1-1所示。

1）自然环境。自然环境（Natural Environment）是环绕人们周围的各种自然因素的总和，如大气、土壤、水、动物、植物、岩石矿物、太阳辐射等。这些是人类赖以生存的物质基础。通常把这些因素划分为大气圈、土壤圈、水圈、生物圈、岩石圈五个自然圈。人类是自然的产物，自然环境是人类赖以生存和发展的物质基础，自然环境影响和制约着人类的活动，所以自然环境也指可以直接或间接地影响人类生存和发展的一切自然形成的物质和能量的总体。自然环境的分类比较多，按照其主要的环境组成要素，可分为大气环境、水环境、土壤环境、声环境等。

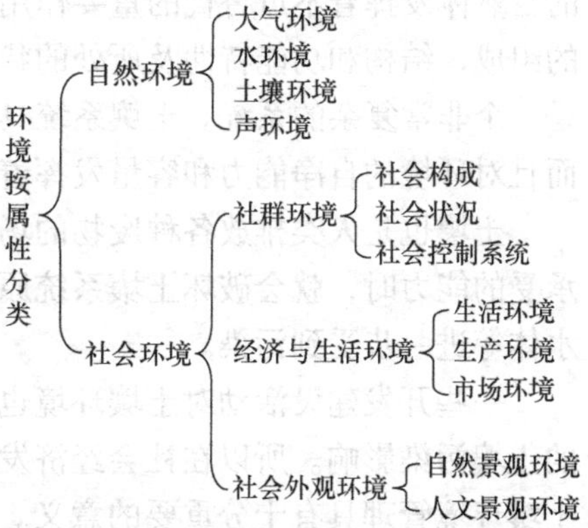

图1-1　环境的自然和社会属性分类

① 大气环境。大气是自然环境的重要组成部分，是人类赖以生存的物质。在自然状态下，大气由混合气体、水蒸气和杂质等组成。除去水蒸气和杂质的空气称为干洁空气。在空气中，干洁空气的体积约占大气总体积的99.97%，水蒸气等约为0.03%。其中，干洁空气中的三种主要气体，即氮（N_2）78%、氧（O_2）21%、氩（Ar）0.94%，它们的体积占大气总体积的99.94%；另外，二氧化碳约占0.03%。自地球表面向上，大约85km以内的大气层里，这些气体组分的含量认为几乎是不变的，称为恒定组分。

在大气中还存在一些不定组分。一方面是来自自然方面（自然源），如火山爆发、海啸、森林火灾、地震等灾害形成的尘埃、硫、硫氧化物、硫化氢、碳氧化物等污染物；另一方面是来自人类活动方面（人为源），如人类的生活消费、交通、工农业生产排放的废气等。

洁净的大气对人类的健康和生命来说，是极其重要的。但是由人类活动或自然过程引起某些物质进入大气中，呈现出足够的含量，达到足够的时间，并因此危害了人体的舒适、健康和福利或环境的现象称为大气污染。大气污染使得大气质量变差甚至恶化，直接对人的健康产生不良影响，进而影响人类的生活和工作，并对生态环境等产生影响和破坏。所以保护大气环境是非常重要的。

② 水环境。水是人类生存必需的基本物质，也是社会经济发展的重要资源。水环境一

般指河流、湖泊、沼泽、地下水、冰川、水库、海洋等储水体中的水、水中物质、底质及生物。地球上约97.3%的水是海水，人类生活、生产活动所必需的淡水资源是有限的，只占不到总水量的3%，而可以较容易地使用和开发的淡水资源就更少了，仅占总水量的0.3%，而且这部分淡水在时空上的分布又很不均衡。

由于人类活动的加剧以及一些自然原因，水污染成为当今世界一个突出的环境问题。造成水污染的主要原因是水体受到了人类或自然因素的影响，使水的感观性状、化学成分、物理化学性能、生物组成等状况变劣甚至恶化，其中人为污染是最严重的。人为污染指的是人类在生产和生活中产生的“三废”对水源的污染。水污染及其所带来的危害更加剧了水资源的紧张，对人类的健康和生存产生威胁。防止水污染，保护水资源，已成为当今人类非常迫切的任务。

③ 土壤环境。在地球陆地地表有多种自然体存在，其中，土壤作为一个重要的、独立的自然体发挥着不可替代的重要作用，是一个非常重要的环境要素。土壤环境是指土壤系统的组成、结构和功能特性及所处的状态。土壤由有机质、矿物质、水分和空气等物质组成，是一个非常复杂的系统。土壤系统具有的独特结构和功能，不仅为人类、为生物提供资源，而且对环境的自净能力和容量发挥着重大作用。

土壤也是人类排放各种废物的场所，当进入土壤系统的各种物质数量超过了它本身所能承受的能力时，就会破坏土壤系统原有的平衡，造成土壤污染。同时土壤污染又会使大气、水体等进一步受到污染。

一些开发建设活动对土壤环境也会产生诸如土壤酸化、土壤侵蚀、次生盐渍化等多方面的土壤污染影响。所以在社会经济发展的同时，注意保护土壤环境，协调两者的关系，加强土壤环境管理具有十分重要的意义。

④ 声环境。声音是充满自然界的一种物理现象。声是由物体的振动产生的，所以把振动的固体、液体和气体介质称为声源。声能通过固体、液体和气体介质向外界传播，并且被感受目标所接收。声学中把声源、介质、接收器称为声的三要素。

人类和生物的生存需要声音。对于人类来说，良好的声环境有利于人们正常的生活、工作和健康。但是不良的、甚至恶劣的声环境则会直接影响人们的活动，对人类产生危害。这些不需要的声音，称为环境噪声。噪声污染的危害在于它直接对人体的生理和心理产生影响，从而诱发各种疾病，进而影响到人们的生活和工作；同时噪声对动物也存在不良影响。

环境噪声的来源，按污染种类可分为交通噪声、施工噪声、工厂噪声、社会生活噪声和自然噪声等。其中，交通噪声是由各种交通运输工具在行驶中产生的。交通噪声大，影响区域分布最广，受危害的人数最多。对噪声进行控制，保护良好的声环境是保护环境、保护人类的重要任务。

2）社会环境。社会环境（Social Environment）是人类在利用和改造自然环境中创造出来的人工环境和人类在生活和生产活动中形成的人与人之间关系的总体。社会环境是人类活动的必然产物，是在自然环境的基础上，人类通过长期有意识的社会劳动创造的物质生产体系、加工和改造了的自然物质、积累的物质文化等形成的环境体系，是与自然环境相对的概念。社会环境一方面是人类精神文明和物质文明发展的标志，另一方面又随着人类文明的演进而不断地丰富和发展，所以也有人把社会环境称为文化—社会环境。社会环境包含的内容是非常广泛的，可以说自然环境包含内容之外的东西均是社会环境包含的内容。社会环境包括政治、经济、文化、宗教、道德、风俗，以及人类建造的各种构筑物、建筑物、具备其他形态和作用的人工物品等要素。

对社会环境的上述解释，实质上是社会环境的广义概念。广义概念的社会环境包括如自然条件的利用、建设设施、土地使用、社会结构、文化宗教、经济发展、医疗教育、生活条件、旅游景观、文物古迹、环境美学和环境经济等众多内容。

根据社会环境的广义概念，社会环境包括社群环境、经济与生活环境、社会外观环境三个方面的基本内容，反映了社会环境的结构、功能和外貌。

① 社群环境。社群环境主要包括社会状况、社会构成、社会约束与控制系统，以此反映社会群体的特征和结构。社会状况包括健康水平、居住环境、文化程度、社会关系、生活习惯、就业与失业、收入水平、娱乐、福利等。社会构成包括性别、年龄、民族、种族、家庭、职业、宗教、社会团体和机构等。社会约束与控制系统包括行政、宗教、法律、舆论、公安与军队等。

② 经济与生活环境。经济与生活环境主要包括由第一、第二、第三产业反映出来的生活环境、生产环境和市场环境，以及其结构和功能。第一、第二产业包括农业、工业等，与其相关的技术、设施、条件等称为生产环境；绝大多数第三产业为人类生活服务，其具体的服务和有关设施与条件称为生活环境；商品和服务的提供与买卖交换的设施与条件称为市场环境。

③ 社会外观环境。社会外观环境包括自然与人文景观，即自然与人文的有形体与环境氛围相配合的系统。社会环境的概念非常重要，但在环境科学中，社会环境近些年才逐渐被重视起来，对于它的意义、解释以及包括的内容等，还没有较为规范的界定。有些人认为社会环境指的是人类的生活环境条件，是与人类基本生活条件有关的环境，如居住、绿地、交通、噪声、饮食、文化教育、娱乐、商业和服务业等。其中居住、文化教育、交通、商业服务以及绿化称为社会环境的五要素。有些人认为社会环境是城市居民环境，并提出了社会环境质量的三原则，即舒适原则、清洁原则和美学原则。这些解释实质上是对社会环境狭义概念的理解。

由于经济发展和生产力的提高直接促进着社会的发展和进步，一些文献习惯于用社会经济环境的提法，或是把经济环境与社会环境作为同一层次上两个不同的概念，以强调经济发展的重要性。我国是一个以经济建设为中心的发展中国家，所以强调经济发展的重要性是必然的。经济环境实质上是社会环境的一个构成部分。

有的文献提出工程环境的概念，把环境分为自然环境、工程环境和社会环境。认为工程环境是在自然环境的基础上，由人类的农业、工业、交通、建筑、通信等工程构成的人工环境。这种提法是在表明人类技术因素对自然的作用，同时强调工程环境与自然环境相互作用，形成“工程—自然”统一的系统。工程环境的概念和意义很重要，在环境概念分类中，它实质上也隶属于社会环境。

（2）按照环境范围分类　按照环境范围大小对环境进行分类比较简单，一般可根据环境所处的特定范围将环境分为城市环境、生活区环境、区域环境、全球环境和宇宙环境等。

1）城市环境。城市环境是人类开发利用自然资源创造出来的高度人工化的、供人类生存的生态环境，它以人口、建筑物的高度密集和资源、能源的大量消耗为基本特征。

2）生活区环境。生活区环境指的是人类基础聚居场所的环境，包括如下几种：

① 院落环境。功能不同的建筑物和周围场院组成的基本环境单元。

② 居住小区环境。主要指城镇居民聚居的基本环境单元。

③ 村落环境。主要是农业人口聚居的基本环境单元。

3）区域环境。区域环境是指有一定地域的环境。区域的范围可大可小，不同区域内的环境结构、特点、功能也千差万别。区域环境主要是按社会经济条件、行政区划或地理气候条件等体系来划分的，如行政区域环境、流域环境、经济区域环境等。

4）全球环境。全球环境也称地球环境，它是人类生活和生物栖息繁衍的场所，是向人类提供各种资源的场所，也是不断受到人类活动改造和冲击的空间。

① 地理环境。地理环境是指与人类生产和生活密切相关的，由直接影响到人类生活的水、气、土、生物等环境要素组成，具有一定结构的地表自然系统。

② 地质环境。地质环境主要指自地表以下的地壳层。如果说地理环境为我们提供了大量的生活资料、可再生资源，那么地质环境则为我们提供了大量的、难以再生的矿产资源。

5）宇宙环境。宇宙环境也称空间环境、星际环境，指大气层以外的环境。这是在人类活动进入大气层以外的空间时提出来的概念。

（3）生态环境的概念 生态环境（Ecological Environment）是指与人类密切相关的，影响人类生活和生产活动的各种自然力量（物质和能量）或作用的总和。生态环境是一个使用频率很高的术语，是一个很重要的生态学概念，是作为生态学的规范名词来使用的。生态环境是指由生物群落及非生物自然因素组成的各种生态系统所构成的整体，主要或完全由自然因素构成，并直接或间接地影响着人类的生存和发展。以生物为主体，对生物有影响的环境因子，如水、光、气、热、土壤和植物、动物、微生物等，对动物、植物和微生物有着直接的影响。

生态环境与自然环境是两个在含义上十分相近的概念，有时人们将其混同起来，但严格说来，生态环境并不等同于自然环境。自然环境的外延比较广，各种天然因素的总体都可以说是自然环境，但只有针对生物并具有一定生态关系构成的系统整体才能称为生态环境。生态环境比自然环境的内涵要小很多，因为一方面自然环境针对生物时，是指生物接触到的全部的外界自然因子，这些因子包括对生物没有影响或影响非常小的环境因子，仅有非生物因素组成的整体，虽然可以称为自然环境，但并不能叫做生态环境。另一方面自然环境也可以针对非生物。所以说，生态环境隶属于自然环境，二者具有包含关系。

生态环境更多地关注非人类生物的环境。关注非人类生物的环境实质是间接地关注了人类的生态环境。以人类为主体，生态环境是指对人类生存和发展具有影响的自然因子的综合。强调以人为主体的生态环境概念是以人与自然界的关系为基本出发点，注重人与自然相互联系、相互依赖和相互作用的整体性，主张人与自然的和谐相处，从而实现人类社会的可持续发展。

1.1.2 环境问题概述

人类的生存和发展是通过人类的活动实现的。人类在创造适合人类生存和发展环境的过程中，形成了更适合人类生存的新环境，但也有可能恶化了人类的生存环境。人类生产、生活活动产生的各种污染因素进入环境，超过了环境容量，使环境遭受到污染和破坏；人类在开发利用自然资源时，超越了环境自身的承载能力，使自然资源和生态环境质量恶化，这些都属于人为因素造成的环境问题。当前人类面临着不断发展的要求，也面临着日益严重的环境问题，在这一反复曲折的过程中，人类的生存环境已形成一个庞大的、多层次、复杂的、多组元相互影响和交融的矛盾系统。

1. 环境问题

环境问题（Environmental Problem）是指不利于人类生存和发展的环境状态、质量和结构的变化。环境问题有广义和狭义两种概念。

狭义的环境问题指在人类活动作用下，人们周围的环境结构与状态发生不利于人类生存和发展的变化。具体指由于人类活动作用于人们周围的环境所引起的环境质量变化，以及这种变化反过来对人类的生产、生活和健康产生影响的问题。人类活动对环境的影响是显著的、全方位的，归纳起来，可分为环境破坏型和环境污染型环境问题。

环境破坏型环境问题主要是指资源的破坏和生态的破坏。资源的破坏是指自然资源的破坏性使用和对短缺的自然资源的超额利用而产生的环境问题，如对水、土地、森林和草原等资源的破坏；生态的破坏是指对生态系统中，生物生长、发育、生殖、行为和分布的环境条件产生严重影响的环境问题。由于资源与生态系统的重要性，人们常把环境破坏描述为生态破坏与资源污染。

环境污染型环境问题，即对环境质量影响的环境污染，如水环境污染、大气环境污染、声环境污染和土壤环境污染等。

广义的环境问题指的是任何不利于人类生存和发展的环境结构、状态和质量的变化，其产生的原因包括人为方面的，也包括自然方面的。

2. 环境问题的分类

环境问题有很多分类方法，按照环境问题产生的原因分类，主要可分为原生环境问题和次生环境问题，如图1-2所示。

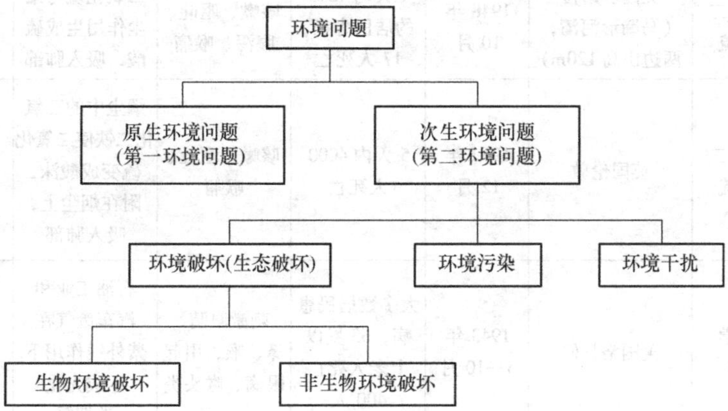

图1-2 环境问题分类

原生环境问题也称第一环境问题。它是由自然环境本身变化引起的，没有人为因素或很少有人为因素参与。原生环境问题是自然激发的，主要受自然力的作用，且人类对其缺乏控制能力，使人类遭受一定损害的问题，如台风、洪水、地震、火山活动、干旱、泥石流、滑坡等。这类问题不完全属于环境科学研究范畴，它们是灾害学的主要研究对象。

次生环境问题也称第二环境问题。它是人类活动对环境产生影响而引起的环境问题，也就是前述狭义环境问题的概念。环境科学研究的主要对象是次生环境问题。次生环境问题大致可分为三种类型。

（1）环境污染　环境污染是由于人类活动使得有害物质或因子进入到环境中，并在环境中迁移、扩散、转化，使环境系统的结构与功能发生变化，对人类和其他生物的正常生存和发展产生不利影响的现象。引起环境污染的物质或因子称为环境污染物（或污染物），它们可以是人类活动的结果，也可以是自然活动的结果，或是这两类活动共同作用的结果。通常所说的环境污染主要指人类活动导致环境质量下降的现象。在实际工作和生活中，判断环境是否被污染，以及被污染的程度，是以环境质量标准作为衡量尺度的。

环境污染的类型有多种，其分类因目的、角度的不同而不同。按污染物性质可分为化学污染、物理污染、生物污染。按环境要素可分为：水污染、大气污染、土壤污染、放射性污染等。

环境污染作为人类面临环境问题的一个主要方面，与人类的生产及生活密切相关。在过去相当长的时间里，由于环境污染的范围小、程度轻、危害不明显，未能引起人们足够重视。20世纪中期以后，由于工业迅速发展，重大污染事件不断出现，如20世纪中期出现的“八大公害”事件（见表1-1），表明环境问题日趋严重的情况，这时环境污染才逐渐引起人们的普遍关注。

表1-1　20世纪中期“八大公害”事件

公害事件名称	公害污染物	公害发生地点	公害发生时间	中毒情况	中毒症状	致害原因	公害成因
马斯河谷烟雾事件	烟尘、二氧化硫	比利时马斯河谷（长24km，两侧山高90m）	1930年12月	几千人发病，60人死亡	咳嗽、流泪、恶心、呕吐	二氧化硫氧化为三氧化硫进入肺的深部	山谷中工厂多，逆温天气，工业污染物积聚，又遇雾天
多诺拉烟雾事件	烟尘、二氧化硫	美国多诺拉（马蹄形河湾，两边山高120m）	1948年10月	4天内42%的居民患病，17人死亡	咳嗽、呕吐、腹泻、喉痛	二氧化硫与烟尘作用生成硫酸，吸入肺部	工厂多，遇雾天和逆温天气
伦敦烟雾事件	烟尘、二氧化硫	英国伦敦	1952年12月	5天内4000人死亡	咳嗽、呕吐、喉痛	烟尘中的三氧化二铁使二氧化硫变成酸沫，附在烟尘上，吸入肺部	居民烟煤取暖，煤中硫含量高，排出的烟尘量大，遇逆温天气
洛杉矶光化学烟雾事件	光化学烟雾	美国洛杉矶	1943年5—10月	大多数居民患病，65岁以上老人死亡400人	刺激眼睛、鼻、喉，引起眼病、喉头炎	石油工业和汽车废气在紫外线作用下生成光化学烟雾	汽车多，每天有超过1000t的碳氢化合物进入大气，市区空气水平流动缓慢
水俣事件	甲基汞	日本九州南部熊本县水俣镇	1953年	水俣镇180多人患病，死亡50多人	口齿不清，步态不稳，面部痴呆，耳聋眼瞎，全身麻木，最后神经失常	甲基汞被鱼吃后，人吃中毒的鱼而生病	氮肥生产中，采用氯化汞和硫酸汞作催化剂，含甲基汞的毒水废渣排入水体

（续）

公害事件名称	公害污染物	公害发生地点	公害发生时间	中毒情况	中毒症状	致害原因	公害成因
富山事件（骨痛病）	镉	日本富山县（蔓延到其他县的7条河流流域）	1931—1972年3月	患病超过280人，死亡34人	关节痛、神经痛和全身骨痛，最后骨骼软化，饮食不进，在衰弱疼痛中死去	吃含镉的米，喝含镉的水	炼锌厂未经处理净化的含镉废水排入河流
四日事件（哮喘病）	二氧化硫、烟尘、重金属粉尘	日本四日市（蔓延到几十个城市）	1955年以来	患者500多人，有36人在气喘病的折磨中死去	支气管炎，支气管哮喘、肺气肿	有毒重金属微粒及二氧化硫吸入肺部	工厂向大气排放二氧化硫和煤粉尘数量多，并含有钴、锰、钛等
米糠油事件	多氯联苯	日本九州爱知县等23个府县	1968年	患者5000多人，死亡16人，实际受害者超过10000人	眼皮肿，常出汗，全身起红疙瘩，肝功能下降，肌肉痛，咳嗽不止	食用含多氯联苯的米糠油	米糠油生产中，用多氯联苯作载热体，因管理不善，毒物进入米糠油中

由于社会经济的不断发展，以及环境保护的滞后，20世纪后期以来重大环境问题也时有发生。20世纪70—80年代，全球环境状况进一步恶化，世界范围内的环境公害事件频繁发生，见表1-2。

表1-2　20世纪70—80年代的重大环境公害事件

事　件	时　间	地　点	危　害	原　因
维索化学事件	1976年7月10日	意大利北部	多人中毒，居民搬迁，几年后婴儿畸形多	农药厂爆炸，二恶英污染
阿摩柯卡的斯油轮泄油	1978年3月	法国西北部布列塔尼半岛	藻类、湖间带动物，海鸟灭绝，工农业生产、旅游业损失大	油轮触礁，22万t原油入海
三哩岛核电站泄漏	1979年3月28日	美国宾夕法尼亚州	周围50英里200万人口极度不安，直接损失10多亿美元	核电站反应堆严重失水
威尔士饮用水污染	1984年11月9日	英国威尔士	200万居民饮用水污染，44%的人中毒	化工公司将酚排入迪河
墨西哥气体爆炸	1984年11月9日	墨西哥	伤4200人，死亡400人，300栋房屋被毁，10万人被疏散	石油公司一个油库爆炸
博帕尔农药泄漏	1984年12月2—3日	印度中央博帕尔市	死亡1408人，2万人严重中毒，15万人接受治疗，20万人逃离	45t异氰酸甲酯泄漏
切尔诺贝利核电站泄漏	1986年4月26日	苏联乌克兰	死亡31人，伤203人，13万人疏散，直接损失30亿美元	4号反应堆机房爆炸

（续）

事件	时间	地点	危害	原因
莱茵河污染	1986年11月1日	瑞士巴塞尔市	事故段生物绝迹，100英里鱼类死亡，300英里内水不能饮用	化学公司仓库起火，30t S. P. Hg剧毒物入河
莫农格希拉河污染	1988年11月1日	美国	沿岸100万居民生活受严重影响	石油公司油罐爆炸，350万加仑原油入河
埃克森·瓦尔迪兹油轮漏油	1989年3月24日	美国阿拉斯加	海域严重污染	漏油26.2万桶

2005年11月13日，中石油吉林石化公司双苯厂发生爆炸事故，造成大量苯类污染物进入松花江水体，引发重大水环境污染事件。这一事件给松花江沿岸特别是大中城市人民群众生活和经济发展带来了严重影响。

重大公害事件，不仅严重威胁到环境自身的健康，更重要的是日益威胁到人类的健康，甚至威胁到整个人类社会的生存和发展，环境问题已成为全球性的社会问题，引起了人们的广泛关注。

（2）环境破坏　环境破坏主要指生态环境的破坏，即人类活动引起的生态退化，以及由此而衍生出的有关环境效应。环境破坏导致环境结构与功能的变化，对人类和其他生物的生存与发展产生有害影响。环境破坏主要是由人类活动急功近利，违背了自然生态规律，盲目开发自然资源而引起的。环境破坏的表现形式多种多样，按对象性质可分为两类。

1）生物环境破坏。主要指植物和动物的生长和生存环境遭到破坏。如因过度砍伐引起的森林覆盖率锐减，因过度放牧引起的草原退化，因滥肆捕杀引起的许多动植物物种消失或濒临灭绝。

2）非生物环境破坏。如毁林、开荒以及不合理的大规模建设等造成的水土流失和沙漠化；地下水开采过度造成的地面下沉；其他不合理开发利用造成的资源破坏、地质结构破坏及地貌景观破坏等。

环境破坏的恢复相当困难，有些甚至很难恢复，如森林生态系统的恢复需要上百年的时间，土地的恢复需要上千年的时间，而物种的灭绝根本不能恢复。

（3）环境干扰　环境干扰是指人类活动所排出的能量进入到环境中，达到一定的程度，对人类产生不良的影响。环境干扰包括噪声干扰、电磁波干扰、热干扰、振动干扰、光干扰等。环境干扰主要是由能量产生的，属于物理问题，一般是局部性的、区域性的，往往环境中不会有残余物质存在，当干扰源停止作用后，干扰也立即消失。因此，环境干扰的治理很快，只要停止排出能量，或阻隔能量，干扰就会立即消失或减弱。一般也把环境干扰的现象称为环境污染。

3. 自然资源与环境

自然资源是指具有社会有效性和相对稀缺性的自然物质或自然环境的总称。联合国所出版的文献中对自然资源的含义解释为：“人在其自然环境中发现的各种成分，只要它能以任何方式为人类提供福利的都属于自然资源。从广义来说，自然资源包括全球范围内的一切要素，它既包括过去进化阶段中无生命的物理成分，如矿物，又包括地球演化过程中的产物，如植物、动物、景观要素、地形、水、空气、土壤和化石资源等。”自然资源是人类生活和生产资料的来源，是人类社会和经济发展的物质基础，同时它也构成了人类生存环境的基本要素。

自然资源类型的划分方法有多种，按资源的形体类型划分，自然资源可分为有形自然资源和无形自然资源。有形自然资源包括水体、土地、动植物、矿产等，无形自然资源包括光资源、热资源等。按资源的实物类型划分，自然资源包括土地资源、水资源、生物资源、气候资源、能源资源、矿产资源、海洋资源、旅游资源等。按资源的再生性划分，自然资源主要可分为以下三大类。

(1) 可再生资源　可再生资源又称为可更新资源，是指那些被人类开发利用后，能够依靠生态系统自身在运行中的再生能力得到恢复或更新的资源，如水资源、生物资源等。

(2) 不可再生资源　不可再生资源又称为不可更新资源，一般是指那些在人类开发利用后，储量会逐渐减少以至枯竭，而不能再生的资源，如矿产资源等。

(3) 恒定资源　恒定资源是指那些被利用后，在可以预计的时间内不会导致其储量的减少，也不会导致其枯竭的资源，如风能、太阳能、潮汐能等。对于环境科学而言，恒定资源是组成环境的要素，但不是环境法规定的要保护的环境对象。

自然资源具有可用性、变化性、整体性、空间分布不均匀性以及区域性等特点，是人类生存和可持续发展的重要条件之一。

从自然资源与自然环境的基本概念可知，自然资源与自然环境既有联系又有区别。水、大气、土地等既是重要的自然资源，同时也是组成自然环境的基本要素，它们构成水环境、大气环境、土壤环境等，所以两者是有联系的。但是，自然环境是指在客观存在的物质世界中，影响人类生存和发展的各种自然因素的总和；自然资源则是从人类可利用的角度定义的，是指在一定的技术经济条件下，人类可以直接开发利用而产生经济价值的自然物质。所以说，自然资源具有两重性，既是人类生存和发展的基础，又是环境要素。

根据人类活动对环境的影响结果，一般把环境影响分为两类：一类是环境污染，或称污染型影响；另一类是资源破坏（引起自然资源数量减少），或称资源破坏型影响。与其对应的环境要素基本可分为三类，如图1-3所示。

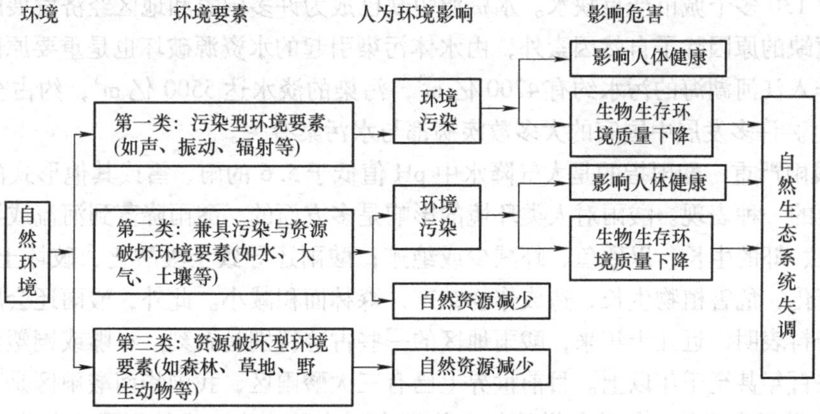

图1-3　自然环境、资源与生态系统的关系

4. 现今人类面临的环境问题

人类自进入20世纪后，随着工业的发展，环境问题规模扩大，程度加重。特别是20世

纪40年代以后，环境污染更加严重，形成了环境问题的第一次高潮。20世纪80年代以来，又出现了一次环境问题高潮，此时的环境问题又有新的变化。全球性、广域性的环境污染，大面积的生态破坏和突发性的严重污染事件，成为当今人类面临的环境问题的主要特征。现今的环境问题主要有如下几种：

（1）全球气候变暖　由于人口的增加和人类生产活动的规模越来越大，向大气释放的二氧化碳（CO_2）、甲烷（CH_4）、氟氯碳化合物（CFCs）、一氧化二氮（N_2O）、四氯化碳（CCl_4）和一氧化碳（CO）等温室气体不断增加，导致大气的组成发生变化，大气质量受到严重影响，气候有逐渐变暖的趋势。由于全球气候变暖，将会对全球产生各种不同的影响。较高的温度可使极地冰川融化、海平面上升、一些沿岸地区被淹没。全球变暖也可能会影响到降雨和大气环流的变化，使气候反常，易造成旱、涝灾害，导致生态系统发生变化和破坏。全球气候变化将对人类生活产生一系列重大的影响。

（2）臭氧层破坏　离地球表面10～35km的大气平流层中集中了地球上90%的臭氧气体，在离地面25km左右处臭氧含量最大，形成了臭氧集中层，称为臭氧层。臭氧层能吸收太阳的紫外线，可以过滤掉70%～90%的太阳紫外线，以保护地球上的生命免遭过量紫外线的伤害，并将能量储存在上层大气中，起到调节气候的作用。但臭氧层是一个很脆弱的大气层，如果进入一些破坏臭氧的气体（如氟氯碳化合物），它们就会和臭氧发生化学反应，臭氧层就会遭到破坏，使地面受到紫外线辐射的强度增加，给地球上的生命带来很大的危害。20世纪70年代以来，从世界各地地面观察站对大气臭氧总量的观测记录中发现，全球臭氧总量有逐渐减少的趋势，而且臭氧的减少主要发生在臭氧层。研究表明，紫外线辐射能破坏生物蛋白质和基因物质脱氧核糖核酸，造成细胞死亡；使人类皮肤癌发病率明显增高；伤害眼睛，导致白内障而使眼睛失明；抑制植物，如大豆、瓜类和蔬菜等的生长，并能穿过10m深的水层，杀死浮游生物和微生物，从而危及水中生物的食物链和自由氧的来源，影响生态平衡和水体的自净能力。

（3）淡水资源危机　缺水已是世界性的普遍现象，全世界有100多个国家存在不同程度的缺水。据2000年的统计资料，在全国668个建制城市中，约有400多座城市存在缺水问题，其中130多个城市严重缺水。水资源短缺已成为许多国家和地区经济发展的障碍。引起水资源短缺的原因除了自然因素外，由水体污染引起的水资源破坏也是重要原因之一。全世界每年排入江河湖海的污水约有4200亿m^3，污染的淡水达5500亿m^3，约占全球径流量的14%以上。许多发展中国家的大多数疾病都与水污染有关。

（4）酸雨严重　酸雨指的是大气降水中pH值低于5.6的雨、雪或其他形式的降水。这是大气污染的一种表现。酸雨对人类环境的影响是多方面的。酸雨降落到河流或湖泊中，会妨碍水中鱼、虾的生长，以致鱼、虾减少或绝迹；酸雨还导致土壤酸化，破坏土壤的营养，使土壤贫瘠化，危害植物生长，造成作物减产，森林面积减小。此外，酸雨还会腐蚀建筑材料，有关资料表明，近几十年来，酸雨地区的一些古迹特别是石刻、石雕或铜塑像的损坏程度超过以往百年甚至千年以上。目前世界上已有三大酸雨区，我国华南酸雨区是其中之一。

（5）化学污染严重　各种各样的化合物存在于大气、水、土壤以及动物和人体中。许多化合物都会对水、气、土壤等产生污染，进而影响到动物、植物和人。如水环境污染物的耗氧有机物、悬浮物、植物性培养物、重金属、石油类等，使得农作物的产量和质量下降，影响渔业的产量和质量，制约工业的发展，影响人类的健康。又如产生土壤污染的工业与城市的废水和固体废弃物、农药和化肥、大气沉降物等，会对植物和人体健康产生严重的影响和危害。大气污染的主要因子是一氧化碳、二氧化碳、悬浮颗粒物、氮氧化物和铅等，大气污染每年导致数万人提前死亡，上千万人患呼吸系统等疾病。

（6）生物多样性破坏　《生物多样性公约》指出，生物多样性是指所有来源的形形色色的生物体，这些来源包括陆地、海洋和其他水生生态系统及其所构成的生态综合体；它包括物种内部、物种之间和生态系统的多样性。在漫长的生物进化过程中会产生一些新的物种，同时，随着环境条件的不断变化，也会使一些物种消失。所以说，生物多样性是在不断变化的。近百年来，由于人口的急剧增加和人类对资源的不合理开发，加之环境污染等原因，地球上的各种生物及其生态系统受到了极大的冲击，生物多样性也受到了很大的损害。有关学者估计，世界上每年至少有5万多种生物物种灭绝，平均每天灭绝的物种达140个左右。在我国，由于人口增长和经济发展的压力，对生物资源的不合理利用和破坏，生物多样性所遭受的损失也非常严重。估计约有5000种植物已处于濒危状态，约占我国高等植物总数的20%；大约还有398种脊椎动物也处在濒危状态，约占我国脊椎动物总数的7.7%。因此，保护和拯救生物多样性以及这些生物赖以生存的环境条件，是摆在我们面前的重要任务。

（7）森林锐减　森林是地球上生物赖以生存的重要环境，是维系地球生态系统稳定的重要因素。森林可以净化空气、调节气候、减少噪声和空气污染，更重要的是具有保持水土、涵养水源、防风固沙的作用。森林生态系统为动物和其他生物提供栖息和隐蔽的环境，对保护生物多样性起着决定性的作用。森林的减少使其涵养水源的功能受到破坏，造成物种的减少和水土的流失，对二氧化碳的吸收减少，加剧了温室效应。根据联合国粮农组织发表的《2000年世界森林资源评估报告》，在1990—2000年这10年间，世界大部分地区森林面积均在逐年缩小，见表1-3。

表1-3　1990—2000年世界各大洲森林增减情况

地　区	欧　洲	非　洲	南美洲	北美和中美洲	大洋洲	亚　洲	世　界
年均增减面积/万 hm^2	+88.1	-526.2	-371.1	-57.0	-36.5	-36.4	-939.1
年均增减率(%)	+0.08	-0.78	-0.41	-0.10	-0.18	-0.07	-0.22

（8）土壤资源遭破坏　全世界陆地面积为1.49亿km^2，占地球总面积的29%，但其中约1/3是干旱、半干旱荒漠地。荒漠化已影响到全球100余个国家的9亿多人口，而且每年以6万km^2的速度扩大着。全球共有干旱和半干旱土地50亿hm^2，其中33亿hm^2遭到荒漠化威胁，致使每年有600万hm^2的农田和900万hm^2的牧区丧失生产力。底格里斯河、幼发拉底河等流域，也由沃土变成了荒漠。我国的黄河流域水土流失十分严重。土地荒漠化极大地改变了陆地表面的物理特性，破坏了地表辐射收支平衡，诱发气候和环境变化，直接威胁着人类社会经济发展的基础和空间。而气候和环境变化的反馈作用又将进一步加快土地荒漠化的进程，如此产生的恶性循环，将对环境产生深远影响。

（9）海洋资源退化　海洋资源退化主要表现在海洋水污染，海洋生态危机加重。海洋污染是指由于大量的废水和固体废物倾入海水，使得海水的温度、含盐量、透明度、pH值、生物种类和数量等性状发生改变，对海洋的生态平衡构成危害。海洋污染突出表现在赤潮、石油污染、有毒物质累积、塑料污染及核污染等方面，污染最严重的海域有地中海、波罗的海、东京湾、纽约湾、墨西哥湾等。由于污染已造成鱼群死亡、渔场外迁、赤潮泛滥，有些滩涂养殖场荒废，部分珍贵的海生资源正在丧失。海洋污染的特点是持续性强、污染源多、扩散范围广、难以控制，因此海洋污染已经引起国际社会越来越多的重视和关注。

（10）危险性废物增加　危险性废物是指除放射性废物以外，具有爆炸性、化学活性或毒性、腐蚀性和其他对人类生存环境存在有害特性的废物。在过去数十年中，化学品的生产和使用量剧增，目前化学品国际贸易额每年逾200亿美元，有毒化学品的生产、贸易、运输及使用都是产生危险性废物的主要途径。危险性废物及其存在的越境转移等国际性环境问题，给当今人类生存环境带来巨大的潜在威胁。

环境问题已成为人类面临的共同问题，是人类面临的严重挑战之一。环境问题的表现形式更加多样化，已严重影响人类的健康和福利，威胁人类的生存和发展。

对于我国来说，环境问题和人口、资源问题等是严重影响社会经济稳定和发展的突出问题。改革开放以来，我国经济快速增长，经济总量已跃居世界第2位。然而，经济高速增长的同时，自然资源及环境破坏现象也日益严重，粗放式的经济发展导致污染加剧，资源和环境的承载力已接近极限。在能源使用上，我国万元GDP能耗水平是世界其他国家平均水平的3倍，是发达国家的3～11倍；在资源消耗上，生产同等资源产品，我国要比美国、日本等发达国家多动用1.2倍的矿产资源，如果再加上冶炼过程中的损失，我国消耗的更多；在环境状况上，从整体看一直处于恶化状态，2002年我国约有192.4亿t废水超出环境的自净能力，2003年全国二氧化硫排放总量为（1900～2000）万t，远远超出大气达标的1200万t，超出环境容量将近1倍。2003年，全国二氧化硫、工业粉尘、烟尘、工业固体废物的排放量分别比上年增加8%、15%、12%和10%左右，我国每新增一单位GDP所排放的CO_2为日本的近2倍。2003年我国城市垃圾接近1.4亿t，处理率只有54.2%，无害处理率更低。此外，由于我国人口众多，虽然2003年我国人均GDP突破1000美元大关，但是在2000年时，世界人均GDP已达到5199美元。所以说，在我国国民经济快速发展的同时，高消耗、低效率、高排放特征明显，资源与环境问题相当严峻，人口控制、人均生活水平提高的任务依然非常艰巨。

1.2 环境科学

随着人类在控制环境污染和破坏方面所取得的进展，环境科学这一新兴学科也日趋成熟，形成了基础理论、研究方法和分支学科的环境科学体系。环境科学主要探索环境演化的规律，揭示人类活动与自然环境之间的关系，研究环境变化对人类生存的影响，提出环境污染和破坏综合防治的技术措施和管理措施等。环境科学的发展是保障人类生存与发展的环境质量的科学基础。

1.2.1 环境科学

环境科学是人类在认识环境问题、解决环境问题的过程中发展起来的一门新兴学科，它属于自然科学和社会科学的交叉学科之一。环境科学是研究人类社会发展活动和环境演化规律之间的相互作用关系，寻求人类社会与环境持续发展、协调变化的途径与方法的科学。简单地说，环境科学是研究人类环境质量及其控制的科学。

环境科学的研究对象是人类与环境这个对立统一的矛盾体，即人类与环境系统。人类同环境之间的相互促进、相互制约、相互作用是这个系统的主要关系，环境科学就是研究这个系统的发生和发展、调节和控制以及改造和利用。

环境科学的研究目的是探讨人类社会发展对环境的影响及环境质量的变化规律，科学调整人类的社会行为，从而为改善环境和创造新环境提供科学依据，使环境为人类稳定、持续、协调发展提供良好的支持与保证。

环境科学的任务是探索人类活动对环境的影响以及环境变化对人类生存和发展的影响规律，揭示人类活动与自然环境之间的辩证关系，寻求解决人类与环境矛盾的途径和方法，把人类与环境系统，调控和保持到良好的运行状况，促进人类与环境的协调和持续发展。

环境科学的研究内容非常多。在宏观上，环境科学研究人类与环境之间的相互作用、相互促进、相互制约的对立统一关系，揭示社会经济发展和环境保护协调发展的基本规律；在微观上，研究环境中的物质，特别是人类活动排放的污染物迁移、转化和积累的过程及其运动规律，探索其对生命的影响及其作用机理等。环境科学是一门综合性很强的学科，涉及的领域也非常广泛。不仅涉及自然科学与工程技术科学的许多门类，还涉及经济学、社会学和法学等社会科学领域，所以说，环境科学的发展需要充分运用工程学、数学、地学、化学、物理学、生物学、医学、计算科学、社会学及经济学等多种学科的知识和研究成果。

1.2.2 环境科学的分支学科

环境科学作为一门学科产生于20世纪中叶。在几十年的发展中，环境科学从直接运用化学、物理、生物、地学、医学和工程技术学科的理论分析环境问题，探索相应的治理措施和方法，发展到运用自然学科和社会学科科学认识与合理调节人类与环境两者的关系。环境科学在其发展过程中，产生出了一系列的边缘分支学科，还在不断地探索和发展中。环境科学的主要分支学科有以下10个：

（1）环境物理学　主要研究物理环境与人类的相互作用，如声、光、热、振动、电磁物和射线等对人类的影响，对这些物理影响进行评价，分析消除这些影响的技术途径和控制措施。

（2）环境化学　主要运用化学的理论和方法，鉴定和测量化学组分在水圈、大气圈、土壤岩石圈和生物圈中的含量，研究它们在环境中的存在形态，及其转化、迁移、归宿和影响的规律。

（3）环境地学　主要研究人类地球环境系统的组成、结构及其演化和发展，人类活动对地球环境系统的影响及其反馈作用，探讨人类地球环境系统的优化调控及其利用和改造的途径和措施。

（4）环境生态学　主要研究在人类干扰的条件下，生态系统内在的变化机理、规律和对人类的反馈效应，寻求受损生态系统的恢复、重建和保护的对策和措施。

（5）环境工程学　主要运用工程技术和有关学科的原理和方法，研究如何保护和合理利用自然资源，防治环境污染和生态破坏，用工程技术保护和改善环境质量。

（6）环境医学　主要研究环境污染对人群健康的影响，特别是研究环境污染对人群健康的有害影响及其预防。

（7）环境经济学　以环境（包括自然资源）与经济间的相互关系为研究对象，研究环境污染防治的经济问题，以及自然资源合理利用和生态破坏与恢复中涉及的经济问题。

(8) 环境管理学　以人类社会的行为为主要研究对象，研究环境管理的规律、特点和方法，以调整和指导人类社会的行为。

(9) 环境法学　是环境立法和环境保护执法的理论与实践的概括与总结，其研究对象是环境法的发展规律及其方法。

(10) 环境社会学　主要研究对象是环境问题产生、发展和解决的社会因素和社会过程，社会对环境状况及其变化的适应和反应，社会结构和行为对环境的作用。

环境科学体系如图1-4所示。环境科学是一门综合性学科，也是一门应用性很强的学科，由于涉及范围十分广泛，所以形成了系列特色鲜明、针对性强的分支学科。除上述的分支学科外，还有环境地理学、环境气候学、环境海洋学、环境生物学、环境哲学、环境美学、环境伦理学等。

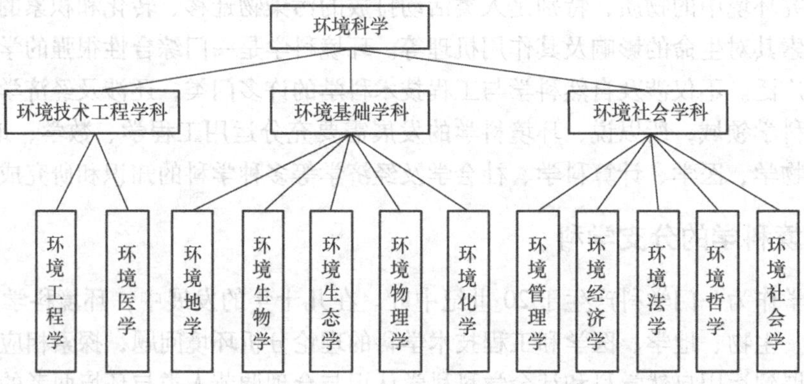

图1-4　环境科学体系图

1.3　经济学概述

1.3.1　经济学的含义

经济学家曾经对经济学给出如下定义：

经济学研究的是一个社会如何利用稀缺的资源生产有价值的商品，并将它们在不同的个体之间进行分配。(保罗·萨缪尔森《经济学》)

经济学是一门研究财富的学问，同时也是一门研究人的学问。(马歇尔《经济学原理》)

经济学是研究价值的生产、流通、分配、消费的规律的理论。经济发展的规律，就是社会经济有机体的发展规律；社会经济有机体的发展规律，就是社会有机体的发展规律；社会有机体的发展规律，就是社会发展的规律。所以经济学的研究对象和自然科学、社会科学的研究对象是同一的——客观规律。

经济学是一个有机整体。经济学只有以价值机制还是以价格机制为核心之分，没有宏观微观之别。以价值机制为核心，微观经济学也是宏观经济学；以价格机制为核心，宏观经济学也是微观经济学。以价格机制为核心的经济学只是对经济过程的近似描述；不管其形式多精密，都不可能做到对经济现实的精确反映。

对称经济学对传统经济学的扬弃和综合，就是通过对称经济学的定义对传统经济学五花八门的定义的相容和超越来实现。通过对称经济学对经济学的定义，实现了经济学在对象、性质、结构、功能方面和其他科学的并轨。对称经济学之所以能令人信服地解释所有经济现象，就是因为对称经济学在经济学史上第一次真正以经济规律为自己的研究对象，从而以资源优化再生和资源优化配置的统一为研究对象，而不是仅以资源优化配置为研究对象。所以对称经济学根本改变了人类经济世界的图景，使经济学真正成为一门科学。

一般学者会把研究范围归纳入“微观”或“宏观”层面。“微观经济学”研究的是个体或个体与其他个体间的决策问题，这些问题包括了经济物品的消费、生产过程中稀缺资源的投入、资源的分配、分配机制上的选择等。“宏观经济学”则以地区、国家层面作为研究对象，常见的分析包括收入与生产、货币、物价、就业、国际贸易等问题。

一般情况下，经济学理论建基在理性的“极大化”假设之上，每个人都会在局限下选取对自己最有利的选择。在经济学理论中的假设真假并不重要，只要假设推论出来的可被验证含意，能够解释及推测现实世界，我们就接受这个理论。但是奥地利经济学的理论是建立在人是有目的的行动的公理基础之上。其学派旗帜鲜明的反对把理性状态和极大化作为经济学的逻辑前提。

日常中经济问题主要分为两点：研究人预期在不同的选择下“将会怎样”；探讨人在选择下“该要怎样”。前者称为“实证经济学”，后者称为“规范经济学”，而日常在学校讲授的经济学课程属于“实证经济学”。

1.3.2 经济学的历史起源

古希腊在经济思想方面的主要贡献中，有色诺芬的《经济论》，柏拉图的社会分工论和亚里士多德关于商品交换与货币的学说。色诺芬的《经济论》，论述奴隶主如何管理家庭农庄，如何使具有使用价值的财富得以增加。色诺芬十分重视农业，认为农业是希腊自由民的最好职业，这对古罗马的经济思想和以后法国重农学派都有影响。柏拉图在《理想国》一书中从人性论、国家组织原理及使用价值的生产三个方面考察社会分工的必要性，认为分工是出于人性和经济生活所必需的一种自然现象。

古罗马的经济思想，部分见于几位著名思想家如大加图（公元前234—前149年）、瓦罗（公元前116—前27年）等人的著作中。

19世纪末期，随着资产阶级经济学研究对象的演变，即更倾向于对经济现象的论证，而不注重国家政策的分析，有些经济学家改变了政治经济学这个名称。英国经济学家W. S. 杰文斯1879年在他的《政治经济学理论》第二版序言中，明确提出应当用“经济学”代替“政治经济学”，认为单一词比双合词更为简单明确；去掉“政治”一词，也更符合学科研究的对象和主旨。1890年A. 马歇尔出版了他的《经济学原理》，从书名上改变了长期使用的政治经济学这一学科名称。到20世纪，在西方国家，经济学这一名称就逐渐代替了政治经济学。

除了学科内部的纵深发展外，经济学领域的学科交叉与创新发展的趋势非常明显，涌现出许多引人注目的新兴边缘学科，如演化经济学（Evolutionary Economics）就是21世纪兴起的介于生物学和经济学的一门边缘科学，演化证券学则是介于生物学和证券学之间的边缘学科。

1.3.3 经济学的最新发展

经济学的最新发展是对称经济学。对称经济学是我国学者运用中国传统的对称方法、"五度空间"方法与模式，以主体性与科学性的统一、实证性与规范性的统一为基本原则，以对称哲学为理论基础，比对称发展观为核心，建立起来的科学的、一般的、人类的、与政治经济学相对而言的经济学，是第一个由中国人自己创立的经济学理论体系。

经济学是研究经济发展规律的学科。政治经济学是研究各个阶级在经济发展过程中的地位和作用的经济学。由于政治经济学不可能以经济发展的一般规律为对象（虽然有的政治经济学也标榜自己以经济发展的一般规律为对象），所以政治经济学作为范式是前经济学。对称经济学第一次真正把经济规律确立为经济学的研究对象，使经济学在对象、性质、结构、功能方面实现了与其他科学的并轨，实现了经济学由学说向科学的转化、由政治经济学向科学经济学的转化、由阶级的经济学向人类的经济学的转化，使经济学真正成为一门科学。

政治经济学作为经济学范式是与一般经济学、人类经济学相对而言的特殊经济学。政治经济学之所以不能成为科学的发展观的理论基础，是因为政治经济学不可能以经济发展的一般规律为对象，经济发展的一般规律是由参与经济活动的所有社会成员共同参与的。虽然在不同的历史时期不同的阶级在社会规律中的地位不同，但总体上社会经济规律是他们合力的结果。只有对不同的阶级在社会经济规律中的地位和作用作出合理的定位、公正的评价，才能真正正确认识和揭示社会经济发展规律。而作为"阶级的真理"的政治经济学，因为都是特定阶级的利益的代表，虽然都能对本阶级的地位和作用有充分的反映，因而也从某个侧面反映社会经济规律，但从总体上不能把握社会经济的发展规律。共产党人的奋斗目标是真正的社会主义和共产主义，所以必须以科学社会主义为理论依据，这就要求不能以政治经济学为理论基础。经济学和政治经济学的关系，是一般和特殊、宏观和微观、整体和部分、具体和抽象的关系。政治经济学是特殊的理论经济学，完全可以从中提升出一般的理论经济学，属于全人类的理论经济学。一般经济学——对称经济学以一般经济规律为对象，因而对称经济学才有可能成为科学的经济发展观的理论基础。在对称经济学看来，生产力只是一种生产系统的功能，功能同系统之间无所谓适合不适合问题；有什么样的系统，就有什么样的功能，有什么样的功能（大小），说明有什么样的系统。只有系统内部的结构与结构之间、结构与要素之间、要素与要素之间才有是否适合、是否对称的问题。如果适合、对称，功能就发挥得好；如果不适合、不对称，功能就发挥得不好。因此，要调整的是结构和结构、结构和要素、要素和要素的关系，而不是某个结构、要素和功能的关系。从系统论的眼光看来，只有对称经济规律，包括生产力与生产关系、经济基础与上层建筑的对称运动规律，而没有生产力与生产关系、经济基础与上层建筑的矛盾运动规律。社会系统中，矛盾是相对的，对称则是绝对的。既然生产力是社会系统的整体功能，那么社会系统中各个要素与结构对称与否，对生产力功能发挥程度关系重大。但如果把其中一个要素（比如生产资料的所有制关系）夸大到不应有的高度，势必破坏整个社会有机体的平衡，而损害生产力的发挥。从社会主义市场经济是资本主义经济发展的逻辑和历史的结果来看，社会主义市场经济不是、也不应该仅仅是一种意识形态，而是宏观经济与微观经济相互对称、生产力功能最佳发挥的经济系统。在这个经济系统中，公有制不是只有一种形态，某种特定的公有制形态不是其中必要的环节。区别社会主义市场经济与资本主义市场经济的最本质特征，不是经济系统中的某一个要素，而是宏观经济与微观经济的对称、效率与公平的一致。

全球性金融危机说明，经济是微观经济与宏观经济的统一，经济学是微观经济学与宏观经济学的统一。随着生产社会化、经济宏观化，经济学将逐步整体化，微观经济学与宏观经济学的分离将逐步成为历史。改革是系统工程，必须用整体的经济学作指导。作为整体的经济学，就是经济学的综合性、整体性、一般性、人类性，就是经济学科学主义与人本主义的统一。改革，就是要建立宏观经济与微观经济相互对称、生产力功能最佳发挥的经济系统，就是要建立“宏观经济学”与“微观经济学”相互对称、理论功能最佳发挥的经济学系统。“宏观经济学”与“微观经济学”相互对称的逻辑，是“宏观经济学”与“微观经济学”相互对称的历史的浓缩；“宏观经济学”与“微观经济学”相互对称的历史，在“宏观经济学”与“微观经济学”的双向运动中形成。在这双向运动中形成的，就是对称经济学。因此，对称经济学，既是经济与经济学逻辑的历史展开，也是经济与经济学历史的逻辑浓缩，是逻辑与历史相一致的经济学。

1.4 环境与经济系统之间的联系

环境可以被理解为是限定人类生活空间的所有自然条件。习惯上按不同的环境系统诸如空气、水和土地加以区分。人们可以把这样的细分部分划作大都市地区的气象区，世界的一个区域如北半球的大气条件，或者全球系统诸如地球的大气层或臭氧层。在下面的分析中，“环境”可以被理解为一个特定的环境系统。按经济学的解释，环境主要有4个功能，如图1-5所示。

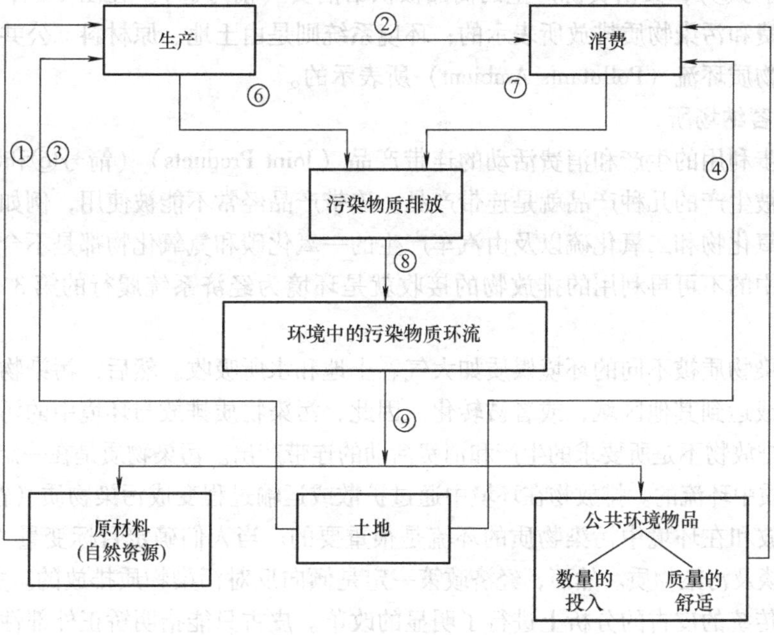

图1-5 环境和经济之间的相互关系

1. 消费品

环境为消费（诸如感到风景优美舒适、呼吸空气、自然的游憩功能）提供了公共物品(图1-5，箭号⑤)。公共物品有两个特点：①相对于私人物品，公共物品可以在没有使用者彼此相互竞争的情况下由几个人同时使用，在使用上没有竞争，集体使用或非竞争的可能性并不是公共物品的充分特征，因为许多私人物品也存在集体消费，至少在某种程度内是这样(如斗牛)；②公共物品不允许排斥竞争使用者。如海上的灯塔，每个捕鱼人都可以作为检验点（Check Point）使用而不问他是否愿意分摊费用。然而，除了技术上不可能排斥的以外，有几种物品技术上排斥是可能的（有线电视电缆线，电话设施或大学的学费），但按规范的考虑，人们也无需排斥潜在的用户。因此，有些人把公共物品定义为没有任何一个人能够被排斥在使用之外的商品。公共物品的非排斥性特征，常常被深入研究，进行价值判断或者假定不存在排斥技术（如有线电视、电话）。

作为消费品的环境质量就是这样的公共物品。技术排斥即使可能也并不合乎需要，因为所有个人都能使用这种物品。作为消费公共物品的环境可以以两种方式被使用：一是环境提供的消费品是可用实物单位度量的（如每分钟吸入氧气量）；二是环境提供消费投入，它只是定性估价的（如风景的舒适）。在第一种方式下，从环境到消费的物流，不必在第二种方式应用。

为了简化下面的分析，我们把环境质量看作是没有分不同消费投入种类的公共物品①。对公共物品“环境”进行更详细的分析应该限定消费活动，如游泳、呼吸等。那么人们就会把这些活动看作是环境投入消费的结果，环境以量和质的方式对其发挥作用。

2. 资源的供给者

环境提供作为生产活动投入要素被使用的资源，如阳光、水、矿物、燃烧过程中的氧气等（图1-5，箭号①），又由资源产生的商品被供给消费（箭号②）。在图1-5中，经济系统是由生产、消费和污染物质排放所表示的；环境系统则是由土地、原材料、公共环境物品及环境中的污染物质环流（Pollutants Ambient）所表示的。

3. 废弃物容纳场所

没有进一步利用的生产和消费活动的连带产品（Joint Products）（箭号⑥和⑦）散发进入环境。同时被生产的几种产品就是连带产品。连带产品经常不能被使用，例如，燃烧矿物燃料产生的碳氧化物和二氧化硫以及由汽车产生的一氧化碳和氮氧化物都是不合需要的副产品。连带产品中的不可再利用的排放物的接收就是环境为经济系统履行的第3个功能（箭号⑥和⑦）。

散发的污染物质被不同的环境媒质如大气、土地和水所吸收。然后，污染物质中的部分被分解、积累或运到其他区域，或者被转化。因此，污染物质排放与环境中的污染物质环流是不一致的。排放物不是所要求的生产和消费活动的连带产出。污染物质是在一定的时间，在一定的环境媒质中环流的。排放物在环境中通过扩散或运输过程变成污染物质（箭号⑧）。区别污染物质排放和在环境中污染物质的环流是很重要的。当人们确定目标变量“环境质量”时，一定总是谈及污染物质。然而，经济政策一定是倾向反对污染物质排放的。关于这一点，环境经济学在传统的皮古的分析上进行了明显的改革。皮古只能指明矫正外部性的方向，但皮古的分析没有指出污染物质排放是作为负外部性价格的基础。在任何一段时间，环境中的污染物质环流都会影响环境服务即公共消费品和原材料的质量。这一关系是由污染物质能影响环境系统的特点所引起的。这样，污染物质影响空气的质量，或者它们可能由于降低能见度而对美丽的风景产生负面影响。生态系统或气象系统的行为可能被改变，例如，空气污染可能使得树木的生长率降低，甚至导致它们的死亡。我们用损害函数（Damage Function）定义这一关系（箭号⑨）。

值得注意的是，这个函数极易被看作是指数函数，因为在我们简单的研究中污染物质影响和限定了环境质量。然而，环境质量也可以以特征而不是污染物质来测定，如植物的寿命长度、树木的高度、野生动物的丰富程度等，那么损害函数就不能再被理解为指数函数。这里要从技术的意义上理解损害函数，损害以实物单位或以质量术语加以测定，但是它们还不是以货币估价的。

在文献中，损害函数已经以一个更宽的意义予以解释。污染物质不仅可能对作为公共消费品或原材料（即自然）的环境质量有影响，而且也影响生产过程，例如，空气污染可能导致铁路钢轨的腐蚀或楼房表面的侵蚀加快，或者导致生产量的降低。

4. 区位空间（Location Space）

在空间上定义的环境，是为经济系统的区位提供空间，也就是工业和居住区位用地、农业用地及永久性防御设施用地。这个功能类似于原材料供应。

可持续发展思想和模式是经济和环境之间存在的客观联系的反映，是一种客观要求。坚持经济和环境的协调发展，是由经济和环境之间内在的客观联系决定的。经济和环境之间是矛盾的，同时也是统一的。它们之间是对立统一的关系，相互促进，相互制约，所以它们之间的联系是非常密切的。

经济与环境之间的矛盾主要表现在：一是经济发展对自然资源的需求是无限的，而环境提供的自然资源是有限的。环境中自然资源种类、数量、质量不能完全符合经济发展要求，这在一定程度上会影响经济的发展。二是经济发展会影响环境质量。如果经济发展的结构、方式、规模不合理，经济发展就可能超过环境承受能力，从而使环境质量下降，不利于人类的生存和经济发展。环境质量下降表现为环境被污染、资源遭破坏，使经济的发展受到严重制约，甚至导致经济的不断衰退。

经济与环境也是统一的。环境是经济发展的重要保障，为经济发展提供资源，向人类提供生产和生活的条件，只有环境不断地为人类经济活动提供资源，才能使经济发展成为可能。环境是人类生存和发展活动的载体，环境中的自然资源是人类进行经济活动的物质基础，不仅生产过程的劳动对象、劳动资料来自自然环境，而且劳动者的生存、繁衍与能力的提高，以及社会再生产全过程都要在一定的环境中进行。自然资源是人类创造财富的物质基础，不论人的技能提高到何种程度，都要和自然资源相结合，才能完成物质和能量转化，创造出新的物质产品，以维持和促进人类的生存与发展。经济发展并不只是单方面向自然环境索取资源，反过来也能改造环境和美化环境，为保护环境、治理环境污染、提高环境质量提供物质条件。只有经济发展才能为环境的保护与改善提供物质基础和能力来源。没有经济、科技和社会的发展，就无处寻找保护及治理环境所必需的财力、物力和技术手段。治理污染和保持良好环境都需要技术和资金的支撑，这就必须依靠经济的发展。

综合上述，经济与环境之间既对立又统一，二者相互促进，相互制约。环境一方面为经济发展提供资源，促进经济发展；另一方面又会因为环境资源数量有限，其质量、种类和构成状况而制约经济发展。经济发展一方面对环境改善起到积极作用，表现为：一是促进自然环境更加适合人类生存和发展的需要；二是在经济发展过程中，利用自然规律创造出更适合人类需要的人工环境；三是为保护和改善环境提供一定的物质和技术条件，促进环境质量的改善。另一方面，不合理的经济发展方式、规模、结构又会使自然资源遭到破坏和污染环境，甚至带来严重的环境问题。因此，必须正确认识和处理经济和环境之间的关系，充分发挥两者的相互促进作用，调和二者的矛盾，使经济和环境协调发展。

【案例】

经济发展与环境保护

——潘岳在"21 世纪中国经济年会"上的演讲

中国环境问题已经不是单纯的环境和经济的关系，实际上已经上升为政治、社会、文化问题。但我今天只讲环境和经济的关系。

中国改革开放以来创造了许多奇迹，创造了许多世界第一。一方面，经济增速第一、外汇储备第一、外国直接投资引入第一、主要工业品产量第一，与此同时，中国是建材消费第一、能源消耗第一、空气污染排放第一、水污染排放第一。江河水系70%受到污染，流经城市90%以上严重污染，城市垃圾处理率不足20%，农村1.5亿t垃圾露天存放，三亿多农民喝不到干净的水，四亿多城市居民呼吸不到新鲜空气。

中国实在没有能力和办法向外国转移生态和环境成本。燃烧自己与进口的能源以后，只能把污染留在自己土地上，当然也留下了GDP。现在的GDP有很大一部分是环境资源成本，我是绿色GDP课题小组组长，"绿色"包含的是矿产、森林、土地、水、动物五大自然资源耗减成本与污染损失、生态破坏两大环境退化成本，一共是七项。基于现有技术力量，我们只能算其中一项，就是环境污染损失，即使在这一项中，我们也只算出了一半多，而地下水污染、土壤污染都没有算进去。仅仅这一点已占2004年GDP的3.05%，今年年底我们将公布2005年的污染成本，还会把其他项尽可能多算些。至今年年底，污染成本比例没有降下来，反而反弹。十五计划中GDP指标都超额完成，环保指标一项没有完成。十一五能不能完成，我不敢说。这并不是一件奇怪的事，因为拉动中国GDP增长的几乎都是高耗能高污染产业。例如中国的大气污染，90%以上来自于重化工业。其中70%的空气污染来源于火电，火电投资每年以50%速度递增，这当然拉动煤炭需求，今年是24亿t，2010年可能是30亿t，这会产生大量二氧化硫。脱硫政策已经出台，但如今95%火电厂没有安装或没有使用脱硫设施，我们管不住，这就是体制问题。中国二氧化硫的容量是1200万t，但2005年排放量是2500万t，现在是2700万t，2010年预计达到3200万t。如果中国不改变我们85%的燃煤结构，不改变这种传统工业生产和消费方式，即传统发展模式，环境严峻期将提前来到，会带来严重的社会问题。

2005年中国发生5.1万起环境纠纷，而且以30%的速度在递增。生态和土地拆迁问题搅在一起，会成为社会问题新的不稳定因素。污染严重影响人体健康，早已引起人民群众强烈不满。环境不公平也正在加重着社会不公平。

除了社会问题，还带来巨大国际压力。发达国家最关心气候变化问题，认为中国至今还没有调整能源结构。他们一方面指责和批评中国，一方面提高本国环保标准，大量向中国转移高耗能、高污染产业；一方面他们没有完全履行在环保技术资金方面对发展中国家的承诺，一方面设置绿色贸易壁垒来制约中国。今年欧盟又要出两项更加严厉的环保禁令，我国出口损失会越来越大。外国从来没有相信中国能够和平崛起，他们认为中国只要每人一台车，这些用油需求必然会牵动全球油价，必然涉及国际金融，中国为保护石油通道安全，必然会增加国防力量，必然会参与地缘政治。这一系列的推演就成了中国威胁论产生的原因之一。西方工业文明产生有很多原因，宗教改革、文艺复兴、科技革命、商业革命等，但其发展过程中最重要的一点是发现新大陆，开拓了海外殖民地，转移了一系列社会矛盾、政治矛盾、经济矛盾。几十年前，他们终于发现，什么矛盾都能转移，唯有污染转不出去。谁让大家不幸生在一个地球？他们只能一边选择生态工业文明，一边有限帮助、无限督促发展中国家走生态工业道路。

发达国家可以先发展后治理，发展好了谈环保，但中国确实走不了先污染后治理的道路。理由有三：

第一，当中国开始工业化和城市化时，西方发达国家早已完成原始积累，并通过100多年的不断争夺，划分确定了一系列有利于他们的国际规则，中国污染成本肯定转不出去。

第二，中国人口资源环境结构很不合理，不可能学习西方到人均8000美元以上再谈环保。中国在人均2000多美元的时候，环境严峻期可能会提前来到。经济危机可以通过宏观调控解决，如果生态发生危机，灾难无法逆转。有人经常批评我们为什么老用发达国家的标准来衡量发展中国家，但既然已意识到自己仍是发展中国家，为什么还用发达国家的消费标准去吃豪餐、住豪宅、开豪车？为什么还要建那么多中看不中用的形象工程？难道忘了我们还有70%的农村人口？

第三，中国走的是社会主义道路，中国传统文化是和谐文化。我们不能搞生态殖民主义，不能去欺负亚非拉穷兄弟。我们只能走可持续发展道路，即绿色和平崛起道路。内容有八条：1. 低消耗的生产体系；2. 适度消费的生活体系；3. 稳定高效的经济体系；4. 持续循环的环境资源体系；5. 不断创新的科学技术体系；6. 更加开放的金融贸易体系；7. 注重公平的分配体系；8. 开明进步的民主体系。

对政府而言，应做四件事：

第一，更加确定和追求社会主义本质。社会主义制度和资本主义制度比较，当然不是比谁最能斗争，比的也不仅仅是生产力，还要比共同富裕，还要比谁更公平正义，还要比人的全面发展，还要比道德文化。

第二，应该重新制订国家可持续发展战略。例如国土整治规划，应打破行政区划，根据不同区域人口、资源、环境、经济的总量去制订不同区域的发展目标，再依此制订不同的考核体系与政策体系。再例如新的产业发展规划等。

第三，应推行行政体制改革，其核心是政府职能转变。政府由主抓企业主抓经济向主抓公共性过渡，如环境保护。同时还要理顺政府与市场、与企业的新型关系。

第四，要制订一系列经济环境政策。我们必须要算清一笔账，如果中国人均收入在2000美元，要走新能源循环经济道路时，我们的发展速度会降多少？我们要承担多大成本？整个财税政策体系是否支撑得了？这笔账如果能够算出来，一系列政策才能出台，经济才能够出现真正转型。

对企业而言，千万不要被一年一度的财富评选弄昏了头，要敏锐感觉到中国政治上的变化，已开始越来越强调公平和责任问题，越来越强调诚信道德和儒商文化。今后企业要考虑的是如何去获得科学发展观的名和利。这是一个名利观的大转型。以前的人大、政协企业代表选的是谁交的利税最多，以后将比的是谁最有社会责任、谁最公益慈善、谁最有文化道德。

今后环保部门是成为各大企业新型工业化的合作者，还是成为粗放式增长的拦路虎，就需要和你们这些企业家们坐下来好好商量了。

——资料来源：凤凰财经，http：//finance. ifeng. com/a/20070109/254386_0. shtml

思考与练习

1. 名词解释：环境、环境科学、环境问题、经济学。
2. 怎样对环境进行分类？
3. 环境问题主要有哪些类型？当今人们所面临的环境问题有哪些？
4. 环境科学主要包含哪些分支学科？简述各分支学科的特点。
5. 环境与经济学有哪些方面的联系？

第2章 环境经济学概论

2

本章摘要

环境经济学是伴随着人类活动引起的日益严重的环境问题而产生和快速发展起来的一门新兴学科，环境经济学虽然仅仅有几十年的发展历史，但是通过不断的研究和实践，在经济发展与环境保护协调发展中取得了许多很大的成果，并且产生了非常明显的理论和实践意义，对人们的行为有很大的指导意义。环境经济的研究在不断得到加强，随着社会发展不断进步，该领域的研究也在不断加深，环境经济学学科体系也在不断发展与完善。

2.1 环境经济学的产生与发展

2.1.1 环境问题的实质

随着社会经济的发展，环境问题也变得更加复杂，人类对环境问题的认识经历了由表及里、由浅入深、由片面到全面的认识过程。在这个认识过程中有两种代表性的观点。

一种观点认为，环境问题是个污染问题，解决环境问题是个技术问题。当人类感觉到环境出现问题时，通常是直接感受到环境受到了污染，而污染威胁到人类的生活、生存和发展。要想维持人类在一个合适的环境中生存和生活，就必须对环境污染进行治理。通过研究开发和推广环境污染治理技术，消除或减少环境污染，使环境问题得到解决。同时一些学者认为，通过一些经济手段可以解决环境问题，并简单地把环境污染当作一种特殊的经济问题，提出消费者应对环境污染付出经济代价，责令生产者偿付损害环境的费用。这些认识和想法虽然能在一定程度上对环境有所改善，但却没有触及环境问题的本质。

另一种观点认为，环境问题的实质是经济问题和社会问题。环境问题产生的根本原因是人类为其自身发展所进行的活动（主要是经济活动）与环境的承受能力有限的矛盾，是人类社会经济发展同环境矛盾的产物，是人与自然关系失调的结果。我们所面临的环境问题在人类社会发展的过程中是不可避免的。人类必须要改造环境，从环境中获取资源，同时必定会排放废弃物。环境也反作用于人类，对人类活动产生积极的促进作用和消极的制约作用。解决环境问题的目标应该是把人类社会的发展和环境作用协调起来。要实现这个目标，主要是明确环境问题和经济发展的正确关系，这种关系可以归纳为以下三点。

1. 环境问题是由人类不合适的经济活动引起的

环境问题是随着人类不合理的经济活动而产生的，没有人类的社会经济活动，就没有环境问题（主要是次生环境问题）。但是，严格地说，环境问题的产生并不一定是人类经济活动不可避免的结果，而是人类片面地认识环境，不合理地开发、利用环境造成的后果。由于人们错误地认为环境资源是取之不尽用之不竭的，它可以满足人类各种各样的需要，又可以为人类提供足够的排放废物的空间场所。因此，人类忽视了自然规律的作用，不顾环境的承受能力的有限性，单纯强调对自然界的征服改造能力，对自然资源进行掠夺性的开发、利用，无限地从环境中掠取资源和向环境中排放废弃物，从而造成环境污染和资源破坏，产生了环境问题。

2. 环境问题制约经济的健康发展

环境问题是由于人类经济活动产生的，反过来环境问题又会限制经济的发展，使人类社会遭受巨大的经济损失。经济发展问题一直是世界各国普遍关注的最重要的问题。20 世纪以来，随着科学技术和社会生产力的极大提高，人类创造了前所未有的物质财富，经济发展的进程不断加快。但是与此同时，自然资源的急剧消耗，环境质量的严重下降等环境问题，对经济发展直接提出了严峻挑战，并且已经在实际的经济发展中产生了明显的负面作用。

3. 环境问题的解决依赖于经济的进一步发展

虽然经济发展可能造成环境污染，产生一系列环境问题，但是治理环境污染、解决环境问题，还必须依靠经济的发展。这是因为，解决环境问题需要投入大量的人力、物力和财力，需要一定的经济条件。只有经济不断发展，才能为解决环境问题提供充分的物质条件和奠定充足的物质基础。没有经济发展也就不能从根本上解决环境问题。所以发展是硬道理，而发展中的第一位是经济发展。

总之，环境问题是由于人类不合理的经济活动产生的，环境问题的解决又依赖于人类社会经济的不断发展。因此，必须从经济方面入手来解决环境问题。

这里所说的环境问题是个经济问题，并不是说环境问题是纯经济问题，环境问题同时也是个社会问题，如人的认识问题、人口问题、科学技术发展问题和社会制度与国家体制问题等，因此，认识和解决环境问题时必须重视这些问题。

2.1.2 环境与经济发展的三种模式

由于环境问题主要是人类的经济活动引发的，因此，解决环境问题就要求合理地安排人类的生产活动和生活方式，正确处理环境和经济之间的关系，建立正确而又合理的经济发展模式。如何处理环境和经济之间的关系问题，坚持什么样的经济发展模式，不但是学术界长期讨论和争论的热点问题之一，也是世界上许多国家在其经济发展过程中不断探索的重要问题。自 20 世纪以来，环境与经济发展的理论探讨和实践研究主要有三种典型的模式，即“零增长”模式、无限增长模式和可持续发展模式。

1.“零增长”模式

“零增长”模式也被称为悲观派观点。1968 年，在意大利经济学家奥雷利奥·佩西（Aurolio Peccei）的领导下，在罗马成立了“国际性未来研究团体”，即罗马俱乐部。罗马俱乐部研究全球的第一个历史文献，是以美国学者丹尼斯·梅多斯（Dennis Meadows）等人于 1972 年发表的《增长的极限》一书。梅多斯等利用数学模型和系统分析方法，研究了世界人口增长、工业发展、粮食生产、资源消耗和环境污染这五个基本因素的内在联系，提出了“零增长”的观点。该报告第一次提出全球陷入了资源危机、生态危机、人口危机的警告。该报告指出：地球的容量是有限的，因而其所能提供与人口增长相适应的自然资源也是有限的，不能永远无限制地继续下去；否则，资源短缺、环境危机和人口爆炸将会把人类社会的经济增长推向极限，从而导致地球毁灭，因此人类必须停止经济增长，即实行世界经济的“零增长”。根据该组织所表达的观点，西方学术界、舆论界把罗马俱乐部定性为悲观学派。但《增长的极限》把全球发展的五个重要因素，作为有机统一体进行了定量分析，研究它们相互之间的关系，为制定政策提供依据，这在全球社会经济发展的研究上是一次重要的尝试，推动了人口、资源与环境经济学的研究。《增长的极限》的观点虽然悲观，但是它推动了可持续发展研究的发展。在此以后，罗马俱乐部又发表了几份有关方面的报告，不断修正自己的悲观主义观点。在与其他观点的大讨论中，罗马俱乐部逐步形成了一整套关于增长、发展及其持续性的思想。

悲观派的另一位代表人物是斯坦福大学的生态学家保罗·R·埃尔里奇(Paul. R. Ehrlich)教授。1968 年他发表了代表作《人口炸弹》。在 1974 年他曾预言：“在 1985 年之前，人类将进入一个匮乏的时代。在这个时代，许多主要矿物供开发的储蓄量将被耗尽。”埃尔里奇认为由于食物短缺、人口爆炸、不可再生性资源的消耗、环境污染等原因，人类前途非常不妙。

2. 无限增长模式

无限增长模式也被称为乐观派观点。无限增长的思想很早就有人提出了，也被许多人接受并进行宣传，但是作为较为系统的研究和表述，有较大影响的模式，是在 20 世纪 80 年代被提出来的。这一学派的典型代表是美国经济学家马里兰州立大学教授朱利安·L·西蒙(Julian. L. Simon)。他的重要著作有《没有极限的增长》（1981 年）、《资源丰富的地球》(1984 年）等。西蒙认为资源无限和人类社会科学技术的进步，以及不断改进的市场价格机制会解决人类发展中出现的各种问题，人类从贫困到富裕的转变，只有在经济不断增长的情况下才能够实现，人类前途光明。这就是说，人类社会不仅可以摆脱对自然的依赖，还可以成为自然的控制力量。科学技术可以使人类具有完全不受自然环境制约的生命活动能力。因此，工业发展、经济增长不仅不会停滞，而还会保持增长势头。依靠科技进步和经济增长，一切问题都可以迎刃而解。这一派观点的核心是人类社会经济可以无限制地增长。

3. 可持续发展模式

可持续发展（Sustainable Development）的思想产生于 20 世纪 60 年代。这段时期是世界经济快速发展的时期，但同时人类的活动已经对环境构成了严重威胁，环境也越来越明显地对人类生存产生了威胁。一些有识之士向人类发出了警告，呼吁人类要走与自然相互协调的道路。美国海洋生物学家雷希尔·卡逊（Rachel Carson）1962 年出版了专著《寂静的春天》，她用了将近 4 年的时间调查研究美国使用 DDT 农药的危害，警告人类自身的活动会导致严重的后果。

1966 年美国经济学家肯尼斯·鲍尔丁（K. E. Boulding）发表了《即将到来的宇宙飞船经济学》一书，提出了“宇宙飞船经济理论”，指出人类社会需要由“牧童经济”向“飞船经济”转变，这是可持续发展模式的一个早期观点的代表。这种理论认为，要想使人类在地球这个茫茫太空中的小小宇宙飞船上存在下去，就必须使这个“飞船”上的资源可持续利用，环境可持续生存，经济可持续发展。还有人主张，在自然资源的开发、节制生育和环境保护等方面，国家应采取各种形式的国家干预、行政调控、经济刺激等方法和手段，激励或强制经济单位遵守自然资源保护法。

可持续发展模式也称为务实派观点。可持续发展模式是人类在“零增长”模式难以实行的情况下，对无限增长模式所造成的严重环境破坏进行深刻反思的基础上，提出来的一种新的经济发展模式。1972 年 6 月，在瑞典斯德哥尔摩召开了联合国人类环境会议，会议对日益恶化的环境问题进行了讨论，发出了人类可能面临生态危机的警告，发表了《人类环境宣言》。1980 年 3 月，世界自然保护基金会（WWF）、联合国环境规划署（UNEP）、国际自然保护联盟（IUCN），共同发布的世界自然保护大纲首次正式使用可持续发展概念，并将其定义为：改进人类生活质量，同时不要超过支持发展的生态系统的能力。20 世纪 80 年代中期，挪威首相、世界环境与发展委员会主席布伦兰特夫人（Gro Harlem Brundtland）组织了世界上最优秀的环境与发展问题专家，用了 900 多天的时间到世界各地考察，完成了著名的报告《我们共同的未来》，报告正式提出了可持续发展的模式。该报告提交给第四十二届联合国大会辩论，并得到通过。《我们共同的未来》将可持续发展做了明确的经典式的定义，即可持续发展就是既满足当代人的需要，又不对后代人满足其需要的能力构成危害的发展。《我们共同的未来》标志着可持续发展理论的初步形成。1992 年在里约热内卢召开联合国环境和发展大会上提出了可持续发展战略，并得到世界各国的普遍认同。

可持续发展不仅是对“零增长”模式的否定，同时也是对无限增长模式的否定。可持续发展，第一强调发展，不能停止；第二必须要持续，不断前进；第三是有限制，不能无限制地开发和利用环境资源，这个限制就是不能破坏经济、资源、环境之间的协调关系，不能危害后代人满足其需求的发展。

2.1.3 环境经济学的形成与发展

环境经济学是在社会经济发展的过程中，以及环境污染和破坏日益严重的情况下，对环境问题的科学研究进入一定阶段后才逐渐形成的一门新学科。

20 世纪中期，许多经济学家意识到，传统的经济理论不能解决污染和资源枯竭等环境问题。而且也正是由于传统经济理论的缺陷，才产生了严重的环境污染与破坏。经济学家开始从经济理论上对环境污染产生的根源进行了探讨，提出了一些新的理论和研究方法。传统经济学的一个重要缺陷是认为环境资源无价，主要表现在两个方面：一是不考虑外部不经济性，以损害环境质量为代价，获取自己的经济效益，将一笔隐藏而沉重的费用转嫁给社会，其后果或是增加了公共费用的开支，或是严重破坏了良好的环境；二是衡量经济增长的经济学标准——国内生产总值（GDP），不能真实地反映社会福利，因为只是经济增长并不能正确地反映人们生活水平的提高。这两点实质是一个问题，即经济发展对环境的不利影响，在经济方面有充分显示，但却没有纳入经济分析中。

针对这些缺陷，一些经济学家开展了经济发展与环境质量关系的研究。美国经济学家瓦西里·里昂惕夫（W. W. Leontief）用投入产出分析法研究世界经济结构，把清除污染工作单独列为一个物质生产部门，这是世界上最早从宏观角度定量分析研究环境保护与经济发展的关系。美国另外两位经济学家詹姆斯·托宾（James Tobin）和伏·诺德豪斯（W. Nordhaus）针对国内生产总值不能准确反映经济福利这一缺陷，提出了“经济福利量”（Measure of Economic Welfare，简称 MEW）的概念。根据这个理论，美国从 1925—1965 年经济福利量的增长慢于国内生产总值的增长，尤其是 20 世纪 50 年代以后更加缓慢，说明环境污染与生态破坏的代价越来越大。美国经济学家保罗·萨缪尔森（Paul A. Samuelson）在托宾和诺德豪斯研究的基础上，把经济福利修改为经济净福利（Net Economic Welfare，简称 NEW）。

上述有代表性的环境问题的经济学研究，与前述的三种模式的理论等是经济学研究的发展，是人类开始重视经济发展、社会发展与环境保护相互关系的必然产物，也是环境经济学产生与形成的重要标志。

自 20 世纪 70 年代开始，随着对环境问题的经济学研究的进展，一些经济学著作中已把环境问题作为一个重要内容来论述，也开始出现污染经济学或公害经济学的论文和著作，这不但推动了经济学的研究，也推动了环境经济学的产生，为环境科学增添了重要的组成部分。

在前人所做的大量工作的基础之上，1980 年，联合国环境规划署在斯德哥尔摩召开关于"人口、资源、环境和发展"的讨论会，会议指出这四者之间是紧密联系、互相制约、互相促进的，新的发展战略要正确处理这四者之间的关系。联合国环境规划署经过对人类环境各种变化的观察分析，总结出人类管理地球的一些经验，决定将"环境经济"列为联合国环境规划署 1981 年《环境状况报告》中的第一项主题。由此表明，作为环境科学的重要分支，环境经济学已成为一门独立学科。最近十几年，环境经济学快速发展、不断完善，达到一个新的阶段。研究方向涉及宏观和微观的多个领域，在方法上也由定性分析转入定量分析，并且建立一定的指标体系和计算模式。

我国对环境问题也有一个认识深化和环境保护战略思想确立的过程。20 世纪 70 年代初，我国对环境污染与破坏的认识是肤浅的。随着全球环境保护工作的不断开展，我们逐渐认识到环境污染与破坏的严重性，认识到解决环境问题的艰巨性、长期性和复杂性。在此基础上，国务院于 1983 年年底召开了第二次全国环境保护会议，并宣布"环境保护是我国的一项基本国策"。这标志着我国经济社会发展战略思想的转变，这一转变大大推动了对环境问题的研究以及环境经济学的研究。

环境经济学是在 20 世纪 70 年代末才被介绍到我国的。1978 年我国制订了环境经济学和环境保护技术经济八年发展规划（1978—1985 年），1980 年 2 月全国环境经济、环境管理、环境法学学术交流会由中国经济技术研究会、中国环境科学学会、中国现代化管理研究会在太原市联合组织召开。1980 年，中国环境管理、环境经济与法学学会成立，由此推动了我国环境经济学的研究。从 20 世纪 80 年代中期以后，结合我国环境保护和经济发展的实际，同时借鉴国外的有益经验，不少学者在环境经济学的理论体系建设和实际工作应用方面做了许多工作，并取得了很多成果。一些学者翻译了不少环境经济学方面的著作和资料，如 1986 年翻译出版的美国塞尼卡和陶西格的《环境经济学》。一些学者撰写了一些环境经济方面的专著和教材，如 1992 年出版的阮贤舜等的《环境经济学》，比较系统地论述了环境经济学的体系，是环境经济研究领域的一本重要论著。同时不少学者撰写了大量研究环境经济的论文，开展了环境经济方面的科学研究工作，在高等院校和科研单位成立相关的机构，培养了一批环境经济学方面的专业人才等。四十多年以来，环境经济学在我国的发展快速，不但表现在环境经济理论和前沿成果得到及时吸收，而且结合我国实际所开展的环境经济领域研究也取得了许多很大的成果。从总体上看，环境经济学在我国的发展可以沿着两条路径来追寻：一是环境经济学作为独立学科的建设和发展，其中包括理论发展和学科教育的完善；

二是环境经济学作为经济发展政策、环境保护政策和可持续发展政策的理论基础所起的实际作用和产生的效果。在这两个方面，环境经济学都表现出其鲜明的特点，即把环境问题作为一个经济问题来对待，从而分析环境问题的本质并提供有效的政策措施。所以说，环境经济学是联通经济发展与环境保护的桥梁。

随着人们对经济发展与环境保护、经济规律与自然规律相互关系认识的不断提高，环境经济学将得到更好更快的发展。

2.2 环境经济学的学科体系

2.2.1 环境经济学的含义

环境经济学（Environmental Economics）是运用经济学和环境科学的理论与方法，研究人类活动、经济发展和环境保护之间相互制约、相互依赖、相互促进的对立统一关系的一门学科。简而言之，环境经济学是运用经济学和环境科学的理论和方法研究解决环境问题的科学。从人类社会经济发展过程来看，环境经济学是研究社会经济发展过程中环境资源有效配置、合理利用、公平与可持续问题的科学。

环境经济学有狭义和广义的概念。狭义的环境经济学被认为是研究环境污染防治的经济问题，也称为污染控制经济学；广义的环境经济学除此之外，还研究自然资源的合理利用以及在经济发展过程中生态平衡的破坏与恢复所涉及的经济问题等，所以也称为自然资源与环境经济学。

在经济学体系中，环境经济学是一门新兴的经济学分支学科；在环境科学体系中，环境经济学是一门重要的软学科，是环境科学的分支学科。

在这里有必要把与环境经济学密切相关的学科，如生态经济学和资源经济学进行一些论述。生态经济学（Ecological Economics）是研究生态系统和经济系统形成的复合系统的结构、功能及其运动规律的学科，是生态学和经济学相结合而形成的一门分支学科；资源经济学（Resource Economics）是以资源经济问题为研究对象，探索资源配置的基本规律，阐述资源稀缺等基本理论，研究资源配置的经济学原理和方法等内容的学科。

关于环境经济学和资源经济学、生态经济学三者之间的关系，在学术界还没有一致的看法与观点，这里归纳一些学者的意见。

关于环境经济学和生态经济学的关系，学者主要有两种意见。一种意见认为，这两门学科的研究对象是相同的，只是名称不同而已。生态经济学是研究经济发展和生态系统之间的相互关系，研究经济发展如何遵循生态规律的科学，这同环境经济学研究的对象和内容是相同的，所以环境经济学和生态经济学两者研究的内容基本上一致。另一种意见认为，这两门学科研究的内容有密切的联系，其中既有共同的部分，也有不同的部分。它们分别研究环境系统和生态系统在人类利用中的经济问题，虽然有一部分重叠交叉，但研究的范围、角度和重点不一样，所以环境经济学和生态经济学各自是一门独立的学科。

关于环境经济学和资源经济学两者的关系。环境经济学研究是否应该包括自然资源合理利用的研究，国内外学者存在三种意见。第一种意见认为，自然资源的合理利用属于环境经济学的研究范围，因此自然资源经济学是环境经济学的一个分支学科；第二种意见认为，环境所具有的容纳和自然净化废物的能力，本身就是一种资源——环境资源，因而认为应该把专门研究环境污染与治理问题的环境经济学视为自然资源经济学的一个组成部分；第三种意见则认为，将环境经济学和自然资源经济学视为两个彼此独立的经济学分支，因为自然资源经济学可以进行商品性开发的自然资源为研究重点，而环境经济学的研究重点是以外部性为主要功能的环境资源，很难进行商品性开发。不论哪种观点，都说明了环境经济学与资源经济学之间存在着密切的联系，所以有些学者的论著或教材就称为《环境与资源经济学》或者《资源与环境经济学》。

之所以把环境经济学与资源经济学和生态经济学等密切相关学科的关系进行分析论述，是因为环境经济学是一门近些年兴起的年轻学科，资源经济学和生态经济学同样也是年轻的学科。对于新兴的交叉学科，需要对其加强研究和应用，促进其加快发展，不断充实和不断完善。

2.2.2 环境经济学的研究对象

社会再生产的全过程是由经济再生产过程和自然再生产过程结合而成的，这两种再生产过程通过人与自然之间的物质交换结合在一起。环境经济学的研究对象和任务就是研究如何合理调节人与自然环境之间的物质转换，使社会经济活动符合自然平衡和物质循环规律。

关于环境经济学研究对象的文字描述有多种，但其实质含义是一致的，有代表性的有两种：

1）环境经济学的研究对象是客观存在的环境经济系统。环境经济系统是由环境系统和经济系统复合而成的大系统，环境经济系统本身就说明了环境保护与经济发展之间的辩证统一关系。环境经济学的研究对象又可以论述为环境经济系统这一复合体。

2）环境经济学的研究对象是环境保护与经济发展之间的关系。如何兼顾经济发展和环境保护是当今社会普遍关注的重要问题，也是环境经济学研究的中心课题。研究环境保护和经济发展之间的关系，实质是探索合理调节经济再生产与自然再生产之间的物质交换，使经济活动既能取得最佳的社会经济效益，又能有效地保护和改善环境。

2.2.3 环境经济学的研究任务

环境经济学的主要研究任务就是如何在经济发展和环境保护之间寻求相对平衡，如何正确地控制和调节环境经济系统，如何实现经济发展与环境保护相互促进、协调发展，为提高人类生活水平进行经验总结、理论研究和工作指导。

通过环境经济学的研究，深刻认识经济发展和环境保护之间对立统一的辩证关系，寻求使经济活动符合自然规律的要求，以最小的环境代价实现经济的有效增长途径，寻求使环境保护工作符合经济规律的途径，以最小的劳动消耗取得最佳的环境效益和经济效益，探索经济建设与环境保护协调的科学发展途径。环境经济学的研究不仅重视环境经济分析取得的近期效果，更重视的是长远效果；不仅重视环境经济分析取得的直接效果，也重视其产生的间接效果和波及效果。

2.2.4 环境经济学的相关学科

1. 环境经济学与环境政策

对环境的关注绝对不是赶时髦，而是出于对高强度经济活动和高人口密度所引发问题的深切关注。社会是复杂的，经济与环境的关系也是复杂的。收入是影响环境问题的重要因素。一方面是由于富人消费得更多，因而也带来更多的污染。另一方面，环境通常被认为是一种奢侈品。对于那些为了衣食而奔波劳碌的穷人而言，面对巨大的生活压力，他们无暇顾及环境问题。但是，富裕了之后，人们就开始关注生活的环境质量了，并最终关注整个地球的生态环境问题。因此，可以预见的是，如果走上富裕之路的人越多，人们对环境问题的关注也必定会与日俱增。贫困的人们消费资源较少，但贫困又驱使人们更多地关心当前利益，推动人们用不适当的方式开发资源。工业化对环境产生重大的副作用，但成功的工业化又能够蓄积治理环境、保护自然的力量。无论是世界，还是较小范围的地域社会，总可以看作富人和穷人的集合。人们与环境相关的利益和偏好随不平等的程度而加大。

环境保护需要投入，但任何社会的资源都是稀缺的。有限的资源必须以社会福利的最大化为目标，有效地配置到基础科学、教育、环保、安全、社会保障、公共卫生等各个领域。所有这些方面的需求都近乎无限，一般而言都有进一步加大投入的正当性。

所以，可以将环境政策基本分为两个层面。一是作为公共政策的组成部分，环境政策通常是社会利益的方方面面之间权衡的产物。这种权衡通常是艰难的，各个领域之间在资源分配上的权衡，不同社会阶层利益的权衡，以及一个民族长期目标与短期利益之间的权衡。而经济学正是这种权衡的基础。一个重要的方面是，发达国家的经验表明，技术进步和产业升级产生的环境效果更为巨大，也更为巩固。这样，如何通过更健康的发展获得环境效益，并通过更合理的环境政策优化人们的经济生活，成为环境政策的重要使命。

二是在较为狭义的环境政策层面，也就是污染控制层面，大多数国家所面临的问题通常包括两个主要方面：恰当的污染量是多少，如何使污染者控制其排放量。

确定恰当的污染量并不是一件容易的事情。污染是生产商品的副产品，确定污染控制成本必须了解商品生产的成本构成，以及在不同污染水平下的成本变化。与大多数人的想法大相径庭的是，污染控制不是一个过程问题。尽管了解某个污染控制设备的成本易如反掌，但对于经济学家而言，这只是成本的冰山一角而已。迫于减少排污的压力，厂商有多种选择，这包括改进生产流程、改进产品性能、末端治理、重新安排生产以减少损害、资助研发以找出新的污染控制方法等。消费者也可以减少对产生污染的商品的消费。由此可见，对污染控制成本进行定性和定量分析均非易事。同时这也是环境经济学的重要研究内容。

确定恰当的污染量还包括确定污染的损害程度。“污染的损害程度”看似自然科学的问题，比如统计被污染的湖水里的死鱼，或确定致人生病的污染水平。这是对污染危害程度、危害方式的高度简化。城市里的空气污染会带来身体的不适（眼睛发痒、流鼻涕）、肺活量下降、视力减退等问题。人们越来越担心自己的健康，并且生病的人越来越多。这些不利影响有的是有形的，有的则是无形的。经济学的惯常的做法是以单一尺度测量林林总总的不利影响以减少污染的支付意愿。尽管事实上大多数人都认为污染者应当付费，但是测量减低污染对人的重要性的尺度之一是其对改善环境质量的支付意愿。测量支付意愿并非易事，这也是环境经济学的重点研究领域之一。

在了解了个人对环境改善的支付意愿之后，才有可能据此计算出整个社会的支付意愿，并将其与污染控制成本联系起来，从而顺利地确定全社会的最优减少污染排放量。但如何实现减排目标呢？政府当然可以确定每个污染者的排放量，但这类似于计划经济，问题不少，尤其是在有很多厂商和污染者的时候。通过政府直接介入确定最佳污染控制量是有额外行政成本或控制成本的，同时政府还应当考虑确立恰当的激励机制，促进有关降低未来污染控制成本的研究。

因此，从政策层面看，污染问题并不简单，它往往还包括许多难以解决的问题。因此，我们的讨论还只适用于发达国家，发展中国家的情况还会更加复杂。在发展中国家，空气污染也是许多城市面临的关键问题。而水污染更是发展中国家最为严重的环境问题，被粪便污染的水体每年夺去数以百万计的生命。这里同样有污染治理的成本问题，对清洁环境的需求问题，以及政府如何管理的问题。发展中国家的一些基本特征，如制度能力薄弱、经济效率不高、大量农村人口涌入城市等，可能使某些在发达国家已经被证明是行之有效的环境政策变得无效。这一问题应特别注意。

另一类重要的政策问题涉及自然环境的保护。这包括保护自然景观免受开发破坏，保护动植物物种免遭灭绝。问题的关键是如何在威胁环境资源的开发和保护环境的社会价值之间获得平衡。如何对二者进行量化，使政策制定者能够据此作出合理的决策（如是否允许在原始森林伐木）。

这样的例子不胜枚举。问题的关键在于环境保护通常包括政府对经济的干预，而干预的程度和干预的实质常常是难以界定的。环境经济学在现实环境问题中的应用，将对重大环境问题的决策发挥不可估量的作用。

2. 环境经济学与生态经济学

生态经济学在生态学中发展起来并最终独立出来。虽然这两个学科视角不同，但终究都是有关环境问题的社会决策。在许多非英语国家中，由于翻译的缘故，“环境”与“生态”之间的相似性掩盖了二者之间的差异性。二者之间最为明显的差异在于环境经济学包括那些将经济学原理与范式应用于对环境问题思考的经济学家，生态经济学则包括那些将生态学原理与范式应用于人类和经济系统研究的生态学家。当前，我们更感兴趣的是，二者是如何研究环境问题的，以及在研究环境问题上有什么明显的区别。

我们很难对生态经济学下一个简洁的定义。有学者给出的定义是，在最广泛的意义上研究生态系统与经济系统关系的科学。也就是，在视人类为生态系统组成部分的前提下，研究广义的生态系统的长期健康。还有些学者则认为生态经济学是研究经济发展和生态系统之间的相互关系，经济发展如何遵循生态规律的科学。

环境经济学与生态经济学的主要区别之一在于对环境价值的判定，而社会决策是在对环境价值判定的基础上作出的。传统的经济学家认为某物对于社会的价值源于其对全体社会成员的个别价值。生态经济学家的价值观则更具生物物理学特征。例如，许多生态经济学家以某物所体现的能量耗费作为尺度衡量其价值。由此，在比较打字机与计算机时，一个恰如其分的问题是哪一个需要耗费更多的能量才能制造出来，所需的能量越少越好。这直接运用了生态学中生态系统以能量最小化运作的理论。对于这些研究者而言，应当以物品或服务的能量耗费最小化来引导公共政策。环境经济学家对这一“价值能量论”的批评认为，包括土地和熟练工人在内的许多资源是供应不足的，将物品的价值限定在其所体现的任何要素上都显得太过简单化。环境经济学家认为，物品的价值源于其所体现的多种稀缺要素（包括能量）和人类劳动，也就是说，价值不是单一的物理量能够测定的。

二者之间最大的差异在于在较长的时间跨度下对环境问题的思考，如全球变暖或核废料的处置等问题。环境经济学家认为经济学难以进行时间跨度较大的成本收益分析。例如，核废料掩埋的潜在风险可能跨越25万年，掩埋核废料的收益为当前核能利用者所享用，成本则由那些必须与掩埋场为邻的未来世代所承担。对此，传统经济学的方法是将所有的成本与收益分别加和，并以贴现因子体现未来成本在总数中的重要性。不可避免地，这意味着未来一百年可能发生的情况对今天的决策影响甚微，这令许多人感到不安。生态经济学家对代际决策问题另有对策，尤其是可持续性概念的提出。他们认为应当摈弃那些在长期不具有可持续性的行为。以核废料为例，生态经济学家所提出的问题是，我们能够永远以掩埋的方式处理核废料且不必担心安全问题吗？如果是否定的回答，那么掩埋的行为就是不可持续的。这无关成本与收益的平衡。

3. 环境经济学与经济学

经济学理论博大精深，与经济生活实践紧密相连且分支众多。经济学的基石是微观经济学，包括消费理论、厂商理论及市场结构理论。与微观经济学相联系的是有关经济现象的统计分析——计量经济学。微观经济学对理论经济学产生影响，而计量经济学影响着应用经济学。由基本的微观经济理论拓展开来就形成了经济学的许多重要分支。这包括宏观经济学（研究总体而非个体现象）、产业组织学（进一步研究厂商之间、厂商与消费者之间如何互动，以及厂商如何构成产业）、公共财政学（研究非市场供给的物品和税收）、国际贸易学（研究互动的经济体的差异性与独立性）。上述研究领域均针对经济活动的重要方面，并对经济学的全部研究有着独特的贡献。

经济学还有许多应用研究领域，包括劳动经济学、货币经济学、健康经济学、实验经济学、国际金融学、法律与经济学、发展经济学、环境经济学等。上述应用研究领域均普遍使用了微观经济学理论，借鉴了其基本研究领域的方法，并在很大程度上对从经济学理论之外理解经济学作出了贡献。例如，环境经济学的突出贡献在于非市场领域，也就是非市场物品需求曲线的测度方法。环境经济学的另一个重要组成部分是将形成于经济学其他领域的方法应用于环境问题的研究，包含有许多经济学其他分支学科发展起来的概念（尤其是公共财政和产业组织理论）。环境经济学的某些领域是独一无二的（如环境评估），并有可能为经济学的其他分支学科所应用。

4. 环境经济学与资源经济学

许多教材将环境与资源经济学结合在一起。而事实上，大多数研究生课程在环境经济学与资源经济学上各有专长，这显然是因为二者都涉及自然界的缘故。环境经济学包括由于市场失灵而引发的污染过度或对自然界保护不充分等问题。资源经济学则是关于可再生和不可再生自然资源的生产与利用。可再生自然资源包括水资源、鱼类和森林等，不可再生资源包括矿物和能源，以及野生动植物物种等自然资源。

这两个学科既有区别又有交叉，最典型的是，环境经济学更多地关注的是静态的资源配置问题。时间不是确定一个城市恰当的空气污染量的关键问题。资源经济学研究的则是关于动态的资源配置问题。时间引起了人们对可再生和不可再生资源问题的兴趣。如果我们以一种合理的方式砍伐森林，森林能够自我再生而我们则能够永续砍伐。我们采掘不可再生资源的速度决定其未来的稀缺性和价格。在所有这些例子中，尽管市场功能不健全影响巨大，但市场失灵不是问题的实质。

环境经济学与资源经济学存在交叉。全球变暖就是一个具有长期性的污染问题。在自然环境的保护方面也存在交叉。这些问题都包含时间因素，因此可将环境经济学归入资源经济学。另一方面，对自然环境的损害通常是由目的各异的经济活动造成的。物种消失通常是人类改变其栖息地所产生的结果。

二者之间最大的区别也许是对自然界的静态分析和动态分析。本书所涉及的资源与环境经济学问题大部分是静态的。

2.3 环境经济学原理

环境经济学是环境学与经济学的交叉学科，因此，环境学原理与经济学原理的联合作用便形成了环境经济学的原理。虽然环境经济学的研究是多方面的，但可以用四个中心思想把这个领域统一起来。本节将对环境学四大原理和经济学十大原理作简要介绍，并对环境经济学原理进行阐述。

2.3.1 环境学四大原理

1. 环境多样性原理

环境多样性是环境的基本属性之一，是人类与环境相互作用中的基础规律，是具有普遍意义的客观存在。环境多样性包括自然环境多样性、人类需求与创造多样性以及人类与环境相互作用多样性。其中自然环境中的生命物质和非生命物质、环境形态、环境过程及环境功能都具有多样性；人类的需求和创造产生于人类的智力活动，具有无穷尽的深度，因此具有更广泛的多样性；人类与环境的相互作用，在作用方式、作用过程、作用效应等方面都具有多样性。上述各类环境多样性及其内在联系的总和统称为环境多样性。

2. 人与环境和谐原理

人与环境的和谐是人类与环境相互作用中最本质的内在联系，是人类与环境相互作用中的核心规律。人类认识自然、改造自然、建设环境的主要目的在于提高人与环境的和谐程度，但与此同时，维系已经取得的人与环境的和谐关系不致受到损伤或者破坏又是人类利用和改造客观环境的限度。人类面临的所有环境问题，如生态破坏、环境污染、自然灾害、资源耗竭、人口过量等，都有一个共同点：损伤或者破坏了人与环境的和谐。人类正是遭受到环境问题的困扰之后才体验到人与环境和谐关系的存在，才认识到它的重要性。纵观人类历史，人与环境的和谐程度大致可以包括适应生存、环境健康、环境安全、环境舒适和环境欣赏五个方面的内容，在和谐程度上，是逐级递增的。这不仅是人类与环境相互作用历史进程的总结，也是当今世界不同国家、不同地区人与环境之间不同和谐程度的真实写照。人与环境的和谐，既包括人与自然的和谐，又包括人与人工环境的和谐以及人工环境与自然环境的和谐。由于环境多样性的存在，人与环境和谐程度的度量指标、度量方法也具有多样性。

3. 五律协同原理

人类的目标具有多样性，对于特定目标而言，实现目标的途径也具有多样性。一般而言，人类在实现重大目标的过程中，往往要受到多种规律的作用，规律的作用可以表现为三种状态：规律的作用方向与目标一致者称为协同，规律作用方向与目标相反者称为拮抗，规律作用方向偏离预期目标者称为偏离

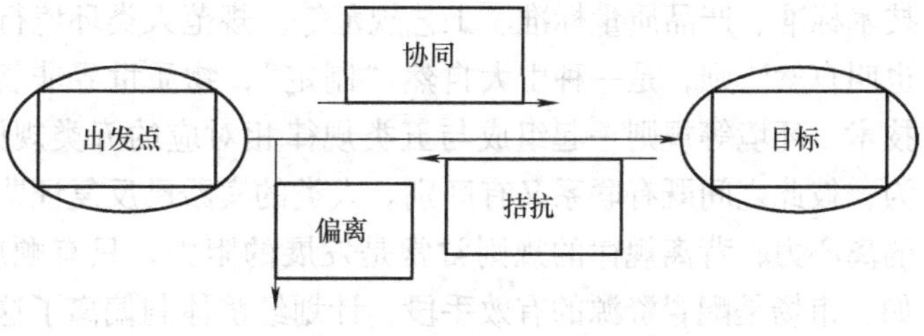

图 2-1 相关规律作用示意图

（图 2-1）。显然，协同者是实现目标的动力，拮抗者是实现目标的阻力，偏离者是实现目标的离心力。需要指出的是，规律作用的状态与人类实现预定目标所选择的途径有关，不同的途径，各类规律作用的状态是不同的。在多种规律联合作用的情况下，为了实现既定目标，显然需要找到这样的途径，使得各种相关规律的作用都成为协同者（图 2-2）。

人类实现重大战略目标，往往同时受到五类规律的作用，因此必须探索这样的途径，使五类规律的作用都成为协同者，从而使五类规律都成为实现目标的动力，这种状态称为“五律协同”。

人类行为领域非常宽广，一般而言可以将人类行为与规律间的相互关系概括为图 2-3 的形式。图 2-3 中，每一个圈代表一类规律，圈内是符合该类规律的人类行为的集合，五类规律概化为五个圈。人类的行为大致可以分成一律作用域、二律协同域、三律协同域、四律协同域和五律协同域五个大类，其中五律协同域中人类行为同时遵循五类规律，显然这样的行为是我们期望的、可以实现预定目标的行为。

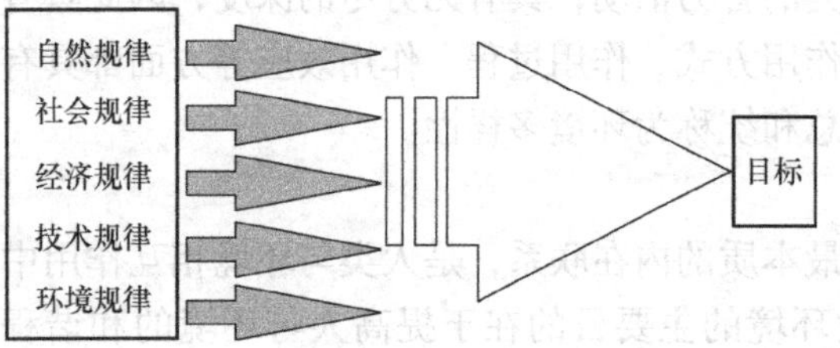

图 2-2　规律联合作用示意图

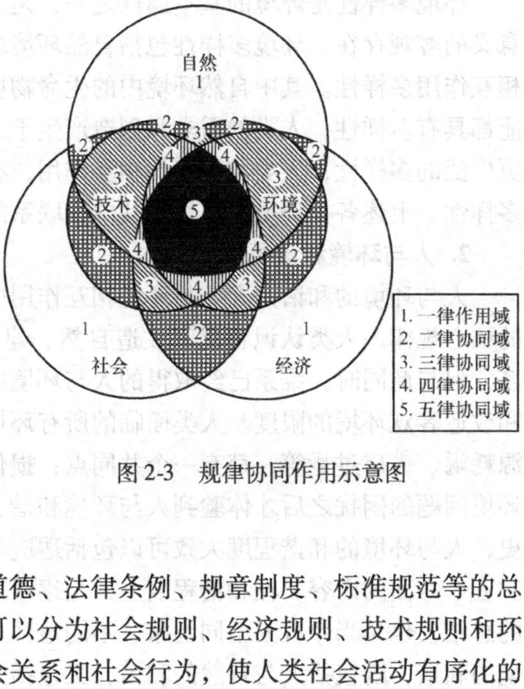

图 2-3　规律协同作用示意图

4. 规则与规律原理

规则是人为规定的、规范人类行为的伦理道德、法律条例、规章制度、标准规范等的总和。按照所规范的人类行为特征的不同，规则可以分为社会规则、经济规则、技术规则和环境规则四类。社会规则是调节和规范人们的社会关系和社会行为，使人类社会活动有序化的规则的总和，主要由风俗、道德、习惯、时尚、纪律、法律、规章制度、宗教教义等组成。经济规则是规范人们经济关系和经济行为，使人类经济关系和经济活动有序化的规则的总和，主要由生产关系、市场规范等组成。技术规则是规范人类技术行为的规则，主要有行业技术标准、产品质量标准、工艺规范等。规范人类环境行为的规则统称环境规则。自然规律也叫自然法则，是一种由大自然“制定”，物质世界非智力行为的规则，它与经济、社会、技术、环境等规则一起组成与五类规律相对应的五类规则。规则与规律都制约着人类的行为，彼此之间既有联系又有区别。人类的实践已反复证明，偏离规律的规则往往是事物发展的离心力，背离规律的规则常常是发展的阻力，只有顺应规律的规则才是发展的动力。例如，市场是配置资源的有效手段，计划经济体制偏离了这一基本规律，制约了经济发展；而市场经济体制顺应这一规律，将促进经济发展。新中国成立以来先后实行计划经济和市场经济两种不同经济体制的实践，充分证明了上述论断。

2.3.2 经济学十大原理

原理一 人们面临交替关系

“鱼与熊掌不可兼得”，为了得到一件我们喜爱的东西，通常就不得不放弃另一件我们喜爱的东西。作出决策要求我们在一个目标与另一个目标之间有所取舍。

我们考虑一个学生决定如何配置他最宝贵的资源——时间。他可以把所有的时间用于学习经济学，也可以把所有的时间用于学习环境学，还可以把时间分配在这两个学科上。当他把某一个小时用于学习一门课时，他就必须放弃本来可以学习另一门课的一小时。

当人们组成社会时，他们面临着各种不同的交替关系。典型的交替关系是“大炮与黄油”之间的交替。我们把更多的钱用于国防以保卫我们的海岸免受外国入侵（大炮）时，能用于提高国内生活水平的个人物品的消费（黄油）就少了。在现代社会里，同样重要的是清洁的环境和高收入水平之间的交替关系。要求企业减少污染的法律增加了生产物品与劳务的成本。由于成本提高，结果这些企业赚的利润少了，支付的工资低了，收取的价格高了，或是这三种结果的某种结合。因此，尽管污染管制给予我们的好处是更清洁的环境，以及由此引起的健康水平提高，但其代价是企业所有者、工人和消费者的收入将会减少。

社会面临的另一种交替关系是效率与平等之间的交替关系。效率是指社会能从其稀缺资源中得到最多东西。平等是指这些资源的成果公平地分配给社会成员。换言之，效率是指经济蛋糕的大小，而平等是指如何分割这块蛋糕。在设计政府政策的时候，这两个目标往往是不一致的。

我们考虑目的在于实现更平等地分配经济福利的政策。某些政策，如福利制度或失业保障，是要帮助那些最需要帮助的社会成员。另一些政策，如个人所得税，是要求经济上成功的人士对政府的支付比其他人更多。虽然这些政策对实现更大平等有好处，但它却以降低效率为代价。当政府把富人的收入再分配给穷人时，就减少了对辛勤工作的奖励；结果，人们工作少了，生产的物品与劳务也少了。换句话说，当政府想要把经济蛋糕切为更均等的小块时，这块蛋糕也就变小了。

认识到人们面临交替关系本身并没有告诉我们，人们将会或应该作出什么决策。一个学生不应该仅仅由于要增加用于学习经济学的时间而放弃环境学的学习，社会不应该仅仅由于环境控制降低了我们的物质生活水平而不再保护环境，也不应该仅仅由于帮助穷人扭曲了工作激励而忽视了他们。然而，认识到生活中的交替关系是很重要的，因为人们只有了解他们可以得到的选择，才能作出良好的决策。

原理二 某种东西的成本是为了得到它而放弃的东西

由于人们面临着交替关系，所以，作出决策就要比较可供选择的行动方案的成本与收益。但是，在许多情况下，某种行动的成本并不像乍看时那么明显。

例如，考虑是否上大学的决策。收益是使知识丰富和一生拥有更好的工作机会。但成本是什么呢？要回答这个问题，你会想到把你用于书籍、学费、住房和伙食的钱加总起来。但这种总和并不真正地代表你上一年大学所放弃的东西。

这个答案的第一个问题是，它包括的某些东西并不是上大学的真正成本。即使你离开了学校，你也需要有睡觉的地方，要有东西吃。只有在大学的住宿和伙食比其他地方贵时，贵的这一部分才是上大学的成本。实际上，大学的住宿与伙食费可能还低于你自己生活时所支付的房租与食物费用。在这种情况下，住宿和伙食费可能还低于你自己生活时所支付的房租与食物费用。在这种情况下，住宿与伙食费的节省也是上大学的收益。

这种成本计算的第二个问题是，它忽略了上大学最大的成本——你的时间。当你把一年的时间用于听课、读书和写文章时，你就不能把这段时间用于工作。对于大多数学生而言，为上学而放弃的工资是他们受教育最大的单项成本。

一种东西的机会成本是为了得到这种东西所放弃的东西。当决策者作出任何一项决策，如是否上大学时，决策者应该认识到伴随每一种可能的行动而来的机会成本。实际上，决策者通常是知道这一点的。那些到了上大学年龄的运动员如果不上学而从事职业体育运动就能赚几百万美元，他们深深认识到，他们上大学的机会成本极高。他们往往如此决定，不值得花费这种成本来获得上大学的收益，这一点儿也不奇怪。

原理三　理性人考虑边际量

生活中的许多决策涉及对现有行动计划进行微小的增量调整。经济学家把这些调整称为边际变动。在许多情况下，人们可以通过考虑边际量来作出最优决策。

例如，假设一位朋友请教你，他应该在学校上多少年学。如果你给他用一个拥有博士学位的人的生活方式与一个没有上完小学的人进行比较，他会抱怨这种比较无助于他的决策。你的朋友很可能已经受过了某种程度的教育，并要决定是否再多上一两年学。为了作出这种决策，他需要知道，多上一年学所带来的额外收益和所需花费的额外成本。通过比较这种边际收益与边际成本，他就可以评价多上一年学是否值得。

再举一个考虑边际量如何有助于作出决策的例子。考虑一个航空公司决定对等退票的乘客收取多高的价格。假设一架200个座位的飞机某航线飞行一次，航空公司的成本是10万美元。在这种情况下，每个座位的平均成本是10万美元/200，即500美元。有人会得出结论：航空公司的票价绝对不应该低于500美元。

但航空公司可以通过考虑边际量而增加利润。假设一架飞机即将起飞时仍有10个空位。在登机口等退票的乘客愿意支付300美元买一张票。航空公司应该卖给他票吗？当然应该了。如果飞机有空位，多增加一位乘客的成本是微乎其微的。虽然一位乘客飞行的平均成本是500美元，但边际成本仅仅是这位额外的乘客将消费的一包花生米和一罐汽水的成本而已。只要等退票的乘客所支付的费用大于边际成本，卖给他机票就是有利可图的。

正如这些例子说明的，个人和企业通过考虑边际量将会作出更好的决策。只有一种行动的边际收益大于边际成本，一个理性决策者才会采取这项行动。

原理四　人们会对激励作出反应

由于人们通过比较成本与收益作出决策，所以，当成本或收益变动时，人们的行为也会相应改变。这也就是说，人们会对激励作出反应。比如，政府决定增收汽油税，短期内人们的反应不会很大，一般只会减少汽车行程，如果长期面对这样的激励，人们将会购买节油汽车或者不买车而使用公共交通。再如，对企业实行污染信息公开化，将会对污染企业产生长久的激励，促使他们配套污染处理设施、采用更清洁的原材料并研究新的生产技术推行清洁生产。

对设计公共政策的人来说，激励在决定行为中的中心作用是重要的。公共政策往往改变了个人行动的成本或者收益。当决策者未能考虑到行为如何由于政策的原因而变化时，他们的政策就会产生意想不到的效果。

原理五 贸易能使每个人状况更好

在某种意义上说，世界经济中的国家与国家之间是相互竞争的，计算机、汽车及农产品等国际市场的流通量很大，但占有大多市场份额的通常却只有几个国家。每个家庭与所有其他家庭之间也是竞争的，找工作时各个家庭的成员竞争相同的岗位，购物时每个家庭都想以最低的价格购买最好的东西……

尽管存在这种竞争，但把你的家庭与所有其他家庭隔绝开来并不会过得更好。如果是这样的话，你的家庭就必须自己种粮食，自己盖房子，自己做衣服。显然，你的家庭在与其他家庭交易中受益匪浅。无论是在耕种、做衣服或盖房子方面，每个人从事自己最为擅长的事情，然后用较低的价格购买他人制造的物品与劳务，从而享受到更广泛的多样性。

国家和家庭一样也从相互交易中获益。贸易使各国可以专门从事自己最擅长的活动，并享有各种各样的物品与劳务。美国人、法国人、日本人、埃及人等外国人既是我们的竞争对手，又是我们在世界经济中的伙伴。

原理六 市场通常是组织经济活动的一种好方法

在市场经济中，中央计划者的决策被千百万企业和家庭的决策所取代。企业决定雇佣谁和生产什么，家庭决定为哪家企业工作，以及用自己的收入买什么东西。这些企业和家庭在市场上相互交易，价格和个人利益引导着他们的决策。

乍一看，市场经济的成功是一个谜。千百万利己的家庭和企业分散作出决策似乎会引起混乱，但事实并非如此。事实已证明，市场经济在以一种促进普遍经济福利的方式组织经济活动方面非常成功。

经济学家亚当·斯密（Adam Smith）在1776年的著作《国富论》中提出了经济学界著名的观察结果：家庭和企业在市场上相互交易，它们仿佛被一只“看不见的手”所指引，达到了合意的市场结果。当你学习了经济学后，你就会知道，价格就是看不见的手用来指引经济活动的工具。价格既反映一种物品的社会价值，也反映生产该物品的社会成本。由于家庭和企业在决定购买什么和出卖什么时关注价格，所以，他们就不知不觉地考虑到了他们行动的社会收益与成本。结果，价格指引这些个别决策者在大多数情况下实现了整个社会福利最大化的结果。

关于看不见的手在指引经济活动中的技巧有一个重要的推论：当政府阻止价格根据供求自发地调整时，它就限制了看不见的手协调组成经济的千百万家庭和企业的能力。这个推论解释了为什么税收对资源配置有不利的影响：税收扭曲了价格，从而扭曲了家庭和企业的决策。这个推论还解释了租金控制这类直接控制价格的政策所引起的更大伤害。

原理七 政府有时可以改善市场结果

虽然市场通常是组织经济活动的一种好方法，但这个规律也有一些重要的例外。政府干预经济的原因有两类：促进平等和促进效率。这就是说，大多数政策的目标不是把经济蛋糕做大，就是改变蛋糕的分割。

看不见的手通常会使市场有效地配置资源。但是，由于各种各样的原因，有时看不见的手不起作用。经济学家用市场失灵这个词来指市场本身不能有效配置资源的情况。

市场失灵的一个可能原因是外部性。外部性是一个人的行动对旁观者福利的影响。污染是一个典型的例子。如果一家化工厂并不承担它排放烟尘的全部成本，它就会大量排放。在这种情况下，政府就可以通过环境保护来增加经济福利。

市场失灵的另一个可能的原因是市场势力。市场势力是指一个人（或者一小群人）不适当地影响市场价格的能力。例如，假设城镇里的每个人都需要水，但只有一口井。这口井的所有者对水的销售就有市场势力，在这种情况下，他是一个垄断者。这口井的所有者并不受残酷竞争的限制，而正常情况下看不见的手正是以这种竞争来制约个人的私利。你将会知道，在这种情况下，规定垄断者收取的价格有可能提高经济效率。

看不见的手也不能确保公平地分配经济成果。市场经济根据人们生产其他人愿意买的东西的能力来给予报酬。世界上最优秀的篮球运动员赚的钱比世界上最优秀的棋手要多，只是因为人们愿意为看篮球比赛付更多的钱。看不见的手并没有保证每个人都有充足的食品、体面的衣服和充分的医疗保健。许多公共政策（如所得税和福利制度）的目标就是要实现更平等的经济福利分配。

政府有时可以改善市场结果并不意味着它总是能达到这样的效果。公共政策是由极不完善的政治程序制定的，有时所设计的政策只是为了有利于政治上有权势的人，有时政策由动机良好但信息不充分的领导人制定。学习经济学的一个目的就是帮助你判断，什么时候一项政府政策适用于促进效率与公正，什么时候却不行。

原理八　一国的生活水平取决于它生产物品与劳务的能力

世界各国生活水平的差别是非常惊人的。1993 年，美国人的平均收入为 2.5 万美元，墨西哥人的平均收入仅为7000 美元，而尼日利亚人的平均收入为1500 美元。毫不奇怪，这种平均收入的巨大差别反映在生活质量的各种衡量指标上。高收入国家的公民比低收入国家的公民拥有更多汽车、更多电视机、更好的营养、更好的医疗保健，以及更长的预期寿命。

随着时间的推移，生活水平的变化也很大。在美国，从历史上看，收入的增长每年为2%左右（根据生活费用变动进行调整之后）。按这个比率，平均收入每 35 年翻一番，而韩国在近10 年间平均收入翻了一番。

用什么来解释各国和不同时期生活水平的巨大差别呢？答案之简单出人意料。几乎所有生活水平的变动都可以归因于各国生产率的差别，这就是一个工人一小时所生产的物品与劳务量的差别。在那些每单位时间工人能生产大量物品与劳务的国家，大多数人享受高水平的生活；在那些工人生产率低的国家，大多数人必须忍受贫困的生活。同理，一国的生产率增长程度决定了平均收入增长率。

生产率和生活水平之间的基本关系是简单的，但它的意义是深远的。如果生产率是生活水平的首要决定因素，那么，其他解释的重要性就应该是次要的。例如，有人把 20 世纪美国工人生活水平的提高归功于工会或最低工资法。但美国工人的真正英雄行为是他们提高了生产率。再举一个例子，一些评论家声称，美国近年来收入增长放慢是由于日本和其他国家日益激烈的竞争。但真正的敌人不是来自国外的竞争，而是美国生产率增长的放慢。

生产率与生活水平之间的关系对公共政策也有着深远的含义。在考虑任何一项政策如何影响生活水平时，关键问题是政策如何影响我们生产物品与劳务的能力。为了提高生活水平，决策者需要让工人受到良好的教育，拥有生产物品与劳务需要的工具，以及得到获取最好技术的机会。

原理九　当政府发行了过多货币时，物价上升

1921 年1 月，德国一份日报价格为0.3 马克。不到两年之后，在1922 年11 月，一份同

样的报纸价格为7000万马克。经济中所有其他价格都以类似的程度上升。这个事件是历史上最惊人的通货膨胀的例子，通货膨胀是经济中物价总水平的上升。

是什么引起了通货膨胀？在大多数严重或持续的通货膨胀情况下，罪魁祸首总是相同的——货币量的增长。当一个政府制造了大量本国货币时，货币的价值下降了。在20世纪20年代初的德国，当物价平均每月上升3倍时，货币量每月也增加了3倍。美国的情况虽然没有这么严重，但美国经济史也得出了类似的结论：20世纪70年代的高通货膨胀与货币量的迅速增长是密切相关的，而90年代的低通货膨胀与货币量的缓慢增长也是相关的。

原理十　社会面临通货膨胀与失业之间的短期交替关系

如果通货膨胀这么容易解释，为什么决策者有时却在使经济免受通货膨胀之苦上遇到麻烦呢？一个原因就是人们通常认为降低通货膨胀会引起失业暂时增加。通货膨胀与失业之间的这种交替关系被称为菲利普斯曲线，这个名称是为了纪念第一个研究了这种关系的经济学家的。

在经济学家中菲利普斯曲线仍然是一个有争议的问题，但大多数经济学家现在接受了这种思想：通货膨胀与失业之间存在短期交替关系。根据普遍的解释，这种交替关系的产生是由于某些价格调整缓慢。例如，假如政府减少了经济中的货币量，长期来看这种政策变动的唯一后果是物价总水平下降，但并不是所有的价格都将立即调整。在所有企业都印发新目录，所有工会都作出工资让步，以及所有餐馆都印了新菜单之前还需要几年时间，这就是说，可以认为价格在短期中是黏性的。

由于价格是黏性的，各种政府政策都具有不同于长期效应的短期效应。例如，当政府减少货币量时，它就减少了人们支出的数量。较低的支出与居高不下的价格结合在一起就减少了企业销售的物品与劳务量，销售量减少又引起企业解雇工人。因此，对价格的变动作出全部调整之前，货币量减少就会暂时增加失业。

通货膨胀与失业之间的交替关系只是暂时的，但可以持续数年之久。因此，菲利普斯曲线对理解经济中的许多发展是至关重要的。特别是决策者在运用各种政策工具时可以利用这种交替关系。短期中决策者可以通过改变政府税收量、支出量和发行的货币量来影响经济所经历的通货膨胀与失业的结合。由于这些货币与财政政策工具具有如此大的潜在力量，所以，决策者应该如何运用这些工具来控制经济，一直是个很有争议的问题。

2.3.3　环境经济学原理

原理一　决策者所制定的环境经济政策必须取得环境规律与经济规律的协同才能实现环境与经济的双赢，简称“双赢原理”。

规律是事物发展中必然的、本质的、稳定的联系，体现事物发展的基本趋势、基本秩序，是千变万化的现象世界相对静止的内容，它具有客观、普遍、稳定、隐蔽、强制和适应等特性。规则是人为规定的，规范人类行为的规章制度、法律条例、伦理道德、标准规范等的总和。人类实践已反复证明，偏离规律的规则往往是事物发展的离心力，背离规律的规则常常是发展的阻力，只有顺应规律的规则才是发展的动力。环境经济政策作为一种规则，同样适合这一结论：只有同时顺应环境规律与经济规律，才能成为发展的动力，取得环境与经济双赢的效果。

原理二 属于共有态的环境资源需要通过政府引导最大限度地进入市场态或公共态，简称“状态转换原理”。

总的来说，经济中的物品按人类对其管理的状态大致可分为三类：第一类是市场态物品，它们由市场进行配置，如衣服、电视机、粮食、汽车等；第二类是公共态物品，它们主要由政府提供，人们不必直接付费即可享用，如国防、教育等；第三类是共有态物品，由自然界提供（没有人主动提供），如海洋生物、河流、矿藏、大气、森林、土地等环境资源。市场态与公共态的物品由于具备可持续的供给与可持续的需求，运行效果良好。共有态的物品虽然具备了可持续的需求，但由于人类过度地利用往往缺乏可持续的供给能力，出现“公地悲剧（Tragedy of the Commons）”。因此，通过政府宏观调控政策的引导，改变环境资源的原有状态，将其最大限度地转入市场态，由市场进行配置，或者使之进入公共态，由政府协助进行配置，从而避免“公地悲剧”，这是解决环境问题的有效途径。

原理三 市场的环境外部性要最大可能地内在化，简称“内在化原理”。

外部性是指市场双方交易产生的福利结果超出了原先的市场范围，给市场外的其他人带来了影响。外部性多种多样，环境经济学产生的直接原因之一是与环境有关的外部性特别是负外部性的存在。

在一些对环境产生外部性的市场中，经济活动产生的环境成本（或收益）却并没有在市场价格中体现出来，因此，某些产品和服务的价格其实是被低估（或高估）了。比如，将燃煤与燃气加以比较。天然气的成本，反映了气田的基础设施建设、输送管道的铺设、给家庭安装和维修所需的费用。煤的成本，包括建造矿井、开采煤炭以及运输煤炭的费用，但这里它却还存在没有被包括的成本：煤炭燃烧过后所排放的二氧化碳对气候的破坏——破坏性更大的风暴、冰川的融化及其海平面的上升，热岛效应加剧等全球变暖带来的负面影响；煤燃烧过程中产生的 SO_x 会导致酸雨、酸雾对淡水湖和森林的破坏以及煤燃烧产生的粉尘使人们患呼吸系统疾病所引起的医疗费用。因此，煤的市场价格，其实是远远低于使用它的成本的。而每个人家庭或企业作出经济决策，都是以市场信号为指导的。于是，人们便按照有误差的市场信号选择以价格低廉的煤作为燃料，导致环境变得越来越糟糕。还有另外一种情况，市场对环境产生正外部性，如世界银行对环境研究、无氟冰箱的兴起、教育及投资的加大等，但市场对它们的评价却远小于它们对环境产生的益处，于是，他们生产的积极性降低，这些对环境很有好处的东西慢慢地变少。

为了对这种状况进行补救，就必须尽可能使市场产生的环境外部性最大可能地内在化，从而使企业、组织及个人生产或消费更少的对环境有负外部性的产品，提供更多的对环境有正外部性的产品。办法是将外部费用引进到价格之中。例如，可以在计算全球变暖、酸雨和空气污染的成本后，将其作为燃煤的一种税负，加入到现行的价格中去；也可以对生产无氟冰箱的企业，进行环境研究、教育的单位进行补贴等。这些经济措施将激励市场中的买卖双方改变理性选择，生产或购买更接近社会最优的量，纠正外部性的效率偏差，给环境带来益处。莱斯特 R. 布朗在《生态经济》的第一章“经济与地球”中，以“选择调整还是选择衰落”为题对未来世界经济的发展模式进行了探讨，他的很多观点对于理解环境经济是很有帮助的。

原理四 环境也是生产力，简称“环境生产力原理”。

生产力是推动人类文明、社会进步和经济发展的根本动力，而环境正成为一种新兴的生产力。随着人们对环境质量的要求的提高，环境不仅是支撑经济系统发展的物质基础，而且正成为扩大对外贸易、促进经济发展的重要因素。目前，我国的区域经济发展已进入了一个以创造良好环境为中心的新的竞争阶段。城市的竞争主要表现在环境的竞争。作为城市对外的“名片”，环境不仅是“引凤求凰”——吸引各种经济主体前来生存和发展的载体，也是城市竞争力的重要体现，它所产生的环境效益、品牌效益和经济效益可转换为促进城市发展的直接成分和重要因素。所以，就一座城市，尤其是致力于发展外向型经济的城市而言，环境是品牌，环境是效益，环境是竞争力，环境更是实现可持续发展的持久动力，一言以蔽之，环境也是生产力。

2.4 环境经济学的研究方法和内容

2.4.1 环境经济学的研究方法

1. 实证型环境经济学研究

作为一个环境经济学家，他在研究问题时，将涉及经济、自然、技术、社会等各个方面的知识，因此，他需要掌握环境学、经济学、管理学、技术学、法学等多种基本知识。但是，在思考方式方面，环境经济学家最像经济学家。可以说，环境经济学家采用与经济学相似的思考方式来研究与环境相关的问题。因此，在深入了解环境经济学的本质和细节之前，了解一下作为科学家的经济学家在处理所遇到的问题时有什么独特之处是十分必要的。

2. 规范型环境经济学研究

环境经济学家可以是科学家，但也可以是决策者。那么，作为科学家的环境经济学家与作为决策者的环境经济学家有什么区别吗？为了弄清楚这两种环境经济学家所起的作用，可仔细考察一下他们使用语言的方式。由于科学家和决策者有不同的目标，所以他们以不同的方式使用语言。例如，假设两个人正在讨论环境建设与经济增长的问题。下面是他们的两种表述：

甲：环境建设会促进经济增长。

乙：政府应该加强环境建设以促进经济增长。

现在不管是否同意这两种表述，应该注意的是，甲和乙想要做的事情是不同的。甲的说法像一个科学家：他作出了一种关于世界如何运行的表述——实证表述。乙的说法像一个决策者：他作出了他想如何改变世界的表述——规范表述。

实证表述和规范表述之间的主要差别是如何判断它们的正确性。从原则上来说，可以通过检验证据而确认或否定实证表述。环境经济学家可以通过分析同一城市不同时期环境建设和经济增长的纵向比较数据，或者不同城市同一时期内环境建设与经济增长的横向比较数据来评价甲的表述。与之相比，评价规范表述涉及价值观和事实。仅仅依靠数据不能判断乙的表述。确定什么是好政策或什么是坏政策不仅仅是一个科学问题，它还涉及人们对伦理、宗教和政治哲学的看法。

当然，实证表述与规范表述也会是相关的。关于世界如何运行的实证观点影响到关于什么政策合意的规范观点。如果甲关于环境建设会促进经济增长的说法正确的话，就可以肯定乙关于政府应该加强环境建设以促进经济增长的结论。但规范结论并不能仅仅根据实证分析，相反，这种结论既需要实证分析，同时也需要价值判断。

学习环境经济学与学习经济学一样，要记住实证表述与规范表述的区别。许多环境经济学家仅仅是努力解释环境与经济之间各种复杂的关系，但环境经济学的目标往往是通过政策的制定来改善环境与经济的关系以取得它们的双赢。当环境经济学家作出“政府应该加强环境建设以促进经济增长”的规范表述时，他们已经跨过界线从科学家变成了决策者。

2.4.2 环境经济学的分析方法

（1）环境效益费用分析　环境效益费用分析是环境经济学研究的核心内容，其主要内容有：效益费用分析在环境经济分析中的实践应用，环境和自然资源的经济价值评估的理论和方法，环境污染与破坏的经济损失估价的理论和方法，环境保护经济效益计算的理论与方法等。

（2）环境经济评价　环境经济评价方法是评估环境损害和环境效益经济价值的方法。环境经济评价是环境经济学的一个重要的应用领域，其主要的内容有经济活动的环境影响评价、环境建设活动的经济评价、环境政策的经济影响评价等。

（3）其他分析方法　应用数学分析方法，建立相关分析模型是环境经济分析的重要手段，如环境经济系统的投入产出分析法、环境经济系统的数学规划法、环境经济的预测与决策分析法等。此外，科学的定性分析法也是环境经济分析的重要手段。

2.4.3 环境经济学的研究内容

环境经济学的研究内容非常丰富，目前已形成了环境经济学研究内容的基本框架。由于环境经济学是一门新兴学科，还有许多内容需要进一步的充实和完善。环境经济学的主要研究内容如图 2-4 所示。

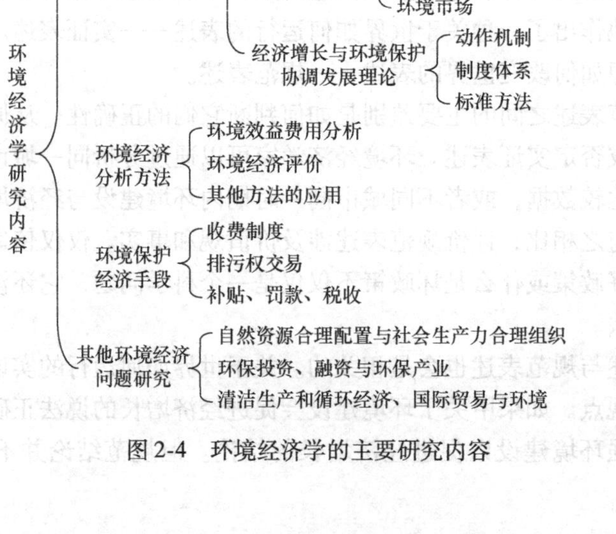

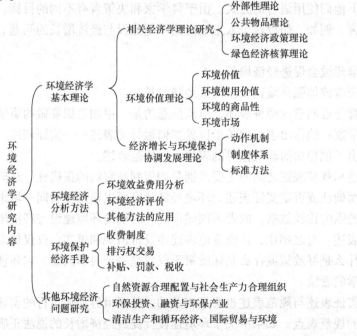

图 2-4　环境经济学的主要研究内容

2.4.4 环境经济学的研究领域

1. 环境经济学的研究涉及微观领域和宏观领域

(1) 微观领域 环境经济学的微观领域研究，集中表现在分析指导一个企业、一个单位以及一个局部区域的生产、生活与环境保护的关系。从微观领域来讲，企业产生的外部不经济性或外部成本由社会来承担，企业不用为此支付代价，这种状况不但导致社会的不公平和自然环境的损害，对企业本身的长远利益和综合效益也是有损害的。企业应该提高环境标准，加大企业环境保护投资。加强企业环境保护意味着提高单位经济的环境生产力，意味着企业更有效地利用资源，也意味着对区域环境的保护。因此，环境经济学的微观研究领域是环境经济分析的基础领域。

(2) 宏观领域 环境经济学的宏观领域研究，集中表现在分析探索一个区域、一个国家乃至全球发展与环境的关系。很多国家现在都意识到发展与环境是分不开的，加强宏观领域的环境保护，是防止和解决一个区域、一个国家乃至整个世界环境问题的根本。如果人类不重视宏观领域的环境保护，环境本身就会成为经济增长和社会发展的瓶颈。构建和实施可持续发展战略体系是环境经济学研究在宏观领域的主要目标。

环境经济学的形成与发展，实际上就是沿着微观领域和宏观领域这两个方向同时或交替地向前推进。环境经济学也可以分为微观环境经济学和宏观环境经济学。目前微观环境经济分析不断深入，宏观环境经济分析不断拓展。

微观环境经济学研究的对象是单个经济单位的环境经济行为，主要包括单个生产者、单个消费者、单个市场等，主要研究它们的经济行为与环境保护行为的关系，如研究企业环境的优化配置问题等。

宏观环境经济学从总量出发，把环境纳入宏观经济理论模型中分析，分析经济发展与环境是怎样相互影响、环境问题怎样影响宏观经济运行等。此外，把环境纳入整个国民经济框架中进行考察，是宏观环境经济分析的具体应用，而制定全球化与区域协调发展的环境经济政策，是可持续发展的重要体现。

将环境经济学的研究领域分为微观领域和宏观领域，将环境经济学划分为微观经济学和宏观经济学，只是分析研究层面上的相对划分。这两个方面的研究在环境经济学的基本理论、方法上是一致的，包括在一些研究内容上这两个方面也是重叠和交叉的，一些内容不能完全区分是属于微观领域还是属于宏观领域。

2. 环境经济学研究的重点领域

进入21世纪以来，环境经济学的研究领域不断扩大，并且取得了明显进展。可以预计，在未来一段时间内，环境经济学研究将重点关注环境经济理论体系、环境价值核算体系、环境投融资体系、环境经济政策体系、环境经济评价体系、循环经济、国际贸易与环境七个研究领域。

(1) 环境经济理论体系 环境经济学理论体系构筑的基础，一是微观经济学和宏观经济学，二是环境科学。要进一步丰富环境经济学的理论基础，扩展环境经济学的研究范围，就要注意把经济学理论与环境科学理论有机结合起来，再加以创新，同时要注意理论指导实践的重要性。

(2) 环境价值核算体系 多年来，许多专家学者和有关部门都在呼吁，加快开展绿色国民经济核算研究，建立中国绿色国民核算体系。为了树立和落实全面、协调、可持续的科学发展观，建设资源节约型和环境友好型社会，2004 年 3 月，国家环境保护总局和国家统计局联合启动了《中国绿色国民经济核算（简称绿色 GDP 核算）研究》项目。项目技术组提交了《中国绿色国民经济核算研究报告（2004）》，同时出版了报告的公众版。但开展这项工作存在多方面的难度，需要进一步统一思想，加强研究，扎实推动绿色 GDP 的核算工作。

（3）环境经济政策体系　环境经济政策是指按照市场经济规律的要求，运用价格、财政、税收、信贷、收费、保险等经济手段，影响市场主体行为的政策手段。环境经济政策体系是解决环境问题最有效、最能形成长效机制的办法，是宏观经济手段的重要组成部分，更是落实科学发展观的制度支撑。初步形成包括环境收费、绿色税收、绿色资本市场、排污权交易、生态补偿、绿色贸易、绿色保险等方面的我国环境经济政策体系是环境经济学要重点研究的问题。

（4）环境经济评价体系　环境经济评价是环境经济学领域中的难点和热点问题，环境经济评价问题已成为贯彻和落实科学发展观的重要课题。科学的环境经济评价有助于改善中国的环境绩效，推进我国环境经济评价体系的建立，要进一步加强环境经济评价的研究工作，开展更加全面的环境经济评价研究和更加实用的环境经济评价方法的应用和实践，提高环境经济评价的实用性与准确性。结合我国国情，从环境经济评价的理论与方法，环境经济评价的政策与体制等方面，探索我国推行环境经济评价体系的模式和途径，是环境经济评价面临的主要任务。

（5）环境投融资体系　环境投融资研究在我国依然是一个新的研究领域。经过多年的实践和研究已取得了一定的效果，但还需加大研究和实践实际应用的力度，为研究和制定我国的环境投资战略及其政策提供参考。要进一步在环境投融资概念的确定、环境投融资分析方法、环境融资机制研究，以及环境产业投融资、环境保护基金、环境投融资工具、公私合营及建设—运营—交付（BOT）模式等方面加大研究和应用，建立起中国特色的环境投融资体系和战略。

（6）循环经济　循环经济按照自然生态系统物质循环和能量流动规律重构经济系统，使经济系统和谐地纳入到自然生态系统的物质循环过程中去，建立起一种新形态的经济，循环经济在本质上就是一种生态经济。循环经济作为一种科学的发展观，一种全新的经济发展模式，具有自身的独立特征。循环经济的特征主要体现在新的经济观、新的系统观、新的价值观、新的生产观和新的消费观等方面。我国把大力发展循环经济、建设资源节约型和环境友好型社会列为发展的基本方略，强调要加快转变经济增长方式，将循环经济的发展理念贯穿到区域经济发展、城乡建设和产品生产中去，使资源得到最有效的利用。在这一背景下，深入研究发展循环经济的有关理论与实践，探讨循环经济发展战略，对于实施循环经济是十分必要的。

（7）国际贸易与环境　环境保护和自由贸易都是人们追求的目标，如何实现国际贸易与环境的协调发展已经受到越来越多的学者、政府和企业家的重视。一个方面，国际贸易的发展优化了全球的资源配置，增加了社会财富，提高了人类社会的生活质量，但同时也不可避免地带来了环境和生态的破坏，所以国际贸易政策的制定必须考虑环境因素才是可持续的；另一个方面，保护环境的政策也需要与国际贸易政策相配合。为了有效保护环境，实现国际贸易的可持续发展，采取适当的国际贸易限制手段是必要的，但如果以保护环境为借口，过分限制自由贸易，将阻碍世界经济的发展，对可持续发展也是不利的。以保护环境促进贸易的发展、以贸易的发展推动环境保护是协调国际贸易与环境相互关系的根本要求，在这些方面很有必要进行深入的探讨。

2.4.5　环境经济学的特点

环境科学和经济学都是综合性科学，环境经济学既是经济学的分支学科，同时也是环境科学的分支学科。环境经济学具有以下显著特点。

(1) 交叉性　环境经济问题研究要涉及经济、自然、技术等各方面的因素，不仅与经济学、环境科学有直接关系，而且与生物学、地学、技术科学、管理科学以至法学等学科在内容上和研究领域上有很大的交叉。因此，在研究环境经济问题时，既要重视经济规律的作用，又要受到自然规律的制约。

(2) 整体性　环境经济学的整体性，是由环境经济系统的整体性决定的。环境经济系统是环境系统与经济系统相结合的统一有机整体，环境经济学就是从这个统一整体，即环境经济系统的整体性出发，从环境与经济的全局出发，来揭示环境问题的本质，寻求解决环境问题的有效途径。

(3) 应用性　环境经济学主要运用经济学科的理论与方法和环境科学的理论与方法，研究正确协调经济发展与环境保护的关系，为制定科学的社会经济发展政策和环境政策提供依据，为解决各种环境问题提供依据、技术和方案。所以说，环境经济学是一门应用性、实践性很强的学科。

(4) 综合性　环境经济学与其他经济学区别的显著特点，在于它研究任何经济问题时，不仅研究其经济效果，还着重研究经济发展变化对环境质量的影响，以及环境变化的后果对经济发展的反作用，同时，环境经济学也关注人类活动的社会效果。环境经济学的综合性体现在环境、经济社会中的各个方面。

【案例】

能耗降低20%，中国能做到吗?

“仅仅在2000年到2005年间，中国的能源消耗就增加了36.2%。为了生产价值一万美元的商品，我们需要消耗7倍于日本的能源，6倍于美国的能源。”这是5月19日金融、环境与发展论坛上世界自然基金会China for a Global Shift Initiative全球总监高宇给出的一个事实。

“如果全球气温上升2~3℃，中国2050年的粮食总产量将减少1/5，部分河流年均径流量将下降2%~10%，长三角、珠三角等地区将出现经济衰退。”这是同一个论坛上国家发展改革委能源研究所效率中心副主任白泉给出的一个假设。

一个是事实，一个是基于事实很有可能发生的假设，紧迫的现实则是“十一五”规划中单位GDP能耗降低20%的目标。环境问题，以及与此相关的资源问题、能源问题依然是中国经济发展过程中必须打起十二分精神应对的重中之重。

经济发展与环境保护：鱼与熊掌可以兼得

若干年前，中国人对环保的概念可能只停留在水、大气、土壤等自然环境的狭义生态环境概念上，温室效应、白色污染、酸雨等都是耳熟能详的名词。但如今，环境保护还在于如何串联这些分散的、单独的领域，将它们作为一个整体来贯彻，即逐步向实现环境、经济发展、消除贫困和可持续增长，以及实现综合考虑环境、社会、企业治理、人文、民族、历史等方面全方位扩展。其中，如何兼顾经济发展与环境保护，是在当前金融危机和节能减排的双重背景下，中国政府和企业的难题。

污染的负外部效应是我们在经济学教科书上经常能看到的例子。多年计算的平均结果显示，中国经济成长的GDP中，至少有18%是依靠资源和生态环境的“透支”获得的，这种代价至今仍存在于我们的经济发展之中，也给普通人留下了经济增长与环境保护难以两全的印象。

事实上，环境库兹涅茨曲线的发现得到了一个不同的结论：人均收入和环境退化之间存在一种倒U形关系，并且当一国人均GDP达到4000～5000美元（1985年的美元价格）的转折点时，经济增长趋向于减轻环境污染问题。这也意味着，环境问题的解决最终还需要依赖经济增长，财富增加和人均收入的提升将有助于改善环境质量。历史上，几乎每一个发达国家或地区都经历过从“大烟囱”产业向高新技术产业和服务业的转变，这一过程即伴随着收入水平的提高和单位能耗的下降。

中国：二氧化硫污染已达顶点

如果以冷漠的旁观者和研究者的角度来看，鉴于引人注目的发展速度和日益凸显的环境污染问题，中国是检验EKC理论的一个理想对象。与人们日常生活关系最为密切的是空气污染和饮用水危机。其实，环境污染并不是这两年才严重起来的，而是恶化到了某种阈值的位置。这究竟是意味着更严重的生态危机正在路上？还是表明EKC的转折点已经或即将到来？

某些经验研究的发现是，EKC上，二氧化硫污染在人均收入5000～9000美元处开始下降。中国离人均5000美元的收入水平还有一段距离，但有迹象表明，二氧化硫污染似乎已经达到顶点并开始下降。这样的结论似乎支持前面的乐观观点。

目前，中国似乎还处在倒U形曲线的左侧，工业化、城市化快速发展的同时，资源消耗、污染物质排放也快速增长。2006年中国百强城市中，GDP数值高的城市往往消耗资源也多。而“百强俱乐部”整体则以占全国13.91%的面积、45.71%的人口，在创造57.36%的GDP同时，使用了全国41.59%的电力、58.02%的水及75%以上的天然气和液化石油气。白泉认为，从现在中国的情况看，二氧化碳排放与经济增长之间基本上呈刚性关系。在他的研究中，未来50年，中国的碳排放将经历三个历史阶段，2020年之前的全面建设小康社会关键时期，碳排放总量仍将快速增长，但碳强度将下降；2020～2035年，综合国力得到显著提升，才可期待碳排放总量增速放缓，并且最理想的结果不过是在这阶段的末期，碳排放总量达到峰值；只有到2035年之后，碳排放总量才真正从绝对量上出现大幅减少。

尽管如此，这并不意味着中国仍要一直关注经济增长，坐等人均收入达到有利于环保的转折点，否则必然会产生剧烈的阵痛。在这方面，日本是典型的前车之鉴。

木宫高彦在其《公害概论》中说：“日本当政者在公害战略或公害治理战略方面，实际上推行的是从经济优先原则出发，先放纵公害发展，以利于经济高速增长，待到经济发展到高水平时再加入治理的方针。”尽管伴随高速增长已经导致公害泛滥，日本政府在1967年夏制定的《公害对策基本法》中仍不顾反对，附加了治理公害必须与经济发展相协调条款，即经济优先条款。但随后发生的四大公害诉讼事件和遍及全国的反公害竞争迫使日本政府在1970年时不得不删除那些“调和条款”，修改和制定了14件公害法律，并从此由被动应付转向严格治理，最终从“公害之国”变为防治公害的先进国家。

对于中国来说，经济增长与环境保护，两者虽然可以兼得，但如果希望得到的过程不至于太痛苦，还需要早做准备。

中国已经进入环境与发展战略转型期

环境问题已经对中国敲响了警钟。2005年，全国发生环境污染纠纷5.1万起。自松花江水污染事件发生以来，全国各类突发环境事件平均每两天就发生一起。如果环境保护继续被动适应经济增长，类似于日本的“公害时期”就可能在中国上演。

在这节骨眼上，“十一五”规划明确提出了节能减排约束性指标，规定到2010年，在GDP年均增长7.5%的同时，单位GDP能源消耗降低20%，主要污染物排放总量减少10%。与此同时，一系列环保政策也紧锣密鼓地出台，越来越重视具体量上的规定，实践起来目标也更加明确。

总体来看我国环保政策的变迁，改革开放以前属于蒙昧时期，相关政策也较少。1973年的第一次全国环境保护会议的最大成果就在于提出了“避免先污染后治理”的原则，但具体的实施比较空洞；及至1983年第二次全国会议确立了环境保护为基本国策，也依然是在性质上定调，各种环境保护的指导思想和方针尚未充分有效地融合到国家的总体经济战略和政策中去。1989年的第三次全国环境保护会议算是一个突破，环境保护目标责任制、城市环境综合整治定量考核制度、污染集中控制制度等八项制度的推行标志着我国环境经济政策已跨入实行定量和优化管理的新阶段，然而环境保护让位于经济发展始终是一个事实。

进入21世纪后，全国性环保会议的召开间期逐渐缩短。相比第一次和第二次的10年之差，2002年的第五次和2006年的第六次仅相隔4年。第五次全国环境保护会议时，我国已基本形成比较完备的宏观环境经济政策体系，环境保护工作更是被摆到与发展生产力同样重要的位置上——环保事业被赋予了新的使命，要求按照经济规律走市场化和产业化的道路。当年年底的十六大提出建设资源节约型、环境友好型社会，加快转变经济增长方式，大力发展循环经济。尽管如此，环保指标仍然成为我国“十五”期间没有完成的国民经济发展指标。

“环保欠账”使政府更直接地意识到了问题的严重性。2006年4月的全国环保会议明确提出，要从重经济增长轻环境保护转变为环境保护与经济增长并重，在保护环境中求发展。当年5月，国家环境保护总局与山东等7个省政府和华能等6家电力企业，签订了“十一五”二氧化硫总量削减目标责任书，启动了“十一五”燃煤电厂脱硫工程；7月，又与河北等9个省（区）政府签订了“十一五”水污染物总量削减目标责任书；9月，与国家统计局共同发布了耗时两年作出的《中国绿色国民经济核算研究报告2004》。这些密集的行动证明了中国节能减排的决心，也表明我国开始进入环境与发展战略转型期，资源环境与经济社会发展关系要从矛盾冲突开始走向协调与融合，力图从“末端治理”转变到贯穿经济生活的全过程。

但白泉也指出了这种努力的不确定性，不仅取决于人们对环境问题的认识和态度，也取决于技术、经济实力和国际合作等因素。因此，战略转型能否最终取得成功，长路依然漫漫。

金融业能否变“绿”？

5月19日，首届“金融、环境与发展论坛”在京举行，在环境与发展的问题中加入了对金融业参与的思考与探讨。

长期以来，中国治理环境主要依靠行政手段，对于能否应用环境经济政策，讨论了很多年但一直没有实质性进展。而西方发达国家在这方面显然颇有经验，尤其是金融机构融资环保政策，越来越占有举足轻重的作用。经合组织出口信贷集团几经修订的《关于环保与官方支持的出口信贷的共同态度》、国际金融公司（IFC）于2006年通过的新绩效标准和新版赤道原则、联合国环境规划署金融行动机构同年发布的“负责任的投资原则”等都涉及从信贷、融资领域积极贯彻可持续发展理念。

中国的绿色信贷却是一个怀胎良久的新生儿。早在1995年，中国人民银行就发出过《关于贯彻信贷政策与加强环境保护工作有关问题的通知》，明确要求各级金融部门把支持生态环境保护和污染防治作为银行贷款考虑的因素之一；2004年、2005年也相继有从信贷角度和环保角度出发将两者结合考虑的通知。而直到2007年节能减排形势持续严峻、首次纳入“五年规划”的节能约束性指标在“十一五”开始的第一年就遭遇滑铁卢之时，原国家环境保护总局、人民银行、银监会三部门共同重拳出击，发布了《关于落实环境保护政策法规防范信贷风险的意见》（以下简称《意见》），首次使用了“绿色信贷”这一字眼。

《意见》规定：对不符合产业政策和环境保护法的企业和项目进行信贷控制，各商业银行要将企业环保守法情况作为审批贷款的必备条件之一；各级环保部门要依法查处一批先建或越级审批，环保设施与主体工程未同时建成、未经环保验收即擅自投产的非法项目，要及时公开查处情况，而金融机构要依据环保通报情况，严格贷款审批、发放和监督管理，对未通过环评审批或者环保设施验收的新建项目不得新增任何形式的授信支持。同时《意见》还针对贷款类型，设计了更细致的规定。如对于各级环保部门查处的超标排污、未取得许可证排污或未完成限期治理任务的已建项目，金融机构在审查所属企业流动资金贷款申请时，应严格控制贷款等。

一言以蔽之：“政府倡导利用信贷手段促进节能减排工作，就是要求银行业承担更多环境责任。”环境保护部环境与经济政策研究中心环境经济与管理政策室主任冯东方在此次论坛上说。这一机制有利于企业加强自律从而获得银行融资，也有利于银行自身规避由于企业不环保带来的风险，可谓是双赢的选择。但是中国人民银行金融研究所资深经济学家梁猛也指出，目前市场上的节能企业多是高科技的中小型节能技术服务商，而对于中小企业的贷款，银行始终有顾虑。他提出一个大胆的假设：政府将每年投入节能减排的资金充入银行坏账准备金，替银行分散风险，从而鼓励银行大胆放贷给那些节能减排的技术企业。

世界自然基金会亚太区项目总监Isabelle Louis表示：“金融业不但是经济发展的推动者，也是实现从‘高耗能，高污染，低能效’发展向‘低耗能，低污染，高能效’发展模式转型的实施者之一。中国要实现单位GDP能耗降低20%的目标，银行与金融业所扮演的角色至关重要。”环境经济政策被认为是国际社会迄今为止解决环境与发展转型的最有效方法，而作为从源头上控制污染的重要力量——金融机构的信贷，能否变“绿”，恐怕是实现这20%的关键。

——资料来源：网易财经，http：//money. 163. com/09/1207/02/5PT6SQTD00254086. html

思考与练习

1. 简述环境问题的实质。
2. 环境与经济的发展有哪几种模式？
3. 什么是环境经济学？其研究对象和研究任务主要是什么？
4. 简述环境学原理和经济学原理。
5. 环境经济学有哪些原理？它对我们的生活有什么指导意义？
6. 对环境经济学的研究和分析分别有哪些方法？环境经济学主要有那些研究领域？
7. 环境经济学的鲜明特点有哪些？

第3章 经济学的基本理论

3

本章摘要

环境经济学是经济学的重要分支学科之一，对经济学基本理论的掌握有助于进一步理解经济学在环境中的实际应用。经济学的基本理论是指在经济学理论体系中起基础性作用并具有稳定性、根本性、普遍性特点的理论原理。本章将对消费者行为理论、均衡价格理论、生产理论、福利经济学理论及微观经济学理论进行阐述。

3.1 消费者行为理论

消费者行为是指在一定的收入和价格之下，消费者为获得最大满足而对各种商品所作出的选择活动。消费者行为理论也叫做效用理论。它研究消费者如何在各种商品和劳务之间分配他们的收入，以达到满足程度的最大化。考察消费者的行为，可以采用两种分析工具或分析方法：一种是以基数效用论为基础的边际效用分析；一种是以序数效用论为基础的无差异曲线分析。现代西方经济学界，比较流行的是无差异曲线分析。

3.1.1 几个基本概念

1. 效用

效用（Utility）指的是商品和服务满足消费者的欲望和需要的能力，它表示在特定时期内消费一定数量商品和服务所获得的满足程度。效用大表明满足程度大，效用小表明满足程度小。效用有两个显著特点。一是效用具有主观性，即一种商品或服务是否有效用以及效用的大小完全取决于某人对该商品或服务的主观感受，不存在伦理意义，也不存在客观标准。满足程度与是否产生舒适感没有必然联系，比如人生病要打针吃药，这可能不产生舒适感，但效用很大。二是效用是消费者的主观评价，常常因人、因时、因地而不同，不同情况决定人们对同一种商品或服务的效用大小有不同的评价。

效用既然有大小，那就是可以进行比较的。微观经济学中有两种衡量效用大小的理论，即基数效用理论和序数效用理论。效用可分为基数效用（Cardinal Utility）和序数效用（Ordinal Utility）。

基数效用是可以用效用单位度量的效用，可用1、2、3等基数词来表示效用的大小。度量效用大小的测量单位称之为效用单位。消费者具有测量效用大小的能力，能说明一种商品或服务给予他多少个效用单位，从而可以比较各种商品和服务效用的大小。但基数效用过于牵强，因为人们很难确定效用计数单位的标准。

序数效用是用等级表示的效用，即用第一、第二、第三等序数词表示效用的大小。序数效用的依据是消费者对不同商品和服务有着不同程度的偏好，偏好程度大则效用大，偏好程度小则效用小，至于大多少或小多少则可不论。一些经济学家认为，效用指的是个人偏好，无法计量。可用效用指数来表示消费者对各种商品或服务偏好的先后顺序，效用指数在某种程度上具有任意性。如消费者认为对商品甲的偏好大于对商品乙的偏好，而对商品乙的偏好大于对商品丙的偏好，那么可分别赋予商品甲、乙、丙的效用指数为10、8、6；也可分别赋予3、2、1等。序数效用是以消费者的选择具有合理性为前提的。

2. 总效用与边际效用

基数效用理论中最基本的两个概念是总效用与边际效用。总效用（Total Utility，TU）是指一个消费者在一个特定的时间内消费一定数量的某种商品或服务所得到的总满足程度。通常假定总效用是消费商品数量的递增函数，即总效用随着消费商品数量的增加而增加，在一定范围内一个人消费的越多，他的总效用水平越多，它说明了商品和服务对消费者的使用价值，但当消费量超过-定量时效用降低，如图3-1所示。

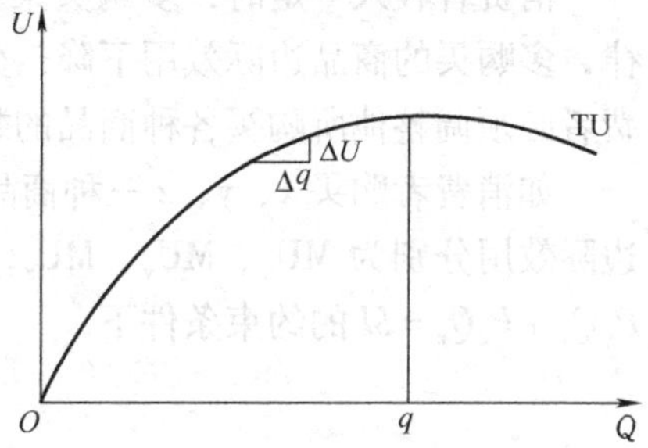

图3-1 总效用图

边际效用（Marginal Utility，MU）是指一个消费者在某一时间内的消费数量每增加或减少一个单位时所变动的满足程度，或表达为某一时间内一定商品或服务的增量所提供的总效用增量与这个商品的消费增量的比例，即

$$\mathrm{MU}=\frac{\Delta U}{\Delta q} \tag{3-1}$$

式中 ΔU——效用增量；

Δq——消费增量。

在极限的情况下其微分方程为

$$\mathrm{MU}=\lim_{\Delta q\to 0}\frac{\Delta U}{\Delta q}=\frac{\mathrm{d}U}{\mathrm{d}q} \tag{3-2}$$

总效用与边际效用的关系是：当边际效用为正数时，总效用是增加的；当边际效用为零时，总效用达到最大；当边际效用为负数时，总效用是减少的；总效用是边际效用之和。边际效用被认为是衡量价值的尺度。某一商品或服务越稀缺，其边际效用越大。一定数量的商品或服务，其边际效用可能为正值、零或负值，其相应的总效用则分别是递增的、不变的或者是递减的。总效用的升降取决于边际效用的符号，边际效用大于零时，总效用上升；边际效用等于零时，总效用达到最大；边际效用小于零时，总效用下降，如图3-2所示。

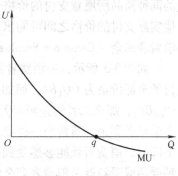

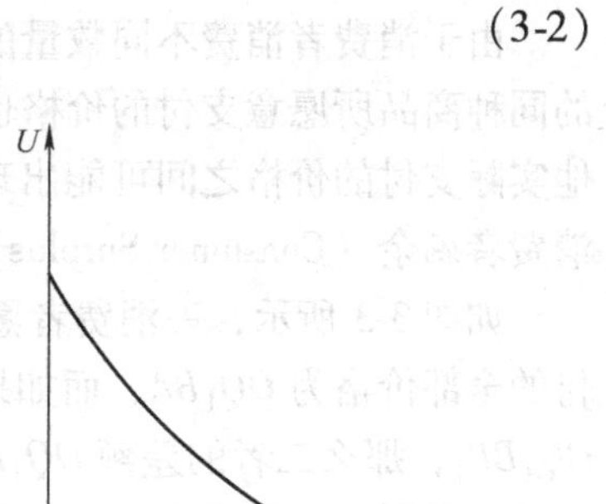

图3-2 边际效用图

3. 边际效用递减规律

同一商品的不同数量对消费者的满足程度是不同的。随着所消费商品数量的增加，该商品对消费者的边际效用是递减的，即在某一特定的时期内每增加一单位商品所产生的总效用

增量，将随着对该商品消费量的进一步增加而减少。

如图 3-1、图 3-2 所示，当消费品数量增加时，总效用增加，而边际效用递减。边际效用是消费的商品或服务数量的递减函数，也就是说，边际效用随着消费商品数量的增加而减少，这种现象就称为边际效用递减规律。

3.1.2 消费者均衡

消费者在某一特定时间内的货币收入量是相对固定的，这就决定了他不可能购买他所需要的全部商品，必须要有所取舍、有所选择。消费者均衡（Consumer Equilibrium）指的就是消费者在货币收入和商品价格既定的条件下，购买商品而获得最大的总效用的消费或购买状态。也就是说，在收入和价格不变的前提下，消费者获得的最大效用原则是：消费者每一元购买的任何一种商品的边际效用都是相等的，这也称为边际效用均等规则。

消费者收入一定时，多购买某种商品，就会少购买其他的商品。根据边际效用递减规律，多购买的商品边际效用下降，少购买的商品边际效用相对上升。要达到消费者均衡，消费者必须调整他所购买各种商品的数量，使每种商品的边际效用和价格之间的比例都相等。

如消费者购买 x、y、z 三种商品，价格分别为 P_x、P_y、P_z，购买量分别为 Q_x、Q_y、Q_z，边际效用分别为 MU_x、MU_y、MU_z，收入为 M。则消费者均衡的原则可表示为，在 $P_xQ_x + P_yQ_y + P_zQ_z = M$ 的约束条件下

$$\frac{\mathrm{MU}_x}{P_x} = \frac{\mathrm{MU}_y}{P_y} = \frac{MU_z}{P_z} \tag{3-3}$$

上式又可写为

$$\frac{\mathrm{MU}_x}{\mathrm{MU}_y} = \frac{P_x}{P_y}, \quad \frac{\mathrm{MU}_y}{\mathrm{MU}_z} = \frac{P_y}{P_z}$$

所以，消费者均衡的条件又可表述为：消费者购买的各种商品的边际效用之比，等于它们的价格之比。

3.1.3 消费者剩余

由于消费者消费不同数量的同种商品所获得的边际效用是不相同的，所以他对不同数量的同种商品所愿意支付的价格也是不相同的。消费者为一定量的某种商品愿意支付的价格和他实际支付的价格之间可能出现差额，这一差额就是消费者剩余（Consumer Surplus）。

如图 3-3 所示，一消费者愿意为 OQ_1 单位商品支付的全部价格为 OQ_1BA，而如果他实际支付的价格为 OQ_1BP_1，那么二者的差额 $OQ_1BA - OQ_1BP_1 = AP_1B$ 就是消费者剩余。通常当一种商品或劳务的价格上涨或下降时，消费者就能够感受到损失或者获得好处，这种受损或受益就是消费者剩余的减少或增加。

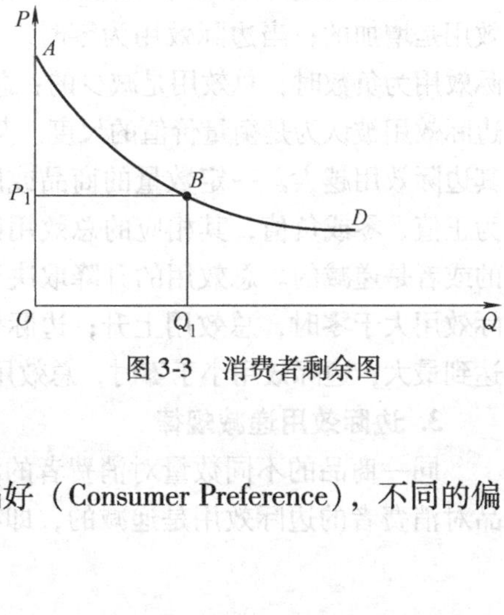

图 3-3 消费者剩余图

3.1.4 消费者偏好

决定消费者行为最重要的影响因素之一是消费者偏好（Consumer Preference），不同的偏好会导致消费者对商品和服务的需求作出不同的决策。

对消费者偏好可用无差异曲线（Indifference Carve）进行分析。无差异曲线是序数效用理论分析的主要工具，它是指产生同等效用水平的两种商品的不同数量组合方式的变化轨迹。它表示在一定条件下选择商品时，不同组合的商品对消费者的满足程度是没有区别的。如图3-4所示，图中的横轴表示商品x的数量，纵轴表示商品y的数量，如果曲线上的各点，比如A、B、C各自代表商品x和商品y各种组合给某消费者带来的满足程度都是一样的，则该曲线就是一条无差异曲线。因为同一条无差异曲线上的每一个点代表的商品组合所提供的总效用是相等的，所以无差异曲线也称为等效用线。

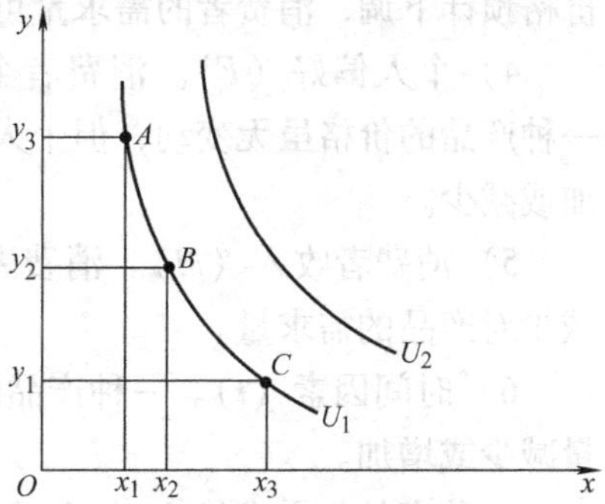

图3-4　无差异曲线

实际上，在同一个坐标图上，根据消费者的偏好画出一系列代表不同满足水平的无差异曲线，就形成了无差异曲线图。无差异曲线具有的特征如下：

1）无差异曲线凸向原点。

2）无差异曲线是负斜率曲线。如果消费者要增购一种商品，必须同时减购另一种商品，才能维持效用不变。

3）同一平面上可以有无数条无差异曲线。同一条无差异曲线代表相同的满足程度，不同的无差异曲线代表不同的满足程度。距原点越远的曲线，代表的效用越大；反之则越小。

4）任意两条无差异曲线不会相交。

3.2　均衡价格理论

资源配置是通过市场价格进行的，而市场价格是由需求和供给这两个方面相互作用而决定的。微观经济学是关于资源配置的科学，而需求和供给的决定理论是微观经济学理论的出发点。均衡价格理论主要研究需求与供给，以及需求与供给如何决定均衡价格，均衡价格反过来又如何影响需求与供给，还涉及影响需求与供给的因素发生变动时所引起的需求量和供给量的变动（弹性理论）。均衡价格理论是微观经济学的基础与核心理论。

3.2.1　需求

1. 需求的定义

需求（Demand）指的是消费者在某一特定时期内，在每一价格水平上愿意而且能够购买的商品量。需求必须具备两个条件：一是消费者有购买欲望，二是消费者有购买能力。

需求涉及两个变量：一是某商品的销售价格，二是与该价格对应的人们愿意并且有能力购买的数量。消费者在一定时期内购买某种商品的数量，同该商品的价格相关，但如果这种商品的价格发生了变化，消费者购买这种商品的数量也会发生变化，即对该商品的需求量发生变化。

2. 需求函数

需求函数（Demand Function）就是表示某一特定时期内消费者愿意和能够购买某种商品的数量与该商品的价格和消费者收入等因素之间的依存关系。

影响某种商品需求量的主要因素有：

1）该产品的价格（P）。某一产品的价格与该产品的需求量成反向变化，价格越高，需求量越少，反之亦然。

2）有关产品价格（P_r）。某一产品价格本身无变化但与它有关的其他商品价格发生变动，也会影响到这种商品的需求量。

3）预期价格（P_e）。对未来价格的预期，也会对需求量产生重大影响。如某一商品的价格预计下调，消费者的需求量可能增加，而如果价格上涨，则需求量就有可能下降。

4）个人偏好（F）。消费者个人的偏好（Preference）对产品的需求量也会产生影响，一种产品的价格虽无变动，但个人对这种产品的偏好增强或减弱，也会影响需求量相应的增加或减少。

5）消费者收入（M）。消费者收入增加，就会增加对产品的需求量，而收入减少就会减少对产品的需求量。

6）时间因素（t）。一种产品的需求量还与时间有关，如产品的淡季和旺季，使得需求量减少或增加。

一种产品的需求量 Q_d 与上述各因素之间的关系，可以表示为下列一般需求函数

$$Q_d = f(P, P_r, P_e, M, F, t, \cdots) \tag{3-4}$$

在经济分析中，一般假定在其他条件不变动的情况下，着重研究 P、P_r、M 分别对 Q_d 的影响，即

需求价格函数 $Q_d = q(P)$ (3-5)

需求交叉函数 $Q_d = g(P_r)$ (3-6)

需求收入函数 $Q_d = h(M)$ (3-7)

在各种需求函数中，最重要的是需求价格函数，在经济分析中，除非加以说明，否则需求函数一般指需求价格函数。

3. 需求曲线

需求曲线（Demand Carve）表示商品的需求量在其他条件不变的情况下与其价格之间的依存关系的曲线图。以横轴代表商品数量 Q，纵轴代表商品价格 P，则可得到图 3-5 所示的价格与需求量关系的曲线，即需求曲线，又称之为 DD 曲线。一般商品的需求曲线具有负斜率，即需求量随自身价格上升或下降而减少或增加。

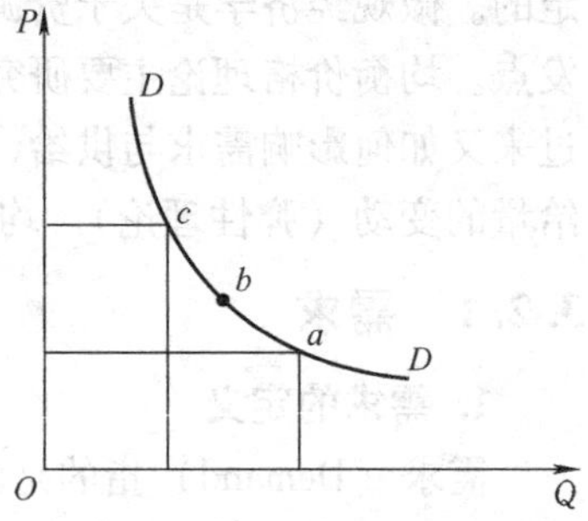

图 3-5 一般需求曲线

需求曲线可分为个人需求曲线和市场需求曲线。个人需求是指个人或家庭对某种产品的需求，市场需求是指所有的个人或家庭对某种产品的需求总和。所以市场需求曲线是指个人需求曲线的加总。

在图 3-5 所示的需求曲线上，从 a 点移动到 b 点、c 点，都表示由于价格的变化而引起的需求量变化，在图中表现为同一条曲线上的点的移动。

但如果在价格因素不变的情况下，由于其他因素发生的变化，如消费者收入、相关商品价格等变化，而引起的消费者购买商品数量的变化称为需求变化。需求变化不是同一条需求曲线上点的移动，而是需求曲线本身的移动。如图 3-6 所示，D_1 线是需求增加后的需求曲线，而 D_2 线是需求减少后的需求曲线。

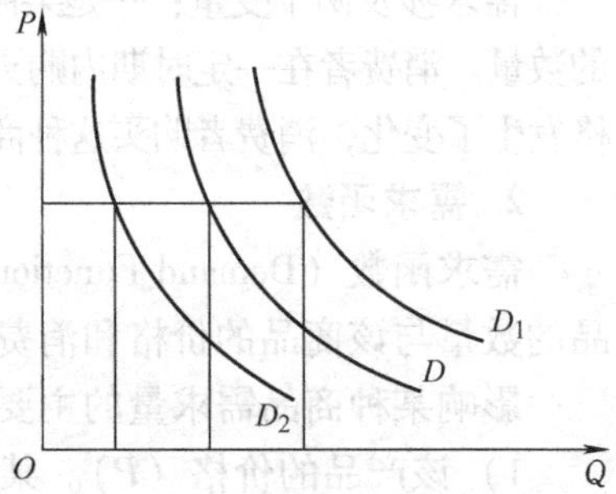

图 3-6 需求曲线的移动

3.2.2　供给

供给（Supply）是指厂商（生产者）在某一特定时期内，在每一价格水平上愿意而且能够出卖的商品量。供给也必须具备两个基本条件：一是厂商有出售的愿望；二是厂商具有供给能力。

1. 供给函数

供给函数（Supply Function）是表示在某一特定时期内市场上某种商品的供应量和决定这些供应量的各种因素之间的关系。

影响某种商品的供给量的主要因素有：

1）产品本身价格（P）。供给量的多少与产品价格的高低成正向变动，价格越高，供给量越多；价格越低，供给量越少。

2）有关产品价格（P_r）。产品价格本身无变动，但与它有关的其他产品价格发生变动，也会影响到这种产品的供给量。

3）预期价格（P_e）。对未来价格的预期，也会对供给量产生重大影响。

4）生产成本（C）。生产成本的变动，主要来自于生产要素价格或技术变化。生产要素价格上涨，必然增加生产成本，导致供应量减少。而生产技术的进步，往往意味着产量的增加或成本的降低，厂商愿意并且能够在原有价格下增加供给量。

5）自然条件（N）。很多供给量与自然条件密切相关，如雨季和旱季、暑期和冬天等。

一种产品的供给量 Q_s 与上述各个因素之间的关系，可以表示为下列供给函数

$$Q_s = \Phi(P, P_r, P_e, C, N, \cdots) \tag{3-8}$$

一般假定在其他条件不变的情况下着重研究 P、C 对 Q_s 的影响，即

供给价格函数　$Q_s = \Phi(P)$　(3-9)

供给成本函数　$Q_s = \Psi(C)$　(3-10)

其中最重要的是供给价格函数，所以在经济分析中供给函数一般都指供给价格函数，除非加以说明。

2. 供给曲线

一般供给曲线如图 3-7 所示，也称为 SS 曲线。一般商品的供给曲线具有正斜率，即供给量随自身价格上升而增加，下降而减少。

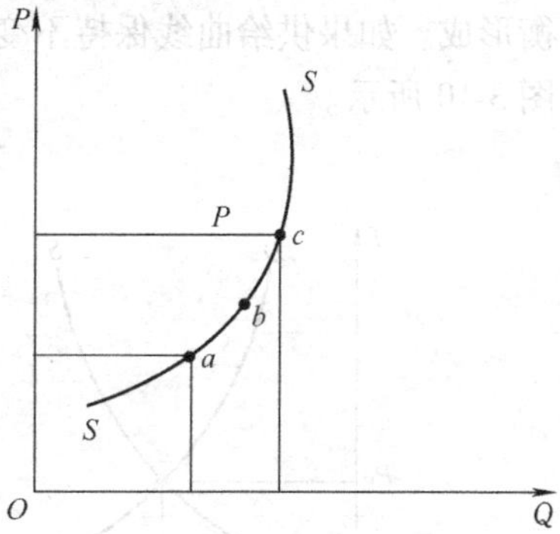

图 3-7　一般供给曲线

在图 3-7 所示的供给曲线上，从 a 点移动到 b 点、c 点，都表示由于价格的变化而引起的供给量变化，在图上表现为同一条曲线上点的移动。

由于生产技术进步，或生产要素价格下降，则单位产品的成本下降，在这种情况下，同过去比较，与任一供应量相对应，生产者要求的卖价将较低。也就是说，与任一卖价相对应，生产者愿意供应的产品量将会增加。在供给曲线图上，表现为供给曲线向右方移动，这种情况称为供给状况的变化，或者供给的变化。供给的变化也可表现为供给曲线向右的移动，如图 3-8 所示。

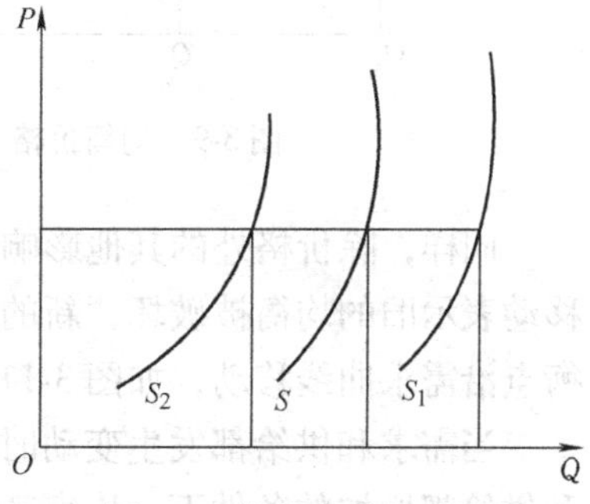

图 3-8　供给曲线的移动

3.2.3 均衡

均衡（Equilibrium）是指经济系统中各种变量之间的平衡状态，即在一段时期内没有变动发生的状态。均衡并不是一种绝对静止的状态。微观经济理论中单一商品市场均衡指商品需求量等于供给量，即市场处于清销状态。宏观经济理论中商品市场均衡指商品的总需求量等于其总供给量。均衡是有条件的，如果条件变了，原有的均衡状态就会被破坏，在新的条件下将达到新的平衡。利用均衡来分析一定条件下，经济系统内各变量之间相互影响和相互作用的关系，称为均衡分析。

1. 均衡价格与均衡产量的决定

市场的产品价格既不是由需求单独决定的，也不是由供给单独决定，而是由需求和供给共同决定的。当产品在低价格水平时，需求大于供给，产品出现供不应求的状况，导致价格上升；反之，当产品在高价格水平时，供给大于需求，产品出现供过于求的状况，则会导致价格下跌。

均衡价格（Equilibrium Price）是指需求量与供给量相等时的价格。如图 3-9 所示，需求曲线和供给曲线的交点称为均衡点 E，均衡点在价格轴上的坐标即为均衡价格 P_E，均衡点在数量轴上的坐标称为均衡数量 Q_E。

产品的需求与供给共同决定了价格，同时价格反过来又自动影响和调节供给与需求，使市场趋于平衡。这种调节功能就是价格机制（Price Mechanism），或称为市场机制。

2. 均衡价格与均衡产量的变动

需求和供给任何一方的变动都会引起均衡的变动。如前所述，如果除价格以外影响需求的因素发生变化，则需求曲线就会发生移动。需求曲线的移动表示旧的均衡被打破，新的均衡形成。如果供给曲线保持不变，当需求曲线移动时，相应的均衡点就沿供给曲线移动，如图 3-10 所示。

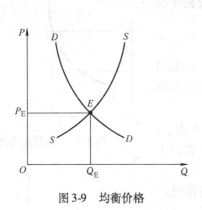

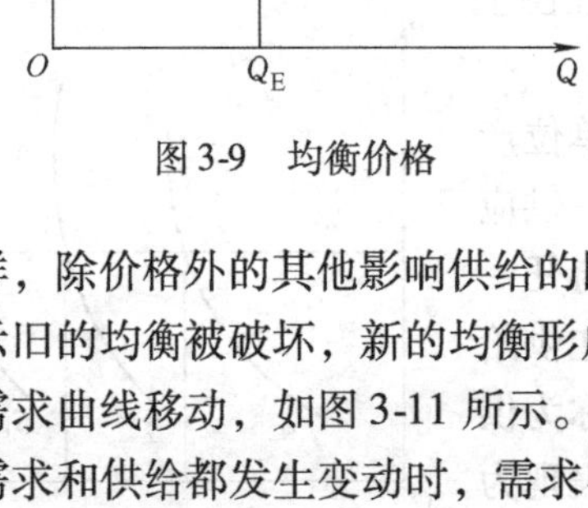

图 3-9 均衡价格

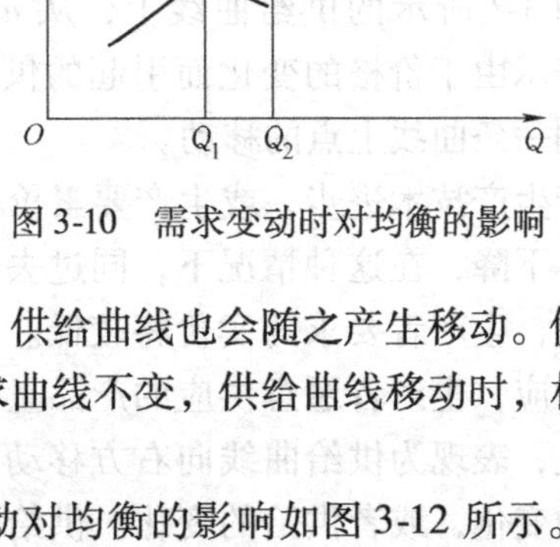

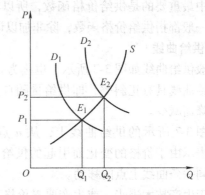

图 3-10 需求变动时对均衡的影响

同样，除价格外的其他影响供给的因素变化时，供给曲线也会随之产生移动。供给曲线移动表示旧的均衡被破坏，新的均衡形成。如果需求曲线不变，供给曲线移动时，相应的均衡点沿需求曲线移动，如图 3-11 所示。

当需求和供给都发生变动时，需求与供给的变动对均衡的影响如图 3-12 所示。在需求和供给都增加的条件下，均衡产量肯定会提高，而均衡价格可能提高，也可能会降低，这取决于需求与供给各自增加的力度的大小对比。如果需求增加，而供给减少时，新的均衡价格一定会提高，新的均衡产量可能提高，也可能会降低。

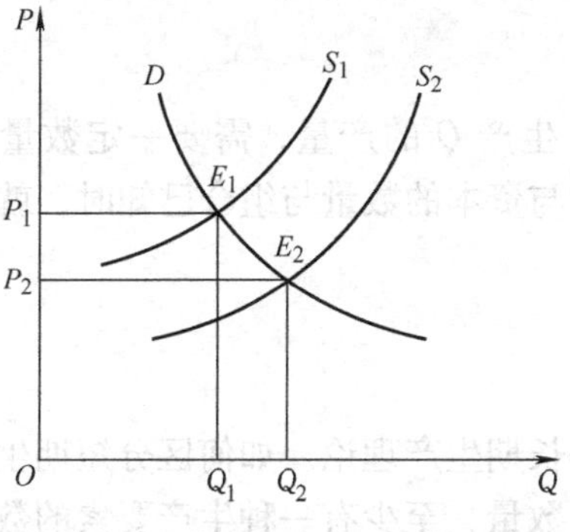

图 3-11 供给变动时对均衡的影响

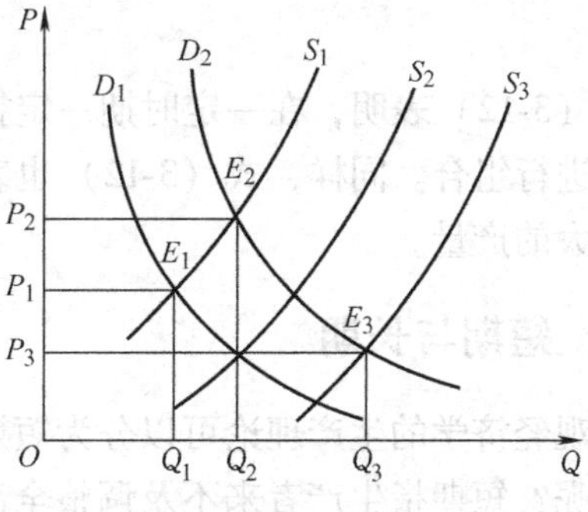

图 3-12 需求与供给变动时对均衡的影响

3.3 生产理论

3.3.1 生产与生产函数

1. 生产与生产要素

生产是对各种生产要素进行组合以制成产品的行为。在市场经济中，厂商从事生产经营活动就是从要素市场上购买生产要素（如机器、劳动力、原材料等），经过生产过程生产出产品或劳务，在产品市场上出售，供消费者消费或供其他生产者再加工以赚取利润。所以，生产也就是把投入变为产出的一个过程。

生产要素是指生产中所使用的各种资源，即资本、劳动、土地与企业家才能等。生产也是这四种生产要素结合的过程，产品则是其共同作用的结果。资本是指生产中所使用的资金。它包括有形的物质资本和无形的人力资本两种形式。前者指在生产中使用的厂房、机器、设备、原料等资本品；后者是指劳动者的身体、文化、技术状态及信誉、商标、专利等。在生产理论中指的主要是前一种物质资本。劳动是指劳动力所提供的服务，可分为体力劳动和脑力劳动。劳动力是指劳动者的能力，由劳动者提供，劳动者的数量和质量是生产发展的重要因素。土地是指生产中所使用的各种自然资源，是在自然界所存在的，如土地、自然状态的矿藏、水、森林等。企业家才能是指企业家对整个生产过程的组织与管理工作，包括组织能力、管理能力、经营能力、创新能力。企业家根据市场预测，有效地配置上述生产要素从事生产经营，以追求最大利润。经济学家特别强调企业家才能，认为把土地、劳动、资本组织起来，使之演出有声有色的生产经营话剧的正是企业家才能。

2. 生产函数

生产函数是指在技术水平不变的情况下，一定时期内生产要素的数量与某种组合和它所能生产出来的最大产量之间依存关系的函数。它是反映生产过程中投入和产出之间的技术数量关系的一个概念。

以 Q 代表总产量，以 L、K、M、E 等分别代表投入到生产过程中的劳动、资本、土地、企业家才能等生产要素的数量，则生产函数的一般形式可以表示为

$$Q = f(L, K, N, E, \cdots) \tag{3-11}$$

为了方便分析，通常把土地作为固定的，企业家才能因难以估算而忽略，所以，生产函数可以简化为

$$Q = f(L, K) \tag{3-12}$$

式（3-12）表明，在一定时期一定技术水平时，生产 Q 的产量，需要一定数量的劳动与资本进行组合。同样，式（3-12）也表明，在劳动与资本的数量与组合已知时，就可以推算出最大的产量。

3.3.2 短期与长期

微观经济学的生产理论可以分为短期生产理论和长期生产理论。如何区分短期生产和长期生产呢？短期指生产者来不及调整全部生产要素的数量，至少有一种生产要素的数量是固定不变的时间周期。长期指生产者可以调整全部生产要素的数量的时间周期。相应地，在短期内，生产要素投入可以区分为不变投入和可变投入。生产者在短期内无法进行数量调整的那部分要素投入是不变要素投入，如机器设备、厂房等。生产者在短期内可以进行数量调整的那部分要素投入是可变要素投入，如原材料、劳动、燃料等。生产者，在长期可以调整全部的要素投入。例如，生产者根据企业的经营状况，可以缩小或扩大生产规模，甚至还可以加入或者退出一个行业的生产。由于在长期所有的要素投入量都是可变的，因而也就不存在可变要素投入和不变要素投入的区分。

在这里，短期和长期的划分是以生产者能否变动全部要素投入的数量来作为标准的。对于不同的产品生产，短期和长期的界限规定是不相同的。比如，变动一个大型钢铁厂的规模可能需要三年的时间，而变动一个豆腐作坊的规模可能仅需一个月的时间，即前者的短期和长期的划分界线为3年，而后者仅为1个月。

微观经济学通常以一种可变要素的生产函数考察短期生产理论，以两种可变生产要素的生产函数考察长期生产理论。

3.3.3 短期生产函数——边际收益递减规律与一种生产要素的合理投入

经济学中，在短期内固定不变的生产要素通常是指资本。这是因为资本形成需要一定的时间间隔，因此本节以只有一种生产要素可变的情形为例考察短期的生产函数。

为了分析投入的生产要素与产量之间的关系，可以假定厂商处于生产的短期，仅使用劳动与资本两种投入，且资本的投入量保持不变。此时厂商的短期生产函数是指在资本要素固定不变，劳动要素可以变动的条件下，投入与产出之间的函数关系，一般可表示为

$$Q = f(L, \overline{K}) \tag{3-13}$$

上式中，$\overline{K}$ 表示资本量不变，这时的产量只取决于劳动量 L。因此，生产函数也可以记为

$$Q = f(L) \tag{3-14}$$

根据式（3-14）就可以在假定资本量不变的情况下，分析劳动量投入的增加对产量的影响，以及劳动量投入多少最合理。

1. 总产量、平均产量和边际产量

在经济学中，产量的概念是指实物量，而不是指产值。根据一种可变生产要素的投入与相应产量之间的对应关系，经济学上通常使用的产量概念有三个。现以劳动要素为例说明这

些概念。

总产量（Total Product，TP），是指在资本投入量既定条件下由可变要素劳动投入所生产的产量总和。其表达式为

$$TP=f(L) \tag{3-15}$$

平均产量（Average Product，AP），指的是平均每个单位劳动所生产的产量。其表达式为

$$AP=TP/L \tag{3-16}$$

边际产量（Marginal Product，MP），是指每增加一单位劳动投入量所增加的产量。其表达式为

$$MP=\Delta TP/\Delta L \tag{3-17}$$

需要指出的是，上述定义并不局限于劳动，一种可变生产要素也可以是资本或其他。根据上述关系可以作出表3-1。

表3-1 各产量概念相互之间的关系

资本量（K）	劳动量（L）	劳动增量（ΔL）	总产量（TP）	平均产量（AP）	边际产量（MP）
10	0	0	0	0	0
10	1	1	6	6	6
10	2	1	13.5	6.75	7.5
10	3	1	21	7	7.5
10	4	1	28	7	7
10	5	1	34	6.8	6
10	6	1	38	6.3	4
10	7	1	38	5.4	0
10	8	1	37	4.6	-1

由表3-1的数据就可以作出图3-13。在图3-13中，以劳动量OL为横轴，产量TP、AP、MP为纵轴，可以作出总产量曲线TP、平均产量曲线AP和边际产量曲线MP。根据图3-13，可以看出总产量、平均产量和边际产量之间的关系有以下特点：

1）在资本投入量不变的情况下，随着劳动投入量增加到C时，最初AP曲线、MP曲线都上升，并且MP曲线达到最高峰D点，这时TP曲线以递增的增长率上升。

2）当劳动投入量增加到A时，MP曲线由最高峰D点开始下降，这导致TP曲线以递减的增长率上升。MP曲线与AP曲线交于AP曲线的最高点E点，相交前，AP是递增的，且MP>AP；相交后，AP是递减的，且MP<AP；相交时，MP=AP。

3）当劳动投入继续增加到B之前，TP曲线仍然以递减的增长率上升，在MP曲线与OL轴相交于B点处，即MP=0，此时TP曲线达到其最高点。当劳动投入量超过B

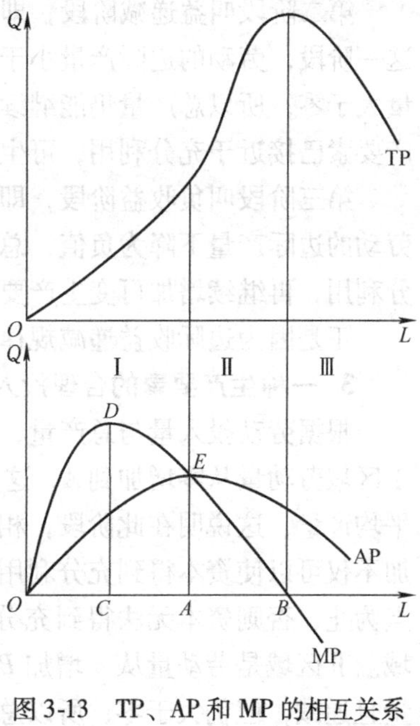

图3-13 TP、AP和MP的相互关系

时，MP<0，则TP曲线开始下降。TP曲线、AP曲线、MP曲线都是先升后降的特征，正是反映了边际收益递减规律作用的结果。

2. 边际收益递减规律

边际收益递减规律又称收益递减规律，是指在技术水平不变的条件下，当把一种可变的生产要素投入到一种或几种不变的生产要素中时，最初这种生产要素的增加会使产量增加，但是当它的增加超过一定限度时，所带来的产量增加量就是递减的，最终还会使产量绝对减少。

在理解这一规律时，需要注意以下三点：

1）这一规律只有在其他要素投入量保持不变的条件下才能成立。如果连同可变的生产要素一起增加其他生产要素，则这一规律就不能成立。

2）这一规律发生作用的前提是生产技术水平保持不变。技术水平不变是指生产中所使用的技术没有发生重大变革。当今世界，尽管技术进步速度很快，但并不是每时每刻都有重大突破，技术进步总是间歇式进行的，只有经过一定时期的准备以后，才会有重大的进展。无论是工业还是农业，一种技术只要形成，总会有一个相对稳定的时期，这一时期就可以称为技术水平不变时期。例如，当厂商选择一个特定生产技术之后，如果只有一种生产要素可以调整，那么就意味着生产处于短期，这时生产技术水平不变的假设是能够成立的。离开了技术水平不变这一前提，边际收益递减规律就不能成立。

3）在其他生产要素不变时，一种生产要素投入量增加所引起的产量或收益的变动可以分为三个阶段：

第一阶段叫收益递增阶段，即图3-13中的OA段劳动的平均产量由零到最高点E，总产量也在递增。因为在开始时不变的生产要素没有得到充分利用，这时增加可变的生产要素劳动，可以使不变的生产要素得到充分利用，使劳动的边际产量大于劳动的平均产量，从而使劳动的平均产量和总产量递增。

第二阶段叫益递减阶段，即图3-13中劳动投入由A到B，总产量继续增加到最高点M。这一阶段，劳动的边际产量小于劳动的平均产量，从而使平均产量开始递减，但由于边际产量大于零，所以总产量仍能继续增加，但递减的比率增加。这是因为在这一阶段，不变的生产要素已接近于充分利用，可生产要素劳动的增加已不能像第一阶段那样使产量迅速增加。

第三阶段叫负收益阶段，即劳动投入量超过B，总产量开始下降的阶段。在这一阶段，劳动的边际产量下降为负值，总产量也绝对减少。这是因为此时不变的生产要素已经得到充分利用，再继续增加可变生产要素只会降低生产效率，减少总产量。

正是因为边际收益递减规律发生作用，所以迫使厂商寻求可变投入要素的合理范围。

3. 一种生产要素的合理投入区域

根据劳动投入量与总产量，平均产量和边际产量之间的关系，图3-13可分为三个区域。Ⅰ区域劳动量从零增加到A，这是第一阶段，这时平均产量呈上升趋势，并且边际产量大于平均产量，这说明在此阶段，相对于不变的资本量而言，劳动量投入不足，所以劳动量的增加不仅可以使资本得到充分利用，而且还使产量递增。由此看来劳动投入量最少要增加到A点为止，否则资本无法得到充分的利用。因此理性的厂商不会把劳动的投入确定在这一区域。Ⅱ区域是劳动量从A增加B这一阶段，这时平均产量开始下降，边际产量小于平均产量且递减，但仍大于零，所以总产量仍然增加，但是以递减的比率增加。当劳动投入量增加

到 B 点时，边际产量为零，总产量达到最大。Ⅲ区域是劳动增加到 B 点以后，此时劳动的边际产量为负值，即继续增加劳动投入不但不会增加产量，反而会使总产量绝对减少，因此厂商也不会把投入确定在这一区域内。

从以上的分析可以看出，理性的生产者只会把劳动的投入量选择在Ⅱ区域内，即 A 与 B 之间的区域，也被称为可变生产要素的合理投入区。合理投入区仅给出了可变生产要素的投入范围，但具体投入在哪一点上却还要考虑到一些其他因素。例如，首先要考虑厂商的目标，若厂商追求的目标是使平均产量最大，则劳动投入量增加到 A 点就可以了；若厂商的目标是使总产量最高，那么，劳动投入量就可以增加到 B 点。其次，若厂商以利润最大化为目标，即无论是平均产量最大还是总产量最大时，都不一定是利润最大。究竟劳动投入量增加到哪一点所达到的产量能实现利润最大化，还必须结合成本与产品价格来分析。

3.3.4 长期生产函数——两种生产要素的合理投入与规模经济

在长期中，一切投入要素均可变，为了分析方便，进行了简化，假定只使用两个要素生产一种产品的情况。这种分析对两个以上的可变要素投入也适用，因为可以把这两个可变要素中的一种看成是所有其他的可变投入要素的组合。长期中，投入的可变生产要素的配合比例可以是变动的也可以是不变的，前者分析的是两种生产要素的合理投入问题，后者分析的是规模经济问题。分析长期生产函数需要引进等产量线、等成本线等基本概念。

1. 等产量线

等产量线就是在技术水平不变的条件下，生产同一产量的两种生产要素投入的各种不同组合点的轨迹。假如现在用劳动和资本两种生产要素的组合（L、K），它们就会有 a、b、c、d 四种组合方式，这四种组合方式都可以生产出相同的产量 Q_0。具体组合见表 3-2。

表 3-2 相同产量水平下的不同生产组合方式

组合方式	资本（K）	劳动（L）
a	6	1
b	3	2
c	2	3
d	1	6

根据表 3-2，可作出图 3-14，横轴 OL 代表劳动量，纵轴 OK 代表资本量，将 A、B、C、D 点连成一条曲线，则 Q_0 即为等产量线，即线上任意一点所表示的资本与劳动的不同数量的组合，都能生产出相等的产量。生产理论中的等产量曲线与效用理论中的无差异曲线相似，所以它又被称为“生产的无差异曲线”。而不同的是，等产量线代表的是产量，无差异曲线代表的是效用。

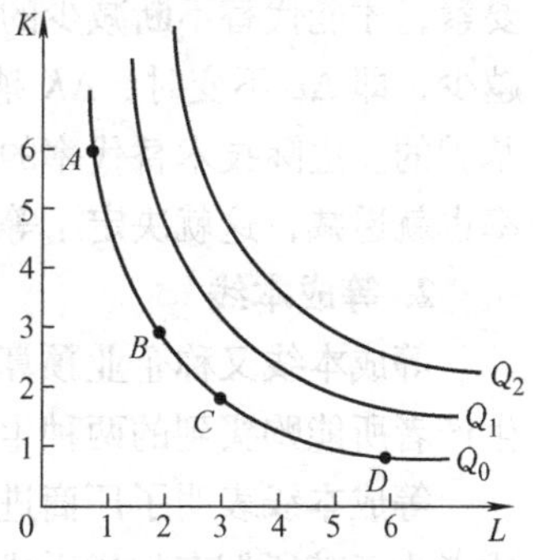

图 3-14 等产量曲线

（1）等产量线的特征

1）等产量线是一条向右下方倾斜的曲线，其斜率为负值。这就意味着在生产者的资源与生产要素价格既定的条件下，为保持相同的产量，在增加一种生产要素的同时，必须减少另一种生产要素的投入量。两种生产要素的同时增加，在资源既定时是无法实现的；而两种生产要素的同时减少，又不能保持原有的产量水平。

2）在同一个坐标平面上，可以有无数条等产量线，其中每一条都代表着一个产量，因此不同的等产量线就代表不同的产量水平，并且离原点越远的等产量线所代表的产量水平就越高。在图 3-14 中，Q_0、Q_1、Q_2 是三条不同的等产量线，它们分别代表不同的产量水平，离原点越远，意味着投入的劳动和资本的数量就越多，从而它的所能生产的产量也就越大，所以其产量水平顺序为 $Q_0 < Q_1 < Q_2$。

3）在同一个坐标平面上，任意两条等产量线不会相交，否则与定义相矛盾。

4）等生产量线是一条凸向原点的曲线。这说明两种生产要素的边际技术替代率是递减的。

（2）边际技术替代率　边际技术替代率（Marginal Rate of Technical Substitution，MRTS）是指在维持产量水平不变的条件下，增加的一种生产要素的投入量与所减少的另一种生产要素投入量之比。用 ΔL 代表劳动投入的增加量，ΔK 代表资本投入的减少量，若是以劳动替代资本，则劳动对资本的边际技术替代率就可表示为

$$\mathrm{MRTS}_{LK} = \Delta K/\Delta L \tag{3-18}$$

根据这一定义，两种生产要素的边际技术替代率等于它们的边际产量之比，因此式（3-18）也可表示为

$$\mathrm{MRTS}_{LK} = \Delta K/\Delta L = \mathrm{MP}_L/\mathrm{MP}_K \tag{3-19}$$

边际技术替代率应该是负值，因为它表示要保持产量不变，一种生产要素投入量增加时，另一种生产要素的投入量就要减少。为了方便分析，一般边际技术替代率取其绝对值。

现在用表 3-2 的数字来说明边际技术替代率的变动，并由表 3-2 可作出表 3-3。

表 3-3　边际技术替代率

变动情况	ΔL	ΔK	MRTS_{LK}
a—b	1	3	3
b—c	1	1	1
c—d	3	1	0.33

从表 3-3 可以看出，边际技术替代率是递减的。这是因为随着劳动投入量的增加，边际收益递减规律就会发生作用，结果是劳动的边际产量递减；相反，资本的边际产量会随着资本投入量的减少而增加。若用劳动代替资本且又保持产量不变，生产者必须更多地投入劳动要素，才能代替不断减少的资本要素。因此，每增加一定数量的劳动所能代替的资本量越来越少，即 ΔL 不变时，ΔK 越来越小。因此，边际技术替代率递减是以边际收益递减规律为基础的。边际技术替代率的几何意义是等产量线的斜率，由于前者递减，所以等产量线的斜率也就递减，这就决定了等产量线是一条凸向原点的曲线。

2. 等成本线

等成本线又称企业预算线，它是一条表明在生产者成本与生产要素价格既定的条件下，生产者所能购买到的两种生产要素最大数量的各种组合的轨迹。

等成本线表明了厂商进行生产的限制条件，即其所购买的生产要素的所有支付不能大于或者小于其所拥有的货币成本。大于货币成本是其无法实现的，小于货币成本又使其无法实

现产量的最大化。

(1) 等成本线的表示方法　假定既定的货币成本为 C，劳动与资本的价格与购买量分别为 P_L、P_K、L 与 K，即等成本线方程可表示为

$$C = P_L \times L + P_K \times K \tag{3-20}$$

$$K = C/P_K - P_L/P_K \times L \tag{3-21}$$

只要生产要素的价格不会因其购买量的变动而有所变动，很明显，等成本线是一个直线方程，其斜率为 $-P_L/P_K$，如图 3-15 所示。

图 3-15 中的 B 点表示既定的全部成本都购买劳动时的数量，$OB = C/P_L$；A 点表示既定的全部成本都购买资本时的数量，$OA = C/P_K$。连接 A 点和 B 点则成为等成本线 AB。在该线上任意一点，都是在货币成本与生产要素价格既定条件下能够购买到的劳动与资本的最大数量的组合。在线内的任何一点，如图中的 E 点，表示所购买的劳动与资本的组合是可以实现的，但并不是最大数量的组合，即既定的货币成本没有用完。而在线外的任何一点，如图中的 F 点，则表示所购买的劳动与资本的组合都大于线上任一点的组合，是无法实现的，因为所需要的货币超过了既定的成本。

(2) 等成本线的变动　如果生产者的货币成本变动或要素价格变动，则等成本线就会发生移动。如图 3-16 中，AB 是原来的等成本线，如果要素价格不变，当货币成本增加时，等成本线向右上方平行移动至 A_1B_1；当货币成本减少时，等成本线向右左下方平行移动至 A_2B_2。

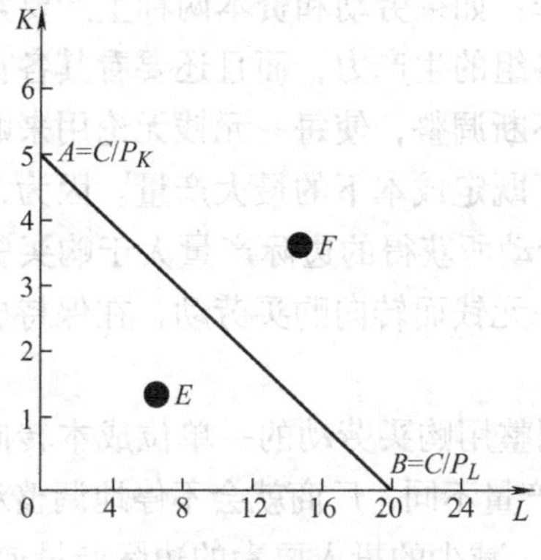

图 3-15　等成本线

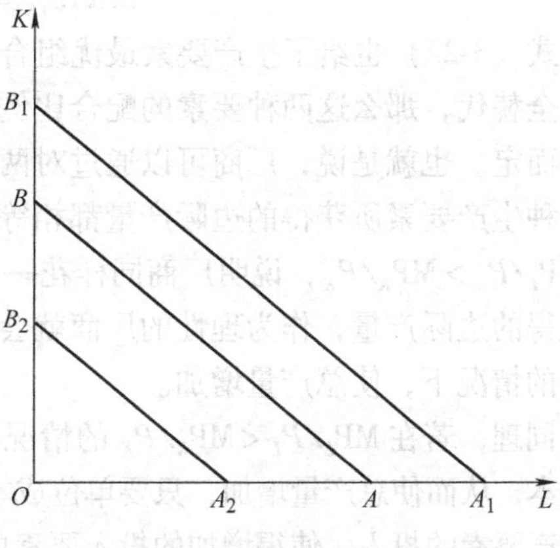

图 3-16　等成本线的变动

3. 两种生产要素的合理投入

本章 3.1 节所述的消费者均衡是研究消费者如何把既定的收入分配于两种商品的购买与消费上，以达到效用最大化。两种生产要素的合理投入是研究生产者如何把既定的成本（即生产资源）分配于两种生产要素的购买与生产上，以达到产量最大，也就是达到了利润最大化，此时生产要素的配合比例就叫做生产者均衡，或称为厂商均衡。如果其他条件不变，生产者就不愿意再改变这两种生产要素的配合比例。生产者均衡的研究方法与消费者均衡的研究方法也基本相同，即边际分析法与等产量分析法。

理性的厂商选择生产要素的最优组合的过程可以借助等产量线与等成本线加以说明。

现将等产量线与等成本线共同描绘在图 3-17 中，Q_1、Q_2、Q_3 为三条等产量线，其产量

大小顺序为 $Q_1 < Q_2 < Q_3$。AB 为等成本线，并与 Q_2 相切于 E 点，在 E 点处就实现了生产要素的最优组合。因为在成本和生产要素价格既定时，理性的厂商必然会在等成本线上不断调整生产要素的组合，当调整到等成本线与众多的等产量线相切点之时，如图中的 E 点，厂商就实现了在既定成本下的最大产量。E 点也为厂商生产要素的最优组合点，即 OM 劳动与 ON 资本的结合。

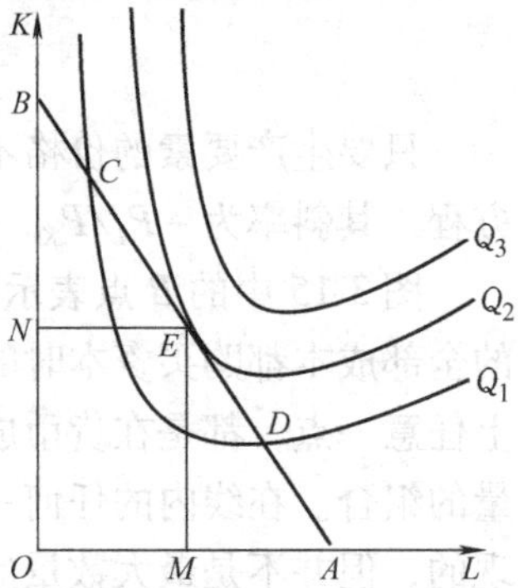

图 3-17　厂商均衡

为什么只有在 E 点处才能实现生产要素的最优组合呢？从图 3-17 上看，C、D、E 点都在等成本线 AB 上，成本相同，但 C、D 点在 Q_1 上，而 E 点在 Q_2 上，所以 E 点时的产量是既定成本时的最大产量。而且，在等产量线 Q_2 上各点产量都是相同的，但除 E 点处，其他表示两种生产要素组合的点都在等成本线 AB 之外，显然其成本都大于 E 点，因此，也可以说 E 点时的成本是既定产量时的最小成本。

无论是产量既定，还是成本既定，等成本线与等产量线的切点 E，就是厂商的均衡点。而在切点 E 处，等产量线的斜率与等成本线的斜率正好相等。由于等产量线的斜率其经济学含义是两种生产要素的边际产量之比，即 $\mathrm{MRTS}_{LK}=\dfrac{\mathrm{MP}_L}{\mathrm{MP}_K}$；而等成本线斜率的经济学含义是两种生产要素的价格之比，即 P_L/P_K。故厂商均衡或生产要素最优组合的条件是

$$\mathrm{MRTS}_{LK}=\mathrm{MP}_L/\mathrm{MP}_K=P_L/P_K \tag{3-22}$$

式（3-22）也给了生产要素最优组合的另外一个解释：如果劳动和资本两种生产要素可以完全替代，那么这两种要素的配合比例不仅要看它们各组的生产力，而且还要看其各自的价格而定。也就是说，厂商可以通过对两要素投入量的不断调整，使每一元钱无论用来购买哪一种生产要素所获得的边际产量都相等，厂商才实现了既定成本下的最大产量。因为，如果 $\mathrm{MP}_L/P_L>\mathrm{MP}_K/P_K$，说明厂商同样花一元钱，但购买劳动所获得的边际产量大于购买资本所获得的边际产量，作为理性的厂商就会用购买资本的一元钱而转向购买劳动，在保持成本不变的情况下，使总产量增加。

同理，若在 $\mathrm{MP}_L/P_L<\mathrm{MP}_K/P_K$ 的情况下，厂商也会调整用购买劳动的一单位成本转向购买资本，从而使总产量增加，只要单位成本所获得的边际产量不同，厂商就会不停地调整对两种生产要素的投入，使得增加的投入要素的边际产量递减，减少的投入要素的边际产量递增，直到二者的边际产量与价格之比相等，厂商才会停止调整，此时，两种生产要素的组合才处于最优状态。

同理，此结论也可以扩展为投入多种生产要素时厂商均衡的条件，即

$$\frac{\mathrm{MP}_a}{\mathrm{P}_a}=\frac{\mathrm{MP}_b}{\mathrm{P}_b}=\frac{\mathrm{MP}_c}{\mathrm{P}_c}=\cdots=\frac{\mathrm{MP}_n}{\mathrm{P}_n} \tag{3-23}$$

如果生产者的货币成本增加，则等成本线向右平行移动，不同的等成本线与不同的等产量线相切，形成不同生产要素的最适组合点，将这些点连接在一起，就得出了扩张线，如图 3-18 所示。

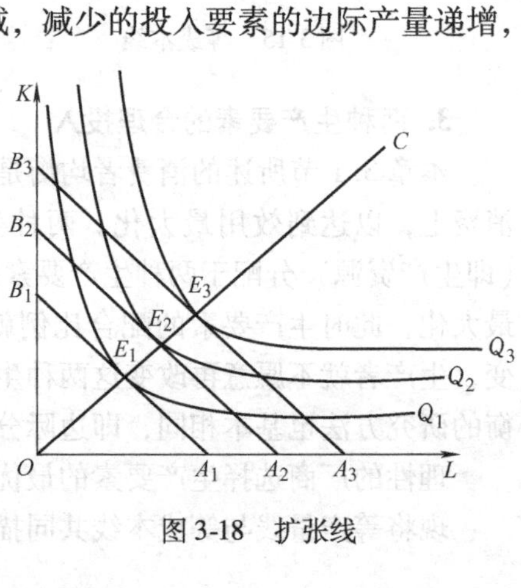

图 3-18　扩张线

在图3-18中，A_1B_1、A_2B_2、A_3B_3是三条不同的等成本线，从A_1B_1到A_3B_3，等成本线向右上方移动，说明生产者的货币成本在增加。A_1B_1、A_2B_2、A_3B_3分别与等产量线Q_1、Q_2、Q_3相切于E_1、E_2、E_3。把E_1、E_2、E_3与原点连接起来的OC就是扩张线。

扩张线的含义是，当生产者沿着这条线扩大生产规模时，可以始终实现生产要素的最适组合，从而使生产规模沿着最有利的方向扩大。

3.4 福利经济学理论

福利经济学（Welfare Economics）是西方经济学家从福利观点或最大化原则出发，对经济体系的运行予以社会评价的经济学分支学科。福利经济学是研究社会经济福利的一种经济学理论体系，其主要内容有社会经济运行的目标，实现社会经济运行目标所需的生产、交换和分配的一般最适度的条件及其政策建议等。

3.4.1 概述

福利是人们对满足的一种评价。能用货币来衡量的福利称之为经济福利（也称社会福利），它是福利经济学的研究对象。福利经济学是从微观经济主体的角度出发，考察一个社会全体成员的经济福利的最大化问题。或者说福利经济学从资源的有效配置和国民收入在社会成员之间的分配这两个方面，研究一个国家实现最大的社会福利所需具备的条件和国家为增加社会福利应采取的政策措施。

英国经济学家庇古（Arthur Cecil Pigou）的著名代表作《福利经济学》是福利经济学产生的标志。《福利经济学》一书，就是研究在实际生活中影响经济福利的一些重要因素，全书的中心就是研究如何使社会福利得到增加。庇古认为国民收入是衡量社会经济福利的一个尺度，国民收入水平越高，分配越平均，社会经济福利就越大。庇古从国民收入总量和国民收入分配这两个基本命题出发，提出资源的最优配置、收入的最优分配等理论。庇古的理论以基数效用论为基础，被称为旧福利经济学。

以序数效用论为基础的福利经济学则称为新福利经济学，或称现代福利经济学。意大利经济学家帕累托（Vilfredo Pareto）被认为是新福利经济学的先驱。新福利经济学着重研究生产资源在社会生产中如何达到最优配置，认为当整个社会的生产和交换都最有效率时，整个社会的福利就达到最大。新福利经济学把帕累托提出的社会经济最大化的新标准——帕累托最佳准则作为福利经济学的出发点。随后，希克斯（Hicks John Richard）、卡尔多（Nicholas Kaldor）、伯格森（A. Bergson）和萨缪尔森（Paul A. Samuelson）等经济学家对帕累托最佳准则作了多方面的修正和完善，并提出了补偿原则论和社会福利函数论等，创立了新福利经济学。

帕累托最优状态（Pareto Optimum）是指在收入分配既定的情况下，如果生产要素的任何一种新组合，都不能使任何一个人在不损害他人利益的前提下增进自己的福利，资源配置就达到了最有效率的状态，即帕累托最优状态。

帕累托最优状态意味着资源的配置达到了最大效率，任何重新配置的行为都只能使这一效率降低，而无法使这一效率升高。也就是说，如果某种新的资源配置能使所有人的处境都有所改善，或者能使一部分人的处境改善，又不至于减少其他人的福利，那么经济社会就没有达到帕累托最优状态。

要实现帕累托最优状态需要满足三个条件，即交换的帕累托最优条件，生产的帕累托最优条件，以及交换和生产的帕累托最优条件。帕累托最优状态的三个条件能够在完全竞争的经济社会中得到满足，这也就是说，帕累托最优状态可以在完全竞争的市场中实现。

在现实经济生活中，常常需要判断诸如社会福利是否增加了，某项政策的实施是好还是不好等问题。这里关键就在于社会福利增加与否的判别标准。如果一项变革或一个变化，可使一些人的福利增加又不会使其他人受损，那么这项变革或变化就增加了社会福利。这个标准称为帕累托准则，也称为帕累托许可变化。但帕累托准则有一个前提，即收入分配是既定的，这使得许多政策无法根据这个标准评估，一些经济学家针对帕累托标准的缺陷，提出几种不同的判别标准。如英国经济学家卡尔多（Nicholas Kaldor）提出：如果一项变革使受益者从中得到的利益，比受损者从中遭受的损失，用货币价值来衡量要大的话，那么该变革就增加了社会福利，就是有利的。这称为卡尔多的判别标准。

例如：有 A、B 两人或者两个团体，其福利水平分别为 A 福利和 B 福利，初始状态为 m。现有两个运动状态，一是由初始状态为 m 到 i，称为方案 1；二是由 m 到 j，为方案 2，如图 3-19 所示。如果实施方案 1，则 A、B 双方的福利水平均得到提高，这种变化符合帕累托许可变化；如果实施方案 2，则 A 的福利水平增加，而 B 的福利水平降低，这种变化就不符合帕累托准则。所以在图 3-19 中的 amb 区域称为帕累托准则的可行域。

但如果按照卡尔多的判别标准，则要分析 A 福利增加和 B 福利减少的关系，如果 A 福利增加的部分大于 B 福利减少的部分，那么方案 2 也是有利的、可行的。所以对于方案 2，如果对 B 进行补偿，使 B 高于或至少相当于初始的福利水平，则方案 2 就满足了帕累托准则的条件，变为一种许可的可行方案。如果方案 2 所需的补偿 ΔB 由 A 来承担，同时 A 的福利水平在承担 ΔB 后尚有正的净福利 N_a，那么这样的变化是可行的，这种变化称为帕累托改进。若 mj' 为改进后的方案，则改进后的方案 2′为帕累托可行方案，如图 3-19 所示。

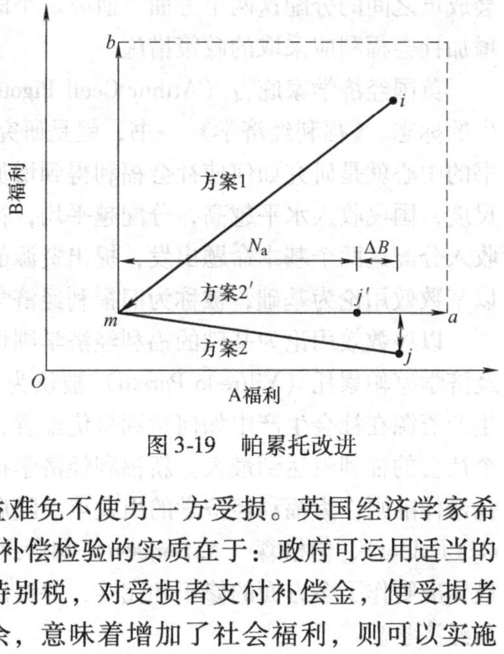

图 3-19 帕累托改进

事实上，在任何一种运动状态中，一方受益难免不使另一方受损。英国经济学家希克斯（Hicks John Richard）等人提出补偿检验。补偿检验的实质在于：政府可运用适当的经济政策使受损者得到补偿，如对受益者征收特别税，对受损者支付补偿金，使受损者至少保持原来的经济状态。如果补偿后还有剩余，意味着增加了社会福利，则可以实施这一改变。

3.4.2 社会福利函数

社会福利函数是福利经济学研究的一个重要内容，社会福利函数试图指出社会所追求的目标应该是什么；分析社会福利应该考虑哪些方面的因素，是某些人的利益或效用，还是所有人的利益或效用；当人们之间的利益或效用相冲突时，应该如何处理这些不同的利益或效用。美国经济学家伯格森（A. Bergson）和萨缪尔森（Paul A. Samuelson）提出以社会福利函数作为检验社会福利的标准。他们认为要确定最理想的帕累托最优状态，仅仅有交换和生产的最优条件，即资源配置的最优条件是不够的，还必须有收入分配的最优条件。

社会福利函数把社会福利看作个人福利的总和，所以社会福利是所有个人福利总和的函数。以效用水平表示个人的福利，则社会福利就是个人福利的函数。伯格森和萨缪尔森认为，社会福利是若干变量的函数，这些变量包括社会所有成员购买的各种商品的数量、提供的各种生产要素的数量，以及一些其他的因素。社会福利函数是社会所有成员效用水平的函数，即

$$W=f(U_1,U_2,\cdots,U_n) \tag{3-24}$$

式中 W——社会福利；

U_1，U_2，…，U_n——社会上所有个人的效用水平。

假设社会中共有A、B、C三个因素（如社会、经济、环境），这时的社会福利函数就可以写成

$$W=f(U_A,U_B,U_C) \tag{3-25}$$

上述社会福利函数只是福利函数的一般表达式，其具体形式则需要根据具体分析对象确定。如果能得到社会福利函数的具体形式，便可以根据社会福利函数作出社会无差异曲线。与单个消费者的无差异曲线一样，社会无差异曲线也有无数条，而且越是离原点远的社会无差异曲线，代表的社会福利也越大。

3.5 微观经济学理论

市场机制在调节社会资源配置与产品产量中发挥着重要的作用。但市场机制并不是万能的，在某些领域不能起作用或不能起到有效作用，也就是会出现市场失灵的情形，分析市场失灵的原因及政府的应对政策是必要的。微观经济政策的目标是反不正当竞争、反垄断、个人收入均等化、市场价格合理化、治理污染保护环境等。微观经济政策主要运用价格、数量和质量控制等手段，管理市场主体、市场客体和市场载体，抑制垄断和不正当竞争，维护市场竞争效率，建立公平竞争的市场秩序，为国民经济健康发展奠定良好的微观经济基础。

3.5.1 公共物品

公共物品（Public Goods）是指供整个社会共同享用的各种（特殊）物品、设施和服务的总称。公共物品相对的是私人物品（Private Goods），公共物品一般由政府提供。公共物品有两个显著的特性，即非排他性和非竞争性。

非排他性，就是无法排除其他人从公共物品中获得利益，这与私人物品的排他性完全不同。公共物品供整个社会的全体公民享用和消费，如城市基础设施、公路、环境保护、国防、经济制度等。公共物品非排他性意味着消费者可能做一个“免费搭车者”。

非竞争性，就是消费者的增加不引起生产成本的增加。如公路在不拥挤的情况下，增加行驶车辆并不增加任何运作成本。私人物品的供给具有竞争性，如某种产品有利可图，生产者就纷纷上马生产，但人们一般不会竞相供给公共物品。

不少公共物品同时具有非排他性和非竞争性，而有一些公共物品可能只具有其中一个特

性。有竞争性，但无排他性的公共物品，通常称为公共资源（Common Resource），如海洋中的鱼是一种竞争性物品，你捕的鱼多了，别人捕的鱼就会少了，但这些鱼并不具有排他性，因为不可能对任何从海洋中捕到的鱼收费。环境也是一种公共资源。还有一种公共物品，有排他性但无竞争性，通常说这种物品存在自然垄断，如城市供水、有线电视等。

公共物品的供给也受到社会需要程度的影响，也有一个最优供给量的问题。如一个城市有一个或两个飞机场就够了，建得再多就没有必要了。

3.5.2 市场失灵

市场在调节经济、配置资源等方面的缺陷，称为市场失灵（Market Failure）。市场机制在协调经济、配置资源等方面具有十分重要的作用，但是它也表现出许多自身无法克服的缺陷，有些缺陷日益明显和突出。

市场失灵主要表现在：市场经济活动会产生外部不经济问题，如环境污染；市场本身缺乏完整性，如不存在公共产品市场；通过市场进行的收入分配不平均，容易导致贫富两极分化；市场经济不能保证满足众多的社会目标；市场常受到经济波动、经济周期的影响而发生资源的浪费和社会福利水平的下降；市场不能保证信息的安全、充分和传递中的顺畅等。

市场失灵要求政府采取必要的政策措施来予以弥补和矫正，即政府干预。政府干预主要通过微观经济政策和宏观经济政策进行。微观经济政策的内容丰富，手段很多，如环境保护政策、反垄断政策、提供公共产品、失业救济政策等。有些微观经济政策是在宏观的背景下运用的，所以带有宏观的形式。宏观经济政策也是进行政府干预的主要政策，如通过货币政策、财政政策、收入政策等经济政策对市场进行调控。

3.5.3 外部性

一个消费者的行为，可能有利或有害于其他消费者，一个生产者的行为，也可能对消费者和其他生产者产生有利或有害的影响。通常这种影响不直接对市场中的生产和消费的效应产生反映。我们把经济主体对其他人产生的这种影响称为外部性（Externality）。市场交易中的买方与卖方并不关注他们行为的外部效应，所以当存在外部性时，市场均衡并不是有效率的。在这种情况下，从社会角度关注市场结果必然要超出交易双方的福利之外。

外部性可分为有利的和不利的两种。有利的称为正外部性（Positive Externality），或称为外部经济性（Externality Economy）；而不利的称为负外部性（Negative Externality），或称为外部不经济性（Externality Diseconomy）。

外部经济性是指个体的经济活动使其他社会成员无需付出代价而从中得到好处的现象，如养蜜蜂获得的收入属于蜂农而不属于果农。外部经济性是社会受益高于个人受益的情况，也就是说，个人的一部分好处被其他人分享了。自己不支出或少支出成本，就可借助于别人的行动获益。这种收益为无偿的转移，在一般情况下是低效率的。过多的外部经济性会导致市场失灵，因此要使社会经济不断发展进步，就要不断地改革，使个人受益不断接近社会受益。外部经济性分为生产的外部经济性和消费的外部经济性。

外部不经济性是指个体的经济活动使其他社会成员遭受损失而未得到补偿的现象，如造纸厂向河流中排放污染物。外部不经济性是社会成本高于个人成本的情况，也就是说，个人的一部分成本被其他人分摊了。自己的一部分收益是建立在别人受损的基础上。如造纸厂向河流里排放污水，其社会成本至少应该是造纸厂的成本加上渔业损失。外部不经济性分为生产的外部不经济性和消费的外部不经济性。生产的外部不经济性如生产活动造成的污染以及交通拥挤状况等。消费的外部不经济性如抽烟对他人健康及环境的损害等。经济学家庇古在《福利经济学》一书中指出：在经济活动中，如果某厂商给其他厂商或整个社会造成不需付出代价的损失，那就是外部不经济。这时厂商的边际私人成本小于边际社会成本，从而私人的最优导致社会的非最优。

不管是外部经济性还是外部不经济性，从整个社会角度来看，都会导致资源配置的错误。在一般情况下，政府所关注并致力于解决的主要是外部不经济性问题。当出现外部不经济性问题时，依靠市场是不能完全解决这种损害的，即所谓市场失灵，必须通过政府的直接干预手段解决外部性问题。就是要在外部性场合通过政府行为使外部成本内部化，使生产稳定在社会最优水平。

外部性的影响使市场机制不能达到有效率的帕累托最优状态，国家必须制定相关政策并有效实施来应对这一市场失灵的状况。主要政策一般有三种：一是使用税收和津贴的方法。如采取给予环境保护者津贴、减免税收等措施，使个人受益低于社会受益的部分得到补偿；对环境污染者采取征收税与费、罚款等措施，使个人成本上升到与社会成本基本保持一致。二是使用企业合并的方法。如有两家企业，甲企业的生产活动影响乙企业的产出水平，则甲的活动产生了外部性。反过来乙的活动也可能对甲产生外部性。在一定的条件下，如果合并甲、乙两家企业，实现外部性内部化。这样，原来两家企业各自的外部成本和外部收益变成了一家企业的内部成本和内部收益，相关的外部性就不存在了。三是使用规定产权的办法。产权是一种界定财产所有者，以及他们可以如何使用这些财产的法律规则。

根据污染所造成的危害程度对排污者征税，用税收来弥补排污者生产的私人成本和社会成本之间的差距，使两者相等。这种税由庇古最先提出，也被称为“庇古税”。庇古税按照排放污染物的量或经济活动的危害来确定纳税义务，属于直接环境税。

在研究外部性理论中有一个重要的定理，即科斯定理。科斯定理指出：如果当事各方能够无成本地讨价还价，无论最初的产权如何界定，他们最终都能够达成协议，实现资源的帕累托最优配置。如环境的使用权应当作为一种财产权，这样，当某项生产活动产生负外部性时，就可以明确地划定损害方和受损方，并使受损方得到赔偿。科斯定理认为，外部性效应往往不是一方侵害另一方的单项问题，而是相互性，只通过征收庇古税来解决是不公平的，外部性问题的实质是避免将损害扩大化。科斯定理的核心在于明确产权，只要产权清晰，在交易成本为零的情况下，不论谁拥有产权，资源配置都是有效率的，可以基于自愿交易的私人合约行为对市场运转进行自我修正。科斯定理对产权理论的阐述，揭示了外部性问题的根源在于稀缺性导致的对资源使用的竞争性需求。

从以上分析可以看出，公共政策下的税收政策和科斯定理的产权原理都是针对有限资源下调整社会间经济主体的资源配置，但侧重点不同。两种手段都对负外部性，特别是污染等环境问题提出治理的可能，但就对解决环境污染问题的实践状况看，征收庇古税相对比科斯产权理论下的自愿协商解决产生的社会效应要大。

对于外部不经济的治理，政府还可以采取其他政策措施。如运用法律手段对生产者进行强制管理；政府投资治理外部不经济；政府介入市场，保护当事人的利益促进资源的优化配置等。

【案例】

消费的环境代价

经济学家使用消费这个词一般是指“使用经济物品”，但是，《简明牛津词典》的定义对经济学家来说也许更恰当：“摧毁或毁掉；浪费或滥用；用光，用尽。”迎合全球消费者社会的经济学对于人类共同的地球资源遭受损害应负最大份额的责任。例如，消费者阶层使用的矿物燃料，产生了由这种原料排出的二氧化碳的2/3（二氧化碳是主要的温室效应气体）。贫困人口通常对由于焚烧矿物燃料而导致的每人0.1t碳排放负有责任，中等收入阶层是0.5t，消费者是3.5t。

在个别的例子中，美国人中最富裕的1/10人口每年排出11t碳进入大气层。相应的各个阶层的其他类似生态危险的证据是很难得到的。但是工业化国家中的大多数消费者的家庭与发展中国家大多数中等收入和贫困人口的家庭相比较，给人一种有着巨大阶层差别的感觉。在拥有全球人口1/4的工业化国家，消费着地球上40%～86%的各种自然资源。

我们从地球的表面开采矿物，从森林获取木料，从农场获取谷物和肉类，从海洋获取鱼类，从河流、湖泊和地下蓄水层获取新鲜的水。工业化国家居民水的平均消费量是发展中国家的居民平均消费量的3倍，能源是10倍，铝是19倍。

我们消费的生态影响甚至深入到了贫困人口的当地环境中。例如，我们对木材和矿产的偏爱，促使道路修筑者为贫穷的移居者开发热带雨林，结果导致了无数物种的灭绝。高消费转化成了巨大影响。在工业化国家，燃料燃烧释放出了大约3/4的导致酸雨的硫化物和氮氧化物。世界上绝大多数的有害化学废气都是由工业化国家的工厂生产的。其军用设备已经制造了世界上99%以上的核弹头；其原子工厂已经产生世界上96%以上的放射性废料，并且其空调机、烟雾辐射和工厂释放了几乎90%的破坏保护地球臭氧层中的氟氯烃。

当人们从中等收入阶层上升到消费者阶层的时候，他们对环境的影响也发生了跃迁——不是因为他们消费同种东西太多，而是因为他们消费着不同种的东西。例如，南非黑人，他们中的大多数属于中等收入阶层，他们把有限的预算大部分花在了基本的食物和衣服上，产生出的东西相对于地球环境并没有什么损害。同时，南非的消费者阶层——白人，把他们大部分的预算都花在了住房、电力、燃料和交通上——这些都对环境有较大危害。

乔蒂·帕里克和他的同事在孟买的英吉拉·甘地发展研究所使用联合国的数据比较了100多个国家的消费模式。按照人均生产总值来排列，他们注意到随着收入增长，像谷物等较少生态危害产品的消费增长缓慢。相反，会造成许多有生态危害的如轿车、汽油、铁、钢、煤和电等东西的购买和生产迅速成倍地增加。

我们消费者生活方式所需的像汽车、一次性物品和包装、高脂饮食及空调等东西——只有付出巨大的环境代价才能被供给。我们的生活方式所依赖的正是巨大的和源源不断的商品输入。这些商品——能源、化学制品、金属和纸的生产对地球将造成严重的损害。在美国，这四种工业在资源密集和毒物排放方面都排在前五位，并且同时在产生污染空气的硫化物和氮氧化物、悬浮颗粒以及挥发有机物等方面也占一席之地。

特别是为消费者社会提供动力的矿物燃料是有破坏性的环境输入品。从地球中开采出的煤、石油和天然气持久地破坏着无数动植物的栖息地；燃烧它们造成世界的空气污染；提炼它们产生了大量的有毒废物。根据国家平均水平的粗略计量所作的估计，消费者阶层依赖的能源供应至少相当于每人每年 2t 的标准煤。贫困人口使用的能源至多相当于每人每年 400kg，中等收入阶层位于二者之间。

令人忧虑的是，被紧紧催逼的发展中国家在使收支相抵的努力中，过于频繁地出卖着其生态精华。通过随心所欲地操纵一个国家反对另一个国家，制造工业已经把其生产线分散到许多国家去寻找低廉劳动力、便宜的资源和宽松的法规。巴西提供了在这些全球生产线末端发生的一个活生生的例子。因为背负着一笔超过 1000 亿美元的国际债务，政府补助和促进出口工业。结果是，这个国家已经变成了一个主要的铝、铜、钢铁、机械、牛肉、鸡肉、大豆和鞋的出口国。由于巴西的出口业，消费者阶层得到了便宜的产品，但是巴西——大多数的居民是中等收入阶层——却被污染、土地退化和森林破坏的账单所困扰。例如，到 1988 年为止，整个巴西工业所使用的电力的 18% 输送到工厂用于生产出口到工业化国家的铝和钢材。这些电力主要来自于淹没了热带森林和使当地人从他们祖祖辈辈居住的土地上迁走的水电大坝。

全球消费者社会在森林和土壤上投下了一个长长的阴影，例如，在萨尔瓦多和哥斯达黎加种植的香蕉、咖啡和麻醉品等出口作物占去了 1/5 以上的农田。拉美和南非出口牲畜的牧场已经替代了雨林和野地区域。在这条生产线的消费者末端，日本 70% 的谷物、小麦和大麦，95% 的大豆，50% 以上的木材都需要进口。绝大多数的这些东西都来自于婆罗洲正在迅速消失的热带雨林。

几十年来，消费者阶层不断变换的口味刺激了热带地区的商业繁荣。糖、茶、咖啡、橡胶、棕榈、可可、象牙、黄金、白银、宝石……每一个都改变了自然环境并且决定了大批工人的生活。今天，消费者阶层的兴趣仍然存在着那种影响，野生动物贸易和非法药品的生产说明了这一点。每年，走私者把数百万的热带鸟、鱼、植物、动物毛皮和其他珍稀物品从贫穷的地区运到富裕的地区。他们数千个地贩运橄榄绿鳞龟和玳瑁海龟壳，成吨地贩运美洲豹和其他带斑点的猫科动物的毛皮。虽然动植物生息地的破坏是全世界物种灭绝的主要原因，但生物学家认为濒危物种名单上超过 1/3 的脊椎动物主要是由于贸易而被猎杀。富裕消费者的需要刺激了这种猎杀，据华盛顿特区野生动物基金会的报告，世界范围内野生动物的销售额每年都超过 50 亿美元。

消费者阶层影响的另一个表现是过去曾是人迹罕至的秘鲁亚马逊河段的密林，现在被席卷了 20 万 hm^2。这个地区，一度曾是美洲豹和眼镜蛇漫游的唯一高地生态系统，现在却以有饱受除莠剂毒害的世界可卡因工业中心而自豪。在上孟加拉谷地，逃难的贫苦农民们在他们山地上的村庄里种可可来满足美国和欧洲城市居民对可卡因的爱好。可可种植者，像任何种植高价出口作物的农民一样，不遗余力地耕作，在陡峭的山坡上耕田，并且用化学除草剂来增加收成。

加工可可叶子带来了生态的毁坏。在 1987 年，秘鲁林务员马克·道洛杰尼估计丛林里的秘密可卡因化工厂向河谷流域倾倒了数百万加仑的煤油、硫酸、丙酮和甲苯，并且后来证明河谷的溪流对许多种鱼、两栖动物和爬行动物都是致命的。后来，毒品商人和联盟的游击运动的统治创造了一个为所欲为的状态，在这种状态下，牟取暴利之徒砍树、狩猎、捕鱼，把这个地带推向了毁灭。这样从全球变暖到物种灭绝，我们消费者应对地球的不幸承担巨大的责任。然而我们的消费却很少受到那些关心地球命运的人们的注意，这些人注意的是环境恶化的其他因素。消费是在全球环境平衡中被忽略的一个量度。

——资料来源：艾伦·杜宁著，《多少算够》，吉林人民出版社，1997

思考与练习

1. 名词解释：效用、边际效用、消费者均衡、需求、供给、需求函数、供给函数、均衡、生产函数、生产者均衡、福利经济学、公共物品、外部性。

2. 影响某种商品的需求量和供给量的主要因素有哪些？

3. 为什么需求曲线向右下方倾斜？

4. 什么是边际效用递减规律？一家大企业与一家小企业损失同样数量的资金，其表现是不一样的，请用边际效用递减规律加以说明。

5. 一家企业生产中产生污染，对当地的农业产生影响，请你用帕累托准则对此进行分析。

6. 已知某厂商的生产函数为 $Q = L^{3/8}K^{5/8}$，又设 $P_L = 3$ 美元，$P_K = 5$ 美元，试求：

1）产量 $Q = 10$ 时的最低成本支出和使用的 L 与 K 的数量。

2）产量 $Q = 25$ 时的最低成本支出和使用的 L 与 K 的数量。

3）总成本为 160 美元时厂商均衡的 Q、L 与 K 之值。

7. 请你举出几个外部经济性和外部不经济性的例子，并加以分析说明。

第2篇

市场与环境

4

第 4 章

市场与竞争

本章摘要

在生活中我们见过各种各样的市场，最常见的是农产品市场。假如你去市场买菜，你会发现几乎所有相同品种的蔬菜的价格都是一样的，没有哪一个卖主会擅自提高价格。因为大家的蔬菜没有什么差别，一旦提高价格就不会有人来购买。但也存在像有线电视那样的市场，一个城市的有线电视市场通常被一家企业所控制，该企业提高了价格，消费者只有接受。本章将要学习的是市场中的供给与需求关系以及完全竞争市场和不完全竞争市场的一些基本概念和理论。

4.1 均衡价格理论在市场中的应用

在第 3 章第三节中已经对市场的供求与需求以及均衡价格理论作了简要介绍，本节主要讨论均衡价格理论在市场中的应用。

4.1.1 均衡价格理论的应用

1. 价格调节及其局限性

均衡价格形成与变动的过程实际上就是价格调节经济的过程。在市场经济中，价格在经济中的作用可以归纳为：第一，传递信息、提供刺激，并决定收入的分配；第二，作为指示器反映市场的供求状况；第三，通过价格的变动可以调节需求；第四，价格的变动可以调节供给；第五，价格可以使资源配置达到最优状态。

理论上，通过价格调节，就可以使资源配置达到最优状态。但在现实中，由于种种条件的限制，价格调节并不一定能达到理论上的这种完善境地。而且，从经济的角度看，也许价格调节能达到这种理论上完善的境地，但从社会或其他角度看，通过价格调节所达到的境地并不一定是最好的。这就是经济学家所说的“市场失灵”。为此，通过一定的经济政策来纠正这种失灵就有必要了。

价格政策就是为了纠正“市场失灵”采取的政策，在这里主要介绍支持价格和限制价格。

2. 支持价格

支持价格是政府为了扶植某一行业的发展而对该行业规定的高于均衡价格的最低价格。

由于价格高于均衡价格，供给量将大于需求量，该商品出现过剩。为维持支持价格，政府就应采取相应措施：一方面是政府收购过剩商品，或用于储备，或用于出口，在出口受阻的情况下，就必将增加政府财政开支；另一方面是政府对商品的生产实行产量限制，但在实施时需有较强的指令性且有一定的代价。

我国目前的情况采取对农业的支持价格政策是有必要的，对于稳定农业经济的发展有着积极的意义：第一，减缓了经济波动对农业的冲击，稳定了农业生产；第二，通过对不同农产品的不同支持价格，可以调整农业结构，使之适应市场的变动；第三，扩大农业投资，促进农业现代化的发展和劳动生产率的提高。

3. 限制价格

限制价格是政府为了限制某些商品价格上涨而规定的低于市场均衡价格的最高价格，其目的是为了稳定经济生活和社会秩序。

价格低于均衡价格，就会导致需求量将大于供给量，该商品将出现短缺。这样，市场就可能出现抢购现象或者黑市交易。为了解决商品短缺，政府可采取的措施是控制需求量，采取配给制，发放购物券。但配给制只能适应于短时期内的特殊情况，否则，一方面可能使购物券货币化，还会出现黑市交易；另一方面会挫伤厂商的生产积极性，使短缺情况更加严重。

所以，限制价格的实行有利于社会的安定，但同时也有不利作用：第一，价格水平低不利于刺激生产，从而会使产品长期存在短缺现象；第二，价格水平低不利于抑制需求，从而会在资源缺乏的同时造成严重的浪费；第三，价格水平不合理是社会风气败坏，官员腐朽等不良风气的经济根源之一。

4.1.2 生产要素的供求分析

生产要素是指生产过程中使用的各种经济资源。在这里，我们要探讨的是生产要素的市场价格是如何决定的。在实际生活中，每个人都是生产要素的所有者，生产要素的价格就是他们的收入，因此，生产要素价格如何决定的问题也就是国民收入如何分配的问题。

1. 生产要素的需求与供给

商品的价格是由商品的需求和供给共同决定的，同样，生产要素的价格是由生产要素的需求和供给共同决定的。生产要素的需求主要来自厂商，厂商对要素的需求不同于消费者对消费品的需求。消费者对消费品的需求是一种直接需求，为了直接满足自己的欲望。厂商购买要素是为了用来生产产品以供应市场，追求利润最大化。所以，消费者对产品的需求取决于产品的效用，而厂商对生产要素的需求则取决于生产要素所具有的生产产品的能力。换句话说，厂商对要素的需求是从消费者对产品的直接需求中派生出来的，生产要素的需求是一种派生需求。

生产要素的需求也是一种联合需求。这就是说，任何生产行为所需要的都不是一种生产要素，而是多种生产要素共同作用的结果，即厂商同时需要各种生产要素。

就生产要素的供给来看，它不是来自厂商，而是来自个人或家庭。个人或家庭在消费理论中是消费者，在要素价格理论中是生产要素所有者。个人或家庭拥有并向厂商提供各种生产要素，生产要素主要有四种，即资本、劳动、土地与企业家才能。这四种要素的所有者分别是资本所有者、劳动者、土地所有者和企业家，他们为厂商提供这些生产要素而分别取得工资、利息、地租和利润。利息、工资、地租和利润就是这些生产要素的价格，主要由其市场供求关系所决定。

2. 劳动市场与工资

工资被解释为劳动的价格，或劳动这一生产要素所提供的劳务的报酬。劳动价格是在劳动市场上形成的。

（1）劳动的需求　劳动的需求来自厂商，厂商决定雇用工人，考虑的是雇用一个工人创造的收益和价值是否大于应支付的工资，是由劳动的边际收益和边际成本的对比决定的。劳动的边际收益是指增加一单位劳动所增加的产量从而带来的收益增加量，边际成本是指增加一个单位劳动所增加的成本即工资。例如，某厂商增加一单位劳动增加3个单位产量，每单位产品收益为5元，则劳动的边际收益为15元，即厂商增加一单位劳动能带来15元收益，如果厂商该支付的工资低于15元，厂商才是合算的，才可能雇用。厂商追求利润最大化，一定会使用劳动量直到劳动的边际收益等于边际成本。劳动的需求量随着工资率的下降而增加。因为在其他条件不变的情况下，工资率越低，产品的成本越低，厂商生产成品所得到的利润越多，所以，企业会增加劳动量。

（2）劳动的供给　劳动者愿意提供的劳动数量取决于多种因素，如身体素质、经济负担等。我们只考虑劳动供给与工资率的关系，一般来说，工资率上升，劳动供给会增加，反之亦然。通常，在工资水平较低的情况下，随着工资的增加，劳动供给会增加；但是当工资率达到较高水平时，随着工资的增加，劳动不会增加，供给曲线向后弯曲。现实生活中，雇员工资达到一定水平时，对货币需求不再那么迫切，而愿意把时间花在休闲和娱乐上。

（3）均衡工资　劳动需求曲线和供给曲线的交点是均衡点，对应的工资为均衡工资，也是劳动的均衡价格。当劳动供不应求时，工资上升；当劳动供过于求，工资下降，也都会引起需求量的变化。例如，我国大城市家政服务市场，每到春节，大部分家政员工返乡，供给大幅度减少，从而工资大大提高。如果城市居民收入增加，对家政服务的需求也增加，即使供给不变，均衡工资也会上升。总之，供求关系的变化，会引起劳动价格的变化。

当然，人们从事不同职业所得工资存在差别。这是因为：劳动质量不同，不同劳动者的素养、学识、能力不同；工作环境不同，不同职业在安全、声誉等方面不同，根据供求规律，大家都不愿意从事的工作会得到较高的报酬。

4.1.3　其他生产要素

1. 资本与利息

资本所对应的价格是利息，是厂商使用一定时期内资本的生产力所支付的代价，或者说是资本所有者出让一定时期内资本的使用权获得的报酬，这是由资本的供求关系决定的。

资本的需求量是一定时期内厂商在不同利率水平下所需要的资本总额。厂商的目的在于利润，根据市场利息率与预期利润率的对比关系，调整资本的需求量。在其他条件不变时，资本利息率越高，需求量减少，利息率越低，需求量增加。

资本的供给量是资本所有者在不同利率水平下愿意并且能够提供的资本总额。利息率越高，报酬越多，资本的供给量与利息率同方向变动。在均衡利息率水平上，资本的需求量与供给量相等，市场达到均衡。

2. 土地与地租

地租是对土地作为生产要素提供服务的报酬，是厂商在一定时期内利用土地所支付的代价，是由土地的需求和供给决定的。地租越高，对土地的需求越少，地租越低，对土地的需求越多。土地的需求曲线，是一条向右下方倾斜的曲线。

一个国家或地区，在一定的时期内，土地供给是固定的，土地的供给曲线是一条垂直于横轴的直线。所以，土地供给不变，地租的高低取决于对土地的需求，与需求同方向变动。也因为这样，一个国家或地区，随着经济发展和人口增加，对土地的需求增加，土地价格上升。

但是从一个行业或一个企业的角度来看，可以把有限的土地投入到收益高的行业中去，土地供给量是变化的，随着地租的上涨而增加。

4.2 完全竞争市场与竞争均衡

首先需要说明的是，在现实中根本不存在完全竞争的媒介市场，事实上，任何产品的完全竞争市场都是不存在的。但是，关于完全竞争的媒介市场给了我们一个完美的标准，也指明了我国媒介产业改革的方向。从这个角度出发，针对完全竞争的媒介市场的讨论还是有意义的。

我们首先要认识各种市场的区别，然后逐一讨论各种市场类型、每一种市场类型都有什么特点，在不同类型的市场中企业是如何进行价格和产量决策。

4.2.1 市场与市场结构

什么是市场呢？简单地说，市场就是买卖商品（或劳务）的交易场所和地点。这是个古老的定义，随着时代的发展，市场被赋予了新的意义：它可以指有形的市场，如农贸市场；也可以指那些无形的、用现代化通信工具进行交易的接洽点，如股票市场或外汇市场。股票和外汇可以进行网上交易，无须具体的地点。

除了日常所见的人们购买商品或劳务的市场外，还存在一个通常被忽略的市场——要素市场。劳动、资本和土地是基本的生产要素，这些要素在要素市场内交易。大学生毕业后要去招聘会寻找工作，招聘会就是一个劳动市场；企业去银行借钱，银行就是一个资本市场；各级政府常常对土地进行拍卖，这告诉我们还存在一个土地市场。

根据市场结构的不同，商品市场可以被分为多种类型。农产品市场与有线电视市场分别代表了两种类型：完全竞争和垄断。完全竞争也可以简称为竞争市场，其本质特征是该市场中的厂商非常多；垄断市场则相反，该市场中的厂商只有一个。我们还可以找到别的类型，如报纸市场和石油市场。报纸市场中的厂商数量也很多，这一点类似于完全竞争，但是一旦你忠诚于某种报纸，即使它提高价格，你还是会购买它，这是它与完全竞争市场一个关键的不同。这样的市场称为垄断竞争市场。中国的石油市场类似于垄断市场，但不完全是垄断，因为至少存在三家石油公司，它们一起垄断了中国的石油市场。同样，各大门户网站也几乎垄断了门户网站市场，这样的市场称为寡头市场。表4-1显示了四种市场的区别。

表4-1　市场类型的划分与特征

市场类型	厂商数目	能否控制价格	产品是否有差别	实　例
完全竞争	很多	不能	没有	农产品
垄断竞争	较多	有一定能力	有一些	报纸、洗发水等轻工产品
寡头	很少	相当程度	有或无	石油、门户网站
垄断	唯一	很大程度	无替代品	有线电视、铁路以及水、电等

4.2.2　完全竞争媒介市场的特征与收益

1. 完全竞争媒介市场的特征

媒介经济学认为：完全竞争是一个竞争的过程，而不仅仅是结果。在这样的市场中，所有的媒介生产、传播同样的产品，没有进入和退出的壁垒，媒介、消费者和广告主都拥有完全信息，都是价格的接受者。为什么媒介无法控制价格？那是因为有很多媒介在生产、传播同样的产品，产品没有差别，如果提高价格，销售量就会降为零。

我们可以总结出来完全竞争媒介市场的如下特点：

1）市场上有很多的买者和卖者。

2）厂商或生产者提供的商品没有什么差别。

3）市场的门槛很低，进入或退出这个市场不需要太多的成本。

4）完全信息。媒介市场的所有参与者都拥有包括内容质量、价格制定、传播渠道在内的全部市场信息。

由于具有上述特点，市场上每一个单独的买者或卖者的行为对整个市场的价格和交易量的影响都是微不足道的。所有的买者和卖者都是价格的接受者。这是一个没有个性的市场，但事实上，由于卖者都是价格的接受者，所以也就不存在真正的竞争。

2. 完全竞争媒介市场中企业的收益

无论是哪一种市场，该市场中的企业都要追求的是利润最大化，而利润等于总收益减去总成本。在前面的章节里已简要介绍了成本的概念，这里要考虑竞争企业的收益。

首先作一个假设，在一个城市中，有无数家报纸（当然这是不可能的），而这些报纸之间不存在任何差别。假如你是其中一家报纸的老板，你如何定价？你会说，那要看别人采取什么价格。这就是完全竞争导致的结果：所有的买者和卖者都是价格的接受者，无论是报纸价格还是广告价格。

再进一步假设，所有的报纸定价为1元/份（为了方便起见，假设这个价格已经包含了广告带来的收入）。那么，企业卖出1万份报纸，则其总收益（Total Revenue，TR）为10 000元。

这样可得到一个概念：

总收益
$$TR = P \times Q \tag{4-1}$$

需要注意，每份报纸的价格不是你所能决定的，你只是接受当前的价格。即使你的报纸销售量变得更多或更少，价格仍然是1元（当然如果市场价格变成了0.5元，你也只能无奈地接受）。因此，总收益与产量同比例变动。

再问一个问题：每卖一份报纸得到多少钱？或者说，每一份报纸的平均收益是多少呢？

答案很简单就是1元。

于是又得到一个概念：

平均收益（Average Revenue，AR）：平均每一单位产品销售所得到的收入。

平均收益 = 总收益/销售量

或者说　　平均收益 $= P \times Q/Q = P$　　(4-2)

对于你来讲，当前价格不变，平均收益就等于价格。实际上，对于任何企业来讲，平均收益都等于价格。最后一个问题，每多出售一份报纸会得到多少钱？答案还是1元。这样可以得到一个新的概念：

边际收益（Marginal Revenue，MR）：每多出售一单位产品所引起的总收益变动量。边际收益等于总收益对销售量的导数。对于竞争性市场而言，由于价格是给定的，边际收益总等于价格。

$$\mathrm{MR} = \lim_{\Delta Q \to 0} \frac{\Delta \mathrm{TR}}{\Delta Q} = \frac{\mathrm{dTR}}{\mathrm{d}Q} \tag{4-3}$$

表4-2表示了你出售报纸获得的收益情况。第一列表示价格，第二列表示产量（或销售量），第三列表示总收益，第四列表示平均收益，第五列表示边际收益。根据该表可以得到如下结论：①竞争性企业的总收益与产量同比例变动；②竞争性企业的平均收益等于价格；③竞争性企业的边际收益也等于价格。

表4-2　竞争性企业的总收益、平均收益和边际收益

价　格　P	销售量/份	总收益/元	平均收益/元	边际收益/元
1	0	0	—	—
1	10 000	10 000	1	1
1	20 000	20 000	1	1
1	30 000	30 000	1	1
1	40 000	40 000	1	1

要注意表4-2中平均收益和边际收益的计算。例如，当销售量为20 000份时，平均收益等于总收益（20 000元）除以销售量等于1，而边际收益等于总收益的变化量（20 000元－10 000元）除以销售量的变化量（10 000份）等于1。

在第3章中介绍：需求实际上反映的是消费者的购买数量和商品的价格之间的关系。而对于完全竞争媒介企业来讲，它只能接受当前的价格，也就是说，它所面临的需求曲线是一条水平线。

图4-1显示的是整个市场的需求与供给曲线。当需求曲线为D_1时，需求曲线与供给曲线相交于E点，决定价格为P_1。在图4-2中，单个企业只能接受P_1这样的价格；当需求曲线为D_2时，需求曲线与供给曲线相交于F点，决定价格为P_2，同时，在图4-2中，单个企业还是只能接受P_2这样的价格。

这告诉我们，完全竞争企业所面临的价格不是不会改变的，价格由整个市场的需求与供给决定，但是无论怎样变化，单个媒介企业也只有接受。单个媒介企业面临的需求曲线是一条水平直线，水平的需求曲线表示其需求价格弹性为无穷大，即厂商不能提高价格，否则需求量就会下降到零。同时，由于价格给定，因此完全竞争媒介企业的平均收益、边际收益都等于价格，完全竞争媒介企业的平均收益曲线、边际收益曲线与需求曲线重合。

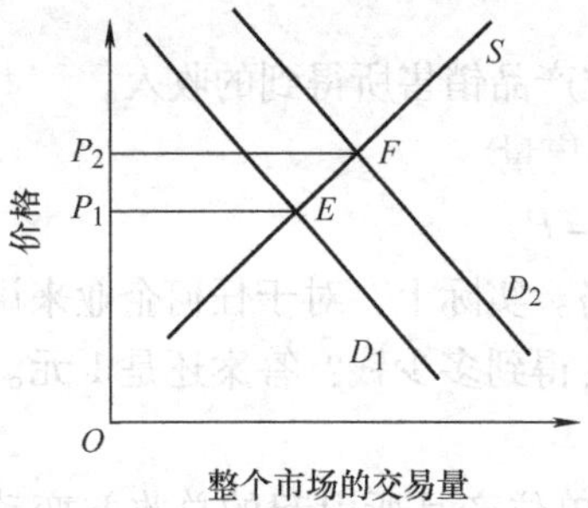

图 4-1 整个市场的需求与供给曲线

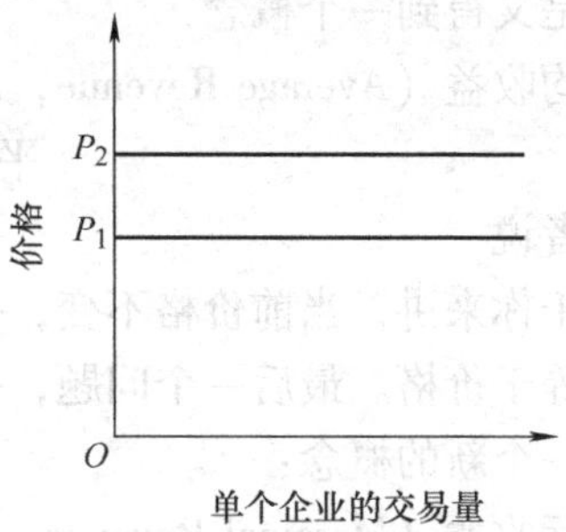

图 4-2 单个企业面临的需求曲线

3. 完全竞争企业的利润最大化

首先必须明确，任何企业的最终目标都是利润最大化，而利润等于总收益减去总成本。下面根据利润和成本的概念来推导利润最大化的条件。我们利用表 4-3 的例子来分析竞争性企业利润最大化的产量和价格（实际上价格对它来讲总是给定的）。

要注意表 4-3 中边际成本的计算。例如，当销售量为 30 000 份时，总成本的变化量为 25 000 元 - 15 000 元 = 10 000 元，销售量变化量为 10 000 份，因此边际成本为 1。

表 4-3 竞争性媒介企业的利润最大化

价格 P	销售量/份	总收益/元	总成本/元	利润/元	边际收益/元	边际成本/元
1	0	0	10 000	-10 000	—	—
1	10 000	10 000	11 000	-1000	1	0.1
1	20 000	20 000	15 000	5000	1	0.4
1	30 000	30 000	25 000	5000	1	1
1	40 000	40 000	41 000	-1000	1	1.6
1	50 000	50 000	60 000	-10 000	1	1.9

该企业如果要实现利润最大化，应该生产（销售）多少产量？

如果销售 0 份，总收益是 0，利润是 -10 000 元（想一想，这是为什么?）；如果生产 10000份，总收益是 10 000 元，利润是 -1000 元；如果生产 2 万份，总收益是 20 000，利润是 5000 元。显然，该企业应该生产（销售）3 万份，此时最大利润为 5000 元。

在销售量为 3 万份的时候，还能发现什么？边际收益等于边际成本。

边际收益的定义是：每多出售一单位产品所得到的收入，边际成本的定义是每多生产一单位产品所消耗的成本。当边际成本小于边际收益时，增加生产并销售产品是合算的；当边际成本大于于边际收益时，增加生产并销售产品是不合算的。因此，只有边际收益等于边际成本时，利润才能达到最大化，如图 4-3 所示。

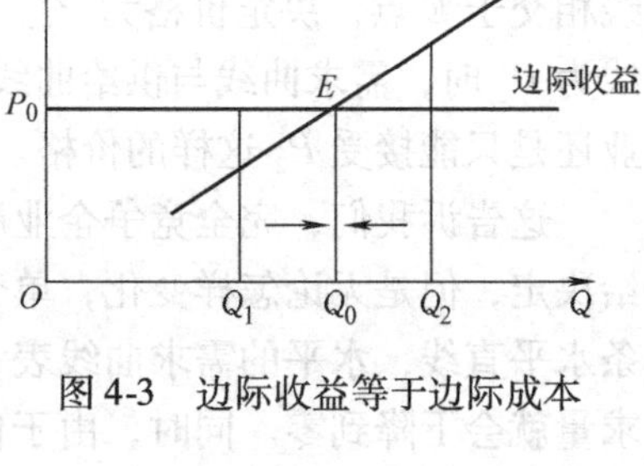

图 4-3 边际收益等于边际成本

在图 4-3 中，Q 代表产量，P 代表价格。边际收益为

MR，在竞争性市场中边际收益保持不变。MC为边际成本。

我们说，E点就是厂商实现最大利润的点，Q_0就是实现最大利润时的产量。当产量小于Q_0时，如Q_1，厂商的边际收益大于边际成本，这也就是说，厂商增加一单位产量所带来的总收益的增加量大于付出的总成本的增加量，增加产量是有利可图的，可以使利润增加，因此，厂商会增加产量。随着产量的增加，边际收益不变，而边际成本不断增加，厂商利润增加量越来越少，最后等于零，即MR = MC时。当产量大于Q_0时，如Q_2，厂商的边际收益小于边际成本，也就是说，厂商增加一单位产量所带来的总收益的增加量小于付出的总成本的增加量，减少产量就会有利可图，可以使利润增加，因此，厂商会减少产量。随着产量的减少，边际收益不变，而边际成本不断减少，厂商利润的负增加量越来越少，最后等于零，即MR = MC时。

实际上，任何企业的利润最大化都要满足边际收益等于边际成本的条件，即MR = MC。

4.2.3 完全竞争企业的短期均衡与供给曲线

短期是指生产者来不及调整所有生产要素，至少一种要素是保持不变的，如资本；而长期内可以调整所有要素，所有的要素都是可变的。厂商在短期内可忍受亏损，但长期内就不会忍受，它会选择退出。

1. 短期均衡

在竞争性市场的假设下，边际收益（MR）等于平均收益（AR）等于价格。均衡条件是边际收益等于短期边际成本（Short-run Marginal Cost，SMC），即MR = SMC。

如图4-4中，边际收益MR与短期边际成本SMC相交于E点，决定均衡价格为P_0，均衡产量为Q_0。但仅仅根据图4-4并不能判断企业是否愿意提供Q_0，或者说仅仅根据图4-4并不能判断企业是否盈利，企业是否愿意提供产量要考察企业的成本曲线。

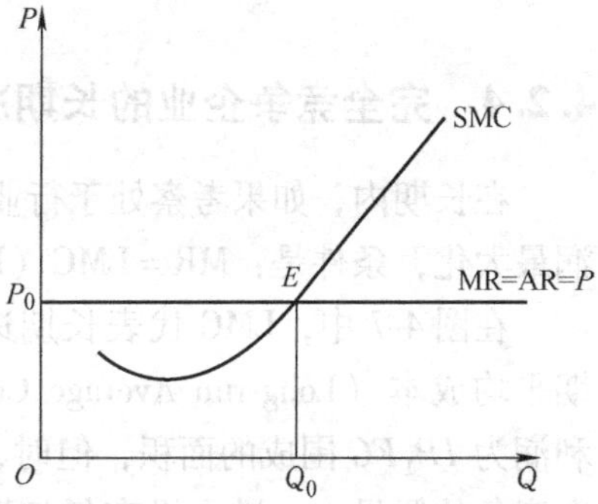

图4-4 完全竞争企业的短期均衡

企业的短期平均成本（Short-run Average Cost，SAC）是U形的，先下降后上升。

企业的平均可变成本（Average Variable Cost，AVC）也是U形的，先下降后上升。但AVC曲线总位于SAC曲线的下面，两者的距离越来越小（思考一下，为什么?）

企业在短期内所能忍受的最低价格是多少，是SAC曲线的最低点吗？不是，应该是AVC曲线的最低点E，如图4-5所示。

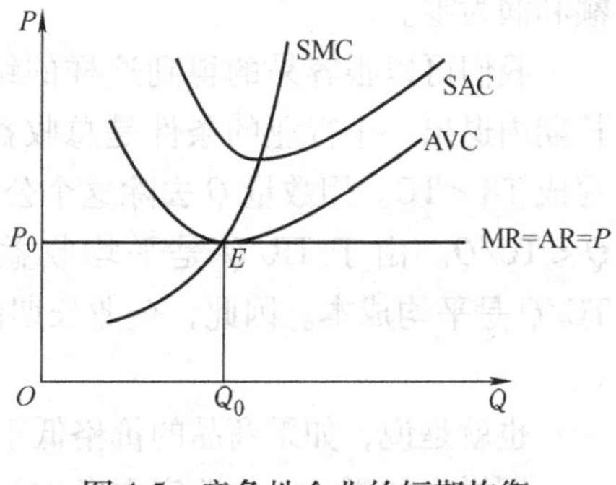

图4-5 竞争性企业的短期均衡

在E点，边际收益等于边际成本，平均收益等于平均可变成本。总收益是多少？是OP_0EQ_0围成的面积，总可变成本是多少？也是由OP_0EQ_0围成的面积，二者是相等的。也就是说，企业的收益只能弥补可变成本，不变成本无法弥补。但是要注意，如果厂商不生产，那么它不用支付可变成本，当然也没有收益。

但是它仍然要支付全部的不变成本。

也就是说，在 E 点，企业生产与不生产没有区别。E 点可称为企业的停止营业点，E 点对应的价格是企业在短期内所能忍受的最低价格。当价格低于 P_0 时，企业将不再进行生产。

2. 供给曲线

供给曲线反映什么？它反映价格与企业供给量之间的关系，当价格变化时，企业都应该选择一个最优的产量。

观察图4-6，当价格为 P_0 时，企业的均衡点在 E 点，边际收益等于边际成本，最优产量为 Q_0。当价格为 P_1 时，企业的均衡点在F点，边际收益等于边际成本，最优产量为 Q_1。实际上，只要价格高于SMC曲线与AVC曲线的交点，或者说AVC曲线的最低点，企业都会根据价格（边际收益）与SMC曲线的交点确定一个最优的产量。这意味着 P 与厂商的最优产量之间存在着一一对应的关系，而SMC曲线就是对这种关系的反映。因此SMC曲线上高于AVC曲线最低点的部分就是竞争性企业的短期供给曲线。

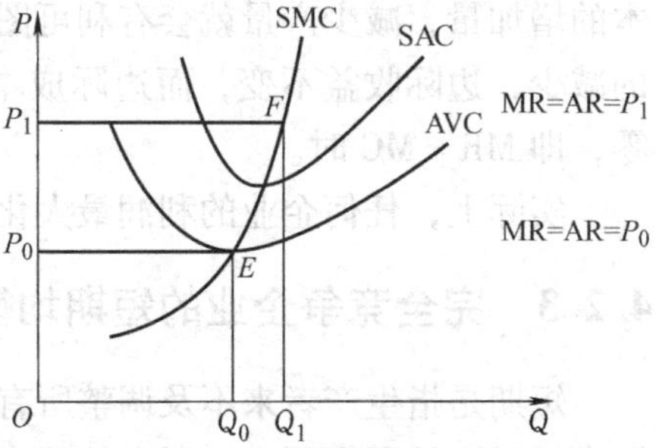

图4-6 竞争性企业的短期供给曲线

最后可得到竞争性媒介企业提供产品的条件：总收益要大于总可变成本，即

$$P \times Q \geqslant \mathrm{TVC} \tag{4-4}$$

上式两边同时除以 Q，则得

$$P \geqslant \mathrm{AVC} \tag{4-5}$$

4.2.4 完全竞争企业的长期决策

在长期内，如果考察处于行业内企业的长期均衡，那么可以确定的是企业仍然要实现利润最大化，条件是：MR = LMC（Long-run Marginal Cost），如图4-7所示。

在图4-7中，LMC代表长期边际成本，LAC代表长期平均成本（Long-run Average Cost）。当价格为 P_1 时，利润为 TP_1FG 围成的面积，但时，只要有利润，基于完全竞争的假设——进入没有任何壁垒，就会有很多媒介企业进入提供更多的产量，这会使价格下降，一直下降到 P_0，此时总收益是 OP_0EQ_0，总成本也是 OP_0EQ_0，超额利润为零。

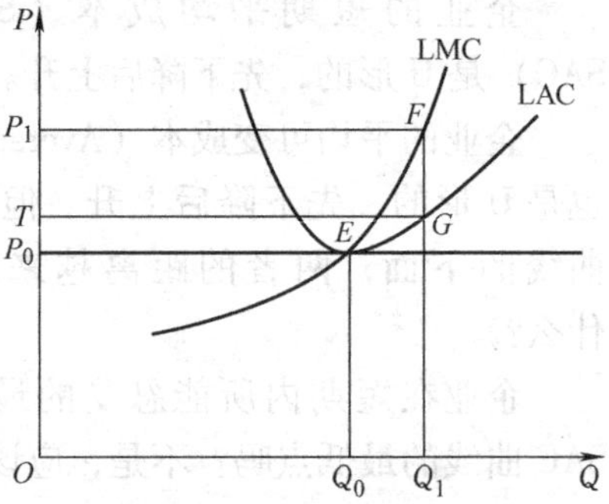

图4-7 竞争性企业的长期均衡与长期供给曲线

我们可以很容易的得到这样的结论：完全竞争企业长期内退出一个行业的条件是总收益小于总成本，或者写成TR < TC。用数量 Q 去除这个公式的两边变为：TR/Q < TC/Q。由于TR/Q 是平均收益，它等于价格，而TC/Q 是平均成本。因此，企业长期内退出一个行业的条件可以表示为

$$P < \mathrm{AC} \tag{4-6}$$

也就是说，如果商品的价格低于生产的平均总成本，企业就应该退出。

同样，如果一个企业家在考虑是否进入一个行业，那么进入该行业的条件是 $P > AC$。

综上所述，长期内竞争性市场的企业进入或退出一个行业的条件就是价格是否高于长期平均成本（LAC）的最低点。

实际上，由于竞争的存在，一旦价格高于长期平均成本（LAC）的最低点，就会存在超额利润，就会有大量企业进入，从而导致供给增加，在需求不变的情况下，必然会导致价格下降，超额利润消失；一旦价格低于长期平均成本（LAC）的最低点，就会出现亏损，就会有大量企业退出，从而导致供给增加，在需求不变的情况下，必然会导致价格上升。竞争的最终结果是价格等于长期平均成本（LAC）的最低点，超额利润为0。

观察图4-7，当价格为P_0时，企业的均衡点在E点，边际收益等于边际成本，最优产量为Q_0。当价格为P_1时，企业的均衡点在F点，边际收益等于边际成本，最优产量为Q_1。实际上，只要价格高于MC曲线与LVC曲线的交点，或者说LAC曲线的最低点，企业都会根据价格（边际收益）与LMC曲线的交点确定一个最优的产量。这就意味着P与厂商的最优产量之间存在着一一对应的关系，而LMC曲线就是对这种关系的反映。因此LMC曲线上高于LAC曲线最低点的部分就是竞争性企业的长期供给曲线，即图4-5中LMC高于E的曲线。

因此，在长期内，完全竞争企业的长期供给曲线必然为LMC高于LAC最低点的部分。

【例4-1】 假如你经营一家小型杂志店，每月房租是2000元，各种税费是400元。由于你还在上学，因此你雇佣了一位同学为你服务，每天你要支付给他20元。房租、税费已经事先支付。简便起见，原料、水电等其他费用忽略不计。假如你不经营餐馆，每天为别人打工所获得的最高收入是50元。现在如果你经营该杂志平均每天收入150元，那么请问：

1. 长期内你每天的利润是多少？
2. 长期内你会经营餐馆么？

答案：

1. 每天的固定成本为2400元/30 = 80元，可变成本为20元，加起来是100元，再扣除掉你经营餐馆的机会成本，即假如你不经营餐馆而每天为别人打工所获得的最高收入50元，因此长期内你每天的利润是0元。

2. 你是否会经营之取决于自己的选择，因为自己经营杂志和为别人打工的收入是一样的，每天都是50元。这就是说，在竞争性市场，没有人可以获得超额利润，每一个人只能获得正常利润或者说是平均利润。

在以上讨论中分析了完全竞争单个媒介企业的长期供给曲线，最后讨论一下完全竞争市场中行业的长期供给曲线。

在完全竞争的条件下，单个企业的产量增减所引起的对生产要素需求量的增减，不会对生产要素价格产生影响，但整个行业产量的变化就有可能引起生产要素价格发生变化。根据行业产量变化对生产要素价格变化的不同影响，完全竞争行业的长期供给曲线分为三种类型：水平的、向右上方倾斜的和向右下方倾斜的。它们分别是成本不变行业、成本递增行业和成本递减行业的长期供给曲线。

（1）成本不变行业的长期供给曲线　成本不变行业是这样一种行业：它的产量变化所引起的生产要素需求的变化，不对生产要素的价格产生影响。这是因为要素市场也是完全竞争市场，或者这一个行业对生产要素的需求量，只占生产要素市场需求量的很小一部分，所以，随着行业产量的增加，投入要素价格不变，长期平均成本不变，企业始终在既定的长期平均成本的最低点从事生产。这种成本不变行业的长期供给曲线，是一条水平线，斜率为零。

(2) 成本递增行业的长期供给曲线 成本递增行业是这样一种行业：它的产量增加所引起的生产要素需求的增加，会导致生产要素价格的上升。如行业投入具有专用性，或者占有要素市场很大的份额，那么，随着行业产量的增加，投入要素价格上涨，长期平均成本不断上升，这种成本递增行业的长期供给曲线，是一条向右上方倾斜的曲线，具有正的斜率。

(3) 成本递减行业的长期供给曲线 成本递减行业是这样一种行业：它的产量增加所引起的生产要素需求的增加，反而使生产要素的价格下降了。这是因为生产生产要素的行业具有明显的规模经济，随着行业产量的增加，长期平均成本不断下降，这种成本递减行业的长期供给曲线，是一条向右下方倾斜的曲线，具有负的斜率。

对于媒介市场来讲，初始时单个媒介企业处于长期均衡，媒介产品价格等于长期平均成本曲线的最低点，这可以构成行业长期供给曲线的一个点。当针对媒介产品的需求增加，表现为媒介产品本身价格的提高（也可能不提高）和广告价格的提高。此时媒介产品的供给会增加，这会带来两个变化：一个方面，由于供给增加，媒介产品本身价格的下降和广告价格的下降；另一方面，当所有的媒介企业都增加供给时，针对生产要素如新闻纸、媒介经营管理人员的需求会增加，要素价格会提高。要素价格提高将推高媒介企业的长期平均成本曲线（这也是外在不经济的一种形式）。当最后形成新的均衡时，媒介产品的价格仍然等于长期平均成本曲线的最低点，这就构成了行业长期供给曲线的另外一个点。但是由于该曲线的位置已经提高，所以，新的均衡点必然位于第一个点的右上方（产量增加，价格提高）。连接两个点，即构成完全竞争媒介行业的长期供给曲线。

可以发现，媒介行业属于成本递增行业，其长期供给曲线，是一条向右上方倾斜的曲线，如图 4-8 和图 4-9 所示。

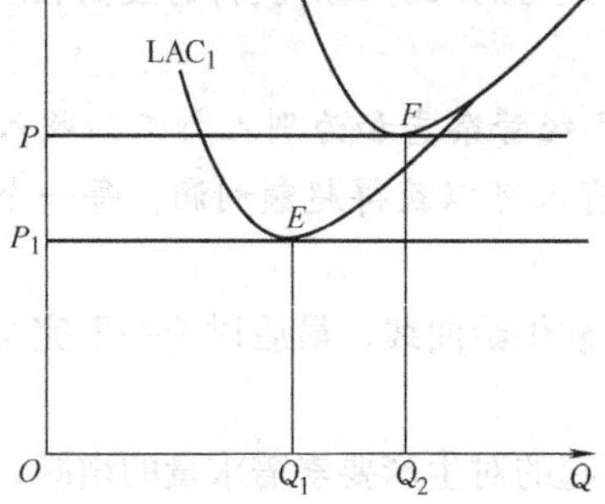

图 4-8 完全竞争媒介市场中企业成本的递增曲线

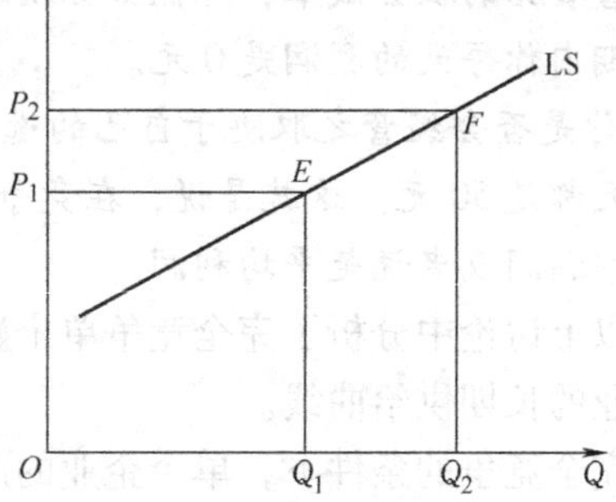

图 4-9 完全竞争媒介市场行业的长期供给曲线

在图 4-8 中，初始均衡点是 *E* 点，这个点是如何得到的？参见图 4-7。在 *E* 点，媒介产品价格等于长期平均成本曲线的最低点，这也构成了图 4-9 的 *E* 点，但是当需求增加，媒介产品供给也增加，要素价格也提高，长期平均成本曲线向上平移。再次均衡时，均衡点是 *F*。这也构成了图 4-9 的 F 点。连接图 4-9 的 *E*、*F* 点，就得到了完全竞争媒介行业的长期供给曲线。

4.3　不完全竞争市场

不完全竞争市场上，厂商对价格具有一定的控制力。不完全竞争市场包含垄断市场、垄断竞争市场和寡头垄断市场三种类型。本节主要介绍三种不完全竞争市场上价格和产量的均衡。

4.3.1　完全垄断市场上价格和产量的决定

1. 完全垄断市场的特征及其形成原因

完全垄断市场的特征：在一个行业中只有一家厂商的情况叫做完全垄断。简单地说，垄断就是独家销售。

完全垄断形成的原因：

1）专利。专利是政府赋予发明人对其发明创造（发明、实用新型和外观设计）在一定时期内的独占权。专利在鼓励发明创造、促进技术信息交流、避免重复研究、推广新技术的应用方面，具有十分重要的作用。没有专利，人们便没有足够的动力去从事发明创造，不利于增加社会福利。但专利产品的价格比较高，为了使发明创造真正造福于全人类，必须规定一个合适的专利期限。专利期限的确定原则是 MR = MC。

2）政府对经营权的特许与控制。政府对许多产业实施准入限制，授予某个企业在某个行业享有经营的垄断权，作为回报，该企业同意限制它的价格和利润。

3）自然垄断。自然垄断指的是某个厂商的长期平均成本随着产量的增加而递减，以致整个行业的产出由一家厂商生产比两家或更多家厂商生产所耗费的平均成本低。自然垄断厂商的一个重要特征是固定成本很高，但增加一个单位产量的边际成本却相对很低。因此规模的扩大将使长期平均成本递减。

4）对原材料的控制以及其他形式的行业“进入壁垒”，如进入的高成本（巨额广告费用）等。

2. 完全垄断厂商的需求曲线和收益曲线

垄断厂商对市场价格具有最大的或完全的控制力：减少销售量可以抬高市场价格，增加销售量可以压低市场价格。

垄断厂商的需求曲线向右下方倾斜，决定了垄断厂商的边际收益曲线也向右下方倾斜且位于需求曲线的左下方：厂商增加产量降低价格时，不仅新增加的产量按较低的价格销售，而且原先的产量也按较低的价格销售，使得边际收益小于价格。

如果垄断厂商面临的需求曲线是线性的，那么，边际收益曲线与需求曲线在纵轴上的截距相等；边际收益曲线在横轴上的截距是需求曲线在横轴上的截距的一半。

设线性的反需求函数为

$$P = a - bQ$$

其中，a、b 为常数，且 $a>0$、$b>0$。

总收益函数和边际收益函数分别为

$$\mathrm{TR} = PQ = aQ - bQ^2 \tag{4-7}$$

$$MR=\frac{dTR}{dQ}=a-2bQ \tag{4-8}$$

由于边际收益曲线向右下方倾斜，厂商的总收益曲线便是一条抛物线。

3. 边际收益、价格和需求价格弹性之间的关系

由 $TR=PQ$，则有

$$MR=\frac{dTR}{dQ}=P+Q\frac{dP}{dQ}=P(1+\frac{dP}{dQ}\frac{Q}{P}) \tag{4-9}$$

需求价格弹性 $E_d=\frac{dQ}{dP}\frac{P}{Q}<0$，从而有

$$MR=P\left(1-\frac{1}{|E_d|}\right) \tag{4-10}$$

1）当 $|E_d|>1$ 时，$MR>0$，TR 递增。意味着厂商降低价格、增加销售量将增加总收益。

2）当 $|E_d|=1$ 时，$MR=0$，TR 达到极大。

3）当 $|E_d|<1$ 时，$MR<0$，TR 递减。意味着厂商提高价格、减少销售量将增加总收益。

4. 垄断厂商的均衡

（1）垄断厂商的短期均衡

1）短期均衡条件：$MR=MC$ 且 $AR>AVC$。由于规模既定，垄断厂商短期均衡的情况与竞争厂商一样，也有盈利（$AR>SAC$）、收支相抵（$AR=SAC$）与亏损（$AVC<AR<SAC$）三种。

2）垄断厂商没有短期供给曲线。垄断厂商根据 $MR=SMC$ 的原则决定产量。由于 $MR\neq P$，当市场需求变动引起 P 变动时，MR 可能不变，从而 SMC 不变，最终产量不变。于是在不同的价格下可能有相同产量，产量与价格之间不存在一一对应的关系。因此，垄断市场不存在供给曲线。

（2）垄断厂商的长期均衡　垄断厂商在长期不仅可以收支相抵，也可获得利润。因为其他厂商不能进入能获得利润的垄断行业。

5. 垄断厂商的差别定价

所谓差别价格，是指垄断厂商为了获得最大利润，就相同的产品向不同的购买者索取不同的价格。

（1）实行差别价格的条件

1）厂商必须是垄断者，能够控制市场价格。

2）不同的消费者具有不同形状的需求曲线或不同的需求价格弹性（不同的消费者由于偏好、收入等因素的不同，在既定的价格下，对同种商品的需求往往会不同），购买一定量产品所愿意支付的最高价格不同。

3）厂商了解不同消费者的需求曲线的形状或需求价格弹性，即了解不同消费者购买一定量产品所愿意支付的最高价格。以便对愿意支付较高价格的消费者索取较高的价格，对只愿意支付较低价格的消费者索取较低的价格，获得最大的利润。

4）厂商能有效地区分不同的消费者或分割市场。厂商如不能有效区分消费者，分割市场，顾客可能会集中于低价市场采购，或者低价市场的顾客很可能会将购得的产品转向高价

市场出售套利。

(2) 差别价格的形式

1) 一级差别价格。一级差别价格是指垄断厂商根据消费者购买每单位产品愿意且能够支付的最高价格来确定每单位产品的销售价格。在一级差别价格下，每单位产品的供给价格与需求价格相等，消费者剩余为零，即所有的消费者剩余都变成了生产者剩余。一级差别价格常用于服务行业，因为服务的生产与消费是同时进行的，排除了被人倒卖的可能性。

2) 二级差别价格。二级差别价格是指按购买量的多少来确定不同的价格，在较少的购买量范围内索取较高的价格，超额购买部分则索取较低的价格。在二级差别价格下，一部分消费者剩余转化成了生产者剩余。

二级差别价格下的最低价格一定等于边际成本：若 $P > \mathrm{MC}$，厂商增加一个单位产品的生产，就可以增加利润。因为在二级差别价格下，销售量的增加，不会降低以前产量的价格，仅仅使新增销售量的价格降低。因此，新增一单位产品的销售价格，就是销售该单位产品所得到的边际收益，$P > \mathrm{MC}$ 意味着 $\mathrm{MR} > \mathrm{MC}$，此时，厂商增加产量就能增加利润。随着产量的增加，价格会降低。故二级差别价格下的最低价格一定等于边际成本。

二级差别价格常用于电力、煤气等可以方便地记录与计量客户消费量的行业。有时厂商按消费者购买时间的先后实行不同的价格（如航空公司即时乘机的机票价格最高），也可以归到二级差别价格之中。代表厂商利益的发言人为这种价格歧视辩护说："如果旅客提前订票，我们就知道我们能得到的收益。但是我们也希望向那些即时乘机的旅客提供机会，并抓住我们将失去的那种能够获得经济收益的机会。因此，即时订票的人要支付额外的费用。"

3) 三级差别价格。所谓的三级差别价格，指的是垄断厂商把整个销售市场划分成若干个小市场，先按照 $\mathrm{MR_A} = \mathrm{MR_B} = \cdots = \mathrm{MR}_n = \cdots = \mathrm{MR} = \mathrm{MC}$ 的原则，把产量分配到各个细分市场中去（$\pi' = \mathrm{TR_1}(Q_1)' + \mathrm{TR_2}(Q_2)' - \mathrm{TC}(Q)' = 0$）；然后根据各个细分市场的需求价格弹性的大小来制定相应的价格。需求价格弹性越大，价格越低。

由于 $\mathrm{MR} = P\left(1 - \frac{1}{|E_\mathrm{d}|}\right)$，$\mathrm{MR_A} = P_\mathrm{A}\left(1 - \frac{1}{|E_\mathrm{dA}|}\right)$，$\mathrm{MR_B} = P_\mathrm{B}\left(1 - \frac{1}{|E_\mathrm{dB}|}\right)$，根据 $\mathrm{MR_A} = \mathrm{MR_B}$，则有

$$P_\mathrm{A}\left(1 - \frac{1}{|E_\mathrm{dA}|}\right) = P_\mathrm{B}\left(1 - \frac{1}{|E_\mathrm{dB}|}\right) \tag{4-11}$$

即

$$\frac{P_\mathrm{A}}{P_\mathrm{B}} = \frac{\left(1 - \frac{1}{|E_\mathrm{dB}|}\right)}{\left(1 - \frac{1}{|E_\mathrm{dA}|}\right)} \tag{4-12}$$

所以，若 P_B、E_dB 既定，则 $|E_\mathrm{dA}|$ 越大，P_A 越低。

4.3.2 垄断竞争市场上价格与产量的决定

1. 垄断竞争市场的特征

1) 行业内厂商数量很多，规模很小，厂商的行为互不影响，即每个厂商都可以不考虑其他厂商的行为而独立地决策。

2) 行业内各厂商生产的产品在形状、质量、产地、销售方式与售后服务等方面存在一定的差别。

3）同类产品的差别必然造成竞争性与垄断性并存。

① 产品的同类性导致竞争性。产品的同类性→产品之间一定的替代关系→厂商对产品的价格没有完全的控制力，某个厂商提高产品的价格，会使得一些消费者购买其他厂商的产品→竞争性：竞争程度与产品的替代程度正相关。

② 产品的差异性导致垄断性。产品的差异性→不同厂商的产品不能完全替代→消费者对某个厂商的产品有一定的偏好，厂商对价格具有一定的控制力，厂商提高产品的价格，偏好该厂商场产品的消费者仍然购买→垄断性：垄断程度与产品差异程度正相关。

4）厂商能够自由地进出行业。

5）各经济主体具有完全信息。

2. 生产集团

所谓生产集团就是垄断竞争行业中产品非常相似、差别很小的厂商的总和。在一个垄断竞争行业中，可以有很多生产集团。引进生产集团的概念是为了找到典型厂商或代表性厂商，简化行业均衡的分析。

当一个行业中存在众多厂商时，我们总是首先分析典型厂商的均衡，然后再分析行业均衡。例如，在完全竞争行业，各厂商的产品完全相同，那么各厂商的成本曲线与需求曲线也完全相同。为了分析行业均衡，可以任选一个厂商作为代表性厂商或典型厂商来分析其均衡情况，其他所有厂商的均衡情况与该典型厂商相同。这样可以从厂商均衡轻而易举地导出行业均衡。

但是在垄断竞争的条件下，行业内厂商很多，各厂商的产品存在差别，各厂商的需求曲线与成本状况也不尽相同，没有一个厂商可以作为整个行业的代表性厂商。为了分析行业的均衡情况，只有逐个分析各厂商的均衡情况。由于厂商数量很多，这种分析非常的麻烦，而且由这种分析得出的结论也没有指导意义。

为了克服上述局限性，便提出了生产集团的概念。生产集团内各个厂商的产品的差别微不足道，可以将生产集团内各厂商的需求曲线与成本状况看成是相同的，于是可以任选一个厂商作为典型厂商来代表生产集团内的其他所有厂商，分析其均衡情况，然后从厂商均衡导出生产集团的均衡。因此，在垄断竞争市场，厂商均衡不是同行业均衡相对，而是同生产集团均衡相对。

3. 垄断竞争厂商的需求曲线

垄断竞争厂商面对的需求曲线向右下方倾斜，边际收益曲线位于需求曲线的左下方。

（1）主观或预期的需求曲线　在生产集团内，典型厂商变动产品价格而其他厂商的价格保持不变时，该厂商面对的需求曲线，叫主观需求曲线。主观需求曲线是典型厂商变动价格的动机，也叫预期需求曲线。

（2）客观或实际的需求曲线　在生产集团内，典型厂商变动产品价格而其他厂商也同样变动价格时，该厂商面对的需求曲线，叫客观需求曲线。客观需求曲线是典型厂商变动价格的结果，也叫实际需求曲线。在同一生产集团内，各厂商的产品、成本状况与需求曲线相同，当一家厂商觉得有必要变动价格时，其他厂商也一定会跟着变动价格。

（3）主观需求曲线比客观需求曲线平坦的原因　若其他厂商价格不变，某厂商单独降低价格，那么，不仅能增加自己原有顾客的购买量，而且还能将其他厂商的部分顾客吸引过来，这样该厂商的销售量会大幅度增加。反之，若该厂商单独提高价格，不仅减少自己原有顾客的销售量，而且还会将自己原有的部分顾客推给其他厂商，该厂商的销售量会大幅度减少。一定的价格变动会引起更多的需求量的变动，故主观需求曲线比较平坦。

4. 垄断竞争厂商的均衡

（1）垄断竞争厂商实现均衡的方法　垄断竞争厂商实现均衡的方法有变动价格、增加产品差别与增加销售费用三种。第一种方法为价格竞争，后两种方法叫非价格竞争。

（2）垄断竞争厂商的短期均衡　当主观需求曲线与客观需求曲线的交点同MR曲线（与主观需求曲线相对应）与SMC曲线的交点位于同一产量水平时，垄断竞争厂商就达到短期均衡。因为此时MR = SMC，典型厂商已经实现了利润最大化，没有调整价格与产量的必要。垄断竞争厂商的短期均衡也有三种不同的状况：盈利（AR > SAC）、收支相抵（AR = SAC）、与亏损（AVC < AR < SAC）。实际上，由于规模不能调整，任何厂商的短期均衡均有这三种状况。

（3）垄断竞争厂商的长期均衡　当主观需求曲线与客观需求曲线的交点同MR曲线（与主观需求曲线相对应）与LMC曲线的交点位于同一产量水平上，并且在该产量上，主观需求曲线与长期平均成本曲线相切时，垄断竞争厂商就达到长期均衡。因此，垄断竞争厂商的长期均衡条件为MR = LMC且AR = LAC。因为MR = LMC，垄断竞争厂商的规模既定不变；AR = LAC，则生产集团内的厂商数量不变。显然，垄断竞争厂商长期均衡时，也是收支相抵。

4.3.3 寡头市场

1. 寡头市场的特征

1）厂商规模巨大而数量很少。势均力敌的几家厂商，控制了整个市场的销售量，对市场价格有较大控制力。

2）各厂商的行为相互影响，单个厂商行为变动的结果具有不确定性。寡头垄断厂商的行为相互影响。每一个厂商的价格和产量的变动都会影响到其竞争对手的价格和产量的变动，而竞争对手的价格和产量的变动，又会反过来影响自己的销售量和利润水平。因此，某个厂商变动价格与产量的结果如何，取决于竞争对手的反应。由于竞争对手的反应方式多种多样，具有不确定性，该厂商决策变动的结果也必然多种多样，具有不确定性。每个厂商在作出新的决策时，都必须要考虑其竞争对手对该决策可能产生的各种不同的反应。

2. 寡头市场没有统一的模型

（1）竞争对手不同的反应方式，导致厂商决策变动的结果不同，从而模型也不同　由于竞争对手的反应多种多样、各不相同，厂商行为变动的结果也多种多样、各不相同，从而行业的均衡情况也多种多样、各不相同。因此，厂商行为变动的结果的不确定性，使得寡头市场上的模型也是多种多样、各不相同的。寡头市场没有统一的能够说明各寡头如何决定其产量与价格的模型。在创立或介绍某一寡头模型时，首先必须对厂商如何变动决策、对手如何反应作出规定。

（2）寡头市场没有统一的模型的其他原因

1）各寡头的产品既可相同也可以不同。若各寡头的产品完全相同，这些寡头就叫纯粹寡头；若行业内各寡头的产品有一定差别，这些寡头就叫差别寡头。

2）各寡头可能各自独立行动，也可能彼此勾结。

3）在寡头垄断市场上，可能只有两家厂商（双头垄断），也可能有更多的厂商（多头垄断）。

3. 非勾结性的寡头模型

（1）古诺模型　古诺模型由法国数理经济学家古诺（Augustin Curnot，1801—1877 年），在 1838 年出版的《财富理论的数学原理研究》一书中创立的，该模型也被称为“双头模型”。

1）古诺模型的假定：第一，市场上只有 A、B 两个厂商，它们生产和销售相同的产品；第二，生产成本为零；第三，市场需求曲线线性；第四，A、B 两个厂商都认为对方对自己产量（决策）的变动没有反应，即双方在进行产量变动时，都认为不论自己选择什么样的产量水平，对方的产量既定不变，这是最重要的假定。

2）两寡头的需求曲线。在寡头垄断市场，各寡头的需求曲线的形状取决于竞争对手对自己决策变动的反应方式。在古诺模型中，两寡头都认为对方对自己变动产量的决策的没有反应，即假定对方的产量是固定不变的。因此，两寡头面对的需求曲线就是左移对方产量的距离以后的市场需求曲线，即任一厂商面对的需求量，就是市场需求量减去对方产量以后的剩余部分。

3）厂商与行业的均衡产量：产量的调整过程。

在古诺双头模型中，均衡状态下，A、B 两厂商的产量都为 $1/3Q_c$，行业的总产量为 $2/3Q_c$（Q_c 为竞争市场产量，因为在 Q_c 上，存在完全竞争厂商决定产量的利润最大化原则（$P=0=\mathrm{MC}$）：

A 厂商的产量在调整过程中不断减少

$$\frac{1}{2}Q_c \to \frac{1}{2}\left(Q_c-\frac{1}{4}Q_c\right)=\frac{3}{8}Q_c \to \frac{1}{2}\left(Q_c-\frac{5}{16}Q_c\right)=\frac{11}{32}Q_c \to \cdots \tag{4-13}$$

最后的产量为

$$\left[1-\left(\frac{1}{2}+\frac{1}{8}+\frac{1}{32}+\cdots\right)\right]Q_c=\left\{1-\left[\frac{1}{2}\left(1+\frac{1}{4}+\frac{1}{16}+\frac{1}{64}+\cdots+\left(\frac{1}{4}\right)^n\right)\right]\right\}Q_c \tag{4-14}$$

因为小括号中的数字为一个形如 $(1+r+r^2+r^3+\cdots+r^n+\cdots)$ 的无穷级数，其极限的和为$\frac{1}{1-r}$。则 A 厂商的均衡产量为

$$\left[1-\frac{1}{2}\left(\frac{1}{1-\frac{1}{4}}\right)\right]Q_c=\frac{1}{3}Q_c \tag{4-15}$$

B 厂商的产量调整过程为

$$\frac{1}{2}\left(Q_c-\frac{1}{2}Q_c\right)=\frac{1}{4}Q_c \to \frac{1}{2}\left(Q_c-\frac{3}{8}Q_c\right)=\frac{5}{16}Q_c \to \frac{1}{2}\left(Q_c-\frac{11}{32}Q_c\right)=\frac{21}{64}Q_c \to \cdots \tag{4-16}$$

B 厂商最后的均衡产量为

$$\left(\frac{1}{4}+\frac{1}{16}+\frac{1}{64}+\cdots\right)Q_c=\left[\frac{1}{4}\left(1+\frac{1}{4}+\frac{1}{16}+\frac{1}{64}+\cdots+\left(\frac{1}{4}\right)^n\right)\right]Q_c=\frac{1}{4}\left(\frac{1}{1-\frac{1}{4}}\right)Q_c=\frac{1}{3}Q_c \tag{4-17}$$

4）反应函数。反应函数是指古诺模型中的某一厂商的均衡产量是对方产量的函数。它描绘了一个厂商对另一个厂商产量变动的反应方式：当 B 厂商的产量增加时，A 厂商的产量

必然减少。

设古诺模型中的两厂商的成本为零，市场需求 $Q_0=Q_A+Q_B$，市场价格 $P=a-bQ_0=a-b(Q_A+Q_B)$。

$TR_A=aQ_A-bQ_{A2}-bQ_AQ_B$；$MR_A=MC_A=0=(aQ_A-bQ_{A2}-bQ_AQ_B)=a-2bQ_A-bQ_B$

得反应函数

$$Q_A=\frac{a-bQ_B}{2b}$$

同理，$Q_B=\dfrac{a-bQ_A}{2b}$

5）古诺模型的推广。在只有两家厂商时，行业产量为

$$Q_A+Q_B=Q_0=\frac{2a-bQ_0}{2b}\Rightarrow 2bQ_0+bQ_0=2a\Rightarrow Q_0=\frac{2a}{3b} \tag{4-18}$$

令 $P=a-bQ_0=MC=0$，此时的产量为竞争产量

$$Q_c=\frac{a}{b};\ Q_0=\frac{2}{3}Q_c$$

令寡头数量为 n，则

行业产量 $$Q_0=\frac{n}{(n+1)}Q_c \tag{4-19}$$

各寡头产量 $$Q=\frac{1}{(n+1)}Q_c \tag{4-20}$$

显然，厂商越多，寡头市场的产量越接近竞争市场产量。故竞争的一个重要条件就是厂商数量众多。

（2）斯威齐模型

1）斯威齐模型说明的主要内容。斯威齐模型是美国经济学家保罗·斯威齐1939年提出的，用于说明寡头垄断市场价格刚性的寡头垄断模型。市场价格不随供求的变动而变动称为价格刚性。价格刚性分完全价格刚性与局部价格刚性两种。完全价格刚性是指价格在任何条件下都不变，而局部价格刚性是指价格仅仅在一定条件下不变。这里所说的价格刚性是指局部价格刚性：成本在一定范围内变动时，价格却保持不变。

2）斯威齐模型假定。斯威齐模型假定，某寡头垄断厂商预期竞争对手对自己变动价格的反应是跟着降价而不跟着涨价，即寡头垄断厂商的预期比较悲观：认为如果自己降价，其他厂商会跟着降价，以维持他们的市场份额；而自己涨价时，其他厂商却不跟着涨价，以扩大他们的市场份额。

3）寡头垄断厂商的需求曲线和边际收益曲线。需求曲线是折断的，从而边际收益曲线也折断。

4）结论是存在价格刚性。在两条边际成本曲线 MC_1 和 MC_2 之间，边际成本可以随着要素价格的变动而变动，但在同一产量水平上，边际成本始终等于边际收益，故厂商的价格保持不变，即价格具有刚性。

5）斯威齐模型的不足。第一，没有说明初始的价格是怎么被决定的。微观经济学的中心任务就是说明价格是如何决定的，因为价格的决定过程实际上就是市场机制配置资源的过程。第二，典型厂商对竞争对手对自己变动价格的反应方式的预期过于悲观，不符合现实。

实际上，当一家厂商提高价格时，其他厂商也往往仿效，不会不跟着涨价。

4. 勾结性寡头市场模型

寡头垄断规模巨大，实力雄厚。如果相互之间展开竞争，不仅得不到更多利润，而且往往两败俱伤。于是，他们常常联合起来，互相勾结以取得更大利润。寡头厂商之间的勾结可能是公开的（或正式的），也可能是非公开的（或隐蔽的）。

（1）公开的勾结——卡特尔　卡特尔是指为了维持较高价格通过明确的正式协议公开地勾结在一起的一群厂商。

1）卡特尔的主要任务。一是为各成员厂商的产品制定统一的较高的价格。卡特尔制定统一价格的原则是使整个卡特尔的利润最大化。如果行业中所有厂商都加入了卡特尔，那么，卡特尔的价格和产量的决定同完全垄断厂商的价格和产量的决定是一样的：使卡特尔的边际收益等于边际成本，即 $MR = MC$。二是在各成员厂商之间分配与较高的产品价格对应的较少的行业产量：为了维持较高的价格，各厂商的产量必须进行限额，而不能任意生产。卡特尔分配产量定额的原则是使各个厂商的边际成本相等，并且与卡特尔均衡产量水平的边际成本相等，即 $MC_A = MC_B = \cdots = MC_n = MC = MR$。上述的产量分配方式，是一种理想的分配方式，现实中很难实现。实际上卡特尔产量在各厂商之间的分配受到各厂商原有的生产能力、销售地区与谈判能力的影响。同时，卡特尔各成员厂商还可以通过广告、信用、服务等非价格竞争手段拓宽销路、增加产量。

2）卡特尔具有不稳定性的原因。当卡特尔所有其他成员厂商都把价格保持在较高水平，而某个厂商单独降低价格时，该厂商面临一条需求价格弹性较大的比较平坦的需求曲线：价格的微量下降可以大大地增加销售量，进而极大地增加总收益和利润。于是任一厂商都有足够的动机违背卡特尔对价格的规定，私自降低价格，增加产销量。一旦某一厂商这样做时，其他厂商必然仿冒，最终导致卡特尔的解体。因此，卡特尔具有不稳定性。

（2）非公开的勾结——价格领导　由于公开的勾结性协议在有些国家被认为是非法的（美国的大多数卡特尔协议都被1890年颁布的《谢尔曼反托拉斯法》认定是非法的），因此寡头垄断厂商更多的是采取隐蔽的、非公开方式互相勾结。各个厂商共同默认一些“行为准则”，如削价倾销是违背商业道德的，应相互尊重对方的销售范围等。价格领导是非公开勾结中的一种主要形式。

1）价格领导的含义。价格领导是指行业的价格由某家厂商率先制定，然后其他厂商均按此价格销售产品。

2）价格领导的类型。价格领导主要有三种类型，即支配型价格领先制、晴雨表型价格领先制与低成本型价格领先制。

支配型价格领先制是指生产规模特别巨大，在行业中具有支配力量的大厂商，在保证行业中其他厂商能够生存的情况下，根据自己利润最大化的需要来确定价格。其他小厂商按此价格销售，并按照边际成本等于价格的原则确定均衡产量。在这种情况下，小厂商可以出售它们愿意提供的一切产品，市场需求量与小厂商产量的差额由支配型厂商补足。

晴雨表型价格领先制是指掌握较多信息、能比较准确地预测市场行情的厂商首先制定一个合理的价格，其他厂商以此价格为基础制定相应的价格。晴雨表型厂商并不一定是行业中规模最大、效率最高的厂商，但他熟悉市场行情，了解市场需求状况与生产成本的高低，所以它制定的价格能够为其他厂商所接受。

低成本型价格领先制是指行业价格由成本最低的厂商的价格决定，其他厂商则按这一价格销售产量。对其他厂商来说，行业价格不是最优价格，但由于成本较高，自己的最优价格总是大于行业价格。如果按最优价格而不是按行业价格销售，自己的销售量将大大减少，结果是得不偿失的。较高成本的厂商按非均衡价格销售产品，实际上是牺牲一部分利润以避免与低成本厂商进行价格竞争可能造成的更大损失。

5. 成本加成定价

在实际生产中，许多寡头不是按 MR = MC 原则来制定价格，而是按成本加成方式来制定价格。成本加成定价是在估计的平均成本的基础上，加上一定比例的利润，确定价格的一种方法。

其基本方法是，先估算产量。产量通常是厂商生产能力的某一百分比，一般为3/4～2/3。然后算出平均成本，最后按厂商的预期目标与实际情况估算一个利润率 r。该利润率与平均成本之乘积就是单位产量的利润 $AC\times r$，通常叫加成或赚头，即 $P=AC(1+r)$。

（1）成本加成定价的优点　成本加成定价法可以使价格相对稳定，价格不随产量变动而频繁变动，从而避免了价格竞争给各寡头垄断厂商可能带来的不利后果。另外操作也比较简单，不需要去计算很难计算的边际成本。

（2）成本加成定价中的加成原则　厂商如果根据需求价格弹性的大小反方向确定加成的多少，即 E_d 越大，加成越小；E_d 越小，加成越大，则成本加成定价法在长期中比较接近按 MR = MC 原则制定价格的方法，能使厂商获得最大利润

$$MR=P\left(1-\frac{1}{|E_d|}\right)=MC\Rightarrow P=MC\left(\frac{1}{1-\frac{1}{|E_d|}}\right)=MC\left(1+\frac{1}{|E_d|-1}\right) \tag{4-21}$$

若规模报酬不变，则 LAC = LMC，于是

$$P=LAC\left(1+\frac{1}{|E_d|-1}\right) \tag{4-22}$$

令 $\frac{1}{|E_d|-1}=r$，则有

$$P=LAC(1+r)$$

由于 $\frac{1}{|E_d|-1}=r$，显然，E_d 越大，加成 r 就越小，E_d 越小，加成 r 就越大。

6. 博弈论

博弈论（Game Theory）又称对策论或游戏论，它是研究在利益与决策方面具有相互依存或相互制约关系的各决策主体如何决策以追求自身利益最大化的理论。

1944年，约翰·冯·诺依曼（John Von Neumann）和奥斯卡·摩根斯特恩（O. Morgen Stern）联合出版《博弈论和经济行为》(Theory of Games and Economic Behavior)，标志着现代博弈论的诞生。

1994年，约翰·纳什（John F. Nash）、约翰·海萨尼（John C. Harsanyi）和莱因哈德·泽尔腾（Reinhard Selten）共同获得诺贝尔经济学奖。这三位数学家在非合作博弈的均衡分析理论方面作出了开创性贡献，对博弈论和经济学产生了重大影响。

（1）博弈的基本要素　一个完整的博弈至少包含三个基本要素，即局中人、策略集合以及报酬或“支付”。局中人是指参加博弈的决策主体。局中人是“理性”的，有能力在一

组可能的策略集合中作出合理的选择。在博弈中，局中人的数量常常是固定的。策略集合是指局中人可能选择的策略集合。局中人在采取一定的策略以后，所得到的收益，被称为“支付”。支付通常用货币或效用来度量。一般情况下总是假定局中人了解不同决策的报酬高低，以选择能带来最高报酬的决策。

（2）博弈的种类　博弈可以从不同的角度进行分类。

1）按局中人的多少可以分为双人博弈与多人博弈。

2）按局中人是否合作可以分为合作博弈与非合作博弈。合作博弈中，局中人之间往往达成具有一定约束力的协议。例如，几个寡头联合限制产量提高价格就是合作。

3）根据局中人决策的先后顺序，可以分为静态博弈与动态博弈。静态博弈是指局中人同时决策或行动，或者后行动者不知道先行动者选择了什么决策。动态博弈是指局中人的决策有先后次序，而且后行动者了解先行动者所作的决策并据此作出自己的选择。

4）根据局中人是否掌握竞争对手的策略集合及其支付情况，可以分为完全信息博弈与不完全信息博弈。

5）根据局中人的最后所得，可以分为零和博弈与非零和博弈。在零和博弈中，各局中人的支付总和为零，即一方所得恰好等于另一方所失。在零和博弈中，各方存在激烈的竞争。

（3）占优均衡（Dominant Equilibrium）　如果无论其他局中人选择何种策略，某个局中人所选择的某一策略总是能使自己的收益最大化，则该策略就是该局中人的占优策略（Dominant Strategy）。所有局中人的占优策略组合被定义为占优均衡。

可以用博弈论中经典的例子——“囚犯困境”来说明占优均衡。

有一天，一位富翁在家中被杀，财物被盗。警方在此案的侦破过程中，抓到两个犯罪嫌疑人A和B，并从他们的住处搜出被害人家中丢失的财物。但是，他们矢口否认杀人，辩称是先发现富翁被杀，然后只是顺手牵羊偷了点儿东西。于是警方将两人隔离，分别关在不同的房间进行审讯。由地方检察官分别和他们单独谈话：“由于你们的偷盗罪已有确凿的证据，所以可以判你们一年刑期。但是，我可以和你做个交易。如果你单独坦白杀人的罪行，我只判你三个月的监禁，但你的同伙要被判十年刑。如果你拒不坦白，而被同伙检举，那么你就将被判十年刑，他只被判三个月的监禁。如果你们两人都坦白交代，你们都要被判5年刑”。囚犯的最终可能结果见表4-4：

表4-4　囚犯困境

A/B	交代/年	不交代/年	A/B	交代/年	不交代/年
交代	—5/—5	—(1/4)/—10	不交代	—10/—1/4	—1/—1

就两位嫌疑犯的共同利益最大化来说，双方最好都选择不交代的策略。但对于每一位囚犯来说，不论对方交代与否，他所能选择的占优策略总是交代：

- 对方不交代
  - 自己交代，仅仅被监禁：3个月
  - 自己不交代，将被监禁：1年
- 对方交代
  - 自己交代，被监禁：5年
  - 自己不交代，被监禁：10年

因此，双方的最终结局就是交代。双方都交代就是囚犯困境中的占优均衡。

（4）纳什均衡（Nash Equilibrium）　纳什均衡指的是在给定竞争对手的策略条件下，各局中人所选择的某一最优策略的组合。在纳什均衡下，局中人的策略都是针对竞争对手策略的最佳反应，因此，没有一位局中人能通过改变决策来增加自己的福利。纳什均衡有时也叫非合作性均衡。因为各局中人在选择策略时没有共谋，他们只是选择对自己最有利的策略，而不考虑这种策略对社会福利或任何其他群体利益的影响。将自己的战略建立在对手总是会采取最佳策略的假定基础上，这是博弈的一个原则。

最优策略均衡一定就是纳什均衡，但纳什均衡不一定就是最优策略均衡。实际上，可以将最优策略均衡看成是纳什均衡的特例。在有些博弈中，可能存在多个纳什均衡。

（5）纳什均衡的意义

1）萨缪尔森则认为，非合作性的纳什均衡对于各博弈方来说，不一定是有效率的均衡，但对于社会来说往往是有效率的均衡，而合作性博弈均衡可能是低效率的均衡。

例如，完全竞争就是一个纳什均衡，每个经济主体都在考虑其他各方的价格策略以后作出决定，最后导致价格等于边际成本，利润等于零的有效结局。相反，如果厂商实行合作，则经济效率反而会受到影响。这也就解释了为什么要执行反托拉斯法的原因。

尽管非合作性的纳什均衡对于各博弈方来说，不一定有效率。但如果上述博弈无止境地重复下去，只要双方采取“针锋相对”或“以牙还牙”的策略，结局可能会改善。如果对方采取欺骗策略，则自己也采取欺骗策略，以惩罚对方的欺骗；如果对方采取合作策略，则自己也采取合作策略，以鼓励对方的合作。这样，经过多次博弈以后，双方都会发现合作比不合作好。

另外，在一些其他场合，如有关污染、治安、军备竞赛与政治经济体制改革等博弈中，非合作性的纳什均衡常常是无效率的。非合作纳什均衡的无效率，表明了人们追求私人利益最大化的理性行为不一定都能够增加整个社会福利，从而对亚当·斯密的“看不见的手”的原理提出了挑战。

在对方不加限制地排放污染物的条件下，如果某一方购置污染治理设备，减少或消除污染，其产品价格必然提高，从而减少利润。显然双方都选择高污染策略是纳什均衡。此时，政府可以采取强制性措施，使企业达到低污染的合作性均衡。

2）纳什均衡是一种非合作博弈均衡，由于在现实中非合作的情况要比合作情况普遍。所以作为非合作博弈均衡，纳什均衡是对冯·诺依曼和摩根斯特恩的合作博弈理论的重大发展，极大地扩大了博弈论的应用范围，也促进了博弈论研究的深入与发展。

（6）博弈论与传统经济学的联系与区别　博弈论与传统经济学都是研究决策主体为了追求最大化利益，在既定的约束条件下如何作出选择或决策的理论。博弈论与传统经济学的区别：

1）博弈论中的个人决策与传统微观经济学中的个人决策相比，目标相同，都是在给定的约束条件下追求个人效用或收益的最大化，但约束条件不同。传统微观经济学中个人决策与他人的决策无关。在资源、偏好或技术、预期等因素既定条件下，个人的最优决策仅仅是价格与收入的函数，而不是他人决策的函数。因此，传统微观经济学中个人在决策时，既不考虑自己的决策对他人的影响，也不考虑他人决策对自己决策的影响。

2）博弈论中的个人最优决策与他人的决策密切相关，个人的最优决策是他人决策的函数。例如，在古诺模型中，某一厂商的最优产量是对方产量的函数。因此，博弈论中的个人在决策时，既要考虑自己的决策对他人决策的影响，又要考虑他人决策对自己决策的影响。

3）博弈论把他人的决策看成内生变量进行分析，注意到了事物之间的普遍联系，考虑到了人们之间决策的相互影响，从而拓宽了传统经济学的分析思路，使其能更加准确地描述与解释现实世界。博弈论重视理性选择的相互依赖性的深刻思想，不仅构成了现代微观经济学的重要理论，而且为宏观经济分析提供了重要的微观基础。

【案例】

熊彼特竞争

著名的哈佛大学经济学家约瑟夫·熊彼特设想了一种相当不同的垄断竞争形势。他发现，在不同时期，不同的市场均由一两家具有技术优势的厂商所控制。随着新的创新取代原有技术，主导厂商经常面临对其技术优势的竞争。即使当主导企业没有被另一家企业所取代，进入的威胁也使它时刻保持警惕。当一家公司支配一个市场时，它的行为就像垄断企业一样：它使边际收益等于边际成本，其产量低于完全竞争下的产量。但是，如果它希望保持其地位，主导企业就必须将一部分利润重新投资到新产品的研究和成本更低的新生产工艺的开发上。依据熊彼特的观点，不完全市场在垄断方面的缺点——产量的降低——完全可以被垄断利润所资助的研究开发的优点所抵消。

——资料来源：斯蒂格利茨，《经济学》，中国人民大学出版社，2000

思考与练习

1. 名词解释：支持价格、限制价格、完全信息、边际收益、短期均衡、长期决策、专利、自然垄断、差别价格、生产集团、反应函数、卡特尔。
2. 简述生产要素的需求分析。
3. 试解释四种市场的区别，各举两例。
4. 完全竞争媒介市场有哪些特点？
5. 简述企业利润最大化的条件。
6. 谈谈你对完全竞争媒介市场的短期均衡和长期均衡的理解。
7. 完全竞争市场被认为是有效率的、最完美的市场，思考一下，完全竞争市场存在哪些缺陷？
8. 简述完全垄断市场的特征及其形成原因。
9. 垄断竞争市场和寡头市场各有哪些特征？
10. 为什么要引进生产集团的概念？
11. 卡特尔的主要任务是什么？它为什么存在不稳定性？

5

第 5 章

环境禀赋、贸易和竞争

本章摘要

在前面章节所讨论的是没有任何空间维度的点经济，在本章分析中将引入空间维。当考虑环境系统的空间范围时，我们就要讨论一套有意义的配置问题。在本章中，将从国家、全球和地区角度研究环境空间系统的配置。

5.1 环境禀赋

5.1.1 空间环境系统

如何在空间上定义环境系统？依据环境媒质的空间范围，我们能区分下列环境物品类型：

1）全球环境物品，如地球的大气层或臭氧层。在这种情况下，环境系统就是作为整个地球的公共消费物品和废弃物的容纳场所。限制于世界空间子系统的国际环境物品，如地中海和波罗的海，至少扩展到两个国家以上。

2）国家环境物品，环境分界线恰好与政治边境一致。

3）境外环境系统。它是指将污染物质从一个国家传送到另一个国家。境外污染可以再细分成单向的和双向的两种类型。单向境外污染是指来自一个国家的废弃物被传送到另一个国家时，源国家的环境质量保持不受影响的境外污染。一个典型的例子是，污染物质从源上游被携带输送到河流下游以及污染物质被顺风吹到下风向区域。而在双向境外污染中，废弃物通过大气条件和变化的风也被送回到源国家。当不同的污染物质通过不同的环境媒质被传播时，情况就变得更加复杂。

4）一个国家内的地区环境物品，如都市大气层或河流系统。

5）微级环境系统，如小池塘或者更小单位。

不同空间环境系统的存在意味着存在不同类型的环境问题并且也意味着对于不同的情况可能需要选择不同的对策，在这一章中主要研究国家环境禀赋和竞争之间的相互关系。

5.1.2 环境禀赋（Environmental Endowment）

国家环境物品的特征是它们的空间范围与国家的行政边界相符合，这些环境物品的质量能够由国家的环境政策进行控制。有人认为，这样一来这些环境物品就不会有国际方面的问题。然而，这个粗略的看法是不正确的。

如果仅限于国家空间范围内的公共物品是秀丽的景色，那么环境作为公共消费物品就能够在服务部门（旅游）方面影响一个国家的贸易状况。环境作废弃物容纳场所的作用甚至更加重要。在这个功能上，环境是生产要素并且是有比较价格优势的决定要素。如果一个国家有丰富的自然资源吸收服务禀赋，对于缺乏吸收服务的国家它就会有贸易优势。环境禀赋的丰富或贫乏受到下列条件影响：

1）自然吸收能力，即环境系统由自然过程减少污染物质的能力。

2）环境吸收服务的需求，由释放到环境中的污染物质排放的数量测度。正如我们所知，污染物质的排放取决于消费、生产和排放技术以及减污技术和减污刺激。

3）公共消费物品“环境”的价值。环境的估价将取决于收入水平、偏好、人口密度以及为揭示真实的个人偏好而制定的制度安排。若不对环境质量进行估价，可以用标准价格法来确定污染物质排放的可容忍水平并将其作为目标。如果人们考察各个国家间环境禀赋的差异，就会遇到下列问题：

环境禀赋（或环境政策）影响一个国家的比较价格优势吗？

一个国家的环境政策对另一个国家的环境政策有影响吗？

贸易的收益会受到环境破坏的影响吗？

环境问题与贸易政策关系如何？环境政策工具造成了贸易壁垒吗？贸易政策工具（如进口关税）能够用来达到环境目标吗？

5.1.3 国家环境政策和比较优势

阐明贸易的一个基本假设是，如果一个国家在生产一种商品上有比较价格优势，那么它就会出口这种商品。令 $p=p_1/p_2$ 表明处于闭关自守状态的本国比价，令 p^* 代表外国的比价，所以，建立贸易的条件就是 $p<p^*$。如果 $p<p^*$，那么本国就有商品 1 的比较价格优势，这样它就会将商品 1 出口。如果 $p>p^*$，那么本国就有商品 2 的比较优势，它就会出口商品 2。

本国商品 1 的比较价格优势可由下列要素进行解释：在本国生产商品 1 使用的要素有更有利的禀赋，诸如资本、劳动力或原材料禀赋；在本国生产商品 1 有更有利的生产率（即建立在技术、组织和管理系统以及劳动力潜在能力基础上的技术知识优势），在本国对商品 1 的需求相对较低。

环境禀赋丰富或缺乏也是影响一个国家比较价格优势的一个重要因素。假设，本国要实行一项新的环境政策，因为已知的环境质量是不令人满意的。进一步假定，征收污染物质排放税。那么可以确定，在一个闭关自守的经济系统当中，如果采取一项新的环境政策，高污染商品的比价提高了，这就意味着，本国的比较价格优势被减弱了，该国的竞争地位受到了负影响，出口将会减少。

赫克谢克-奥林（Heckscher-Ohlin）定理可以扩展应用到高污染商品的贸易上。赫克谢克-奥林定理陈述：假定各国的需求和技术都是相同的，一个生产要素禀赋丰富的国家将会大量出口使用该丰富要素的商品。假定本国的环境服务的禀赋是丰富的。令 z 恰当地表明环境的稀缺，也就是假定环境政策寻求到了理想的或正确的影子价格。如果假定本国有丰富的环境服务禀赋，那么就能把这种状况表达为 $z<z^*$，式中 z 是本国的污染物质排放税，z^* 是

外国的污染物质排放税。由于 $dp/dz>0$，如果 $z<z^*$，则有 $p(z)<p^*(z^*)$，那么环境禀赋丰富的国家就会出口高污染商品，而具有有限环境特征的国家就将会出口非高污染商品。

图5-1说明了这个论点。$AGBCH$ 描述了本国的转换空间。为了保持图解简单，我们没有显示出外国的转换空间。更确切地来说，我们未明确考虑环境质量的外国生产区 XYZ。而且，为了简化起见，把生产区按比例缩小画出。注意，外国的生产区 XYZ 水平地处于 UQ_1Q_2 空间中。

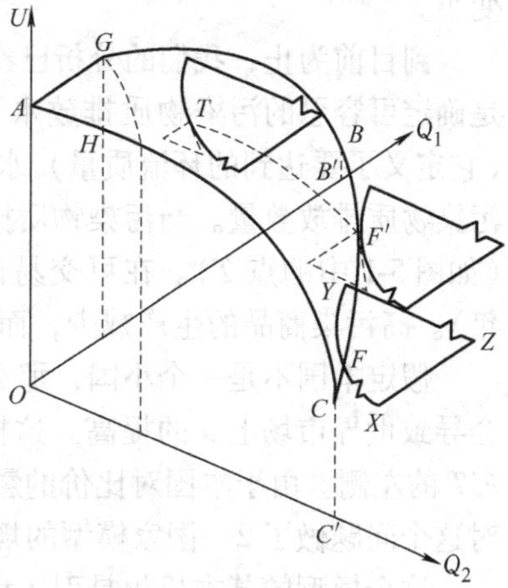

图5-1　环境政策的贸易影响

下面分析不同的情况：

1）假定没有采取任何的环境政策，本国开始进行贸易。点 F 表明闭关自守的状况，比价偏斜以致 $p<p^*$。假设本国是一个小国，外国支配了比价 p^*。假定，在点 F' 达到贸易平衡，外国的生产区与本国的转换空间相切。本国在商品1生产上是专业化的，碰巧这种商品又是高污染商品。贸易的结果，本国将会生产更多的这种高污染商品，进而会使环境质量下降。但别忘了我们的假定是还没有制定任何环境政策。

2）假定本国是处在闭关自守的状态中（点 F），即没有开展任何的贸易。那么，如果采取环境政策，p 就一定会上升，因为生产的环境成本归因于高污染商品1。本国会将转换空间上移（从点 F 开始），因此有较低的比较优势。

在图5-2中，曲线描述了在没有采取任何环境政策的情况下转换曲线在 Q_1Q_2 平面上的投影。曲线 $B'C'$ 可以取自于图5-1。点 F 表明了闭关自守状态。曲线 DD' 是高环境质量的转换曲线。点 F'' 是新的闭关自守点。当 $\tan\alpha'>\tan\alpha$ 时，它就示出了 p 已经升高，本国的比较优势已经降低。

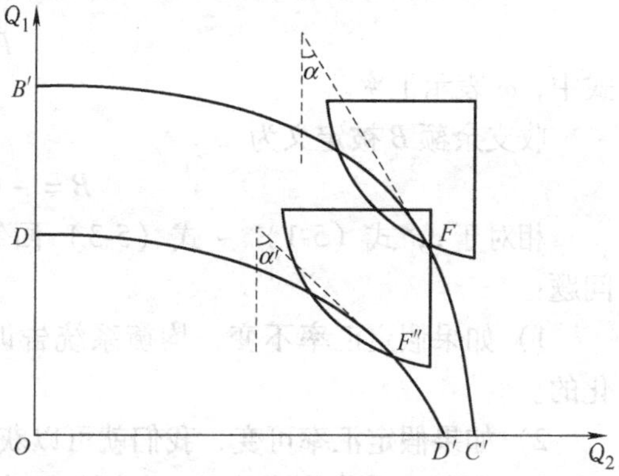

图5-2　比较优势和环境政策

5.1.4　环境政策和贸易流量（Trade Flows）

在前面两种情况中，分析了本国开始处在闭关自守时的状态，现在我们考虑初始状态的贸易平衡。本国比较价格优势的降低表明高污染商品的潜在出口率下降。如果要分析由环境政策使实际出口上升的变化，我们必须从初始贸易平衡开始分析，进而研究环境政策影响的贸易量如何变化。

在图5-1中，这个问题可以表达如下：点 F' 表明没有采取环境政策的贸易平衡，那么，本国的环境政策怎样影响这个贸易平衡呢？

在初始状态 F'，贸易流量由在点 F' 的三角形表示。如果在本国实行环境政策，它的出口优势将会下降。那么就可以预期，本国的出口数量将会减少。

假定本国是一个小国，状态 F' 的比价 p 将会由外国支配。这样就能为本国定义一个常

数 p 的等价格线和选择排放税率。这个等价格线 $F'T$ 表明了将会在本国发生的调整过程。对一定的比价，出口数量减少，进口也不得不下降，由在点 T 的三角形描述的贸易三角形变小。

到目前为止，我们的分析已经使用了污染物质排放税作为环境政策工具。如果环境政策是确定可容忍的污染物质排放水平，那结果也会一样。在图 5-1 中，环境政策将转换空间（它定义了要达到的环流质量）水平地切穿，扩散功能忽略不计，这就等于确定了可容忍的污染物质排放数量。当污染物质排放许可证是可容忍时，也就达到了与最优收税同样的效果（如图 5-1 中的点 T）。在可交易许可证制度中，可以应用 Rybczynski 定理（劳舍尔，1991 年）。高污染商品的生产减少，而其他商品的生产增加。

假定本国不是一个小国，那么 p 就成为了一个变量。在这些条件下，本国的环境政策就会导致世界市场上 p 的提高。这样，考虑了本国环境政策的新的贸易状态就位于等价格线 $F'T$ 的左侧。由于本国对比价的影响，它的比较优势就更少。经济学家西伯特等（1980 年）对这个问题做了 2—国家模型的规范分析。

这个模型的基本思想是引入世界市场的均衡条件和预算约束，两国情况的均衡条件要求有开拓的世界市场，即 2 个国家的过量需求之和为 0，即

$$E_i(p_i, z) + E_i^*(p_i^*) = 0 \tag{5-1}$$

式中，E_i 表示外国的过量需求。

对本国的商品价格 p_i，外国的商品价格 p_i^*，我们有

$$p_i = p_i^* \omega \tag{5-2}$$

式中，ω 表示汇率。

收支余额 B 被定义为

$$B = -(p_1 E_1 + p_2 E_2) \tag{5-3}$$

相对于 z，式（5-1）~式（5-3）回答了在什么条件下环境政策影响系统中变量的问题：

1）如果假定汇率不变，均衡系统告诉我们收支余额是怎样随着环境政策的变化而变化的。

2）如果假定汇率可变，我们就可以获得关于汇率变化的信息（重新估价或贬值）。

3）在以上两种种情况下，人们获得关于商品流量变化和贸易条件变化的财务报告书。

5.1.5 区位优势（Location Advantage）

比较价格优势的变化不仅指明了潜在贸易流量的变化，同时也指明了区位优势的变化。如果吸收服务禀赋差的国家实行环境政策，那么，高污染部门的生产条件将会受到负影响，则它的生产成本将会升高。同时，环境良好的国家的相对区位优势就会增强。如果资本是在国际间流动的，人们就能预期，假使其余情况均相同，环境差的国家的资本就会转移到环境好的国家。环境政策对区位优势的影响也将取决于使用的政策工具类型。污染物质排放税将足以修正比价，并将改变比较优势；许可证制度可能会使区位空间暂时不可获得，这样它可能会对区位有很强的影响。

5.1.6 国际专业化和环境质量

就境外污染来说，本国的污染物质通过环境媒质传送到其他国家，从而影响外国的环境

质量。然而即使本国的污染被限制于国家环境媒质中，本国的环境政策也能影响到外国的环境质量，这是由专业化和贸易产生的。例如，假定本国采取征收污染物质排放税政策，从而削弱了它的高污染商品的比较价格优势，它的出口率将会下降，高污染商品的生产将被减少。资源再配置发生。然而，使用在减污过程的资源得到增加，而使用在高污染部门的资源被撤回，有利于环境的部门的生产扩大。总之，这样一来本国的环境质量必定提高。

在未实行环境政策的外国会发生什么种类的调整过程呢？由于高污染商品使本国的比较价格优势变差，外国的比较价格优势增大。外国增加这种商品的生产是有利可图的。在外国，资源重新配置有利于高污染商品的生产以致污染物质排放增加，国外的环境质量变坏。总之，本国的环境政策，通过专业化生产并由贸易对外国的环境质量产生了负影响。

那么这个“通过贸易污染邻国”（Pollute the Neighbor via Trade）的论点意味着本国能够把不利的环境条件强加给外国吗？例如，工业化国家能通过贸易把它们的污染物质出口到发展中国家吗？这个新型帝国主义，是“污染帝国主义”吗？工业国能进行生态倾销，把高污染工业推出国境，推向第三世界国家吗？对于这些问题的回答是否定的，理由如下：

1）环境政策包含了有关国家的成本，也就是包含了在其他政策区域使用的资源及目标损失（失业，比较价格优势损失）。一个国家只愿意在某种程度上承受这些较好环境质量的成本。

2）较好环境的成本（减少污染的成本）逐渐提高，从而对环境政策形成了严格限制。

3）环境禀赋良好的国家能够通过采取环境政策措施实现自身保护。通过采取对污染产品收取污染物质排放费这样的措施，环境良好的国家将会减少进行这些商品国际贸易的兴趣，从而避免了高环境污染产品生产的专业化。环境禀赋良好的国家就能以这种方式保持或者改善它的环境质量。

5.2 污染物质排放价格均衡

在一定条件下，污染物质排放税在本国和国外通常会自身调节。假定环境政策对两国环境稀缺的变化有所反应，并且正确地反映了环境的稀缺性。再假定本国环境服务禀赋较弱，而外国这方面禀赋良好。那么，在初始状态，污染物质排放税在本国是高的，而在国外是相对较低的。对于环境使用的高价格，本国会在环境上更有利的生产方面实行专业化，相反，有较低的污染物质排放税率的国家，就会更努力地在生产高污染商品上实行专业化。本国的环境质量就会提高，国外则下降。就长期来说，假使其他情况均保持不变，污染物质排放税必定通过国际贸易和通过专业化而相互接近。在这个预期上的一个关键假设是，这些国家都有同样的生产技术，如果不满足这一条件，那么，污染物质排放税就不可能趋同。需要注意的是，相同的影子价格并不意味着会有相同的环境质量。

要素在两个区域（国家、地区）间的流动性也趋向环境影子价格的均衡。假设在两个区域间商品是不流动的，传统的资源（劳动力、资本）全都是流动的，并且是无限可分的，而环境是一种不流动的生产要素。那么，污染物质排放税长期就会在区域间进行自身调节。劳动力和资本的流动性将足以均衡不流动要素“环境丰度”的价格，它假定两个地区中每个部门都是同一的和线性齐次生产函数。

然而，当劳动力的流动性也取决于地区环境质量，以及环境质量估价由个人偏好确定

（多数表决）时，不流动生产要素的要素价格，通过其他生产要素的流动性或商品的交换来予以均衡的趋势是不会成立的。个人将会向环境质量比较好的区域迁移，从而增加那里的环境物品的需求，从而使污染物质排放税提高。然而，在其移出的区域，环境质量需求将会下降，该区污染物质排放税就不得不降低。由于劳动力的流动性取决于工资率和地区环境质量，劳动力市场就可能被分割。污染区域可能有较高的工资率和较低的污染物质排放税，地区之间的污染物质排放税就可能是不相同的。显然，这个论点在区际环境中是更贴切的，例如在蒂鲍特（Tiebout）方案（1956年）中的情况。

5.3 环境政策和贸易收益

5.3.1 环境政策与贸易收益

"污染邻国"的论点是一个重要的、以前被忽视了的方面。开展对外贸易的主要动力是预期获得的高利润，即各个国家通过贸易扩展他们的消费机会。如果一个国家出口高污染商品，就降低了它的环境质量。假若是这样，那么传统定义的来自商品1和商品2贸易的收益必须与环境质量恶化进行比较。在贸易中只有当净福利增加时，即只有当来自贸易的传统收益超额补偿环境质量恶化带来的损失时，才能为经济系统作出贡献。从这点进行考虑，在一个开放的经济系统当中，也要把贸易收益的减少看作环境政策的目标损失。

这一论点可以通过图5-1加以说明。图中F是闭关自守状态，F'是没有环境政策时的初始贸易均衡。开展贸易，即从F移到F'，增加了贸易收益，如在F'点的贸易三角形指明的那样，本国能够在转换空间外部达到消费点。实行环境政策，即从F'移到T，就意味着较高的环境质量和较小的贸易三角形。

如果本国出口低污染强度的商品，就会通过实行环境政策提高它的比较优势。在一定的贸易条件之下，来自贸易的收益就会增加。

到目前为止的讨论中，还没有考虑本国可能影响它的贸易条件。假如本国出口高污染商品，那么，如果环境政策减少了本国该商品的超额供给，并且进口商品的超额供给增加，那么贸易条件将会改善。从传统的贸易收益讨论可知，在本国高污染商品的高需求价格弹性和低供给价格弹性就描述了这样的条件。同样的，我们一定会要求在国外有低的进口需求弹性和高的出口供给弹性。

直到现在，贸易理论在确定贸易收益上还没有考虑环境的恶化。然而，贸易收益是福利的净提高，而不是消费可获性条件的净改善。所以，必须把传统贸易收益与环境恶化相比较。一个开放经济系统一定愿意为提高环境质量而接受较低的传统贸易收益。

5.3.2 环境政策对贸易影响的经验研究

没有任何明确的证据说明环境政策已经导致了贸易格局和工业重新布局的变化（劳舍尔，1995年）。相当多的研究不能建立这种关系（托比，1989年），并且根据默雷尔和赖特曼（1991年）的研究，贸易不受环境政策影响的假设不能被否定（劳舍尔，1995年）。除了特殊产品（如黑檀木）之外（巴比尔，1992年），在高污染工业（如化学工业）上的直接投资研究提出了环境政策的影响（罗立和菲厄克，1991年）。令人意想不到的是，相当多的经验研究建立了贸易和环境质量之间的明确关系。一方面，贸易增加了国民收入，这样就提高了对较好环境质量的政治需求（格罗斯曼和克鲁格，1991年；伯素尔和惠勒，1992年）；另一方面，对于环境质量具有较低偏好的国家，从更重视环境的国家的改进减污技术和改进产品获益；最后，减少进口限制（包括国家补贴）将会减少产品产量及其产生的污染物质。这样，如果全世界的商品都在其最有效的地点生产，产生的污染就会大量减少，农产品和煤炭的生产就是一个典型的例子。

5.3.3　贸易政策与环境保护的手段之间的关系

生态学家要求，在环境政策体系中应该使用贸易政策工具。

首先来看一个问题：贸易壁垒保护环境吗？一般的论点是，世界贸易与经济增长是相互联系的，而经济增长产生了污染。因而，在改善环境上考虑贸易壁垒是有益的。但是，这个论点是不正确的，环境保护应该由环境政策工具承担。因为，这些工具表明了环境的稀缺性并且激励生产者减少污染。贸易壁垒，即进口税或进口限额，只能以间接的方式影响环境质量。如果缺乏适宜的环境政策，从环境的观点来看，发展世界贸易只能是有害的。因此，如果采取正确的环境政策，贸易自由化必定与环境质量的恶化无关。贸易政策不能完全替代环境政策，而且，贸易使福利增长，这就使保护环境变得相对比较容易。通过贸易取得较高国民收入时，环境政策的机会成本就会减少。如果环境质量需求的收入弹性大于1，增长的福利或较高的贸易收入也会增加对较好环境质量的需求。

市场进入障碍会导致国外环境政策的改变。在较特殊水平上讨论，如果国外生产一种比在国内生产具有较高污染强度的产品，就会采用像进口税或进口限额的贸易政策手段。采用进口税或限额的目的是要激起外国应用与本国类似的环境政策。出于同样的动机，生态学家所赞同的产品标准就使得产品进入外国市场更加困难或者不可能。使用贸易政策工具作为杠杆迫使其他国家采取类似的环境政策，这其实是一个误导。这个方法并未考虑到如果污染只发生在国内，那么环境只是一个像任何其他要素一样的禀赋要素。因此，在确定比较优势上应该把环境的丰富或稀缺因素都包括进来，像其他传统要素如资源、技术等。环境禀赋要素充裕的国家应该专业化生产更密集使用环境要素的商品。如果生态学家拿“一个平坦的运动场”来解释到处有同样（严格）的环境政策，那么他就会不理会国际分工和专业化的优点。如果各个国家都有同样的环境禀赋，如有同样的纳污能力，但是有不同的偏好，也会是这样。假定环境是国家物品，不同的国家偏好应该起作用，像在其他分配问题上那样。一个国家不应该把它的偏好强加给其他的国家。

通过贸易政策保护国家环境的一个问题是，一个国家想什么时候保护它可能受进口产品影响的环境，这就需要进行相应的环境问题案例讨论。现在看一下一个国家进口使用时能产生污染的投资物品的情况。在这种情况下，正常的环境政策工具比如污染物质排放税、排污许可证交易、环境税等都可应用，而限制贸易的产品标准是不必要的。但如果在消费品或药用产品中包含有污染物质如农药或其他有害物质，改善消费者信息或制定产品标准可能就是适宜的战略策略，但产品标准设置了贸易障碍。

5.3.4　环境的忧虑——保护的托词

环境的忧虑可能被作为通过进口税、制定产品贸易标准或通过出口补贴来实施保护的托词。生态学家要求到处都实行同样的环境政策，就好比生态意义上的“一个平坦的运动场”。实业界从公司的观点出发需要“一个平坦的运动场”，想要在每个国家有同样的条件。假如其他国家的公司面对不太严格的环境规制，实业界就想得到本国生产者所希望的“一个平坦运动场”。

国内的进口竞争部门要求对国外生产的有较高污染强度的产品严格实行进口税或进口限额，或者由于环境政策损害了其比较优势的本国高污染产品出口部门要求补偿或采取抵消性措施去弥补他们的相应境况的损失。如果能满足这些政治需求，环境政策就将会引起新的贸易扭曲，国际分工的思想将会被扰乱。环境的充裕或稀缺是外贸的一个要素，它应该像其他传统承认的要素那样在确定比较优势上进行考虑。具有很强利害关系的压力集团（如出口和进口行业、协会）迫使政府为抵消其他国家的环境优势而通过贸易政策措施对民族工业予以补偿，这样是不会有意义的。环境差的国家不应该通过征收进口关税或对他们自己的出口予以补贴来试图保护他们国内的生产高污染商品的行业。这会危害到他们自己的环境政策措施。

从长期来说，这种政策的成本必定会增高，因为这种政策意味着每个国家都会通过政策措施来极力补偿它的比较劣势。一个劳动力禀赋差的国家将会自我保护，以避免劳动密集型产品进口带来损害；一个资本禀赋差的国家将会自我保护以避免资本密集型产品进口带来损害；一个技术知识禀赋差的国家将会自我保护以避免技术密集投入产品进口带来损害；另外，一个环境服务禀赋差的国家也将会自我保护以避免高污染产品进口带来的损害。假若有这样的方案，国际专业化的优点就不复存在了。

5.3.5 环境政策和世界贸易秩序

没有明确考虑环境保护的国际贸易和投资的规则已经建立起来。在关贸总协定（GATT，现为世界贸易组织）准则中规定的国际分工制度安排试图提供一个多边经济框架，在这个框架中能使商品交换和资源流动活跃以使各国的财富增加。环境政策的主要目的是保护人类的自然生存空间并把环境稀缺综合考虑纳入经济决策。这样一来，两个政策领域都涉及为分散的经济决策规定制度框架。

把环境当做国家公共物品时，环境政策与国际分工的规则是相一致的。在国际分工上，国家不动资源的价格不同是相当正常的。因此，用价格工具表达稀缺性是理想的，它们不会构成贸易壁垒。

把环境政策的其他方面考虑进来时，国家环境政策与作为有效国际资源分配的制度安排的国际贸易规则之间的一致性就变得不很明确了。这样就涉及不稳定生产源产生的污染物质，例如包含在消费品中的或消费品使用中释放的以及移动源排放的污染物质。

5.3.6 环境政策工具的自由权

世界贸易组织（WTO）的规则允许各国政府应用种种环境政策，包括污染物质排放税（以出口回扣形式进行边境税调整）、排污许可证交易、可再循环水的退款制度（Refund Schemes）等（GATT，1992 年）。重要的限制性条款是，这些政策不许给贸易制造不必要的障碍，即在本国和外国产品间不许有差别待遇。“GATT 规则……基本上对一个国家保护它自己环境免受来自国内生产或进口产品损害的权利未加任何约束。一般地说，一个国家能随意进口国外产品或随意出口它自己的产品，并且它能随意对其生产过程做它认为必需的任何事情”（GATT，1992年）。

1. 防止贸易障碍原则

如果一个环境和福利都受到进口含污染或在使用期间释放污染的商品损害的国家，通过对污染物质征税、对进口征税，或通过应用产品标准进行自我保护，那么贸易就被扭曲了。在这种情况下，进口产生了国内的消费外部性，为了防备它，可能在WTO规则指导下合法地采用一些补救措施。然而，这样的措施会产生国际分工上的不确定性。

因此，为了增加透明度和防止把环境政策作为保护贸易的托词使用，必须建立规则并为这些规则承担义务。这样，为了避免世界市场分割，需要建立带有一些环境敏感产品贸易若干规则的WTO框架。下列指导原则在减少环境政策与贸易政策之间的冲突方面是有裨益的：

（1）第一最好解原则（Principle of First Best Solution）　在贸易政策与环境政策之间应当建立明确的界线。对环境保护不应使用贸易政策工具；环境政策措施也不应用于贸易政策上。按原则，在每个政策领域都应使用第一最好工具。第一最好解原则，也称为手段适当性原则（The Principle of the Appropriateness of Means）。就这点而论，它是与GATT条款相一致的。应该对政策工具加以选择以避免不必要的扭曲。例如，如果污染物质排放税可以有效地直接用于处理环境问题，那么贸易政策工具就应该被看作是不适当的。如果贸易措施仍然被考虑，那么也应该应用最少侵入贸易即最少限制贸易的措施。这一点也可称为最小贸易限制原则（The Principle of Least Trade Restrictiveness）。

（2）非歧视原则（Principle of Non-Discrimination）　环境政策对WTO缔约国都不应歧视，对进口产品和国内产品也应一视同仁（国民待遇）。这一方式在1990年泰国香烟实例中得到了发展。非歧视原则有一个例外是GATT的条款第20条，在一定的条件下，它允许以健康、安全和国内资源保护目标去控制国民待遇标准。然而，为了遵守最惠国待遇的条款，只能根据GATT程序通过重新协商才能提高“边界”（bound）关税。

（3）必需性原则（Principle of Necessity）　在对WTO规定的义务能否作出例外决定，将会由WTO专门小组决定一个工具是否是必需的，也就是背离WTO规则是否是不得已的。这个必需性检验有缩小例外范围的目的。

（4）领土主权范围原则（Principle of the Limits of Territorial Sovereignty）　保护国家环境和保护一国资源的政策符合条款，但不应扩展到另一国的领土。各国不应该把环境或贸易措施针对其他国家的环境条件或生产和加工的外部性。

（5）原产地国原则（Principle of Country of Origin）　就产品标准和生产过程规范而论，使用进口国规则（目的地原则）就设置了贸易壁垒。因此，应该应用原产地国规则。作为一个一般规则，一个进口产品的国家不应该把其环境标准应用到另一个国家的生产过程。

（6）从需求方面确定产品的相似性原则（The Principle of Determining Product Similarity from the Demand Side）　从非歧视目的来考虑，产品的相似性应该从需求方面而不是从供给方面确定。有关的标准应该是高需求替代弹性，而不是生产技术方面的类似。

2. 出口的道德约束

当产品中包含污染物质或在产品使用期间释放污染物质时，各国应该对出口产品比在国内使用的产品应用较差的环境标准吗？这个问题尤其与有毒的废弃物贸易有关。在此，道德上的回答是“己所不欲，勿施于人”，或按照康德所说“你应该这样行事以致你的行为准则可以作为一般法律原则”。作为一种原则，应该把国内使用的规则和程序应用于出口。这可以视为是原产地国原则的应用。假若是有毒废弃物，它含有这样的意思，即只有当满足出口国的环境标准时，废弃物才可以出口。显然，使用这个标准并不排除可将废弃物向有较好容纳条件的国家出口。

全球的环境问题不同于国家环境问题，这样就需要不同的解决办法。

5.4 多边环境秩序的要素

多边环境秩序必须与多边贸易和投资规则体系相一致；它必须减少在国家和全球环境物品上出现的两个规则体系之间的摩擦。环境与贸易协定之间的规则具有一致性。环境协定和贸易协定已经独立地发展。1933—1990 年，已经缔结 127 个多边环境协定，其中有贸易条款，特别是在保护动植物领域（见表 5-1）。可以预期，环境将来必然会发挥更大作用。应该防止贸易的制度安排与环境的制度安排之间的不协调：

表 5-1 多边环境协定

	合 计	具有贸易条款
海洋污染	41	0
海洋捕鱼和捕鲸	25	0
动植物保护	19	10
核和大气污染	13	1
南极洲	6	0
植物卫生规章制度	5	4
蝗虫控制	4	0
边界水	4	0
动物残酷行为（Animal cruelty）	3	1
危险废弃物	1	1
其他	6	0
合计	127	17

——必须把两个规则体系置于减少无效性和扭曲的共同目标基础上，环境成本内部化是减少扭曲的一个有效方法；

——建议禁止自愿协定；

——规则一定要明确，以便使冲突最小化；

——由于环境的考虑，限制自由贸易的工具如关于濒危物种的进口禁令应该限用于特殊情况；

——应该监督 WTO 的所有成员遵守国际环境协定。

在 GATT 的历史上，具有很大复杂性的政策领域，不容易在多边协定级别上解决，免于执行 GATT 规则。这样，在农业、纺织品贸易及特惠贸易协定上可以弃权。对于环境问题这样的代价是昂贵的。在过去，已经使用弃权的政策问题也已证明是产生摩擦的永久性根源。然而，像农业和特惠贸易协定显示出的情况那样，豁免已包含了对最惠国原则的违背，使弃权成为临时性的计划不能予以支持，因为和农业不同，环境直接涉及所有部门，环境的弃权并不表示一个部门的豁免。这个领域上的争端将会或多或少地影响完成的系列国际分工。

争端解决程序：应该把 WTO 的争端解决程序延伸到环境问题上，如果意见一致，程序规则就能有助于解决冲突。按原则的协定在建立世界经济规则上占有重要的地位。

5.5 单一市场中的环境政策

经常可以看到的一个论点是，一个单一欧洲市场中的公司为了竞争，需要同样的初始条件，而且不同的国家环境规章制度会扭曲竞争。然而，这个“平整运动场（Leveling the Playing Field）”的观点是一个谬论。

要解决这个问题，就必须分清楚环境质量和环境政策工具。

1）如果可以把环境媒质看作是能在国家水平上确定目标的国家公共物品，如具体到一个国家的河流系统或噪声污染，那么在作为公共消费物品的环境质量和作为污染物质排放的容纳场所的环境之间的权衡就是一个纯粹的国家问题，类似于其他生产要素的禀赋。于是，国家制定环境政策过程就需评估防止污染的效益和成本之间的平衡。

2）存在有环境政策工具如污染物质排放税或污染许可证应该统一到什么程度的问题。这些政策工具描述了一个成本要素，能够被视为一个高污染活动的生产税。实行环境政策的国家将会对它的比较价格优势和绝对价格优势产生负面影响。显然，比较优势的损失表示了实行环境政策的国家的机会成本。它能表示为满足个别欧洲国家的政治偏好而要减少它的绝对和相对价格优势到什么样的程度。可应用原产地国原则，环境是像土地和大多数类型劳动力那样的不动要素禀赋，不动要素的价格在各国间不同是完全正常的，并且不动要素禀赋的不同价格并不要求协调一致。

3）平整运动场的观点在一定程度上符合单一市场的实际，国家市场不应该被环境规章制度如产品标准或发放许可证所分割。市场分割是与一体化原则相悖的。污染物质排放的价格优点是，价格并不设置市场的进入障碍，且不分割市场。

4）分散环境政策是与要求能在最有效解决问题上实行经济政策的辅助原则相一致的。问题是去寻求政策的适宜制度水平。还有通过什么过程才能实现制度一体化的问题。这里，制度竞争是实现不同国家制度安排一体化的手段。

另一个不同的问题是境外污染问题。除了来自固定源环境污染之外，还有其他环境政策情况需要有不同类型的解决办法。来自非固定源（如运输工具）的污染物质排放能够跨过国界移动。如果移动源不太经常跨国界移动（旅游），那么，就可使用污染物质排放税，而且这些污染物质排放税在国家间能够分开。然而，如果移动源频繁移动像运货卡车那样，就必须协调污染物质排放税。如果监控成本过高，采用运输设备的产品标准就是恰当的政策工具。显而易见，对小汽车和污染物质排放的其他移动源，国家区分不同的产品标准就会引进贸易壁垒。因此，为了防止市场分割，在欧洲内部必须对产品标准加以协调。

污染物质可能包含在将被消费的产品中。第三方不受影响，并且我们也没有技术外在性的实例，但它确是一个有价值的论点。那么，使用产品标准就是保护消费者。这里，分散化的潜力取决于对消费者权益的信任和对包含在消费物品中的污染物质的估价。

【案例】

跨界污染，归责有据

近几月，中国华北多地连续出现 $PM_{2.5}$ 严重超标的雾霾天气。隔海相望的日本表示出对中国跨境污染的高度紧张。跨界污染与国际关系的联系，紧密且微妙。众多历史事件也向我们显露出跨界污染事件的迥异结局。

加拿大的特雷尔冶炼厂位于距美国边境大约十公里的地方。该厂从1896年开始冶炼锌和锡，由于提炼的矿物质中含有硫黄，烟雾喷入大气中形成二氧化硫。到1930年，每天由该冶炼厂排出的二氧化硫为600~700t。这使得美国华盛顿州遭受大规模损害。

多年以来，美国华盛顿州的私人方面曾多次向加拿大索赔，但事情一直没有得到圆满解决。1935年4月5日，美加签署特别协议，决定组织仲裁庭解决此项争端。

特雷尔冶炼厂仲裁案是历史上第一件有关跨国空气污染的案件，当时在这方面没有可适用的国际法规则，也没有类似的国际司法判例，但仲裁委员会认为责任还是应由加拿大一方来承担，因为“根据国际法以及美国法律的原则，任何国家都没有权利这样利用或允许他人这样利用其领土，以致让烟雾在他国领土或对他国领土上的财产或生命造成损害，如果已产生严重后果并且那已被确凿证据证实的话。”现在，这一结论已成为国际环境法上的经典论断，并为许多国际环境条约和国际事件所确认。

受“条约相对效力规则”的影响，国际法对条约能否为国家创设义务有一条非常重要的原则，即条约于第三国无损益原则。通俗地讲，就是除非条约的非缔约国明确同意，否则条约不能对非缔约国的权利施加任何限制。

1986年4月26日，苏联切尔诺贝利核电站发生爆炸，使80多吨的强辐射物质倾泻而出，波及人口近700万。爆炸引起大量放射性云进入大气层，逐渐扩散到中欧、西欧和北欧，降落的放射性尘埃对二十多个国家的土地、河流、农作物、家禽和鱼类造成损害。

根据传统国际法，国家责任的前提是国家的行为违反了它所承担的国际义务。就跨国污染而言，国家保全及保护环境的义务是以各类有关专门污染的条约的存在为条件的，而且仅限于条约所列举的物质或能源引起的污染损害范围。要确认国家对环境损害的责任，必须弄清国家的某个特定活动是否违反了条约规定的具体义务。反之，凡是不被有关条约所禁止的行为，由于它并未违反条约规定的义务，即使造成跨国环境损害，亦不发生国家责任，而且只要不是条约的成员国，该国就可能对其造成的跨国污染不承担责任。

所以，在切尔诺贝利事件中，英、德等国持保留其因该事故遭受损害而索赔的权利之态度，但事实上并未提起任何索赔要求。因为苏联既不是关于核能领域中第三方责任的《巴黎公约》的成员国，也不是关于核损害民事责任的《维也纳公约》的成员国，对于非成员国的损害国，当然不能适用以上两个公约。因而，很难说苏联有责任赔偿核事故在境外造成的损害。

日本仙台大地震和地震引发的海啸造成了福岛第一核电站的严重损坏，由此导致的核污染以及核物质扩散日趋严重。除日本本土的各种放射性物质检测指标上升显示的损害或损害威胁外，与日本临近的中国31个省区和全球多个国家都检测到日本核泄漏产生的微量放射性物质。此外，中国也发现多起与入境人员、交通工具相关的放射性超标的情况。包括中国和日本在内的世界上绝大多数使用核能的国家都没有参加《巴黎公约》《维也纳公约》这两大核损害赔偿国际条约体系。所以，在福岛核损害事故中，就中日之间而言，这些公约不能提供直接的责任认定依据。

2005 年 11 月 13 日，位于吉林省的吉林石化公司双苯厂发生爆炸，致使松花江水体受到严重污染。由于松花江是中俄界河黑龙江的主要支流，这次事件给位于黑龙江下游的俄罗斯远东地区部分城市也带来了非常严重的影响，导致黑龙江沿岸俄罗斯一侧居民饮水、生活用水不安全，并且对俄境内的水生资源产生损害。

中俄曾就索赔进行沟通，但没有相关的国际公约能够准确地应用到中俄之间的跨界污染问题上。当时就有国际法学者预测："这件事很有可能依赖外交手段得以解决。"污染事件后，中国外交部"代表中国政府对此次重大环境污染事件给下游的俄罗斯人民可能带来的损害表示歉意"。随后，中俄制定了《中俄跨界水体水质联合监测计划》，对跨界水体黑龙江、乌苏里江、额尔古纳河、绥芬河和兴凯湖水体联合监测，并于2008 年签署跨国水域合作协议。

第二年，《黑龙江省松花江流域水污染防治条例》施行："针对黑龙江省松花江流域水污染现状和存在的问题，对流域水污染的监督管理、跨界协同管理、预防治理、饮用水水源保护等作了具体规范。"

2010 年，英国石油公司租赁的位于美国墨西哥湾名为"深水地平线"的钻井平台爆炸起火。36 小时后，平台沉没，11 名工作人员遇难，钻井平台自此漏油不止并引发了大规模的原油污染。

漏油事件发生后，在美国路易斯安那州，有近一百多起针对英国石油公司和相关责任方的诉讼被提起。根据《联合国海洋公约》的有关规定，与该事件有关的国家，如污染损害地所属国、污染肇事者所属国、污染受害者所属国等都有权管辖该案件，而在各国的管辖权发生冲突的背景下，船舶污染地的属地管辖就具有优先效力。另一方面，环境损害赔偿，本质上是一个侵权案件，不论诉讼以谁为被告，损害如果影响在一国领土内，作为侵权结果地的法院，都有管辖权。

因此，这一事故由美国进行管辖和处理，依照国内法《石油污染法》对英国石油公司展开调查，处理事件涉及的民事、刑事案件。《石油污染法》规定了"污染者负责"的原则。泄漏的原油勘探开发者、原油的所有权人、钻井平台的经营人等相关责任主体将在无过错责任基础上承担连带责任。

1978 年，阿莫科·卡迪兹号油轮在法国附近的海岸搁浅，此后三个星期，该油轮运载的原油和油轮燃料油总共约 23 万 t 石油流淌到海中。这些油类的大部分沉积在海底或聚集在法国的沿海地带，法国约 375km 的海岸被石油污染。阿莫科·卡迪兹号油轮的法律关系复杂，在事故发生时，它属于一家注册在利比里亚的公司，而这家公司的母公司是美国的标准石油公司。

按照 1969 年《国际油污损害民事责任公约》，在油污事件发生后，污染受害者可以在发生了油污污染事故的缔约国领土内提出诉讼。因此，法国受害者可以在法国法院提起诉讼。但是，《国际油污损害民事责任公约》规定了损害赔偿的责任限额，远小于受害者提出的数额。

法国国家和地方政府、自然保护协会、各专业团体等决定向船舶的最终所有者美国标准石油公司的住所地——美国伊利诺伊州北区法院起诉。当时美国不属于《国际油污损害民事责任公约》缔约国，法院判决被告向受害者赔偿8500万美元，并另付利息。

在使用何种法律的问题上，按照美国法院的解释，如果当事人请求适用美国法，而美国法又与法国法在处理类似事件上没有什么不同，本着对当事人有利的原则，是可以使用美国法的。

——资料来源：网易新闻，http：//view.163.com/13/0325/13/8QQL1JDG00012Q9L.html

思考与练习

1. 根据环境媒介的空间范围，对环境物品怎样进行分类？
2. 影响环境禀赋的因素有哪些？
3. 谈谈环境政策与贸易流量之间的关系。
4. 谈谈你对污染物质排放价格均衡的理解。
5. 为什么说环境忧虑是实施保护的托词？
6. 怎样区分单一市场中的环境政策和环境质量？

第6章 环保产业与环保投融资

6

本章摘要

环保产业是一个跨产业、跨领域、跨地域，与其他经济部门相互交叉、相互渗透的综合性新兴产业。自进入21世纪，全球环保产业开始进入快速发展阶段，逐渐成为支撑经济增长的重要力量，并正在成为许多国家调整产业结构的重要目标和关键。随着中国经济，以及城市化进程和工业化进程的持续快速发展，国家对环境保护的重视程度也越来越高，加大了环保基础设施的建设投资，环保产业总体规模迅速扩大，产业领域不断拓展，产业水平明显得到提高，不但支撑着环境保护的需求，也有力拉动了相关产业的市场需求。

6.1 环保产业概述

6.1.1 环保产业的概念

1. 产业

产业经济学认为，产业是提供相近商品或服务，在相同或相关价值链上活动的企业共同构成的企业集合。简单来说，产业是同类企业的总和。产业的概念可以从两个方面来理解。首先，产业是社会分工的产物，产业在人类生产发展的历史上，并不是一开始就有的，而是在生产发展的过程中，在社会分工发展的基础上，逐步形成和发展起来的，是分工协作发展的结果。其次，产业是一个特殊的集合体，这是因为产业是一个既不属于微观经济范畴，也不属于宏观经济范畴的中间体。也就是说，它既不研究企业行为、消费者习惯，也不研究宏观的财政货币政策。所以说，产业是一个具有同类属性的企业经济活动的集合。

产业的属性和特征表现在：从需求的角度来讲，指的是具有同类或相互密切竞争关系和替代关系的产品和服务；从供给角度来讲，是指具有类似生产技术、生产过程、生产工艺等特征的物质生产活动或类似经济性质的服务活动。

2. 环保产业

环保产业是随着环境保护事业的发展而兴起的新兴产业。环保产业是由经济合作和发展组织（OECD）的发达国家首先发展起来的。这些国家对环保产业的称呼不完全相同，如日本将其称为生态产业，美国将其称为环境产业。名称虽然有差异，但所阐述的内容基本上是一致的。OECD 对环保产业的定义有两种：一种是狭义的定义，认为环保产业是为污染控制和减排、污染清理及废弃物处理等方面提供设备和服务的行业，即所谓传统环保产业或直接环保产业；另一种是广义的定义，认为环保产业既包括能够在测量、防止、限制及克服环境破坏方面生产和提供有关产品和服务的企业，也包括能使污染和原材料消耗量最小化的清洁技术和产品。目前，欧洲一些国家，如意大利、德国、挪威、荷兰等基本采用的是狭义的定义，日本、加拿大等国家采用广义的定义，而美国采用的定义居于两者之间。

我国对环保产业的定义基本沿用 OECD 的定义方法，也有狭义和广义之分。狭义定义范围的界定与 OECD 的定义是一致的，而广义范围的界定则是依据 1990 年国务院《关于积极发展环境保护产业的若干意见》（国办发［1990］64 号）的文件。在该文件中明确规定：环境保护产业是国民经济结构中，以防治环境污染、改善生态环境、保护自然资源为目的所进行的技术开发、资源利用、产品生产、商业流通、信息服务、工程承包、自然保护开发等活动的总称，是防治环境污染、改善生态环境和保护自然资源的物质基础和技术保障。广义的环保产业不仅包括了狭义的环保产业的内容，而且增加了清洁技术、清洁产品和生态环境建设等部分。增加的部分一般称为间接环保产业，有些国家把增加的部分称为绿色产业。

由此看出：狭义的环保产业主要针对环境问题的“终端治理”，而用于终端治理的产品和服务，其使用功能和环境功能往往是一致的。如消除烟尘设备，它的使用功能就是对烟尘的处理，这也恰恰就是它的环境功能。而广义的环保产业，其使用功能和环境功能不尽相同。例如，生态园区的建设，使用功能是改善生态环境，这与其环境功能是相一致的，但是对于清洁技术和清洁产品就不一定是相同的，采用清洁技术生产的产品不一定是清洁产品，而清洁产品不一定是采用清洁技术生产出来的。例如，无铅汽油只是对原来的有铅汽油进行再加工，其使用功能依然是燃烧使发动机工作，而环境功能则是减少环境污染。使用功能和环境功能是不相同的。

环保产业的产业边界和产业内容有相当的模糊性，环保产业的渗透性广泛而深入。这是因为：首先，许多环保产品和服务往往是由其他经济门类生产和提供的；其次，许多环保产品，尤其是清洁技术和清洁产品具有复合功能，一方面它们保持了所替代的原有技术和产品的使用功能，另一方面它们又增添了原有技术和产品所不具备的环境安全功能，环保产品的边界和内容的模糊性主要源于第二方面，这使得环保产业广泛渗透于第一、二、三产业。因此，国际上还没有对环保产业的产业边界和产业内容进行界定，对环保产业的范围也没有统一的规定，这为环保产业的国际标准化以及环保产业的国际可比性带来了困难。

尽管许多国家对环保产业的定义不尽相同，但是有两点已达成共识：一是环保产业的狭义定义被认为是环保产业的核心；二是认为与全球环境保护的趋势相适应，环保产业的广义定义也将会是一种必然的趋势。

由于对环保产业的范围和内容进行准确恰当的界定存在困难，我国在 2001 年也开始使用“环境保护相关产业”这一术语。环境保护相关产业是指国民经济结构中，为环境污染防治、有效利用资源、生态保护与恢复、满足人民的环境需求，为社会、经济可持续发展提供产品和服务支持的产业。

我国环保产业主要倾向于三个方面，即环保产品的生产和经营、资源的综合利用以及环境服务。环保产品的生产和经营主要是指大气污染治理设备、水污染治理设备、固体废弃物处理处置设备、放射性与电磁波污染防护设备、节水设备、噪声控制设备、生态环境保护装备、清洁生产设备、环境检测分析仪器仪表、清洁产品、环保药剂和材料等的生产和经营。资源综合利用主要包括“三废”综合利用、废旧物资回收利用。环境服务是指主要为环境保护提供技术、管理与工程设计、施工等各种服务。其中环保技术服务包括环境咨询、信息服务、环境监测、环境影响评价、污染设备市场化运营等方面。我国环保产业内涵扩展的方向将主要集中在洁净产品、洁净技术、环境服务等方面，环保产业的概念也将扩展演变为环境产业、绿色产业。

3. 环保产业的分类

环保产业的范畴十分广泛，按照不同的目的和要求，可以将其进行多种角度分类。

(1) 按照三种产业划分　环保产业广泛渗透于第一、二、三产业，这是在与其他产业的发展中逐步形成并与其他产业共同发展的一种特殊的产业体系。因此，依据三种产业划分的标准，环保产业的内容也可以相应地对应于第一、二、三产业，如自然资源保护属于第一产业，环保产品的生产属于第二产业，环境咨询属于第三产业等。

(2) 按照环保产业的工作内容和产品划分　主要有三个方面：一是环保设备（产品）生产与经营，主要是各种污染治理、控制、处置、防护的设备、仪器、药剂等；二是资源综合利用，指利用废弃资源回收的各种产品，进行综合利用；三是环境服务，指为环境保护提供技术、管理与工程设计和施工等各种服务。

(3) 按照从事环保的专业化程度划分　环保产业分为专门环保产业和共生环保产业。专门环保产业是指企业的主营业务是设计环保工程、开发环保技术、生产环保产品和提供环保服务。共生环保产业又分为两种，一种是主营业务中有，但不局限于环保产品、环保技术和环保服务，如机械制造公司，除生产环保设备外，还生产其他机械制品；另一种是主营业务中与环境保护没有直接关系，但是其生产的产品和提供的服务对环境无害或少害，如无氟冰箱的生产。

(4) 按照环境问题的类别划分　环境问题主要分为环境污染和生态破坏，环境保护活动也形成了污染治理和生态保护两大领域。相应地，环保产业也可划分为污染防治产业和生态保护产业，其中，污染防治产业包括污染预防产业和污染治理产业。

(5) 按照产品生命周期理论以及产品和服务环境功能划分　环保产业可分为自然资源开发与保护型、清洁生产型、污染物控制型和污染治理型环保产业，如图6-1所示。这种分类方法不仅便于和国际接轨，而且有利于进行投入产出分析。

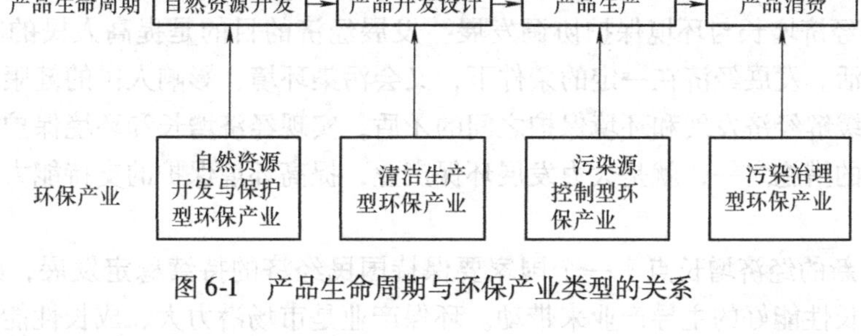

图6-1　产品生命周期与环保产业类型的关系

4. 环保产业的特点

环保产业具有双重性质，既具有环境公益性，也具有经济活动性。环保产业的效益特点是间接效益大于直接效益、长期效益重于短期效益、社会效益高于经济效益。一般产业可以通过市场竞争追求利润最大化来实现其资源的优化配置，但环保产业不能仅仅以短期效益为目的，它是以整体和长远利益为出发点，对社会和经济的主要贡献就是避免环境与资源的损失，从而实现经济的健康发展。这也决定了环保产业具有不同于一般产业的特点：

（1）环保产业是一个存在正外部性的产业　表现在环保产业的发展给产业以外的行为主体带来了有利的影响，即环保产业在创造经济价值的同时，也带来了广泛的社会效益，为社会的可持续发展作出了贡献，同时也产生了良好的环境效益，保护了人类赖以生存的生态环境，实现了经济效益、环境效益和社会效益的统一。

（2）环保产业是一个关联性很强的产业　它通过与其他产业的投入产出关系，渗透在国民经济的相关领域，利用自己的发展，带动相关产业的发展，如钢铁、机电、化工产品、有色金属、仪表仪器等行业的发展。

（3）环保产业是一个具有公益性的产业　表现在一方投资，多方受益。环保产业是有益于环境的活动。环保产业的公益性将环保产业和单纯追求经济效益的人类活动区分开来，尤其在提供环境基础设施和公共环境服务的非竞争性和排他性领域，环保产业的公共产品的特征更加突出。

（4）环保产业是政府行为和市场行为相互作用的产业　环保产业的外部性和公益性又决定了环保产业的发展必须有政府的调控和干预，受到政府法规和政策的保障。环保产业的边际利润率低于其他产业，甚至无利润或者亏损，国家对环保产业的鼓励和扶持是必要的。同时，作为一种产业，环保产业必然要以市场经济为基础，具有经济活动的一般特征，即它也是按照市场规律运行的，要考虑自身的盈利和经济效益。

（5）环保产业是高新技术和环境保护的结合点　高新技术为环境保护提供技术支持，环保产业用高新技术解决工业文明对生态环境造成的损害和破坏，实现经济发展与环境协调的可持续发展。环保产业是涉及面极广的产业，如废弃物的综合利用、资源的节约、污染物的处理处置技术、设施的制造及清洁能源的开发，都必须建立在专业化和高新技术的基础上。随着科学技术迅速发展，电子技术、生物技术、通信技术都将应用于环保产业。

5. 发展环保产业的重要性

（1）促进国民经济的快速发展　环保产业自身具有连接和协调自然和经济的特殊性质，这一性质使得环保产业区别于其他产业，而不专属于哪一个单独的产业。因此，环保产业是一个跨行业、跨领域、跨地域，与其他经济部门相互交叉、相互渗透的综合性新兴产业。环保产业发展的好坏直接影响着其他产业的发展，也直接影响着国民经济的快速发展。

（2）实现经济增长与环境保护协调发展　发展经济的目的是提高人民的收入，进一步改善人民的生活。发展经济在一定的条件下，又会污染环境，影响人民的健康，影响经济的发展。因此，缓解经济发展和环境保护之间的矛盾，实现经济增长和环境保护协调发展，最有力、最可行的措施之一，就是大力发展环保产业，提高环境保护的支持能力，实施可持续发展。

（3）培育新的经济增长点　一个国家要保持国民经济的持续稳定发展，必须不断有市场潜力大、成长性能好的主导产业来带动。环保产业是市场潜力大、成长性能好的产业，是世界各国重点培育和发展的产业。美国、德国、日本、加拿大等发达国家已把环保产业作为国家的主导产业之一，显示出蓬勃的生机，世界许多国家也纷纷将环保产业作为本国最具潜力的新的经济增长点之一。

（4）为经济结构调整创造条件　经济结构调整是各国经济和社会发展的一条主线。结构调整的方向之一是：技术水平低、资源消耗大、环境污染严重、经济效益低的产业结构向技术水平高、资源消耗少、经济效益好且对环境影响小的结构转变，进而实现产业结构的优化和升级，这些都需要环保产业的良好发展。

6.1.2　我国环保产业的发展状况

1. 我国环保产业的发展过程及现状

我国的环保产业是从环境保护工业演变发展来的。20世纪50年代，我国在大力发展经济的前提下，在一些重点工程建设项目中引进了废水处理设备和除尘设备等少量的环保设施，并在这个基础上，于1954年开始试制和生产有限的环保设备，并先后在重工业城市开展“三废”治理。1973年我国颁布GBJ 4—1973《工业“三废”排放试行标准》，各企业纷纷进行污染治理，环保设备的需求量迅速增加。同时国家投入大量的治理资金，许多企业开始从事环保产品的设计与生产，相关的研究机构相继出现。同年全国第一次环境保护工作会议召开，环境保护的范围从环保产品的生产，逐步向“三废”综合利用、资源节约方面发展。

改革开放以来，特别是自进入20世纪90年代以来，随着经济的快速发展，环境问题日益受到重视。环境保护法律法规的不断完善和标准的不断提高，特别是国家对环境保护的投资力度不断加大，使得环保产业得到了较快的发展，到1993年，全国从事环保的企事业单位8651个，从业人数188.2万人，拥有固定资产总值450.11亿元，年收入总额311.5亿元，创利润40.91亿元。

“九五”期间，随着环保事业的不断发展，我国环保产业经历了从量变到质变的过程。在经济快速发展的同时，加快了产业结构的调整步伐，可持续发展和循环经济战略在国民经济中得到加强。环保产业发展基本走过了以“三废”治理为特征的发展阶段，朝着有利于促进经济增长、改善经济质量、提高经济档次的方向发展。我国的环保产业已初具规模，产业领域不断扩大，技术水平不断提高，为治理污染、改善生态环境提供了一定的技术支持和物质基础。到1997年年底，全国从事环保产业的企事业单位9090个，其中专业单位5995个，兼业单位3095个，职工总数169.9万人，环保产业拥有固定资产720.1亿元，环保产业年产值521.7亿元，当年实现销售收入459.2亿元，当年实现利润58.1亿元。我国的环保产业在这一阶段得到快速的发展，并且逐步形成一个独立的综合性的新兴产业，具备初步的产业规模，对我国的环保事业发展发挥了重要作用。至2000年年底，全国已有18000多家企事业单位专营和兼营环保产业，固定资产总值达8484.7亿元。2000年全国环保产业年收入总额1689.9亿元，实现利润166.7亿元。

在“十五”期间，由于国家加大了环保基础设施的建设投资，有力拉动了相关产业的市场需求，环保产业总体规模迅速扩大，产业领域不断拓展，产业结构逐步调整，产业水平明显提升。

2002年我国环保产业年产值达2200亿元，环保产业总体年均增长速度约达25%，已形成领域广泛、门类齐全、具有一定规模的产业体系，成为国民经济结构的重要组成部分。

2006年全国与环境保护相关的产业从业单位约3.5万家，从业人员约300万人，年产值约6000亿元，实现利润约520亿元。

在发展循环经济的要求下，从2007年开始，环保支出科目被正式纳入国家财政预算，政府对环保工作提出了新思路、新对策，受益于此，我国环保产业继续高速增长，增速进一步提高。

2007年，我国采取综合性措施推进污染减排，全国装备脱硫设施的燃煤机组占全部火电机组的比例由2005年的12%提高到48%，城镇污水处理率由52%提高到60%，全年全国化学需氧量（COD）排放总量1383.3万t，比2006年下降了3.14%；SO_2排放量2468.1万t，比2006年下降了4.66%，主要污染物排放量实现双下降，首次出现了“拐点”，污染防治由被动应对转向主动防控，环保历史性转变迈出坚实步伐。

2008年国家要求关停1300万kW小火电，淘汰5000万t水泥、600万t炼钢、1400万t炼铁等一大批落后产能，削减SO_2排放量60万t，削减COD排放量40万t。环保产品和服务的需求进一步扩大。2008年上半年，全国COD排放总量674.2万t，同比下降2.48%；SO_2放总量1213.3万t，同比下降3.96%，新增城市污水处理能力678万t/日。2008年下半年，受金融危机影响，为扩大内需，我国加大基础设施建设规模，对环保产业的投资也进一步加大。《2008—2009年中国节能环保产业发展研究报告》指出，据不完全统计，2008年全国节能环保产业总产值达1.41万亿元，其中，节能产业2700亿元，环保产业4800亿元，资源循环利用产业6600亿元，就业人数达2500多万人。

“十一五”期间，我国环保投资的重点领域主要包括大气环境、水环境、固体废物、生态环境、核安全及辐射环境保护建设以及环境能力建设。环保产业保持年均15%以上的增长速度。2010年环保产业的年收入总值达到近10 000亿元，其中，资源综合利用产值约6600亿元，环保装备产值约1200亿元，环境服务产值约1000亿元。

2010年10月10日，国务院发布了《关于加快培育和发展新兴产业的决定》（国发[2010] 32号），将环保产业作为战略性新兴产业之一加以培育和发展，预计“十二五”期间，环保产业年均增长率15%以上，到2015年，环保产业产值约2.2万元。

据统计，全球环保产业的市场规模已从1992年的2500亿美元增至2008年的6000亿美元，年均增长率8%，远远超过全球经济增长率，成为各个国家十分重视的“朝阳产业”。我国环保产业的发展一直保持着比较高的增长速度。20世纪90年代以来，我国环保产业年增长率为15%~20%，大大高于同期国民经济增长的速度。环保产业快速发展，产业技术发展水平不断提高，基本满足了污染防治和生态保护的需要。一个覆盖清洁产品生产、环保产品生产、环境工程建设、环境保护服务、废物循环利用、自然资源保护与开发等领域的跨行业、跨地区的综合性的新兴产业已经形成。我国环保产业处于快速发展阶段，但总体规模相对还不大，其边界和内涵仍在不断延伸和丰富。随着我国社会经济的发展和产业结构的调整，环保产业对国民经济的直接贡献将逐步增大，成为改善经济运行质量、促进经济增长、提高经济技术档次的产业。

2. 我国环保产业存在的问题

自改革开放以来，我国的环保产业有了很大的发展，环保产业规模、服务领域和技术水平都有所提高，但总体上来说，尚不能完全适应经济发展和环境保护的需求，主要存在以下问题：

（1）产业结构不合理 主要表现在：一是企业规模结构不合理，尚未形成一批大型骨干企业或企业集团，大型环保企业只占了全国环保企业总数的3%，而小型企业技术装备落后，专业化水平低，难以形成规模效益；二是环保产品结构不合理，环保设备、环保产品成套化、标准化、系列化、国产化水平低，低水平重复建设现象严重；三是环境保护服务发展薄弱，我国目前环保市场主要集中在环保产品生产和废物循环利用领域，而与环境相关的服务贸易活动，如环境技术服务、环境咨询服务、废旧资源回收处置、污染设施运营管理、环境贸易与金融服务、环境功能服务等环境保护服务发展相对薄弱。

（2）技术水平不高　主要表现在：技术开发能力弱，产品技术含量低，技术开发的投入太少，还没有形成以企业为主的技术开发和创新体系。环保产品主要是常规产品，技术含量低。环保产业技术在世界上被普遍认为是高新技术产业之一，而我国的环保产品生产、环保技术开发与世界还有一定差距，技术含量比较低，经济效益不够明显，使一些环保企业的竞争力受到影响。

（3）管理、政策体系尚不健全　主要表现在：一是管理体制不畅，我国环保产业还没有制定引导产业发展的总体规划，缺乏统一的管理部门来统一负责环保产业的政策、计划、产业结构和产业结构调整、环保产业管理及综合协调；二是环保法规政策体系还很不健全，环保产业政策不到位，虽然初步形成了环保产业政策体系，但缺乏环保产业政策的规划蓝图，重要的宏观管理政策，如环保产业政策、环保产业技术政策、环境服务的政策及配套政策等的制定、修改、完善滞后。

（4）社会化服务体系不健全　环境服务相对落后，社会化、专业化程度低，全方位的服务体系还没有建立起来，许多环境治理设施运转效率低，环保产业活动的各个环节，如产品的开发、生产、流通、使用，工程的设计、施工，设施的运营管理等脱节现象严重，还没有形成一个优化的组合系统，影响了环保产业向更高的层次和更广泛的领域扩张，同时缺少环保产业发展方向的宏观引导，技术和市场信息传递渠道不畅，技术转化的市场化程度低，中介服务机构也不健全，缺乏全方位服务的市场体系，不能很好地形成优势。

3. 我国环保产业的发展趋势

国家已将环保产业列为我国今后重点发展的领域之一。一些传统产业在寻求新的经济增长点时，也力求从环保领域找突破口。随着我国对科技领域投资的不断加大，环境科技创新也将进入快速发展时期，这都将给环保企业的发展带来机遇。我国的环保产业具有广阔市场需求和发展，由于国家加大了环保基础设施的建设投资，有力地拉动了相关产业的市场需求，环保产业总体规模迅速扩大，产业领域也不断拓展，产业结构逐步调整，产业水平明显提升。

为了进一步促进我国环保产业的快速发展，国家对环保产业实行鼓励和扶持政策，已发布的有关鼓励环保产业发展的优惠政策主要出自以下文件：为适应当前和今后环境污染治理的需要，国家发展改革委发布了《当前国家鼓励发展的环保产业设备（产品）目录（2007年修订）》（以下简称《目录》），该《目录》是对前两批《目录》鼓励发展内容的修订，有关优惠政策继续执行。2009年为应对国际金融危机影响，加快培育新兴产业，抢占未来经济竞争的制高点，国家发展改革委正在抓紧制定《节能环保产业发展规划》，节能环保产业包括节能、资源循环利用和环境保护，涉及节能环保技术与装备、产品和服务等。在这些政策的引导和鼓励下，我国的环保技术开发、技术改造和技术推广的力度不断加大，环保新技术、新工艺、新产品不断产生，各种技术和产品基本覆盖了环境污染治理和生态环境保护的各个领域。环保产业的发展非常迅速，领域不断扩大，特别是环境服务得到更快发展。

随着我国和国际上对节能减排的日益重视，我国逐步把节能产业与环保产业的发展结合起来。节能减排是指节约物质资源和能量资源，减少废弃物和环境有害物排放。节能是指加强用能管理，采用技术上可行，经济上合理以及环境和社会可以承受的措施，减少从能源生产到消费各个环节中的损失和浪费，更有效、更合理地利用能源。其中，技术上可行是指在现有技术基础上可以实现；经济上合理就是要有一个合适的投入产出比；环境可以接受是指节能还要减少对环境的污染，其指标要达到环保要求；社会可以接受是指不影响正常的生产与生活水平的提高；有效就是要降低能源的损失与浪费。

国家发展和改革委员会指出，节能环保产业是战略性的新兴产业和新的经济增长点，在我国发展前景广阔。我国将把发展节能环保产业作为发展低碳经济、绿色经济、循环经济的重要支撑，着力从以下四个方面推动节能环保产业的发展：

一是实施重点工程，拉动产业需求。加大资金的投入，加快实施节能产品惠民工程，加快推进重点节能工程、资源循环利用工程和大规模环保治理工程建设，形成对节能环保产业最直接、最有效的需求拉动。

二是完善政策体系，健全激励机制。进一步推进资源性产品价格改革，健全污水垃圾处理费征收和使用管理。完善已经出台的节能环保、资源综合利用税收优惠政策和政府强制采购节能环保设备政策。支持符合条件的节能环保企业发行企业债券，鼓励有条件的节能环保企业进行上市融资。

三是突出自主创新，强化科技支撑。加强技术创新体系建设，突破核心关键技术瓶颈，保护知识产权。在提高能效、煤炭清洁利用、污染综合治理等领域攻克一批关键和共性的技术。

四是完善服务体系，优化市场环境。推广合同能源管理新机制，鼓励 BOT 等多种建设营运模式，实施环保设施特许经营，完善准入标准，打破地方保护，为节能环保企业创造公平竞争的市场环境。

6.2 环保产业的经济分析

对环保产业进行经济分析，有利于明确环保产业在国民经济中的重要地位和作用，有利于明确环保产业的发展状况，为政府部门的宏观决策和企业的微观运营提供理论依据，也为环保产业结构调整的最优化提供科学的理论依据。

6.2.1 环保产业的结构分析

1. 环保产业结构的合理化

产业结构合理化指的是各产业之间有机联系和耦合增强的过程。产业结构没有合理化作基础，就难以进行高级化的演进。一个国家的国民经济能否健康发展，关键取决于能否建立合理的产业结构。产业结构合理性的本质是指它的功能性，或者可以称之为聚合质量。产业结构的聚合质量是指产业结构系统的资源转换能力，这是判断产业结构是否合理的关键所在。产业结构系统的资源转换能力越高，则产业结构的聚合质量越高，产业结构也就越合理。对于环保产业结构系统来说，这种转换能力体现在环保产业改善环境质量的整体能力，可将这种整体能力称为环保产业的聚合质量。

我国环保产业的聚合质量需要提高，提高聚合质量的关键是强化环保产业系统的协调。而系统内各要素相互协调的基本条件是系统结构的有序性和层次性。我国环保产业系统的有序性和层次性是比较弱的，目前我国环保产业的总体状况是，环保产品生产的企业较多，但其他方面比较薄弱。另外，我国环保产业规模小、投资分散、规模效益和产品的技术含量低。从总体上来说，我国环保产业总体水准与我国环保事业发展的需求还有很大的差距，我国环保企业的规模与国际水平相比也有很大差距。因此，要加快我国环保产业的发展，首先要调整环保产业的结构，使其合理化。

2. 环保产业结构的高级化

分析环保产业结构的高级化问题，就是重视环保产业结构软化的问题。产业结构软化包含两层含义：一是第三产业的比重不断提高；二是整个产业中对技术、管理和知识等要素的重要性大大加强。环保产业结构软化，就是指环保产业中非物质因素的作用越来越大。这些非物质因素也有两层含义：其一是指用于治理和改善环境的环保产业技术、管理、信息、服务等因素；其二是指完善环境保护的法律法规，加强和提高环境保护的监督管理和全民环保意识等因素。

6.2.2　环保产业的市场分析

1. 环保产业市场结构分析

产业的市场结构，指的是市场经济活动中构成产业市场的各组成部分之间的相互关系，包括卖方之间、买方之间和买卖双方之间的相互关系。这种关系表现在现实的市场之中，综合反映出市场的竞争和垄断的关系。影响市场结构的三个主要因素是：市场进退障碍、市场集中度和产品差别化程度。

（1）环保产业市场进退障碍分析　作为一种新兴产业的环保产业，其市场进退的两大障碍都比较大。一方面，由于环保产业的出现就是要解决传统产业和日常生活废弃的物质和能量，要求环保产业具有较高的技术水平，所以环保产业进入市场存在比较大的障碍；另一方面，环境保护不能因为某些企业的随意退出而受影响，因此一般环保产业市场退出的障碍也比较大。我国环保产业的市场进入由于没有标准化依据，所以目前呈现出不稳定的发展趋势。同时，我国许多技术、设备相对落后的小规模环保企业进入市场，并成为环保企业的主体，而一些高科技的大规模环保企业由于受到某些障碍的影响和制约而难以进入，这些障碍因素主要是由于资金的约束，以及地方或部门对污染企业的保护、地方政府的垄断等。所以要深入分析环保产业市场的进退障碍，采取措施，调整市场结构。

（2）环保产业市场集中度分析　市场集中度是指特定产业的供需集中程度，主要包括两个方面：买方集中度和卖方集中度。由于我国环保产业还处于初级阶段，所以应着重分析卖方集中度问题。影响卖方集中度有两个直接因素，即企业规模和市场容量。首先，当市场容量既定时，企业规模和集中度一般呈正相关的关系。其次，一般来说，市场容量与集中度呈反比关系。而我国环保产业的可操作市场还比较小，这一较小的市场还被条条块块所分割，所以我国环保产业的集中度很低。进行环保产业市场集中度分析，是环保产业结构分析的重要内容。

（3）环保产业产品差别化程度分析　产品差别化是指同类产品中，不同企业提供的产品具有不同的特点和差异。企业生产具有差异产品的目的是为了满足消费者的不同偏好，从而在市场占据有利地位。因此，对企业来说，产品差异化是一种非价格竞争的经营手段。环保产品和服务不仅要满足不同消费者的需求，而且还要适应千差万别的自然条件，所以说，环保产品和服务必须多样化。我国环保企业较多，但环保产品的结构、性质、功能等差别不大，特别是环保产业多偏重于产品的生产，而其他方面如资源利用、环保技术开发、环保咨询、环保工程承包、自然资源保护等方面还比较薄弱。所以提高我国环保产业产品的差别化程度对于优化环保产业市场结构具有重要意义。

2. 环保产业市场行为分析

市场行为，指企业为了实现其经营目的而根据市场环境的情况采取相应行动的行为，主要包括价格行为、促销行为和企业组织调整行为三方面。

环保产业市场行为和市场环境的相互关系，总的来说表现在市场秩序是否规范，市场运作规则、市场管理手段是否完善，市场管理的有关法律、法规体系是否建立，是否具备强有力的监督管理措施和手段等。这些都是环保产业市场行为分析的主要内容。

6.2.3 环保产业绩效分析

市场绩效是指市场的运行效率，它是指在一定的市场结构下，由一定的市场行为所形成的成本、产量、价格、利润、产品质量以及在技术进步等方面的最终经济成果。评价市场绩效的好坏，主要涉及资源配置效率、企业规模效益、市场供求平衡、科技水平的提高及社会公平等因素。而评价环保产业市场绩效的最终标准是环境污染程度的降低和环境状况的好转。用这些评价因素来衡量我国的环保产业总体市场绩效，可看出我国环保产业总体市场绩效不够理想。另外，环保产品生产和“三废”综合利用构成环保产业的主体，低公害产品的生产出现了良好的发展势头，然而环保技术服务业滞后。由环保技术开发、环保技术服务、环境工程设计施工和环保产品专业营销、环保设施运营等组成的环保产业服务体系，是环保产业的技术支持系统和社会化、市场化服务体系，而我国的这个体系目前还处于起步阶段。

6.2.4 环保产业对经济发展的作用

环保产业的兴起和发展是一个全球性的社会经济现象，是世界绿色经济浪潮的大势所趋。环保产业本身就是一国经济管理体制和经济发展与增长的基本内涵之一，并构成一国经济社会健康发展和可持续发展的前提。环保产业的发展要以科技成果为基础，同时科技成果要通过环保产业来应用于环境保护的实践，环保产业是实现可持续发展必不可少的物质基础及技术保障。

按照战略产业的分类标准，环保产业属于基础产业的范畴，它有着很高的感应度。环保产业的感应度具体表现：在一方面，该产业在产业链上处于上游产业位置，为其他产业提供重要的支撑，有着较为突出的供给作用；在另一方面，其他产业的发展对环保产业有着较强的依赖性和较高的需求，即环保产业的规模、产业水平、内部结构和运行机制在一定程度上会影响甚至决定其他产业发展的速度和质量，影响整个战略产业演进中结构的合理化和高度化。环保产业对经济发展的带动作用主要表现在以下几个方面：

（1）带动非环保产业的增长　由于环保产业对经济系统广泛的渗透性，且经济部门之间固有的供求关联关系，环保产业的发展也带动着它所渗透的产业部门的发展，带动与环保产业有供求关系的产业部门的发展。这些非环保类产业，包括原材料和基础产业部门、轻工业部门、制造业部门以及各类服务业等。

（2）创造新的经济增长途径　在环保产业中，清洁技术类产业、清洁产品类产业、环境功能服务类产业，从经济增长的意义来看，与末端控制类产业的不同之处在于，这类产业不是以抵御性消费方式来促进经济增长，而是以更直接和积极的方式来促进经济增长。这三类产业将成为更有意义的新的经济增长途径。

（3）促进经济系统的技术升级和产业结构的调整　环保产业是以满足环境需求和采用环境安全技术为特征的。在经济总体成本上，高科技下的服务业的增长高于制造业；在制造业中，以污染技术为背景的夕阳产业逐步被淘汰和转移；以高科技和环境安全技术为背景的朝阳产业则受到鼓励。而在市场上，具有绿色产品特征的商品日益成为消费主流，整个经济朝着绿色经济转型。

（4）引导社会生活方式和消费方式向着可持续性方向转化　环保产业为全社会环境意识的提高创造物质条件，这种提高体现在道德伦理的层面上，又体现于物质消费的层面。它倡导一种简朴的，与自然相协调的生存方式，倡导一种适度的没有环境代价的消费方式。社会行为的绿色化逐步发展为一种自觉行为，由社会时尚发展为社会规范，由一种道德约束发展为制度约束，这是人类发展的可持续方向。发展环保产业，一方面为污染防治提供先进的技术、设备和产品，另一方面可以有效地启动市场，拉动需求，促进经济的快速发展。所以大力发展环保产业是实施可持续发展战略的一项重要措施。

随着国家大力实施可持续发展战略，人民群众的生活水平得到提升，对环境质量的要求也有所提高，对高质量环保产品的需求越来越大；加入WTO后，环保产业面临的市场竞争压力不断增大；由于环保产品紧缺而导致的追求数量扩张的劳动密集型增长方式对环保产业的进一步发展产生了制约作用。在这种情况下，对环保产业的生产要素加以重新配置，以结构调整推动环保产业向市场化、专业化、现代化转变，已成为我国环保产业发展的方向，也符合世界环保产业发展的一般规律。

6.3 环保投资

6.3.1 投资

投资是一种最常见和最基本的经济行为，投资是为了获得效益而投入资金的行为过程。在经济学中，投资用以转化实物资产或金融资产。从一般意义上来说，投资效益有四种，即经济效益、财务效益、社会效益和环境效益。经济效益是指投资项目对国民经济贡献的宏观经济效益；财务效益是指投资项目的微观经济效益；社会效益是指投资项目对社会的贡献；环境效益是指投资项目对环境质量改善的贡献。一个投资项目，可兼有四种效益，也可能有一种效益很大，其他效益很小，甚至有的效益是负效益。投资结果是获得正效益还是负效益，受到许多复杂因素共同的影响，有的因素是很难预料的，所以投资总有或大或小的风险。因此投资也可以理解为经济实体为获得预期的效益，而用资金所进行的风险性活动。

1. 投资的内容

投资一般包括投资目的、投资主体、投资手段及投资行为四方面的内容。

投资的目的就是为了获得效益。投资主体在投资前，要对各种效益（包括经济效益、财务效益、社会效益和环境效益）进行多方案的预测分析和评价，权衡其利弊得失，然后才作出决策，进行投资。所以获取效益是投资的动机和目的。

投资主体指的是具有独立决策权并对投资负有责任的经济法人或自然人。投资主体主要包括国家（中央和地方）投资主体、银行投资主体、企业（各类性质）投资主体、个人投资主体和国外投资主体等。各投资主体可独立投资，也可联合投资，构成整个国民经济中的多元化、多层次的投资结构。

投资手段指的是资金投入的方式，主要包括有形资产投资和无形资产投资。有形资产投资直接表现为资金形态，这是投资的主要方式；无形资产投资是指不能直接表现为资金形态的投资方式，如商标、专利、冠名等，无形资产的投资一般需运用价值尺度，将其转化为资金形态。

投资行为一般包括资金的筹集、资金的投入、资金的使用、资金的管理和资金的回收。这几个环节连在一起，就构成一次完整的投资过程。

2. 投资分类

（1）流动资产投资与固定资产投资

1）流动资产投资是指运用于增加流动资产，以满足生产和经营中周转需要的资金的投资，即流动资金投资。流动资金是以货币计量的流动基金和流通基金的总和。流动基金是指生产储备资金、生产资金；流通基金是指成品资金和货币资金。通常流动资产是指企业可以在一年内或者超过一年的一个营业周期内能够变现或者运用的资产，是企业资产中必不可少的组成部分。流动资产在周转过渡中，从货币形态开始，依次改变其形态，最后又回到货币形态（货币资金→储备资金→固定资金→生产资金→成品资金→货币资金），各种形态的资金与生产流通紧密相结合，周转速度快，变现能力强。

2）固定资产投资是指投入资金运用于购置或建造固定资产。固定资产是指在社会再生产中，能够在较长时间（一般为一年以上）为生产、生活等方面服务的物质资料。2008 年 1 月 1 日起实施的《企业所得税法实施条例》规定：凡是为生产产品、提供劳务、出租或者经营管理而持有的、使用时间超过 12 个月的非货币性资产，包括建筑物、房屋、机械、机器、运输工具以及其他与生产经营活动有关的器具、设备、工具等都界定为固定资产。

固定资产按其用途可以分为生产性固定资产和非生产性固定资产两大类。生产性固定资产是指物质资料生产过程中，能在较长时期发挥作用而不改变其实物形态的劳动资料，是人们用来影响和改变劳动对象的物质技术手段，如农业建设项目、工业建设项目、交通建设项目和水利建设项目等。非生产性固定资产是为非物质生产领域和人民物质文化生活服务，能在较长时期使用，而不改变其形态的物质资料，如科教文卫体建设项目、住宅和其他生活设施单位等。

固定资产的生产性和非生产性使投资分为生产性投资和非生产性投资两类。生产性投资，一般都有财务收益，追求经济效益；非生产投资一般不追求直接的经济效益，但具有良好的社会效益和环境效益。

（2）直接投资和间接投资　直接投资是指固定资产投资和流动资金投资，间接投资是指信用投资和证券投资等，间接投资以货币资金转化为金融资产，而没有实现为实物资产。

1）按投资者能否直接控制其投资资金的运用来划分，直接投资是指投资人用于开办企业、购置设备、收购和兼并其他企业等的一种投资行为，其主要特征是投资人能有效地控制各类投资资金的使用，并能实施全过程的管理。间接投资是指投资人购买金融资产的投资行为，其特点是在资本市场上投资人可以灵活地购入各种有价证券和期货期权等，并能够随时进行调整和转移，有利于避免各种风险，但投资人一般不能直接干预和有效控制其投放资金的使用状况。

2）直接投资具有实体性，它一般通过投资主体在创设独资、合资、合作等生产经营性企业得以实现。间接投资则通过投资主体购买有价证券或发放贷款等方式进行，投资者按期收取股息、利息，或通过买卖有价证券赚取差价，其投资具有虚拟性。而且，由于直接投资直接参与企业的生产经营活动，其投资回报与投资项目的生命周期、企业经营状况是密切相关的，通常周期比较长，风险也较大；间接投资则更具流动性，风险也相对要小。

3. 投资规模

投资规模是指一定时间的投资总量。一定量的资金投入，是社会经济发展、人民物质文化水平提高的必要保证和前提。如果投资不足，国民经济就会出现停滞或萎缩。社会生产的目的就难以实现。如果投资规模超出了国力所能承受的范围，就会给国民经济带来较大的冲击和动荡，给社会生产和人民生活带来严重后果。投资规模与国家经济实力、社会经济发展目标等因素有关。所以在确定投资规模时，应注意处理好几个方面的关系，即需要和可能的关系，生活、生产和建设的关系，人力、财力和物力的关系，规模与结构、效益的关系等。

4. 投资结构

投资结构是指投资总量中各个分量与总量、各个分量之间的比例关系，主要包括投资的主体结构、投资资金的来源结构和投资的使用结构等。

投资的主体结构是指不同投资主体的投资，在投资总额中所占的份额，一般是指国家投资、企业投资和个人投资的比例关系。投资资金来源结构是指不同资金来源的投资在投资总额中所占的比重，如国家投资、银行贷款、自筹资金投资、利用外资投资等。投资的使用结构是投资结构的主要内容，是指国民经济各部门、各行业及社会生产各个方面的投资比例关系，包括生产性投资与非生产性投资的比例关系，生产性投资和非生产性投资内部的各种比例关系。

从客观上来看，合理安排投资结构有利于提高投资的经济效果，有利于控制和压缩投资规模，所以有非常重要的意义。

6.3.2 环保投资

1. 环保投资的概念

环保投资是为了治理环境污染，维持生态平衡而投入资金，用以转化为实物资产或取得环境效益的行为和过程。简单地讲，环保投资就是投入环境保护的资金活动。

原国家环境保护总局在《关于监理环保投资统计调查制度的通知》［环财发（1999）64］中将环保投资定义为“社会各有关投资主体从社会积累资金和各种补偿资金、生产经营资金中，支付用于污染防治、保护和改善生态环境的资金”。环保投资概念表明，环保投资主体是政府、企业、社会团体和个人等；环保投资的对象是整个环境保护领域；环保投资的使用方向主要是用于污染防治、保护和改善生态环境；环保投资在结构上多体现为污染治理和生态防护项目、设施等固定资产投资，也应包括支付环保固定资产运转的运行成本；环保投资的目的是防治污染、保护和改善生态环境，获得经济、环境、社会的综合效益，着重强调的是环境效益和社会效益。

环保投资是国民经济和社会发展固定资产投资的重要组成部分，是表征一个国家（地区）环境保护力度的重要指标。环保投资的来源、总量、使用方向和使用效率等，在一定程度上反映了一个国家（地区）的环境状态。环保投资是实现可持续发展的物质基础，合适的环保投资对实现可持续发展有十分重要的意义。

需要进行说明的是，环保投资与环境费用是两个不同的概念。环境费用是环境污染和破坏造成的经济损失，以及使环境资源得到治理、恢复和保护所需的资金，而环保投资是计划或实际用于环境资源的治理、恢复和保护的资金。根据联合国统计委员会1993年修正的国民经济核算（SNA）体系，环境费用包括的第一部分，即生产者或消费者在提供生产或劳务的过程中为防止和消除对环境的负面影响而实际支付的环保费用，可以看作是环保投资；第二部分是生产者或消费者在提供生产和劳务的过程中所造成的资源耗减和环境降级的虚拟环境费用，这就不是环保投资的概念。从目前情况来看，世界各国的环保投资从总体上来说，均小于所需的环境费用。

2. 直接环保投资与间接环保投资

从投资的主要目的来说，环保投资分为直接环保投资与间接环保投资。在环境保护投资中，直接环保投资为直接用于生态保护、污染治理、改善环境质量的投资，如环境保护所需的工程设施、设备等环保设施的投资和运行费用是直接环保投资；对于一些投资的主要目的不是污染治理，但能发挥环境保护效用的投资为间接环保投资，如用于城市给排水、集中供热和园林绿化等具有显著环境效益的投资。

3. 环保投资的范围

环保投资的范围是指环保投资的使用方向。在我国，环保投资还没有规范统一的界定范围，世界各国对环保投资范围的确定也不完全相同。但就环保投资的基本概念来说，环保投资范围是很广泛的。环保投资范围的确定应遵循环保投资的界定原则：第一是目的原则，即凡是用于解决环境问题的投资都是环保投资，如治理环境污染、保护生态环境以及与之相关的工作和活动的投资均属于环保投资，即直接环保投资；第二是效果原则，有些经济和社会活动的投资，其主要目的是获取经济效益和社会效益，同时又可以产生显著的环境效益，如城市集中供热，在产生显著社会效益和经济效益的同时，又对城市大气污染的治理发挥了重要的作用，这类具有明显环境效果的投资也可属于环保投资，即间接环保投资。

我国的环保投资使用方向包括生态建设与防护投资、环境污染治理投资、环境管理与环境保护科学研究投资、自身建设投资。

（1）生态建设与防护投资　生态建设与防护投资主要是指自然保护区的建设，以及珍稀濒危野生动植物物种保护的投资。例如，建立各种类型的自然保护区，如森林、草原、湿地、景观、地质、热带雨林等，以及建立珍稀濒危野生动植物的繁衍基地、珍稀植物引种栽培等，也包括生态建设与防护运行成本支出。

（2）环境污染治理投资　环境污染治理投资包括城市环境基础设施建设投资、工业污染治理项目投资、建设项目“三同时”环保工程投资，也包括环境污染治理运行成本支出。环境污染治理投资的固定资产投资是我国目前环保投资统计的主要部分。

(3) 环境管理与环境保护科学研究投资　环境管理投资是用于环境法制、排污收费管理、建设项目环境影响评价、执行“三同时”管理与限期治理管理等方向的投资；环境保护科学研究投资包括污染防治和生态建设科技等方面的投资，如环境保护科研课题、科技奖励、制定颁布环境标准等。

(4) 自身建设投资　环保自身建设投资指的是各级环保系统机构建设、各级环境监察机构建设、各级环境监测系统建设、各级环境科研机构建设等方向的投资或部分相关投资。

环保投资是指与环境保护和环境建设相关的投资，不包括环境保护部门的行政经费、事业费等，也不包括水土保持、兴修水利、防治旱涝灾害等方面的投资。

4. 环境污染治理投资范围

在我国目前的环境统计工作中，环保投资统计主要是统计环境污染治理投资。环境污染治理投资主要体现为固定资产中的环保投资和环境基础设施的投资，包括工业污染治理项目投资、“三同时”项目环保工程投资、城市环境基础设施投资三个方面。

工业污染治理项目投资是指工业企业为使其排出的污染物含量或总量达标，通过技术改造或开展清洁生产等措施，用于水、大气、固体废物、噪声、辐射等污染治理和“三废”综合利用工程或设施的投资。

“三同时”项目环保工程投资是指按照“三同时”制度，即扩建、改建、新建项目和技术改造项目的环保设施要与主体工程同时设计、同时施工、同时投产，项目污染防治所需的资金。

城市环境基础设施投资是指城市建设中直接用于改善城市水、气、声环境质量和城市垃圾的处理、处置、综合利用和城市绿化的投资，以及其他相关的城市基础设施的投资。如污水处理设施、垃圾处理设施投资，以及与环境保护密切相关的设施，如城市天然气、煤气设施和集中供热设施等投资。

5. 环保投资的来源

环境保护资金渠道是为实行环境保护所需资金的来源。早在1984年，当时的国家计委、城乡建设环境保护部、财政部等7部门联合发布的《关于环境保护资金渠道的规定的通知》，规定环境保护资金的来源有八个渠道。这是我国在环境保护工作的实践中，形成了以法规、计划和其他方式的多种环保资金的来源渠道。

1）预算内基本建设投资。建设项目（包括新建、改建和扩建项目）“三同时”环保固定资产投资。建设项目防治污染所需要的投资要纳入固定资产投资计划，包括新建项目的环境影响评价费用，规定应达到投资额的6%。

2）预算内更新改造资金。老企业的污染治理要与技术改造相结合，规定从更新改造资金中，每年拿出7%用于污染治理。污染严重、治理任务重的企业，其比例要提高。

3）城市维护费中的一部分资金。要在城市维护费用中支出一部分资金，用于集中治理城市污染。主要用于结合城市基础设施建设进行的综合环境污染防治工程。

4）企事业单位缴纳的排污费。企业缴纳的排污费的一部分要用于企业治理污染源的补助资金。所缴纳排污费中的80%用于治理污染源的补助资金，其余部分由各地环保部门掌握，用于补助环境监测设备的购置、科研工作、监测工作、技术培训，以及宣传教育等用途。

5）企业“三废”综合利用的利润留成。企业开展综合利用项目所生产的产品实现的利润，可在投资后五年内不上缴，留给企业继续治理污染，开展综合利用。

6）防治水污染的专项资金。根据河流污染程度和国家财力，列入国家长期计划，有计划、有步骤地逐项进行治理。

7）环境保护部门自身建设费用。环保部门为建设监测系统、学校、科研院（所）以及治理污染的示范工程所需的基本建设投资，要列入中央和地方的环境保护投资计划。

8）环境保护部门科技攻关及科技三项费用。包括新产品试制、中间试验和重大科技项目补助费以及相关费用，由各级科委和财政部门根据需要和财政能力给予适当增加。

在上述环保投资来源的八个主要渠道中，前四项为主要渠道，约占全部环境保护资金的80%以上，主要是政府和企业在环境保护方面的投资。目前用于环境保护的资金来源的其他渠道也在不断探索、实践、丰富和完善中，如国外投资、银行贷款、社会融资等。近年来国家又新增了若干环保投融资渠道，即国债环保投资、环境保护利用外资、环境保护企业上市融资、“BOT”融资运作方式、污染治理设施的市场化运营、多种形式的环境保护基金、与环保有关的税收优惠政策、公共财政改革、信贷优惠的金融政策、试点排污权交易等。多渠道多元化的环保投融资格局，无疑有助于更多地筹集环境保护资金。

归纳起来，我国现阶段环保投资来源主要有五种，即基本建设资金、更新改造资金、城市基础建设资金、排污收费和其他环保投资。

6. 环保投资中运行成本

环保投资包括污染治理和生态保护的项目、设施、设备等固定资产投资，也应包括环保固定资产运行的成本支出。环保投资是固定资产投资的重要组成部分，环保投资兴建的环保项目、购置的环保设备作为环境污染防治与生态防护的基础设施要正常运行，发挥作用，产生预期效益，就需要基本的运行费用，就会产生运行成本。环保运行成本指用于环境保护的项目和设施在运行过程中产生的人力成本、材料成本、维护成本和管理成本等，是环保项目和设施运行过程中所投入的人力、财力和物力的总和。正确理解环保投资概念，明确环保运行成本是环保投资的组成部分，对保证环保项目设施的正常运转，完善环保投资工作是十分必要的。

（1）人力成本　环境保护工作需要投入一定的人力资源，人员素质和技术水平的高低对环保工作的质量有很大的影响。人力成本是指用于使环保项目与设施正常运行的相关工作人员的工资、培训、奖金、福利等费用的总和。

（2）材料成本　材料是环保项目与设施正常运转所必需的物质基础，材料成本是环保项目设施运行过程中所发生的材料消耗的费用，包括支付电费、水费、各项耗材等。

（3）维护成本　环保项目与设施投入使用后不可避免地会发生损耗和故障，维护成本是指用于环保项目与设施的日常检修和维护，以及构件、零件替换的费用。

（4）管理成本　环境管理活动就是要进行环境保护的计划、组织、指挥及协调，这是环保项目与设施有效运行的重要职能。管理成本是指环保项目设施的相关管理部门在进行环境管理活动中所需要的成本，包括管理决策制定、实施和监督等成本。

环保固定资产的运行成本是客观存在的，确立环保运行成本，有利于合理配置环保项目与设施的资源，建立科学的环境保护工作定额，促进环保项目设施的正常运转，提高整个环保设施系统的工作质量，取得良好环保效益。对环保运行成本进行分析，寻找降低环保运行成本的方法，是环境保护投资管理工作的重要组成部分。

7. 环保投资的特点

环保投资除具有投资的共性特点外，还有以下几个显著特点：

(1) 投资效益的综合性 环保投资除有经济效益外，更具有良好的环境效益和社会效益。例如，兴建污水处理厂带来了一定的经济效益，但其效益主要表现在环境效益和社会效益上，如排放的废水得到及时处理，水环境质量得到改善，使该区域内的所有人受益。

(2) 投资主体的多元性 环保投资主体的多元性，是由环境保护工作的广泛性和重要性决定的。我国环保投资主体有政府主体、国外投资主体、企业主体、社会与个人主体、金融组织主体等。

(3) 环境效益的滞后性 一般来说，环境效益具有一定的滞后性，即近期的投资往往产生远期的效益。而环保投资的效益主要表现为环境效益，因此环保投资的效益也具有滞后性。

(4) 投资与受益的不一致性 一般来说，环保投资直接的、近期的经济效益较低，甚至没有经济效益。但是环保投资有良好环境效益和社会效益，而环境效益和社会效益一般是由社会共享的。这样一来，投资主体带来的效益，就会被全社会共享，也就产生了投资主体和受益者的不一致性。

(5) 投资效益量化的困难性 由于环保投资的主要目的是防治环境污染和生态破坏、改善环境质量，所以环保投资的近期直接经济效益并不明显。环境保护所取得的远期经济效益和间接经济效益界定识别和影响范围的复杂性，使得经济计量的预测和计算存在很多困难，环保投资所产生的明显的、重要的环境效益和社会效益，其货币计量难度也很大。

6.4 环保融资

随着我国环境保护力度的不断加大，环保投资也呈现出快速增长的趋势，但资金供需的矛盾成为制约环保产业发展的主要问题之一，环保产业融资渠道单一已成为制约环保产业发展的主要瓶颈之一。在我国环保融资资金中，财政投资占大多数，虽然存在银行贷款、外资等辅助融资渠道，但是资金量相当有限。引导民间资本、商业银行、国外资金等多种资金，采用多样化的融资模式，形成市场化的投融资机制，是加大环保投入，解决环保产业的融资问题，建立我国环保产业的投融资新格局，对发展我国环保产业至关重要。

6.4.1 融资的概念及特点

1. 融资的概念

融资，可以理解为为项目投资而进行的一种资金筹措行为。一般来说，企业是通过项目来进行融资，所以融资常称为项目融资。环保融资主要是指环保企业或其他企业，以及其他经济体和非经济体，为建设和运营环保建设项目进行的融资，也包括为某项环保活动而通过多种方式筹措资金的行为，但通常环保融资是指环保项目融资。项目融资，作为一个金融术语，目前还没有一个公认的准确定义，但人们常进行广义与狭义两种理解。狭义的概念是指，项目融资就是通过项目来融资，也可以说是以项目的资产、收益作抵押来融资。按照国外学者的定义，项目融资就是在向一个具体的经济实体提供贷款时，贷款方首先查看该经济实体的现金流量和收益，将其视为偿还债务的资金来源，并将该经济实体的资产视为这笔贷款的担保物，若对这两点感到满意，则贷款方同意贷款。而从广义上来理解，一切为了建设一个新项目，收购一个现有项目或对已有项目进行债务重组所进行的融资活动都可以被称为项目融资。下面就通过一个例子来说明狭义的项目融资与传统贷款的区别。

假设某集团公司已经拥有 A、B 两个环保企业，为了增建环保企业 C，拟从金融市场上筹集资金，那么可采用两种方式。第一种，借来的款项用于建设新的环保企业 C，而归还贷款的款项来源于整个集团公司的收益。如果 C 建设失败了，该集团公司将原来 A、B 两个环保企业的收益作为偿债的担保。这时，我们称贷款方对该集团公司有完全追索权。第二种，借来的款项用于建设新的环保企业 C，用于偿债的资金仅限于 C 建成后经营所获得的收益。如果 C 建设失败，贷款方只能从清理环保企业 C 的资产中收回一部分贷款，此外，不能要求该集团公司从别的资金来源归还贷款，这时，我们称贷款方对该集团公司无追索权，或者在签订贷款协议时，只要求该集团公司把特定的一部分资产作为贷款担保，此时，我们称贷款方对该集团公司有有限追索权。

上述的第一种方式就是传统的贷款方式，而第二种就是项目融资。所以项目融资有时还称为无担保或者有限担保贷款，也就是说，项目融资是将归还贷款资金来源限定在特定项目的收益和资产范围之内的融资方式。项目融资与传统贷款的区别如图 6-2 所示。

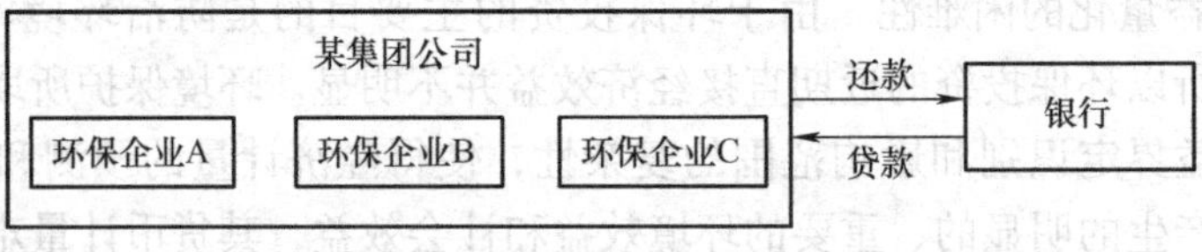

a)

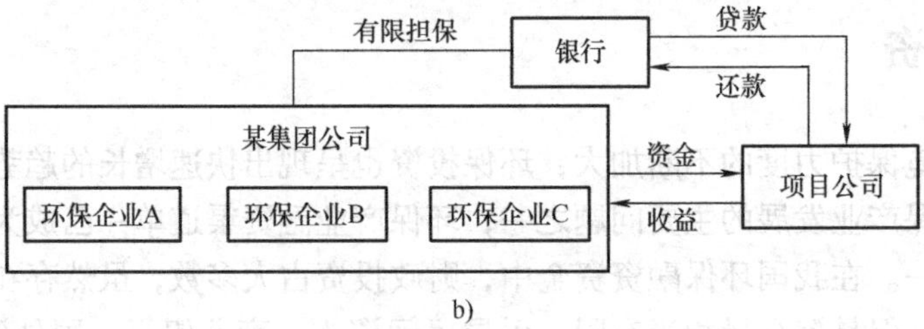

b)

图 6-2　项目融资与传统贷款的区别

a）传统贷款　b）项目融资

2. 项目融资的特点

（1）项目的导向性　资金来源主要是依赖于项目的现金流量和资产，而不是依赖于项目投资者或发起人的资信来安排融资。这样，有些投资者很难借到的资金可利用项目来实现，有些投资者很难得到的担保条件可以通过组织项目融资来实现。进一步，由于项目导向，项目融资的贷款期限可以根据项目的具体需要和项目的经济寿命期来安排设计，可以做到比一般商业贷款期限长，有的项目贷款期限可长达 20 年以上。

（2）有限追索　追索指的是在贷款人未按期偿还债务时贷款人要求借款人用以除抵押资产之外的其他资产偿还债务的权利。从某种意义上讲，贷款人对项目借款人的追索形式和程度是区分狭义项目融资还是传统形式融资的重要标志。作为有限追索性的项目融资，贷款人可以在贷款的某个特定阶段对项目借款人实施追索，或者在一个规定的范围内对项目借款人实施追索。除此之外，无论项目出现任何问题，贷款人都不能追索到项目借款人除该项目资产、现金流量以及所承担的义务之外的任何形式的资产。有限追索项目融资的特例是无追索项目融资。

（3）融资成本较高　项目融资涉及面广，结构复杂，需要做好大量有关风险分担、税收结构、资产抵押等一系列技术性工作，所需文件比传统形式融资往往要多出几倍，需要几十个甚至上百个法律文件才能解决问题。因此，与传统的融资方式比较，项目融资的主要问题是相对筹资成本较高，组织融资所需要的时间较长。

（4）风险分担　为实现项目融资的有限追索，对于与项目有关的各种风险要素，需要以某种形式在项目投资者（借款人）与项目开发有直接或间接利益关系的其他参与者和贷款人之间进行分担。一个成功的项目融资结构应该是在项目中没有任何一方单独承担起全部项目债务的风险责任。这一点就构成了项目融资的第四个特点。项目主办人通过融资，将原来应由自己承担的还债义务，部分地转移到该项目身上，也就是将原来由借款人承担的风险部分地转移给贷款人，由借贷双方共同承担项目风险。

（5）非公司负债型融资性　根据项目融资风险分担的原则，贷款人对于项目的债务追索权主要被限制在项目公司的资产和现金流量中，借款人承担的是有限责任，因而有条件使融资被安排为一种不需要进入借款人资产负债表的贷款形式，通过对投资结构和融资结构的设计，可以帮助借款人将贷款安排成为非公司的负债型融资。

（6）信用结构多样化　在项目融资中，用于支持贷款的信用结构的安排是灵活和多样化的。

6.4.2　项目融资的工作程序

第一阶段：投资决策分析。其主要包括拟投资部门和地区（技术、市场）分析、项目可行性研究、投资决策、初步确定投资结构。

对于任何一个投资项目都需要经过相当周密的投资决策分析，投资者在决定项目投资结构时需要考虑的因素有很多，其中主要包括决策程序、项目的产权形式、产品分配方式、债务责任、现金流量控制、税务结构和会计处理等方面的内容。投资结构的选择将影响到项目融资的结构和资金来源的选择，反过来，项目融资结构的设计在多数情况下也将对投资结构的安排作出调整。

第二阶段：融资决策分析。其主要包括选择项目的融资方式，决定是否采用项目融资，任命项目融资顾问，明确融资的具体任务和具体目标要求。

在这个阶段，项目投资者将决定采用何种融资方式为项目开发筹集资金。是否采用项目融资，取决于投资者对贷款资金数量上的要求、债务分担上的要求、时间上的要求，以及诸如债务会计处理等方面要求的综合评价。如果决定选择采用项目融资作为筹资手段，投资者就需要选择和任命融资顾问，开始研究和设计项目的融资结构。当项目的投资者自己也没有办法明确判断采取何种融资方式好时，投资者可以聘请融资顾问对项目的融资能力以及可能的融资方案进行分析和比较，在获得一定的信息反馈后，再作出项目的融资方案决策。

第三阶段：融资结构分析。其主要包括评价项目风险因素，评价项目的融资结构和资金结构，修正项目融资结构。

设计项目融资结构的一个重要步骤是完成对项目风险的分析和评估。对于银行和其他债权人而言，项目融资的安全性主要来自两个方面：一个是来自项目本身的经济强度；另一个是来自项目之外的各种直接或间接的担保。这些担保可以是由项目的投资者提供的，也可以是由与项目有直接或间接利益关系的其他方面提供的。因此，能否采用以及如何设计项目融资结构的关键，就是要求项目融资顾问和项目投资者一起对项目有关的风险因素进行全面的分析和判断，确定项目的债务承受能力和风险，设计出一个或者几个切实可行的融资方案。

第四阶段：融资谈判。其主要包括选择银行、发出项目融资建议书、组织贷款银团、起草融资法律文件、融资谈判。

在初步确定了项目融资方案之后，融资顾问将有选择地向商业银行或其他的一些金融机构发出参加项目融资的建议书，组织贷款银团，着手起草项目融资的有关协议。这一阶段往往会反复多次，此时，融资顾问、法律顾问和税务顾问的作用是十分重要的。强有力的融资顾问和法律顾问可以帮助加强项目投资者的谈判地位，保护投资者的利益，并在谈判陷入僵局时，及时、灵活地找出适当的变通办法，绕过难点解来决问题。

第五阶段：项目融资的执行。其主要包括签署项目融资文件、执行项目投资计划、贷款银团经理人监督并参与项目决策、项目风险的控制与管理。

在正式签署项目融资的法律文件之后，融资的组织安排工作就结束了，项目融资将进入执行阶段。在传统的融资方式中，一旦进入贷款的执行阶段，借贷双方的关系就变得相对简单明了，借款人只需要按照贷款协议的规定提款和偿还贷款的利息和本金。然而，在项目融资过程中，贷款银团通过其经理人将会经常性地监督项目的进展，根据融资文件的规定，参与部分项目的决策程序，管理和控制项目的贷款资金投入和部分现金流量。除此之外，银团经理人也会参与一部分项目生产经营决策，在项目的重大决策问题上（如新增资本支出、减产、停产和资产处理）有一定的发言权。由于项目融资的债务偿还与该项目的金融环境和市场环境密切相关，所以帮助项目投资者加强对项目风险的控制和管理，也成为银团经理人在项目正常运行阶段的一项非常重要的工作。

6.4.3 项目融资中的 BOT 方式

1. BOT 概述

BOT 即英文 Building Operate Transfer（建设—运营—移交）首字母的缩写。根据世界银行《1994 年世界发展报告》指出：BOT “是指政府给予某些公司新项目建设的特许权时，通常采用这种方式，私人合伙人或某国财团愿意自己出资，建设某项基础设施并在一定时期内经营该设施，然后将此设施移交给政府部门或其他公共机构”。也就是说，BOT 融资的基本做法是，国家选择一批效益好的工程项目，采取一系列优惠政策，鼓励国外投资者或私营部门的投资建设，然后在一定的优惠期内由投资者经营、管理建成后的项目，优惠期满后，将项目转交给国家。它是一种新型的工程项目融资和建设方式，多用于国家基础项目的建设。

BOT 方式最早出现在美国，而现代 BOT 模式的运用是 1984 年由当时的土耳其总理厄扎尔倡导的。土耳其政府运用 BOT 方式建设了土耳其火力发电站，相继又建设了土耳其机场和大型桥梁。此后，其他国家特别是发展中国家也开始采用 BOT 建设基础项目。

BOT 在我国出现于 20 世纪 80 年代，首次运用是建设广东省沙角 B 电厂，取得了很好的效益，充分体现了 BOT 方式的优越性及其在我国的可行性。由于当时我国计划经济还处于主导地位，市场经济体系正在建立，直到 1993 年，国家才开始对 BOT 投资方式进行研究，着手进行BOT项目试验，召开BOT国际研讨会议，逐步建立BOT投资专项管理制度和操作规范，并提倡采用BOT建设大型基础设施，集中运用在收费公路、大型桥梁、城市地铁、发电厂、水利设施等，以后又运用在环保设施领域。1994年由原国家经贸委主办世界银行和亚洲开发银行资助的BOT投资方式国际研讨会在北京举行，与会的国外专家和投资商分别介绍了BOT发展的成功经验和失败教训，并对我国的BOT运行提出了发展建议和对策，极大地推进了BOT方式在我国的发展和完善。经过20多年的发展，BOT模式在我国已逐步规范，相关体制逐步建立和完善，操作方式和程序逐渐正规和国际化，出现了越来越多的成功的BOT案例。

随着环境保护逐步得到重视，环保产业逐步壮大，国家对环保产业建设也给予了越来越多的关注和扶持。但由于我国环保基础设施建设严重滞后，欠账太多，虽然政府加大了投资力度，进程仍然十分缓慢。其主要原因在于缺乏资金，而政府的财力又有限。环保建设投资往往庞大，如污水处理厂等环保基础设施动辄几千万甚至数亿元，在这种情况下，越来越多的投资商开始将目光投向BOT，采用BOT方式进行融资建设城市污水处理厂、城市垃圾处理厂等环境保护项目。北京桑德集团和金源环保公司率先采用BOT承建和运营城市污水处理厂，为BOT在我国环保领域运用开创了先河，也为我国环保基础设施融资和建设开辟了新路。

2. BOT的特点

采用BOT方式建设设施，对所在国政府来说，主要有以下优点：

1）通过BOT方式，吸引国内外私人投资，可以缓解政府建设资金来源的不足，并且免去了政府借贷和还本付息的责任，减轻了政府的财政负担。

2）由于基础设施项目投资巨大，整个建设和营运过程都存在着巨大的风险，采用BOT方式可将项目的风险转移到私营机构。

3）国有大型基建项目建设超支是各国政府常常碰到的一种普遍现象。由私营机构以BOT方式承担项目运作，会比政府部门效率更高，尤其是发达国家的大公司参与项目，所在国不仅能获得先进技术、设备和管理经验，而且可以提高建设项目的设计和施工质量，还可以缩短施工期限，降低各种费用。

4）BOT方式可以吸引国内外投资者向基础设施项目投资，使之真正取得规模经济效益，实现基础产业发展的良性循环。

5）项目公司可以集中具有一定实力的国际大公司共同完成项目，这有利于缓解基础设施部门承担某些项目能力不足的矛盾。

但BOT方式也有一些不足之处，其主要表现在：BOT项目操作复杂，因此前期准备过程长，政府和项目公司投入的人力和费用比较多，项目运作的风险大，失败的概率也比较大；由项目公司全权运作，至少在特许经营期内，政府不能拥有对基础设施项目的所有权和经营权；政府部门转移过来的某些风险将在较高的融资费用中反映出来，高风险高回报将使私营机构可能得到十分丰厚的利润；项目公司的投入资本主要来源于国内外银行，而收费为所在国的货币，项目建成后会导致大量外汇流出，加重所在国外汇储备的压力。

3. BOT的运作方式程序

由于各国的国情不同各BOT项目自身的特点也不同，因此不同的BOT项目之间的实施也有较大的差距，但其基本操作大致是相似的，主要有以下几个阶段：

(1) 前期准备工作　前期准备工作包括可行性研究和项目确定两个主要工作，即在项目提出后，项目发起人（多是政府机构）应从经济、技术、整体规划及可持续发展等方面组织专家、学者及有关人员进行可行性研究，在通过可行性研究后，确定建设项目。与此同时，及时向社会发布招标通知，拟定招标申请书，准备招标材料，做好招标的各项准备工作。

(2) 招标投标　招标通知发布之后，招标单位在规定的时间内向申请单位发放招标材料，并在规定的时间内收回投标材料，同时，主管单位组织有关单位和专家对标书进行综合分析和评价。一般先对投标单位的资质进行认定，审查是否具有法人资格，总体水平是否能够达到标准，是否具有承担拟建项目的各项任务的条件；然后评定申报材料中拟行方案是否可行，技术设计是否科学，是否具备融资条件，风险因素考虑得是否周全；通过严格审核，最后确定合适的投资单位。

(3) 合同签约　政府部门在确定投资单位后，及时通知中标单位，并同投资者就工程建设质量、预期目标、经营期限、违约责任等项目各方面的条款进行协商，在双方自愿的情况下，签署特许权合同。

(4) 项目融资　由项目发起人提供项目启动股本资金，通过发行各种有价证券和股票、银行贷款、承包人带资承包、政府贷款及政府参股等多种途径筹集项目建设资金，但主要资金来源于银行贷，国内各商业银行都可以向 BOT 项目贷款。

国际银团贷款，也称辛迪加贷款，是当前国际金融市场筹集中长期资金的主要途径，具有期限较长、筹资金额巨大、成本较高的特点。国际银团成员，包括国际著名的商业银行、各种基金协会（如保险基金、互惠基金等）和各国出口信贷机构。近几年，多边机构如国际金融公司（IFC）、亚洲开发银行（ADB）等也积极参与 BOT 项目的融资。

(5) 项目建设　BOT 项目的建设由承建商与项目公司签订总承包建设合同（均采用“交钥匙工程”的方式），总承包人或为项目公司股东，或为项目公司主要成员的下属公司。在承建合同中应详细列明规定的项目价格，确定的开工、完工日期及预定的奖励及损失赔偿等。在具体实施过程中，总承包人把精力放在项目主体工程的设计、施工上，而将项目的辅助工程交付给分包人去承担，或者总承包人为免去直接指挥现场施工的繁重工作，采用包工不包料而由总承包人统一供应的方式，将施工具体工作分包给能够提供全部劳务人员并能进行人员管理的公司，与其签订施工管理合同。分包人由总承包人通过公开招标的方式来确定。

(6) 项目运营　在项目运营期间，项目公司的主要任务是实施收费管理，对项目设施进行正常的养护维修以及定期的大中修，并将收费收入按供款方的优先次序进行还债，收回股本，获得预期收益。

(7) 项目移交　特许期结束后，项目公司将项目所有权移交给当地政府。移交中也可能发生其他一些情况。特许期结束的正常移交，政府要向项目公司支付费用，这种支付不是基于项目移交时的公平价格，而是基于项目建成的技术规格。根据对项目性能的检查情况，确认项目是否恰当地维护且仍在正常工作，可以对支付的款额进行适当调整。如果在特许期内项目公司成员所获得的收入足以提供合理的产权投资利润，而项目维护得当，运作正常，那么移交时的支付是象征性的。如果在移交时，项目设施损坏比较多，则视修复费用从项目公司的履约保证金中进行扣除。

4. BOT在我国环保产业发展中的作用

（1）BOT在环保产业运用的可行性

1）我国环保产业发展的需要。国家“十一五”规划指出：必须加快转变经济增长方式。我国土地、能源、淡水、矿产资源和环境状况对经济发展已构成严重制约。要把节约资源作为基本国策，发展循环经济，保护生态环境，加快建设资源节约型、环境友好型社会，促进经济发展与资源、人口、环境相协调。推进国民经济和社会信息化，切实走新型工业化道路，坚持节约发展、清洁发展、安全发展，实现可持续发展。随着中国经济的不断发展，环保投入逐步增加。吸引内资和外资投资环保产业也成为各级政府和业内人士的共识，并得到了投资者的密切关注，采用BOT模式是我国环保产业项目融资的一个极富生命力的发展方向。

2）国家政策的支持和扶持。1994年外经贸部发布了《关于以BOT方式吸引外商投资有关问题的通知》，大力鼓励和支持大型建设项目采用BOT的方式，国家在政策和贷款方面给予尽可能的优惠和扶持。同年，国家税务总局发布的《固定资产投资方向调节税城市建设类税目注释》中明确规定：污水处理生产设施及其生产性配套工程，垃圾处理厂，堆肥、焚烧、储存设施等环保基础设施的建设均属于零税率范围。将BOT方式运用在环保领域，不仅顺应污染治理集约化、企业化、社会化和专业化发展的潮流，体现了污染物集中控制的原则，而且也同污染者支付的原则（PPP）相协调，在运用过程中，也会得到环保部门的大力支持。

3）BOT运作已有经验，市场环境逐步成熟。BOT方式虽然在我国起步较晚，但发展较快，北京、四川、广州、上海、湖北、广西、海南等地区都出现了集中供热、电厂、高速公路、污水处理等BOT项目。我国在运用BOT建设这些项目时，边实践，边总结，边完善，积累了较丰富的运作经验。国家也开始规范BOT的专门管理制度和操作程序。联合国工业发展组织专门对我国BOT投资的研究和法律框架的制定提供了技术援助。这些使得我国环保BOT项目的运行既有经验可参考，又有规范可遵从，BOT在环保产业领域的应用具有可靠扎实的基础。

4）BOT可有效吸引外资和内资。我国环保产业在短期内直接获得大量外资是相对困难的，所以，调整我国融资政策，采用新的融资方式，吸引和鼓励国外资金投资环保产业，显得尤为必要。2008年我国城乡居民人民币储蓄存款余额已达217 885亿元，吸引这些资金参与环保基础设施建设，将潜在资金转化为现实投资，弥补我国环保财政投资的不足，所以采用BOT的方式显得非常重要。

（2）BOT在我国环保产业运用的重要性

1）搞活环保产业，促进健康发展。我国的环保产业是在计划经济体制之下逐步形成和发展起来的，传统的观点认为，环境是一种公共产品，环境保护是一项造福于社会公众的事业，从而把环境保护看作是政府的职责，环保基础设施也被当作一项公益事业来经营，只讲究环境效益和社会效益，而不谈经济效益。但当环境问题日益突出，政府的投入有限时，公益事业就会落后。采用BOT方式，把环保产业作为一项经济活动，鼓励其积极参与市场竞争，承受市场机制和经济杠杆的调控，将无偿服务变为有偿服务，激活环保产业，促进环保产业的发展和完善。

2）补充资金不足，引进先进技术。采用BOT模式，将环保公用事业产业化，吸纳国外和民间资金用于建设环保公用设施，不仅不用增加债务，解决了财政不足的问题，而且BOT项目的经营者在协议期内为了提高效率，获取更多的利润，减少经营风险，总是不失时机地引进先进的技术和管理经验，按照特许权协议，在项目移交给政府后，应将这些技术毫无保留地转让给政府，以保证移交之后项目的正常运营，这样实现了资金和技术引进的相结合。

3）增强竞争意识，发展大型企业。自加入WTO以后，我国逐步实现市场全方位开放，转变思想观念，破除地方保护政策，迫使我国的企业全面面向市场，接受国际市场的挑战，参与国际竞争。我国环保产业一开始就确定了“引进、消化、吸收、普及”的八字方针，成为对外开放面最大的行业之一，在环保领域采用BOT方式，鼓励外资进入环保基础设施建设，改变国内环保产业的生存环境，参与国际竞争，将不适者淘汰，刺激环保产业迅速转换经营机制，调整产业结构，引进先进的技术和管理经验，建立现代企业制度，促进大型的具有国际水平的环保产业的产生。

(3) 应注意处理好的几个问题　在环保产业领域内运用BOT融资方式目前尚处于尝试阶段，不可避免地会遇到许多问题，如法规政策、价格问题、经营期限、争端解决等，由于环保产业的特殊性，这里特别提出以下几个问题。

1）价格问题。投资者投资环保产业，是看到环保产业市场广阔，可以产生资本增值，获得回报。利润的实现靠的是项目运营，且回报的利润不能低于银行利息，这就涉及确定价格问题。由于环保类基础设施目前还带有很大的公益性，其产品的价格受多种因素的制约，实行随行就市的市场价格还有诸多限制。这一不同于其他BOT项目的特性，使得环保产业BOT项目价格的确定显得非常复杂。当然价格问题不是孤立的，随着我国市场经济体制不断完善，价格体制改革要进一步深入，以符合市场经济的需要。

2）风险分担问题。BOT项目能否取得成功，在很大程度上取决于风险的合理分担。BOT项目多是投资大、工期长、潜在风险多的项目，很多投资者都要求政府部门对通货膨胀风险、汇率风险等风险进行承诺，以保证他们的利益不受损害。同时，有的单位还要求政府部门对台风、地震、洪水等自然灾害等也进行担保，这就产生了谈判项目多，签约项目少的现象。在以往的一些案例中，还有一些地方政府在投资者的鼓动下，以股东的身份加入项目公司，这样不仅使项目公司承担建设风险，还要承担运营风险，使得BOT运营模式和合资经营没有本质上的区别，BOT项目的优势不复存在。对于风险分担问题，我们要认真对待，仔细地调查和分析判断，按照国际通行的做法，合理分担风险，哪一方最能控制风险，就应该由该方主要承担，以降低整体风险，单方不能解决的，应当通过谈判的方式，共同承担风险，并在相关协议内明确规定。

3）适用领域的限制问题。投资商投资建设环保项目，其主要目的是为能够产生资金增值，获取利润。如投资建设城市污水处理厂，可以通过集中处理城市污水，向使用者（城市居民、企事业单位等）收取一定的处理费用。而使用者真正能从污水处理提供的服务中受益，愿意缴纳合理的服务费用，期待这种服务能够持续。而在环保领域内像这样的合理收费的项目还不多，多数的环保设施还是带有很大程度的公益性，收取的费用偏低。环保项目实施之后带给其他领域的效益，难以实现货币量化，更不容易确定其价格，进行服务收费。因此，现行的BOT项目也仅仅局限于城市污水、垃圾处理等项目，使用范围有限。这一问题的出现，不在于BOT方式本身，而在于对这类项目产生的长远效益、社会效益、间接效益的合理确定和科学计算。

【案例】

环保产业的盛宴

环境拐点的到来往往伴随着环保投资的高峰期，是环保相关建设、设备和工程施工市场最旺盛的阶段。

国务院2013年出台了《大气污染防治行动计划》。环保部日前已经明确2014年将出台土壤污染治理、水污染治理这两大领域的行动计划。由此看来，未来几年，环保投资将持续增加，环保执行力度将继续加大，环保产业将得到全方位发展。同时环保产业也存在着激烈的竞争。环保产业如何在这个大机会面前壮大自己又为调整经济结构、转变经济发展方式作出贡献呢？

环保产业的大机遇

随着环境治理力度的加大，国家提出在2015年使环保产业成为支柱产业，环保产业在国民经济中的地位已经提升，环保产业将迎来包括财税政策、资本市场准入政策在内的行业政策利好，吸引更多的资本和投资进入环境保护领域。

环保部副部长吴晓青在“两会”期间接受记者采访时表示，环保部去年底完成了对中国环保产业的调查，是继2004年之后做的第四次中国环保产业的调查。调查显示，到2012年，中国的环保产业从业单位是23万家，从业人员超过了319万。反映中国环保产业发展状况的三个主要指标：环境产品年均增加超过30%，环境服务业年均增加超过28%，资源回收利用年均增长超过14%。综合起来，中国环保产业从2004年到现在，年均增长超过了20%。

中国的环保产业之所以能有如此突飞猛进的发展，主要得益于近年来国家节能环保政策和措施的制定与落实。

目前，我国的工业化和城镇化发展处于逐渐深化的阶段，但随之而来的环境污染问题也日益突出，已经严重制约了我国经济的可持续发展。为此，十八大报告首次专章论述生态文明，首次提出“推进绿色发展、循环发展、低碳发展”和“建设美丽中国”。同时指出，必须把生态文明建设放在突出位置，融入经济建设、政治建设、文化建设、社会建设各方面和全过程，实现中华民族永续发展。在此理念的指导下，政府出台了一系列的行动纲领。

在大气污染防治方面，“十二五”是我国全面建成小康社会的关键时期，工业化、城镇化将继续快速发展，汽车保有量和煤炭消费总量持续增长，大气环境将面临前所未有的压力。国家采取严格的大气环境管理措施，将严格控制大气污染物新增量，倒逼产业结构升级和企业技术进步，从而推动大气环境质量不断改善。

脱硫、脱硝、除尘构成中国大气污染治理产业三大重要板块，其中脱硝产业规模最大，预计市场总规模近800亿元。脱硝市场仍然主要集中在火电行业，未来2~3年仍是高速发展期，预计市场规模近千亿元。除尘方面则是新建、改造并重，电力、钢铁是重点，2014年新标准实施前夕将迎来发展新潮，预计市场规模近600亿元。

在污水处理方面，预计到2020年城市污水处理率将不低于90%，我国污水处理业务市场空间广阔。“十二五”期间，污水处理市场重点仍在城市，重心将逐步移向县镇，中部地区相关市场将全部处于成长期。针对管网建设滞后、维护能力差、监测不足的现状，相关投资力度将加大。预计“十二五”期间管网投资2443亿元，占污水和再生利用设施总投资的59%。

同时，国务院提出要推动政府采购公共服务，也是环境产业转型的里程碑。只有环境服务的范围拓宽，环保产业才有可能成为支柱产业，才会真正有利于环保产业的发展。政府将公共服务的市场让给社会是环保产业向综合服务转型的标志。今后一系列支持政府更宽的公共服务的政策能够落地，包括税收、信贷政策、企业上市，更多公共服务公司能够脱颖而出，带动下游的发展，最终带动行业成为支柱。

一些专家认为中国的环境拐点尚未来临，未来各级政府对环境质量会更加重视，这意味着环保产业的发展将处于高速成长期。而环境拐点的到来往往伴随着环保投资的高峰期，是环保相关建设、设备和工程施工市场最旺盛的阶段。

环境保护制度构建将完成

环保产业的发展，离不开法律保障、政府政策、创新技术等方面的支持。2014年“两会”过后我国在环保立法等方面将有所加强，完成环境保护制度的构建。

从西方国家20世纪五六十年代的治污经验和历程看，完善的环境立法和严格的环境执法是改善生态环境的终极力量。我国环境立法势在必行。吴晓青表示，《土壤环境保护法》已经列入本届全国人大的立法计划，目前已形成初稿。这就意味着在水污染防治、大气污染防治、土壤环保等主要领域将做到有法可依。

很多专家和全国人大代表、全国政协委员建议未来要开征“环境税”，用税收杠杠来调整人们的行为。环境税并没有统一的概念，它是把环境污染和生态破坏的社会成本，内化到生产成本和市场价格中去，再通过市场机制来分配环境资源的一种经济手段。部分发达国家征收的环境税主要有二氧化硫税、水污染税、噪声税、固体废物税和垃圾税等5种。由于是针对某一类污染物排放量来征收的，“谁污染，谁付费”，原理上可以通过税率调节刺激污染企业减少排放，降低成本。

我国现行的排污收费制度的依据是《排污费征收使用管理条例》。在排污费征管上设计了类似于税收征管的制度，但是由于排污费不具备税收特有的三性，即强制性、无偿性和固定性，使得实际征收过程中举证责任倒置、征收率不足、协商收费等问题凸显。

环境“费改税”可能是环保政策未来的突破口之一。“税种”“税率”“用途管制制度”“分税制度”“征税力度”等方面的进展将对环保产业产生实际影响。

“九龙治水却无水可吃”一向是中国行政体制的痼疾。目前，我国的环保领域也是“群龙共治”：污染防治职能分散在海洋、渔政、公安、交通等部门；资源保护职能分散在矿产、林业、农业、水利等部门；综合调控管理职能分散在发改委、财政、国土等部门。正如环保部长周生贤所说，“水里和陆地的不是一个部门管，一氧化碳和二氧化碳也不是一个部门管”。

分工合理、职责明晰的管理体制是各项环保监管顺利开展的基本前提，但“群龙治水”却导致我国的环境监管职责不清、分工不当，有权有利时一拥而上，出了问题则是高高挂起，避之唯恐不及。

中国环境污染十分严重，若不问责于专司环境监管的环保部门，于法于理都说不过去，但在现行环保体制约束下，将污染问责的板子全部打在环保部身上也有欠公允。

事已至此，很多人将系统改革现有环保体制，构建“环保大部制”，结束“群龙治水”的混乱局面，视为了我们能否“共享一片蓝天”“共饮一泓清水”的关键环节。

前不久，央视报道称，“环保大部制”改革正在稳步推进，后来又有相关部门现身“辟谣”，这事儿虽然弄得国人一头雾水，但并没有影响人们对“环保大部制”的关切和诸多猜测。有人预计，环保部将要扩权。也有人猜测，中央全面深化改革领导小组下设的生态文明体制改革专项小组出面协调的可能性更大。

改革的过程中肯定要谈判，要交锋，结果如何目前尚不可知，但“实行独立而统一的环境监管”的改革方向已是确定无误。在十八届三中全会上，中共中央总书记习近平就《中共中央关于全面深化改革若干重大问题的决定》向全会作说明时已明确指出：“由一个部门负责领土范围内所有国土空间用途管制职责，对山水林田湖进行统一保护、统一修复是十分必要的。”

环保产业面临诸多挑战

对于未来环保产业市场的发展，清华大学环境学院环境产业研究中心主任傅涛表示，环境产业在今年下半年将迎来公司分化加大、并购加剧态势，主要原因是目前环保产业中的企业面临的融资条件差别很大，尤其是上市公司在融资方面具有较大的优势。

傅涛认为，新城镇化建设带动下的农村环境服务已经成为热点，不少企业也开始重视农村环境服务。此外，污泥、渗滤液、排水管网、水体修复等衍生市场行业逐渐成为市场热点。

国家政策的制定和落实对于环保产业有着至关重要的影响。目前国家对于环保产业的发展和公共基础设施的建设十分重视，也推出了诸多政策推动产业发展，但是同时也坦言，不同政府部门之间的政策还需进一步统一和明确，同时完善补贴机制，推动产业更加高效发展。

环保产业很多都是直接向政府和国有企业提供服务的产业，它的所有风险和交易结构都取决于甲方，取决于甲方的信誉、成熟度、付费意愿、资金充裕程度以及对这个产业的理解，甲方有没有足够的资金来采购，是否愿意来采购，提供什么样的标准，这是环保行业面临的一大挑战。

与此同时，国内污染治理市场次第打开，各个细分行业、新兴领域加速成型发展。在这一过程中，产业对技术、对管理水平提出更高要求，环保企业的专业竞争力和综合实力将面临考验。

业内分析人士认为，环保细分领域众多，门槛高低不一，那些确立平台型发展战略的环保企业，未来可望获得更大发展空间，资产并购或成为这些企业拓展新领域的重要手段。

环保产业发展面临另外一个重要挑战还来自于公众的非理性情绪。公众和社会对水价、水质、水污染、选址、垃圾焚烧、地沟油的关注和质疑，正在快速抬高环境服务的标准，而服务价格跟不上服务标准提高的步伐，也是当前环保产业需要解决的重要问题。

当环境保护遭遇经济发展

实际上，尽管在雾霾已经成为最炙手可热话题的当下，也有一些人对“言必及环保”的做法提出了不同意见。甚至有人以“阴谋论”来形容当下的局面——他们认为这是西方“阉割”中国这个工业巨人的工具，引导中国发起去工业化的行动，从而实现其弱化中国工业的目的。

事实上，在西方，这样的声音也一直存在：有很多人相信，气候变化不但是西方为了赢得冷战胜利的一种舆论工具，而且是由金融资本操纵的，目的是实现其在西方去工业化，从而使得金融资本能够顺利地通过控制境外产能，在资本市场交易制造巨大的人为价格差，以实现其获取暴利目的。

且不管这种声音的对错，但这种声音能够存在从某种程度上反映出一个事实，即当今世界的经济发展，与环境保护在事实上是一对矛盾体——经济发展里不卡工业，工业一定会造成污染，发达国家能获得令中国人艳羡的环境，除了与其重视环保相关，还与其不断“去工业化”的做法相关。

所以李克强总理才在今年说，中国的发展有两个前所未有的挑战，其中之一就是经济发展与环境保护之间的矛盾。

那么，当环境保护与经济发展打架时，谁应该让步呢？

关于这个问题，20世纪70年代，我们提倡“环境保护与经济发展相协调”，结果环境始终没能协调过经济发展，于是出现了GDP翻几十倍，环境质量不断恶化的情况。2005年，为强化环境保护，国务院将两者的位置交换，提倡“经济社会发展与环境保护相协调”，结果却被一些人理解为经济发展是硬道理。在这种情况下，经济发展与环境保护之间的冲突还是没有解决好。

不过，今天，形势发生了逆转，面对日益严峻的环境污染，“环境优先”原则越来越为人们接受和认可。就像总理在政府工作报告中所言，我们要像“向贫困宣战”一样“向污染宣战”。

2013年9月，为了贯彻落实国务院《大气污染防治行动计划》、国家六部委《京津冀及周边地区落实大气污染防治行动计划实施细则》，全国多个省市再一次吹响了新一轮大气污染防治攻坚战的集结号、冲锋号。

其中，任务最重、压力最大非河北省莫属。《大气污染防治行动计划》明确要求，2017年，京津冀地区的PM2.5含量要下降25%。为实现这一减排目标，河北省需要在2017年前减产6000万t钢铁。有人算了一笔账，河北省仅完成这一项压减任务，就涉及60多万直接间接就业人员的安置问题，每年需支付社保资金200亿元，影响直接间接税收500多亿元。

河北省委书记周本顺坦言：“治理大气污染和生态环境，确实需要我们承受伤筋动骨的痛苦。”

公开资料显示，自去年9月份以来，河北省规模以上工业企业停产数量逐月增加，9月926家，10月947家，11月1015家，12月1142家，总数接近全部规模以上工业企业10%；如按行业划分，全省40个行业大类中，停产企业涉及了35个行业，有7行业超过15%，4行业超过20%，停产行业集中在水泥、钢铁、玻璃、电镀、化工等，治理重点地区则包括石家庄、唐山、邯郸、邢台、廊坊等市。

2014年河北省的任务更重，仅淘汰落后产能方面，今年就要淘汰、压减1500万t粗钢、1000万t水泥和1800万重量箱平板玻璃，多数指标都较去年实际完成情况“更高、更重、更难”。

并且，污染治理，需要承受伤筋动骨痛苦的不只是政府，更多的是深陷其中的众多中小企业。据本刊记者2月中下旬在河北省实地采访了解，很多中小企业的日子可谓是“水深火热”，其中除了正常治污应付出的代价外，更多的来自治污行动中的措施不当。

“治污行动，我们县里去年 9 月就开始了，不论污染不污染，所有的企业都停了。如今，半年时间都过去了，还没让开工。就这么干耗着，也不是回事儿啊！”

“四五天前，乡里给了通知，让我们从马路边退后 50m，今天又打电话说不用退后 50m，改为退后 40m，再修道墙隔出个绿化带来。这政策一天三变，到底想让我们怎么做啊？”

“我们砖窑去年按县里要求，花了 40 多万进行了烟气治理改造，但还没开工又说必须搬走。能不能给句痛快话，到底还让不让干了？”

……

污染治理任务重，壮士断腕、破釜沉舟的决心和勇气值得称赞，但敢于宣战，更要“善战”。

——资料来源：《小康·财智》2014 年 03 月 18 日

思考与练习

1. 名词解释：产业、环保产业、节能减排、环保产业的聚合质量、投资、环保投资、融资、BOT。
2. 简述环保产业的分类。
3. 简述环保产业的特点。
4. 试述目前我国环保产业存在的问题。
5. 谈谈我国环保产业的发展趋势。
6. 如何进行环保产业的结构分析？
7. 我国的环保投资的使用方向主要有哪些？
8. 环保投资有什么特点？其主要有哪些来源？
9. 环保投资中的运行成本主要包含哪些方面？
10. 简述项目融资与传统贷款的区别。
11. 论述 BOT 的特点和运作方式。

7

第7章

环境费用与效益

本章摘要

环境费用效益分析，是费用效益分析理论与环境科学结合的产物，是全面评价某项活动综合效益的一种方法。20世纪50年代以来，环境费用效益分析方法在水资源和大气污染的控制以及自然资源的保护等领域得到了日益广泛的应用。其基本思路是，在分析某项活动的经济效益、环境效益的基础上，通过一定的技术手段，将环境效益转换成经济效益（环境效益的货币化），然后将环境效益和经济效益相加，所求得的就是综合经济效益。本章将对环境费用与效益的相关概念及理论进行阐述。

7.1 环境费用与效益概述

7.1.1 费用效益分析概述

1. 费用效益分析的概念

费用效益分析（Cost Benefit Analysis）简称费效分析（CB分析），它是一项活动所投入的资金或所需要的费用，与其所能产生的效益进行对比分析的方法，是一门实用性很强的技术，费用效益分析也称费用和效益分析、成本收益分析等。在建设项目经济分析评价中费效分析主要是对公共工程项目建成后，社会所得到的效益与所产生的费用进行评价的一种经济分析方法。

费用效益分析主要运用经济学、数学和系统科学等方面的理论，按照一定的程序和准则，对工程项目、建设规划、社会计划等将会给社会带来的费用与效益进行分析，为决策的作出或进一步改进提供科学依据。在经济学中，费用效益分析是现代福利经济学的一种应用，其目的在于改善资源分配的经济效益。

2. 费用效益分析的产生和发展

费效分析的思想雏形和一些做法在17世纪就反映出来了。早在1667年，英国的威廉·佩蒂爵士（ Sir William Petty）在伦敦发现，用于防治瘟疫的公共卫生费用，用今天的话来说，取得了1：84的费用—效益率。费用效益分析方法的思想产生于19世纪，1844年法国工程师迪皮（ Jules Dupuit）发表了《公共工程效用的评价》，提出一个公共工程全社会所得的总效益是一个公共项目的净生产量乘以相应市场价格所得的社会效益的下限与消费者剩余之和。这个总效益就是一个公共项目的评价标准。这种思想逐渐发展成为社会净效益的概念，其中一些主要思想后来发展成为费用效益分析的基础。

在美国，费用效益分析在1902年的《河流与港口法》《联邦开垦法案》以及1936年的《洪水治理法》通过后便取得了法定地位。这些法律的条文规定：各项工程必须通过费用与效益（无论是谁受益）的比较加以论证。1936年，美国把费用效益分析方法应用于田纳西河流域工程规划。在20世纪中期，费用效益分析的基本理论和方法初步形成，被用于政策制定、项目评价、绩效评估等领域。1950年，在美国联邦河流流域委员会发表的《内河流域项目经济分析的实用方法》中，第一次把两个平行独立发展起来的学科，即实用项目分析与福利经济学联系起来，更鲜明地显示了费用效益分析服务于公共福利评价的特点。同时福利经济学充实和完善了费用效益分析理论，并成为现代费用效益分析理论的基础之一。较为完整的费用效益分析的应用则是在1965年由美国工兵部队初步应用于水资源工程的前景评价上。在1973年，美国颁布了《水和土地资源规划原则和标准》的文件，把费用效益分析的重点放在国民经济发展、环境质量、区域发展和社会福利四个方面的正负效果的评价上。1970年，在英国伦敦第三机场的场地选择中，也进行了大规模的费用效益分析，它几乎对所有的费用和效益都进行了量化分析，甚至包括旅客到机场的时间和噪声危害等。当时的分析评价就曾指出，有20所学校和一所医院将暴露在高噪声中而关闭。即使这样，伦敦第三机场的选址经过了多年的迟疑不决和政策变化难以决策，主要原因之一是随着时间的推移，对环境的影响这一问题变得越来越重要。费用效益分析已成为许多国家普遍使用的评估工具，特别是在公共项目评价中得到广泛的应用。费用效益分析也常被用于由世界银行、联合国或其他国际组织正式资助的某些项目的例行评估。

美国的哈曼德（Hammond）是第一个将费用效益分析的原理和方法应用于污染控制的经济学家，他在1958年出版的《水污染控制的费用效益分析》一书中，分析了水污染控制的费用与效益评估技术原理，在水和空气污染控制的环境质量管理中得到了应用。自从公害事件屡屡发生以后，20世纪70年代一些经济学家开始将费用效益分析应用于环境污染控制的决策分析中，对环境质量变化的危害和效益进行评价。美国卡特政府曾经规定所有对环境有影响的项目，在环境影响评价中，必须进行费用效益分析。日本、英国、加拿大等国，也广泛开展了环境领域费用效益分析的研究与应用。20世纪70年代以后，费用效益分析在环境影响评价中被广泛采用。现在费用效益分析已成为环境经济定量分析研究的一种基本方法。

20世纪80年代以来，我国在环境费用效益分析的理论和实践方面有了相当大的发展，在方法和应用上都做了不少的研究工作，不但在宏观区域性的研究中应用环境费用效益分析方法，在具体的生产单位的经济分析以及建设项目的环境影响评价中也较为广泛地运用了这种方法。特别是在1980年美国东西方中心环境与政策所邀请中国参加为亚太地区编制环境经济评价指南，这对我国后来费用效益分析的发展起到了很大的推动作用。自1984年开始，历时4年完成的《公元2000年中国环境预测与对策研究》中，首次对我国环境污染造成的经济损失进行了系统的计算和分析，同时为以后的研究提供了基础。2006年国家环境保护总局和国家统计局完成了《中国绿色国民经济核算研究报告2004年》，计算环境价值量采用了污染损失法和治理成本法两种方法。

总体来说，由于环境费用效益分析涉及面广泛，需要的信息量大，特别是在基础科研方面要求有较多的支持，所以在环境费用效益分析的研究和应用上还存在不少问题。最主要的问题是环境问题的复杂性以及对环境产生的效益和损失的经济计量的复杂性，这些都需要在理论和方法上进行进一步的完善。

3. 费用效益分析的对象

费用效益分析的研究对象是全社会，即人类活动对全社会的经济影响分析。但从费用效益分析的产生过程来看，起初是为了评价公共工程项目而提出来的。公共工程项目不同于一般生产性工程项目，它不是以项目的自身盈利为主要目的，而是通过为社会提供服务使社会增加收益和效益的项目。所以费用效益分析在其发展过程中，在文教卫生、交通水利、城市建设等方面的投资决策中，得到了广泛应用。费用效益分析在环境保护方面的应用也不断加强，取得了一定的成果。所以在建设项目中，费用效益分析主要用于对公共工程等非生产性建设项目投资的评价。公共工程项目主要包括以下几个方面的项目：

1）科教文卫发展方面的项目，如文化教育设施（博物馆、学校、图书馆）、娱乐体育设施（公园、运动场）及卫生医疗机构等。

2）经济服务方面的项目，如公路、铁路、港口、机场、水利工程、电站等方面的项目。

3）自然资源和环境保护方面的项目，如水资源保护，污染控制，森林、草原、湿地保护等方面的项目。

4）防护方面的项目，如防洪、防火、人防等方面的项目。

7.1.2 费用效益分析有关概念

1. 费用

费用指的是人类为达到某一目的而进行活动需要的支出。费用是价值的货币体现，费用包括直接费用和间接费用。直接费用指的是建设活动需要的投资，包括建设投资和运转费、经营费等。这里指的建设活动包括环境保护设施、公共事业设施等。直接费用也称为内部费用。间接费用也称为外部费用，间接费用包括两种概念的费用：一是相对于间接效益的费用，如对一水域进行污染治理，使得该水域的渔业得到了恢复并有更大的发展，因渔业的发展而建立了一些渔产品加工厂，进行水产品的加工，建设和运转这些加工厂的费用就是对该水域进行污染治理的间接费用，如图7-1所示；二是建设活动对社会、环境造成的损失，如项目对环境造成的污染和破坏等，这种损失可以看作费用，也可以看作项目的负效益。

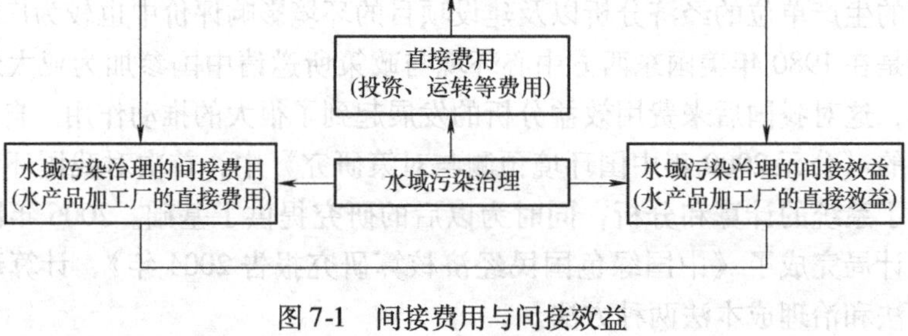

图7-1 间接费用与间接效益

2. 效益

效益指的是人类活动所产生的影响，从而在某一方面带来的效果或贡献。效益的表现方式有很多，如正效益和负效益、直接效益和间接效益、量化效益和非量化效益等。

（1）正效益和负效益　正效益指的是人类活动通过对资源的利用，给人们提供生产资料、生存条件、消费资料和精神资料等功能，从而带给人们物质和精神的条件和享受。负效益指的是人类活动所产生的损失。如环境负效益指的是环境被污染和破坏后产生的各种损失。在环境费用效益分析中，各种损失均应在一定程度上转化为经济损失来进行分析。环境污染和破坏产生的经济损失可以分为直接经济损失和间接经济损失。

直接经济损失指的是由于环境污染和破坏直接对产品或物品的量和质引起下降而产生的经济损失。如大气中SO_2超过一定含量，使农作物产量减少、质量下降而造成的经济损失。直接经济损失可以用市场价格来计量和分析。

间接经济损失指的是由于环境污染和破坏使得环境功能损害，影响了其他生产和消费系统而造成的经济损失。如固体废物堆放，由于雨水淋溶引起地下水污染而间接造成水源污染，从而导致生产、生活用水水处理费用增加；又如森林、草原退化，其固土能力、涵养水分能力、调节气候的功能等受到影响，从而在经济方面产生的损失等。间接经济损失一般可寻求它的机会成本、影子价格或影子工程费用，间接地进行计算。

（2）直接效益和间接效益　效益包括直接效益和间接效益，也称为内部效益和外部效益。所谓直接效益指的是建设活动本身所产生的效益；间接效益指的是由于建设活动而带来的效益。例如，对污染的河流、湖泊进行治理，直接效益是治理的水体可进行灌溉和养殖，使农业收入增长和渔业收入增长；而由于农业产品和渔业产品的增加而建立了农渔产品加工厂，这样一来，产品加工厂的净收入则是对河流、湖泊进行污染治理的间接效益。

（3）量化效益和非量化效益　效益的确定比较复杂，效益的量化更复杂。根据效益是否可以货币量化，效益分为量化效益和非量化效益。量化效益指的是那些可以使用或参考市场价格，用货币进行估值的效益，如对污染的河流进行治理，使得治理后的水体可用来进行灌溉和养殖的效益是可以货币量化的。非量化效益也称为无形效益，指的是那些不能或难以用货币衡量的效益。如经过治理消除了噪声干扰而产生的效益，环境空气改善使人们健康水平提高，以及绿化、美化环境产生的效益等，这些效益很难用货币来量化分析。

实施费用效益分析最关键，也是最困难的是如何用货币的形式衡量建设项目和人的活动的环境效益和社会效益（包括正效益和负效益）。对于难以直接用货币量化的效益，应当尽可能采取技术措施间接货币量化，当然这样量化的货币值的准确性和有效性受到了很大的限制。

对于不可量化的无形效益，也可以通过其相关物理量指标的计算分析、综合评价等方法进行分析评价。

（4）环境保护措施的效益　人类为了改善和恢复环境的功能或防止环境恶化采取了各种各样的措施，来减少环境破坏和污染产生的经济损失，这个效益是环境保护措施的效益。环境保护措施效益反映出环境改善带来的主要物料流失的减少、资源和能源利用率的提升、废物综合利用的提高等效益，也反映在环境污染和破坏造成的经济损失的减少等方面。需要说明的是，环境保护措施中的环境保护设施，在其建设和运行当中会带来新的污染，这种污染造成的损失是环境保护设施的负效益。在费用效益分析中不能忽略新的损失。

3. 费用效益分析基本表达式

费用效益分析的基本表达式（主要评价指标）有两种：一是费用效益比（Cost Benefit Ratio），二是净效益（Net Benefit）。

（1）费用效益比　费用效益比简称费效比，一般表达式如下

$$[C/B]=\frac{C}{B-D} \tag{7-1}$$

式中　$[C/B]$——费效比；

C——费用；

B——正效益；

D——负效益。

使用费效比的评价法则为：$[C/B]\leqslant 1$，项目可接受；$[C/B]>1$，项目不可接受。费效比的特点是表示出单位效益所需要付出的费用，是一个很有意义的评价指标。

费效比［C/B］也可以有其他表达方式，如式（7-2）所示。这种费效比是将负效益 D 作为损失，与费用 C 同看作损失或支出，这种费效比也称为损失—增益费效比，其评价法则同上。

$$[C/B]=\frac{C+D}{B} \tag{7-2}$$

（2）净效益　净效益［$B-C$］的一般表达式如下。

$$[B-C]=(B-D)-C \tag{7-3}$$

使用净效益的评价法则为：若$[B-C]\geqslant 0$，项目可接受；若$[B-C]<0$，项目应放弃。净效益的特点是直接表示出损益状况，概念清晰明了，便于作出决策。

7.1.3　环境费用效益分析概述

1. 环境价值量核算

环境价值量核算从损失的角度来说，是在实物量核算的基础上，估算各种环境污染和环境破坏造成损失的货币价值。从一个方面来说，环境价值量核算包括环境污染价值量核算和环境破坏价值量核算。环境污染核算的内容主要包括大气污染价值量核算、水污染价值量核算、工业固体废物污染价值量核算、城市生活垃圾污染价值量核算和污染事故经济损失核算等。

计算环境价值量的两种基本方法是污染损失法和治理成本法，环境污染价值量核算包括环境退化成本核算和污染物虚拟治理成本核算。环境退化成本核算一般采用污染损失法，污染物治理成本核算一般采用治理成本法。

（1）污染损失法　污染损失法指的是基于损害的环境价值评估方法。通过污染损失法核算的环境退化价值称为环境退化成本，也称为污染损失成本。环境退化成本指的是在目前治理水平下，生产和消费过程中所排放的污染物对人体健康、环境功能、作物产量等造成的各种损害的货币体现。

污染损失法借助一定的技术手段和污染损失调查，计算环境污染所带来的各种损害，如环境污染对人体健康、农产品产量、生态服务功能等的影响，采用一定的估价技术，进行污染经济损失评估。污染损失法的特点是具有合理性，能体现污染造成的环境退化成本，从而

体现出环境污染的危害性。

(2) 治理成本法 治理成本法指的是基于成本的环境价值评估方法。治理成本法是从防护的角度，计算为避免环境污染所支付的成本。治理成本法核算治理成本的思路很清晰，即如果所有污染物都得到了治理，则环境退化不会发生，因此，已经发生的环境退化的经济价值应为治理所有污染物所需的成本。治理成本法的核算基础是以污染实物量作为基础，乘以单位污染物的治理成本。治理成本法核算的环境价值包括环境污染实际治理成本和环境污染虚拟治理成本。

污染实际治理成本指的是目前已经发生的治理成本，总体是实际支出的环境污染治理的运行成本。污染实际治理成本包括污染治理过程中的材料药剂费、人工费、固定资产折旧、电费等运行费用等。污染虚拟治理成本指的是目前排放到环境中的污染物按照现行的治理技术和水平全部治理所需要的支出，不是实际支付的费用，虚拟治理成本的核算是以实际治理成本和污染实物量为基础进行的。实际的治理成本对应的是污染物的去除量和排放达标量，而虚拟治理成本对应的是污染物的未处理量和处理未达标量，由实际治理成本和虚拟治理成本这两部分构成的总体，这里称之为治理环境所需总成本。2004 年，全国的废气实际治理成本为478.2 亿元，废气虚拟治理成本为 922.3 亿元，治理环境所需总成本达到 1 400.5 亿元。

治理成本法的特点在于其价值核算过程简洁，而且容易理解，核算基础具有客观性，因此更容易为环保部门和统计部门所使用。

2. 环境费用效益分析的条件

环境费用效益分析是费用效益分析的基本原理和方法在环境经济分析中的应用。把费用效益分析应用于环境经济分析，不但是对费用效益分析在应用方面的发展，也是对环境经济分析方法的重要完善。

在人类对其自身的建设活动进行经济效益评价时，不能不考虑对环境的影响，不能不计算环境效益（包括正效益和负效益）的经济量。只有对经济效益、环境效益和社会效益进行综合分析，才能对一项活动作出科学合理的评价。环境费用效益分析是根据实际的环境状况，搜集有关数据，计算环境污染或破坏引起的实物型损失，再对实物型损失进行货币量化的一种方法。环境费用效益分析可以从国家、地区及企业的角度对环境的效益、费用进行分析。

由于环境、环境资源、环境问题、环境经济的复杂性、多样性和特殊性，使得进行环境费用效益分析要适应这种复杂性、多样性和特殊性。同时，由于环境费用效益分析是费用效益分析的具体应用，所以进行环境费用效益分析必须具备费用效益分析的基本要求。

(1) 能找出环境资源和质量变化的效益和损失 环境资源的生产性和消费性决定了环境资源是生产过程和消费过程中不可或缺的要素，环境资源和质量的变化必然影响生产活动和消费活动的有效性，使生产活动的成本和利润发生变化，使消费活动的数量和质量受到影响。所以对人类某项活动进行费用效益分析时，首先是从中找出环境资源和质量变化的效益和损失。

(2) 能找出货币化计量环境效益和损失的途径 环境资源和环境质量一般没有直接的市场价格，但是环境资源的生产性和消费性都与人们的经济活动有着密切联系，这就给环境资源和环境质量的变化提供了货币化计量的途径。但是在具体货币计量方法上，还存在着相当程度的主观性，这也是环境费用效益分析中需要重点研究的问题之一。

（3）能进行环境资源的替代　环境资源的替代是环境费用效益分析中一个间接量化的思路和方法。如消费性的环境资源的变化必然引起这类消费品的价值变化，这种影响程度正是消费性环境资源变化的价值计量，环境资源的替代可以用人工环境来代替自然环境资源，如用人造公园代替自然公园供人们休息、游览，而人工环境的价值是可以货币来计量的。某些生产性环境资源也可以进行合理替代，包括同类生产性环境资源和相近生产性环境资源。在环境费用效益分析中，可以利用替代的思想和方法进行货币计量。

（4）环境费用效益分析的具体方法针对性要强　由于环境资源和其功能的多样性，使环境费用效益分析的方法种类很多，这也要求在进行环境费用效益分析时，要有针对性强的具体分析方法。但目前不少方法还不成熟，需要深入研究，不断改进和完善。

3. 环境费用效益分析程序

环境费用效益分析的一般程序如图7-2所示，可划分为六个工作步骤。

（1）明确方向　费用效益分析的主要任务是分析所要解决某一环境问题各方案的费用和效益，通过比较，从中选出净效益最大的方案为决策提供依据。因此在环境费用效益分析中，首先要清楚分析的对象，分析问题所涉及的范围、地域及时间跨度等。例如，某地区拟建一建设项目，在它的建设和建成使用过程中会对附近环境产生不良影响，而且主要是大气和水体，所以进行环境费用效益分析的时候，重点是对该建设项目大气和水体所产生的污染进行费用效益分析。而且要分别对该建设项目在建设期和投入使用期分别进行分析，并要考虑大气和水体的影响范围等。

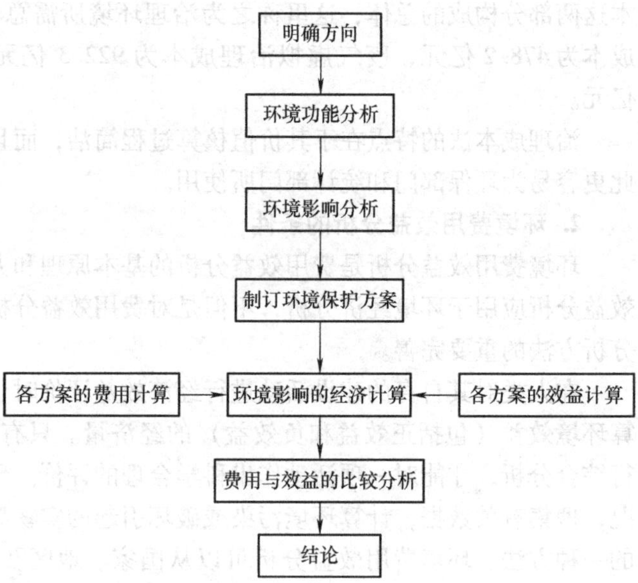

图7-2　环境费用效益分析的一般程序

（2）环境功能分析　环境功能指的是环境通过自身的结构和特征而发挥的有利作用。环境问题带来的经济损失，是由于环境的功能遭到破坏，反过来影响人类活动和人体健康。环境的功能是多方面的，环境问题带来的损失也是多方面的。因此，要计算环境问题产生的经济损失，首先要弄清楚被研究的环境与资源对象的功能是什么。例如，森林的功能有涵蓄水分、固结土壤、调节气候、保护动植物资源、提供木材和林业产品等；河流的功能有发展渔业、灌溉田地、航运、水源（生产和生活）、防洪、观赏和娱乐等。环境功能的大小强弱是因地而异的，需要实地测量，进行分析评价。例如，据统计，正常草原的载畜能力为1.05头羊/hm^2。

（3）环境影响分析　进行环境影响分析，首先需要调查分析（研究对象）不同时期的环境质量状况，然后要分析确定研究对象对环境质量所能产生的影响及程度。环境被破坏或污染了，环境功能就受到了损害，环境质量就受到影响。对环境影响分析的关键是确定环境污染和破坏与环境功能受到的相应损害之间存在的定量关系，这种关系称为剂量-反应关系（Dose-Response Relationship）。

环境污染物对人体及其他生物危害的程度，主要取决于污染物进入的剂量。机体反应强弱和环境污染物量的大小密切相关。人们通常交替运用效应和反应来说明个体或群体对一定剂量的有害物质的反应。引起个体生物学的变化称为效应，引起群体的变化称为反应。环境污染物进入机体的剂量，一般用机体的吸收量来表示，单位常用毫克数来表示。污染物对机体所起的作用主要取决于机体对污染物的吸收量。

多数的剂量-反应关系曲线呈现出S形，当剂量开始增加时，反应变化不明显，随着剂量的继续增加，反应趋于明显，到一定程度后，反应变化又不明显。也有一些剂量-反应关系表现为直线或抛物线。具有明显剂量-反应关系的污染物，易于定量评定它们的危害性。对机体产生不良或有害生物学变化的最小剂量称为阈剂量或阈值。低于阈剂量，没有观察到对机体产生不良效应的最大剂量称为无作用剂量。阈剂量或无作用剂量是制定卫生标准和环境质量标准的主要依据，阈剂量的研究，可为标准的制定提供科学依据。

剂量-反应关系通常可以利用科学实验或调查统计分析得到。例如，通过进行污染地区与未污染地区或本地区污染前后比较分析，表明大气中SO_2含量大于0.06mg/m^{3}时对农作物有减产影响，其剂量-反应关系见表7-1。

表7-1 SO_2含量对农作物减产的影响

农作物类型	减产幅度/%	SO_2含量/(mg/m^3)
抗性农作物（水稻）	5.0	0.09~0.16
	10~15	0.16~0.19
	20~25	0.20~0.32
中等抗性农作物（大麦、小麦等）	5.0	0.07~0.10
	10~15	0.08~0.17
	20~25	0.19~0.28
敏感农作物（芋类、蔬菜等）	5.0	0.03~0.05
	10~15	0.057~0.50
	20~25	0.12~0.16

另外，根据分析，农作物减产系数也可参考以下数据：当SO_2含量大于0.06mg/m^{3}时，农作物减产情况如下：蔬菜，减产15%；粮食，重度污染减产15%，中度污染减产10%，轻度减产5%，平均减产10%；果树，减产15%；桑蚕叶，减产5%。

我国关于剂量-反应关系还缺乏比较完整的资料，所以还需要大力开展这方面的研究工作，特别是一些重要剂量的反应关系；否则，环境费用效益分析就缺乏必要的科学依据。

（4）制订环境保护方案　根据环境污染和破坏的程度，以及环境质量受影响的程度等，制订拟采取环境保护措施的方案。环保方案改善环境功能的效益主要取决于环保方案改善环境的程度。例如，一个降噪方案可以使声环境质量得到改善，降低噪声25dB，而另一方案可降低20dB，显然第一个方案的效果要好于第二方案，这是方案对比的一个主要依据；同时，环保方案的制订还要考虑成本费用等因素。所以环境保护方案要制订出可行的多个方案，通过比较、分析、评价，选择最优方案。

（5）确定费用与效益　确定费用首先要确定环境损害在经济方面受到的损失，也就是要计算出环境污染和破坏的货币损失值，这是环境费用效益分析中十分困难但又是核心的工作。要根据具体环境损害的状况，选择合适的、针对性强的计算模型和方法，环境污染经济损失分析估算程序见下面说明。至于将环境损害的经济损失计入费用，还是负效益，应根据具体要求和情况而定。其次，要计算环境保护方案的费用，主要包括投资和运行费用，费用的计算相对容易，而且具有较高的准确性，在具体计算中，要按有关规定和要求进行。再次要计算环境保护方案的效益。根据方案可以改善环境质量的程度和由此使环境功能改善的状况，计算各种方案对环境改善的效益，这种效益也要货币量化。除此之外，还要计算采用某种环保方案可能引起的新污染而产生的经济损失，并纳入环境费用效益分析当中。

（6）费用与效益的比较分析　把计算确定出来的效益和费用，根据各自形成的具体时间，考虑资金的时间价值，统一折算成现值进行分析，计算出评价指标，如净效益或费用效益比，再根据评价标准进行分析，最后选择最优的环保方案，或根据不同的目的进行评价。

4. 环境污染经济损失分析步骤

（1）环境污染经济损失分析估算基本步骤　如图7-3所示，在环境污染经济损失估算过程中，首先要明确所进行污染经济损失分析的对象，据此确定计算范围。一般是对水、大气、固体废弃物、噪声等污染造成的损失进行分析，其超标部分作为计算范围。目前环境污染经济损失的计算范围还仅限于可以量化计算部分。同时，确定计算范围还包括时间基准，即环境污染经济损失计量以什么时间段为估算基准。确定计算范围也要包括区域界限，即确定环境污染主要范围和需考虑的波及范围。

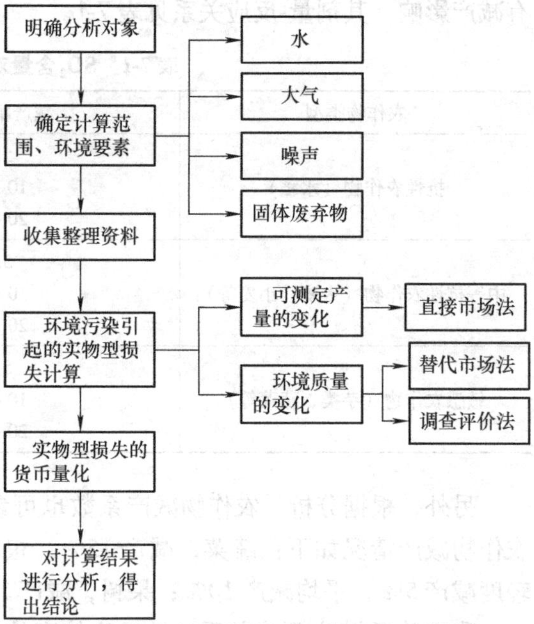

图7-3　环境污染经济损失分析估算的一般步骤

其次，收集整理相关资料是环境污染经济损失计算的基础。环境污染使得区域环境质量不断发生变化，由于这些变化的数据基本上是在有关部门进行监测后以统计资料的形式存在，所以收集这些资料是分析工作的前提。

再次，对实物型损失进行货币量化，这是环境污染经济损失计算的核心内容。一般是根据剂量-反应关系来确定环境质量变化造成的影响。在实际工作中也多采用对污染地区与对照区（相对清洁区）或本区域污染前后进行比较的方法确定环境质量变化造成的影响。在具体货币量化的方法上，要根据具体情况采用适合的环境经济费用分析方法，比如应用直接市场法、替代市场法、调查评价法等进行分析估算。

最后，应对计算结果进行分析，对部分结果进行合理的修正，对一些难以进行货币量化的因素予以说明，给出结论。

（2）环境经济损失计算的理论步骤　由图7-3可以看出，环境污染经济损失计算包括两个主要的估算过程，一是由环境状态计算实物型损失，二是将实物型损失货币量化。以下分别从理论上对这两方面予以说明：

1）由环境状态计算实物型损失。环境污染状况，可以用反映环境质量的污染物含量来表示。因此，计算由环境污染引起的实物型损失，关键是建立环境污染状况（污染物含量）与各种实物型损失之间的函数关系。由于每种环境污染的影响是不确定的，可能只产生一种影响，也可能产生多方面的影响，有的影响还可能产生相互作用，注意分清这些影响的关系，有利于函数关系式建立的合理性。环境污染状况与各种实物型损失之间的函数关系可用下式表达

$$F_{ij}=f(D_i,S_i,T_j,P_{ij}) \tag{7-4}$$

式中　F_{ij}——第 i 类环境污染引起的第 j 类实物的损失；

D_i——第 i 类环境污染状态的量值；

S_i——第 i 类环境标准；

T_j——第 j 类实物状态；

P_{ij}——第 i 类环境污染引起的第 j 类实物损失的计量参数。

其中，D_i、S_i、T_j都是已知量，P_{ij}是未知量，这一参数的确定是构造实物型损失函数的关键。P_{ij}的量值主要取决于以下三个因素：第一，P_{ij}取决于各环境污染状态量影响的可分离性，如大气污染和水污染都可以造成人体呼吸系统疾病发病率和死亡率的增加，但这两种污染对人体健康造成的影响是可分离的；第二，P_{ij}取决于上述被分离出来的特定环境污染状态量影响的可测性，可测性越明显，则 P_{ij}越容易确定；第三，P_{ij}取决于由所测数据经过统计处理所构造的实物型损失函数的类型，显然，以线性函数、指数函数、幂指数函数等表达的实物型损失，其各自 P_{ij}的意义和量值是不一样的。

为了构造表征环境污染的实物型损失函数，必须经由三个步骤：将这一环境污染状态量的实物型影响分离出来；使这一影响具有相当乃至充分的可测性；对可测性数据进行合理恰当的统计学处理。由此可以看出，P_{ij}这一参数的确定，是环境污染经济损失计算的关键所在，同时也是一个难点。

2）实物型损失货币化的计算。实物型损失是多方面的，这些损失的价值类型也各不相同。有的属于选择价值，有的属于存在价值，它们各自的货币化途径也不同。实物型损失货币化可用下式来表示

$$M_{jk}=g(F_j,q_{jk}) \tag{7-5}$$

式中　M_{jk}——第 j 类实物损失所体现的第 k 类价值；

F_j——第 j 类实物损失；

q_{jk}——第 j 类实物的第 k 类价值的价格。

由式（7-5）可见，q_{jk}的确定是建立货币化函数的核心，这也是造成环境污染经济损失计算困难的另一个原因。在环境费用效益分析中，直接价值损失可以用市场价格来计算，间接价值损失可以用影子价格或替代价格来计算，选择价值和存在价值可由调查评价法得到的意愿型价格来体现。可以看到，替代价格、影子价格、意愿价格越来越受主观意愿的影响，q_{jk}确定的科学性在很大程度上取决于主观意愿的合理程度。

在实物型损失货币化中，不同的价值计算方法将产生不同程度的误差。一般认为，采用市场价格，受客观条件的影响较多，产生的误差与争议也相对较小；而采用影子价格和替代

价格，产生的误差和争议则稍大；采用意愿型价格，受人的主观认识的影响最大，因此产生的误差和争议也最大，有时这种误差往往是数量级的。因此，有时为了比较精确地对实物型损失进行货币化，对结果的表述可以不仅是一个简单的数值，而是给出这一结果可能的取值范围。

7.2 环境费用效益分析方法

许多环境资源和环境质量并没有直接的市场价格，这给环境经济分析带来了很大困难。但是环境资源具有稀缺性、生产性和消费性的特征，所以环境质量的优劣及其对人们各项活动的影响，使得对一些环境经济的计量成为可能。环境费用效益分析方法就是环境经济计量的一种主要方法。一般来说，环境费用效益分析中的环境保护措施的费用比较具体，容易比较准确地计算出来，但是对于环境效益和环境损失的计量，有许多则很难用货币来准确衡量。而环境费用效益分析的基本思路和出发点就是环境效益与环境费用的对比分析，所以环境效益货币量的有效表示是运用费用效益分析的关键。因为环境问题十分广泛、错综复杂，不可能找出一个通用的方法来分析每一个具体的环境问题。所以人们就针对所出现的一个个具体环境问题，设计出相对应的具体分析方法。这些具体的费用效益方法有一些比较有效，而有一些则还存在不足。这些不足表现在方法的具体思路和计算结果比较牵强，这也充分说明了环境问题的复杂性和环境效益与环境损失货币量化的困难性。所以环境费用效益分析的理论和方法还需要进一步探讨，逐步完善，使分析方法更加科学，分析过程更加符合逻辑，分析结果更客观和准确。目前环境费用效益分析的基本方法主要有直接市场法、替代市场法和调查评价法三种，如图 7-4 所示。其中：恢复费用法、影子工程法和防护费用法可以归为环境保护投入费用法；恢复费用法和防护费用法又称工程费用法。

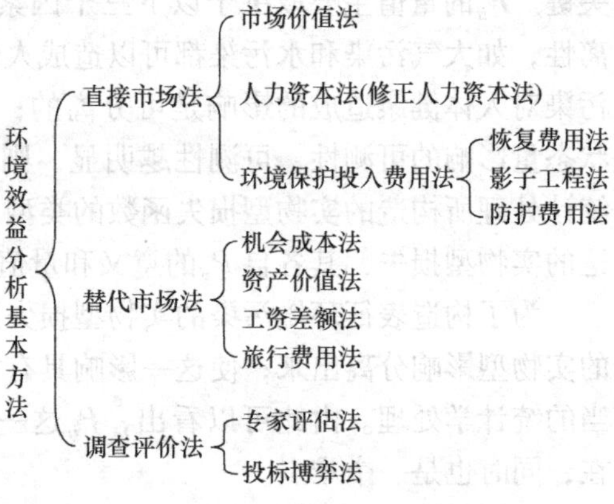

图 7-4 环境费用效益分析的基本方法

7.2.1 直接市场法

直接市场法是一种基于市场价格的方法，是通过环境质量的变化对自然系统或人工系统生产率的影响以及产品的市场价格来评估环境质量影响的货币量化的分析方法。根据不同的情况和要求，直接市场法有一些具体的分析方法。

1. 市场价值法

市场价值法也称生产率法。它是把环境要素作为一种生产要素，利用由于环境要素改变而引起产品的产值和利润变化来计量环境质量的变化。因产值利润可以用市场价格来计量，由此可计算出环境质量变化的经济效益或经济损失，具体公式如下

$$L_1 = \sum_{i=1}^{n} P_i \Delta R_i \tag{7-6}$$

式中 L_1——环境质量变化引起的经济损失或经济系效益的价值；

P_i——某种产品的市场价格；

ΔR_i——某种产品因环境质量变化而增加或减少的产量。

例如，在工程建设当中，如果加强了水土保持措施，防止或减少了水土流失量，保护了农田，就保证了农作物的正常产量。那么工程建设中水土保持措施的一部分经济效益，可以用避免了农作物的损失量乘以产品价格而得出。反之，工程建设中没有采取水保措施，因水土流失而使农作物减产，同样可以计算出水土流失造成的经济损失。

市场价值法适用于耕地破坏、水土流失、森林生产能力降低、污水灌溉引起的农田污染及空气污染等的经济分析。

【例7-1】 某地大气环境中SO_2含量超过对农作物影响的阈值为0.06mg/m^3，会引起农作物减产。设某种农作物受污染程度为中度污染，亩产量为350kg，该中度污染农作物减产百分数为10%，污染农田面积S为1000亩，该农作物市场价格P为2.00元/kg，则大气SO_2超标引起的该农作物损失为多少？

解：设该农作物每亩的减产量为x，污染前每亩的产量为m，减产后每亩的产量为g，则$m=x+g$，那么该农作物减产的百分数a为

$$a=\frac{x}{x+g}$$

则

$$x=g\times\frac{a}{1-a}$$

农作物损失为

$$L_1=P\times S\times g\times\frac{a}{1-a}$$

$$=2.00\times1000\times350\times\frac{0.10}{1-0.10}\text{元}$$

$$=77778\text{元}$$

77778元是大气SO_2超标引起的农作物损失。反过来说，如果采取某种大气污染控制措施，使SO_2不超过其阈值，则农作物就不会减产，则该控制措施产生的经济效益至少为77778元。

需要说明的一点是，因污染而导致农作物质量下降的经济损失还没有考虑。

2. 人力资本法

人力资本法也称工资损失法或收入损失法。

关于环境污染对人的生命、健康以及痛苦的评价问题，还没有一个科学合理的评价方法。有一些学者从经济学的角度出发，认为人力资本法就是评价一个人的经济生命价值，即一个人的生命价值等于他所创造的价值，就是说，一个人的工资收入减去他的消费开支，剩下的就是这个人留给社会的财富。这就意味着当一个人的消耗大于他的产出时，他的存在对社会是无益的。这种人力资本法在伦理道德上存在问题，把人的生命价值经济数量化的做法是不恰当的。但在实际的工作和事务中，人们常常给人的生命和疾病等确定了经济价值。

所以人力资本法认为：人得病或过早死亡的社会损失是由社会劳务的部分或全部损失带来的，它等于一个人丧失工作时间的劳动价值和预期的收入现值，用下式表示

$$L_3=\sum_{n=x}^{n}\frac{(P_x^n)_1\,(P_x^n)_2\,(P_x^n)_3}{(1+i)^{n-x}}\cdot F_{n-x} \tag{7-7}$$

式中 L_3——人力资本法的损失值；

$(P_x^n)_1$——年龄 x 的人活到年龄 n 的概率；

$(P_x^n)_2$——年龄 x 的人活到年龄 n，并具有劳动能力的概率；

$(P_x^n)_3$——年龄 x 的人活到年龄 n，并具有劳动能力，仍然在工作的概率；

i——贴现率；

F_{n-x}——年龄 x 的人活到年龄 n 的未来预期收入。

由式（7-7）对某特定区域的成员进行分析时，对那些丧失劳动能力的人、退休的人及家庭主妇计算的收入现值为负值，说明这些人的存在，对社会总效益产生的是负值，显然这从伦理上是不能接受的，因此这种计算只能作为相对比较时的参考。但实质上，人力资本法是想通过市场价格和工资率来确定个人对社会的潜在贡献，并以此估算环境对人体健康的损益。所以人力资本法是以不同环境质量条件下人因生病、死亡或其他原因而造成对社会贡献的改变量，作为衡量环境污染对人体健康影响所造成的经济损失。在实际工作中，通常对人力资本法进行适当修正，称为修正人力资本法。

修正人力资本法认为，作为生产要素之一的劳动者，在被污染的环境中工作或生活，会诱发疾病或过早死亡，从而耽误工作或完全失去劳动能力，这样不仅不能为社会创造财富，还要负担医疗费、伤葬费等，并且需要亲友的陪同、护理，也耽误了他人的工作时间。这就是所谓的“两少一多”，即因过早死亡、疾病或病休等造成的劳动者经济收入减少，非医护护理人员收入的减少，以及医疗费的增多。

修正人力资本法中的经济损失包括直接经济损失和间接经济损失。直接经济损失包括预防和医疗费用、死亡丧葬费用等；间接经济损失包括病人耽误工作造成的经济损失、非医务人员因护理影响工作造成的经济损失等。而对于病人和非医护护理人员在心理上和精神上造成的损失，是很难用货币进行度量的。

修正人力资本法是对人体健康损失的一种简单估算，用下式表示

$$
\begin{aligned}
L_3 &= L_{31} + L_{32} + L_{33} \\
&= P\sum_{i=1}^{n}(a_i \cdot S \cdot t_i) + P\sum_{i=1}^{n}(b_i \cdot S \cdot T_i) + \\
&\quad \sum_{i=1}^{n}(a_i \cdot S \cdot C_i)
\end{aligned}
\tag{7-8}
$$

式中 a_i——污染区某种疾病高于对照区的发病率；

b_i——污染区某种疾病高于对照区的死亡率；

S——污染区覆盖人口；

t_i——某种疾病人均失去劳动时间（含非医务人员护理时间）；

T_i——某种疾病死亡人均丧失劳动时间；

P——污染区人均国民收入；

C_i——某种疾病人均医疗费。

式（7-8）包括三部分，第一部分 L_{31} 为受污染患病者的收入损失；第二部分 L_{32} 为受污染死亡者的收入损失；第三部分 L_{33} 为支出的医疗费。

【例 7-2】 某污染区覆盖人口10000 人，环境未污染前，该区域人口中得某种病的比例为 10%，环境污染后比例为 40%，若得了此病，人均失去劳动时间为 100 工日，非医务人

员护理折算到病人人均失去劳动时间为80工日，污染区的人均国民收入为10000元，求第一种经济损失L_{31}。

解：根据问题可知，$a_i=30\%$，$t_i=180$ 工日，$S=10000$ 人，$P=10\ 000$ 元/(人·年)，则

$$\begin{aligned}L_{31}&=10000\text{ 元/(人·年)}\times30\%\times10000\text{ 人}\times180\text{ 工日}\\&=10000\text{ 元/(人·年)}\times3000\text{ 人}\times0.5\text{ 年}\\&=5000\times3\ 000\text{ 元}\\&=1500\text{ 万元}\end{aligned}$$

在实际工作中的应用，可以根据实际情况，按照修正人力资本法的基本思想确定合适的计算公式及有关参数。如有的学者提出采用归因百分比α作为一个分析参数，归因百分比即环境污染在发病或死亡发生原因中所占的百分数，一般通过污染地区和无污染地区的流行病学调查，对比分析求出。

另外，我国在计算湘江流域水污染时建立的一个简单的计算公式，也是基于修正人力资本法的基本公式，公式如下

$$L=K_1Y_1P_1+K_2Y_2P_2 \tag{7-9}$$

式中 L——人体健康损失总额；

Y_1——人均国民收入；

Y_2——人均医疗费用；

P_1——丧失劳动能力人数；

P_2——患病人数；

K_1、K_2——调整系数。

在很多情况下，对环境质量变化造成的影响作出经济价值的评价是困难的。但是环境保护措施的费用较易计算，由此可以根据环境保护设施的投入费用来估算环境质量下降带来的基本经济损失和由于采取环保措施环境质量得到改善的经济效益。

（1）防护费用法 防护费用法（Preventive Expenditure Method）是根据环境质量的状况，以及人们愿意为消除或减少环境有害影响而愿意采取防护措施等承担相关费用而进行的一种经济分析方法。防护费用法的实质是将防护费用作为环境效益或环境损失的最低估价值。例如，在道路两侧的建筑物，人们为减少交通噪声对其生活和工作的影响而采取的降噪措施（如声屏障、双层窗等）的费用，可以作为由于噪声影响而产生的最低经济损失值，该费用也反映了宁静环境的隐含价值。由于防护设施的费用是所需要的材料、人工、机械等费用，所以比较容易计算，又因防护设施的效益与防护费用具有统一性，因此可用防护费用来度量环保措施所得到的经济效益。防护费用法除应用于对噪声干扰和污染的评价外，也可以用于农田保护、水体的污染治理等的经济分析。

（2）恢复费用法 恢复费用法（Recovery Cost Method）是因环境污染或环境破坏而使生产性资产和其他财产受到损害，为使其恢复或更新所需费用的经济分析方法。用恢复或更新由于环境污染或环境破坏而使生产性资产所需的费用称为恢复费用。恢复费用法可以用来估量环境资源破坏所造成的最低损失。例如，工程建设需要在农田取土，同时要采取措施恢复耕地，恢复耕地所需的投资就是恢复费用，它是因取土造成耕地破坏而引起的经济损失的最低估计，也是恢复耕地所取得的经济效益的最低估算。

(3) 影子工程法　影子工程法（Shadow Engineering Method）是恢复费用法的一种特殊形式。影子工程法指的是某一环境遭到破坏或污染的经济损失，可根据拟用人工建造另一个环境来替代遭到破坏或污染的环境的作用，而用这个人工环境所需的费用来估算其经济损失及替代环境度量的方法。例如，地下水受到污染使水源遭到破坏或污染的经济损失的估算，可以通过假设另找一个水源，如打深井或安装自来水系统等进行替代，那么，原水源污染的经济损失至少是新水源工程投资费用。又如森林具有涵养水分的功能，它所带来的经济收益也很难计算出来。如果森林受到破坏，其破坏作用之一就是土地涵水能力的破坏，利用影子工程法可以假设如果森林并不存在，用蓄积和森林涵养同等水量的水库建造、运行和管理费用，作为森林涵养水分的经济收益。当环境资源或劳务很难进行估价时，就采用能够提供替代物的影子工程的费用，来估算其货币量。

7.2.2 替代市场法

替代市场法是基于影响替代物或补充物的方法。环境质量的变化，有时并不会导致产品和劳务产出的量变，但有可能会影响其他替代物或补充物和劳务的市场价格和数量。这样就可以利用市场信息，间接估算环境质量的价值和效益的改变。替代市场法是间接利用市场价格来评估环境影响的一种分析方法。替代市场法就是找到某种有市场价格的替代物来间接衡量没有市场价格的环境物品的价值。它可根据环境的质量、功能和能量等特性，将其货币化后代替市场价格，借以评估环境影响的损益。

1. 机会成本法

机会成本法（Opportunity Cost Approach），指的是在无市场价格的情况下，资源使用的成本可以用其牺牲的替代用途的收入来估算的方法。例如，保护国家公园，禁止砍伐树木的价值，不是直接用保护资源的收益来测量，而是用为了保护资源而牺牲最大的替代选择的价值去进行测量；保护土地，是用为保护土地资源而放弃的最大的效益来测量其价值。

机会成本是经济分析中的一个重要概念，它有助于我们作出理性的决策，就是说，当作出一项决策时，不仅要考虑得到了什么，而且还要考虑放弃了什么。如果你计划要投入一笔资金来建设一个环保项目，那么就意味着你必须放弃这笔资金的其他投资机会，或者说放弃其他取得效益的机会，在其他投资机会中，可能取得的最大经济效益就称为这笔资金用于这个环保项目的机会成本。也可以这样理解，由于放弃其他投资机会而付出的最大代价为这笔资金的机会成本。

理解机会成本的概念要明确以下几点：一是机会成本可以用货币表示，但并不是实际货币支出或损失，而是一种观念上的支出或损失；二是当一种资源同时有多种用途时，而可能放弃的用途中，收入最大的是机会成本；三是如果资源没有多种用途，那就不存在机会成本；四是其他人的活动也会给你带来机会成本。

在环境经济学当中，任何一种自然资源的使用，都存在许多相互排斥的可选方案，为了作出最有效的经济选择，就需找出经济效益最大的方案。由于资源是有限的，选择了这种使用机会就等于放弃了其他使用机会。从经济角度来说，放弃的其他使用机会中可能获得的最佳经济效益，称为所选择的这种使用机会的机会成本。

例如，某城市有一水源，每天可提供水 1 万 t，该水可作为工业用水、居民生活用水和城郊农田用水。如果根据综合考虑，这每天 1 万 t 水用于居民生活，那么就意味着放弃用于工业和农田水的方案，而在这两个方案中，如果用于工业用水的方案取得的经济效益最大，则它就是此水用于居民生活方案的机会成本。如果这 1 万 t 水被污染了，其经济损失可用这 1 万 t 水用于工业所取得的经济效益的货币值来进行计量。

又如，在工程建设当中，固体废弃物堆放占用农田而造成农业损失，其损失量可根据堆放固体废物所占用耕地与每亩耕地的机会成本的乘积求得。同样因采取了有效措施，避免或减少了固体废弃物占用农田，其产生的经济效益也可由计算机会成本得出。

在环境经济分析中，在决定某一环境资源开发、利用方案时，该方案的经济效益不能（或不容易）直接估算时，机会成本法就是一种很有用的评价技术。同样，机会成本法也常用于环境污染和破坏带来的经济损失的货币估值。机会成本的计算公式如下

$$L_2 = \sum_{i=1}^{n} S_i W_i \tag{7-10}$$

式中　L_2——环境损益机会成本值；

S_i——i 资源的单位机会成本；

W_i——因环境质量变化（或用途变化），i 资源变化的数量。

【例 7-3】　某建设工程，其固体废弃物的弃放场地为农田，该废弃物占地 100 亩，每亩地的机会成本为 3000 元，则其造成的农业损失为多少？

解：已知 $S_i = 3000$ 元/亩，$W_i = 100$ 亩，则

$$L_2 = 3000 \times 100 \text{ 元} = 300000(\text{元})$$

机会成本法适用于水资源短缺、占用农田等的经济分析。

2. 资产价值法

所谓资产价值指的是固定资产的价值，如土地、房屋等的价值。

资产价值法（Assets Value Method）指的是把环境质量看作是影响资产价值的一个因素，当影响资产价值的其他因素不发生变化时，以环境质量变化引起资产价值的变化额来估算环境污染所造成的经济损失的方法。也可用资产价值法估算环境质量改善所取得的经济效益。资产价值法也称为舒适性价格法，舒适性是资产的一个主要使用特性，其价格就是资产价值的反映。

运用资产价值法进行分析时，主要进行建立资产的价值方程、住户收入分析、建立支付愿望方式三个方面工作。资产（房屋、土地）的舒适性价值方程如下

$$P = f(b, n, g, \cdots) \tag{7-11}$$

式中　P——固定资产价值或舒适性价格；

b——固定资产的内在要素，即资产特征，如房屋结构类型，面积大小，新旧程度等；

n——自然环境要素，如空气质量水平等；

g——社会环境要素，如距工作地及商店、公园等的远近距离，当地学校的优劣，当地的治安情况等。

式（7-11）被称为舒适性价格或资产价值函数。如果能得到有关的资料，可用多变量分析法来建立函数关系，求得资产使用特性的隐价格。但是资产价值法的应用在理论上有三个基本假设：第一是环境质量的改善可利用个人的支付愿望来说明；第二是整个区域可看作是单独的房屋市场，所有人都掌握选择方案的资料，并可自由选定任何位置的房屋；第三是房

屋市场是处于或接近于平衡状态，并在给定的条件下，选购房子都可获得最大的效用。在这些假设中有些假设是不现实的，同时需要的数据很多，所以在使用中受到一定限制。因此有关资产价值法的理论研究还需深入。

资产的价值方程确定之后，就要进行住户收入分析，同时建立支付愿望方式，确定对环境改善的支付愿望。例如，对于建设项目或其他各项活动引起周围环境质量的变化，则附近的房产价格受到影响，由此使人们对房产的支付愿望或房产的效益发生变化，房产效益变化用下式计算

$$\Delta B = \sum_{i=1}^{n} P(q_1 - q_2) \tag{7-12}$$

式中 ΔB——各项活动引起房产效益的变化；

P——房产价格或边际支付意愿；

q_1、q_2——各项活动前、后的环境质量水平。

资产价值法大多用于环境质量变化对土地、房屋等固定资产价值的影响评估，以及美学、景观等环境资源的评价。

3. 工资差额法

工资差额法是利用不同环境质量条件下劳动者工资的差异来估算环境质量变化造成的经济损失或经济收益的一种经济学方法。影响工资差异的因素很多，如工作性质、风险程度、技术水平、环境质量（工作条件、生活条件）等，这些因素一般都可以识别。

环境质量状况对个人收入的影响很难估算，但可采用提高工资的方法来补偿在污染环境中工作的劳动者。因此可以用工资的差额来对环境质量变化在某一方面带来的经济损失或收益进行估算。工资差额法也就是根据工资的不同来估算不同环境质量的隐含价值。

需要说明的是，运用工资差额法应具备一个基本条件，即存在一个完全竞争的劳动力市场。也就是劳动者可以自由地选择职业，选择他认为对他收益最大的职业和工作。这个完全竞争平衡的条件，在实际中是很难实现的。同时如何确定劳动者工资与其工作周围的环境质量之间的关系，也需进一步研究和探讨。所以工资差额法的理论和实际应用还存在很多困难。

4. 旅行费用法

旅行费用法（Travel Cost Method，TCM）是根据消费者为了获得对自然景观和人文景观的娱乐享受，通过消费这些环境资源所花费的旅行费用，来评价旅游资源和娱乐性环境商品效益的分析方法。旅行费用法主要用来评价那些没有市场价格的自然和人文景观的环境资源价值，它要评价的是旅游者通过消费这些环境商品或服务所获得的效益，或者说对这些旅游资源的支付意愿。

旅行费用法由美国著名资源经济学家哈罗德·霍特陵（ Harod Hotelling）提出，其核心内容是人们去某一旅游景点的费用由可变的旅行费用和基本不变的门票价格所构成。旅行费用受到距离长短的影响，不同距离的游客所负担的总费用不同，从而到旅游景点参观的人数也不同。哈罗德根据总费用变化所对应的旅游人数变化，得到了一条需求曲线，并以此来估算该景点的经济价值。

旅行费用法的基本思路是：为了确定消费者对旅游资源隐含价值的评价，假定旅游资源的入场（门票）费和使用费均可暂不考虑，并且是一个良好的环境资源，消费者从各地到

旅游地消费观光，对该商品的需求只受到来旅行所需费用的限制，这也就是说，这种环境资源的效益可以通过旅行费用进行评价。

旅行费用法适用于评价的环境资源有：公园等休闲娱乐场地，自然保护区，可用于娱乐的森林、山岭、草原和湿地，遗址、博物馆、水库等人文景观。旅游者对这些环境商品或服务的需求并不是无限的，要受到从出发地到环境资源的旅行费用等因素的制约。

大多数商品的交易价格，都可以看作是对消费这件商品的支付意愿或者从中所获效用的一种表现形式。旅游资源则具有不同的特征，这类物品（如公园）通常是免费提供的，或者仅仅收取某种名义上的费用，但是从一个公园中获得的利益或效用的价值通常远远大于旅游者付出的费用，其中的差值就是消费者剩余。旅行费用法假设所有旅游者消费该环境物品或服务所获得的总效益是相等的，它等于边际旅游者（距离评价地点最远的旅游者）的旅行费用。距离评价地点最远的用户，其消费者剩余最小；而距离评价地点最近的用户，其消费者剩余最大。消费者剩余是消费者消费一定数量的某种商品愿意支付的最高价格与这些商品的实际价格之间的差额，所以支付意愿等于消费者的实际支付与其消费某一商品或服务所获得的消费者剩余的总和。假设可以获得旅游者的实际开支，要确定旅游者的支付意愿大小的关键就在于要估算出旅游者的消费者剩余。

旅行费用法有如下的基本分析步骤：

1）确定旅游者的出发区域。以所要评价的旅游资源为中心，把其四周的地区按距离远近分成若干个区域。距离的不断增大意味着旅行费用的不断增加。

2）调查收集旅游者相关信息。就该旅游资源对旅游者进行抽样调查，了解旅游者的出发地点和其他相关的社会经济特征。

3）计算旅游率和旅行费用对旅游率的影响。旅游率是每一个区域内到该环境资源旅游的人次。一般来说，潜在的消费者距离旅游资源越远，他们对该环境商品的预期用途或需求越小。在不考虑其他因素时，由旅游者的单位时间人数和旅游费用建立起一定的需求函数，由此来计算出的总费用即代表旅游环境商品的效益。根据抽样调查方法，建立某旅游环境商品的需求函数

$$Q = f(C, X_1, \cdots, X_n) \tag{7-13}$$

式中　Q——为旅游率（或总旅游人数）$Q = V/P$，其回归方程可表示为 $Q = \alpha_0 + \alpha_1 C + \alpha_2 X_i + \cdots + \alpha_n X_{n-1}$，$V$ 为根据调查结果推算出的总旅游人数，P 为旅游人数所在区域的人口总数；

C——旅游费用（一般包括交通费用、住宿费用和比不旅游时多消耗的食品费用等）；

X_n——各种社会经济变量（包括年龄、教育水平、收入、交通条件、旅游兴趣等）。

通过回归方程确定一个经验需求曲线，它是基于旅游率而不是基于在该场所的实际旅游者数目。利用这条需求曲线来估算不同区域内的旅游者的实际数量，以及这个数量将如何随着入场（门票）费的增加而发生的变化情况，来获得一条实际的需求曲线，从而进一步根据具体情况分析每个区域旅游率与旅行费用的关系。

4）计算消费者剩余和支付愿望。假设不计评价景点的入场费，则旅游者的实际支付就是他的旅行费用。再通过入场费不断增加的影响来确定旅游人数的变化，就可以求得来自不同区域的旅游者的消费者剩余。这样，将每个区域的旅游费用加上消费者剩余，得出总的支付愿望，即为该环境资源的价值。

通过旅游费用法计算出来的数值仅仅是对该环境资源总体价值中的一部分得出的最小估算值，主要体现在环境资源的娱乐收益方面。旅行费用法虽然存在一些限定和不足，但这种方法是一种可行的估算环境物品价值或保护环境资源收益的方法。

7.2.3 调查评价法

在缺乏价格数据或配合其他方法的使用时，可以应用调查评价的方法对有关专家及环境资源的使用者进行调查，拟订环境资源的价格，从而取得评估环境资源损益的经济数据，这是一种主观定量与主观定性综合评估的方法。调查评价的具体方法也有多种，需要根据实际情况确定采用的合适方法。下面介绍两种常用的方法，即专家评估法和投标博弈法。

1. 专家评估法

专家评估法是以专家作为收集环境资源价格信息的对象，依靠专家的知识、经验和判断能力进行预测和评估。专家评估法可分为专家会议法和专家个人判断法两种。

专家会议法即召开有关方面的专家会议进行评估的方法。专家会议法有利于互相启发、交换信息、集思广益，但会议参加者心理影响比较大，容易受多数人意见和权威人士意见的影响，而忽视少数人的正确意见。

专家个人判断法是对有关方面的专家进行个人咨询评估的方法，专家个人判断法能充分发挥专家个人的专长和作用，受别人的影响较小，但难免有片面性。

这里介绍一种专家评估方法，即德尔菲法（Delphi Method）。德尔菲法是由 Q. 赫尔默和 N. 达尔克在20世纪40年代首创，经过 T. J. 戈尔登和兰德公司进一步发展而成的。1946年，兰德公司首次用这种方法来进行预测，后来该方法迅速得到广泛采用。1964年美国兰德（RAND）公司的赫尔默（Helmer）和戈登（Gordon）发表了《长远预测研究报告》，首次将德尔菲法用于技术预测中，以后便迅速地应用于美国和其他国家。除了科技领域之外，德尔菲法还几乎可以用于任何领域的预测。

德尔菲法本质上是一种反馈函询法，即利用函询形式进行专家集体思想交流的方法。德尔菲法一般采用专家个人匿名发表意见的方式，即专家之间不互相讨论，不发生横向联系，只与组织调查人员发生联系。德尔菲法的基本做法是，在对所要预测的问题征得专家的意见之后，进行整理、归纳、统计、分析，再反馈给各位专家，再次征求意见，再集中，再反馈，直至取得专家们较为一致的结论，作为预测的结果，这种方法具有比较广泛的代表性，较为可靠。在德尔菲法的应用过程中，始终有两个方面的人在活动：一是预测的组织调查者；二是被选出来的专家。

德尔菲法的具体实施步骤如下：

1）按照预测问题所需要的知识业务范围，确定专家。专家人数的多少，可根据预测问题的大小和涉及面的宽窄来确定，一般不超过20人。

2）向所有专家提出所要预测的问题及有关要求，并附上有关这个问题的所有背景材料，同时请专家提出还需要哪些材料，然后由专家做书面答复。

3）各个专家根据他们所收到的材料，提出自己的预测意见，并说明自己是怎样利用这些材料并提出预测值的。

4）组织者将各位专家填好的调查表进行汇总整理，进行归类对比，再分发给各位专家，让专家比较自己与他人的不同意见，修改自己的意见和判断。然后把这些意见再分送给各位专家，以便他们参考后修改自己的意见。

5）组织者收到第二轮专家意见后，对专家意见作统计整理，以便做第二次修改。逐轮收集意见并为专家反馈信息，请专家再次评价和权衡，作出新的预测是德尔菲法的关键环节。收集意见和信息反馈一般要经过三四轮，经过多次反复，专家们的意见逐步趋于一致，即可作为预测评估的结果。

德尔菲法同常见的专家会议法和单纯的专家个人判断法既有联系又有区别。德尔菲法能较好地运用专家们的智慧，发挥专家会议法和专家个人判断法的优点，同时又能避免其不足，它是专家们交流思想进行预测的一个很好工具。德尔菲法存在的主要缺点是过程比较复杂，花费时间较长。

2. 投标博弈法

投标博弈法也可以广泛用于对环境公共物品价值的评估，它主要是运用条件价值评价法（Contingent Valuation Method，CVM）获取环境使用者对环境支付愿望或接受赔偿意愿的一种调查方法。条件价值评价法也被称为意愿评价法，是通过询问人们对于环境质量改善的支付意愿（Willingness to Pay，WTP）或者忍受环境损失的受偿意愿（Willingness to Accept，WTA）来估算出环境物品的价值。它是通过对环境资源使用者和环境污染受害者的调查访问，反复应用投标方式，获取个人对环境的支付愿望，即得到为改善环境质量使用者愿意支付的最大金额，以及环境质量下降使用者愿意接受赔偿的最小金额，然后以愿意支付的最大金额，或同意接受的最小赔偿金额，作为评估环境资源或环境质量的货币度量值。

投标博弈法的基本做法是：访问者向环境使用者详细地介绍环境资源的质量、数量、使用时期和权限等情况后，提出一个起点标价，询问使用者是否愿意支付，如果回答是肯定的，则逐渐提高标价直到使用者回答为否定为止；或者假定环境资源受到损失破坏，环境质量下降，询问他们为避免这种损失所愿意支付的最大金额或接受赔偿的最小金额。在实际应用中，因为补偿接受意愿的上限很难确定，所以一般用愿意支付的最大金额作为评价的依据。环境使用者的最大支付意愿通常受其个人收入水平、个人对环境状况的敏感性等多种因素限制或影响，所以在实际工作中需要进行认真分析。

例如，在某地区拟建一建设项目，该建设项目建成和使用后对环境的某一方面产生污染，对附近居民产生不良影响，居民有意见。如果采用投标博弈法来确定这种损失的货币数量，就要对受影响的居民进行调查和询问，调查和询问的基本过程和内容如下：

1）该建设项目对环境有影响，如果每年给你100元作为赔偿金，你是否同意这一建设项目在此处建设？如果回答肯定，则此问题结束，如果回答否定，则赔偿金额逐步上升，一直到同意为止。

2）该建设项目对环境有影响，给你付多少线，你愿意搬出这个区域？一直询问到肯定时为止。

3）为了避免和减少该建设项目的这些不良影响，你是否愿意采取一些保护措施，并支付这些措施的相关费用？询问到肯定为止。

由上述可见，调查评价法的主要困难是它对环境损益的度量不是依据实物的计量及市场的价格，而是依靠人们的主观评估。所以评估出的价格可能会出现某种偏差。采用调查评价法时，要特别注意调查的方式、调查的内容恰到好处，以及资料的完整性与被调查人反映意见的真实性等问题。除此之外，采用调查评价法需要花费较多的人力和时间。

除了用环境影响而采取防护措施的费用来评估环境损害的经济损失之外，也可以依据居民为避免环境影响而寻求到环境质量较好的地方的支付愿望，来评价环境损害的经济损失。如由于噪声影响，根据居民期望到较为安静的地方的支付愿望进行分析。如何分析研究人们是愿意采取防护措施并支付相应的费用，还是迁居到他们认为合适的安静地方，要根据多种因素综合分析。

假定：N 为每个住户对噪声影响的主观评价；S 为消费者剩余，即支付愿望超过实际市场价格的部分，如实际房租超过房屋市场价格的金额部分；D 由噪声引起的房地产价格的降低值；R 为搬迁费，包括车辆费等。一般来说：如果 $N>S+D+R$，则住户将搬迁到其他地点去居住；如果 $N<S+D+R$，住户则会继续留在噪声环境中居住，但都愿意支付安装隔声设施而发生的相应费用。

7.3 环境污染经济损失计算

在环境污染引起的经济损失的计算中，由于收集比较全面的基础资料和数据很困难，一些隐性污染和污染的间接影响很难货币量化，因此一般所计算的环境污染的经济损失主要是针对显性要素的计算部分。本节将主要针对大气污染、水污染、固体废弃物和噪声污染引起的经济损失的计算方法进行简单介绍。

7.3.1 环境污染经济损失计算参数和方法选择

前面所介绍的环境费用效益分析方法，各有其不同的适用范围，我国专家针对各种不同类到的环境污染和破坏引起的经济损失，推荐了一些适用的方法和参数，在对不同环境污染造成的进行经济损失量化估算时参考。

1. 大气污染引起的经济损失

1）农业损失。计算方法为市场价值法，主要参数为单位农作物亩产量、污染耕地面积、农产品市场价格。

2）畜牧业损失。计算方法为市场价值法，主要参数为污染面积、牲畜发病率、单位面积载畜量、病畜损失成本。

3）建筑材料腐蚀损失。计算方法为恢复费用法，主要参数为维修周期缩短年限、年维修费用。

4）尘埃污染损失。计算方法为直接计算清扫花费的工时和消耗物品的费用，主要参数为清洁工的工资标准、时间定额、消耗物品开支、清洁次数的增加量。

5）人体健康损失。计算方法为人力资本法，主要参数为劳动日的损失、发病率的增加、平均寿命、人均国民收入、医疗费用、护理费用。

2. 水污染引起的经济损失

（1）工业损失

1）水资源短缺。计算方法 A 为机会成本法，主要参数为水资源短缺的数量、当地水资源的影子价格。计算方法 B 为影子工程法，主要参数为新建水源单位投资费用。

2）增加处理费用。计算方法为恢复费用法，主要参数为自来水运转费用增加、水处理设施投资。

（2）农业损失

1）污灌引起耕地污染。计算方法为市场价值法，主要参数为每亩耕地损失的数量、农产品的市场价格。

2）土壤盐渍化。计算方法为市场价值法，主要参数为每亩耕地减产的损失或成本增加、农产品的市场价格。

（3）渔业损失　计算方法为市场价值法，主要参数为污染前后水产品产量发生的变化、水产品的市场价格。

（4）人体健康损失　计算方法为人力资本法，主要参数为劳动日的损失、发病率的增加、平均寿命、人均国民收入、医疗费用、护理费用。

（5）景观损失　计算方法为调查评价法，主要参数为对环境的支付愿望。

3. 固体废弃物污染引起的经济损失

1）占用农田损失。计算方法为机会成本法，主要参数为固体废弃物量堆放的占地量、每亩耕地的机会成本。

2）地下水污染损失。计算方法 A 为影子工程法，主要参数为新建水资源费用。计算方法 B 为防护费用法，主要参数是为防止地下水污染建隔水层或防护墙等设施所需的费用。

3）大气污染损失。计算方法同大气污染引起的经济损失。

4. 噪声引起的经济损失

计算方法为调查评价法，主要参数为人们对改善噪声环境的支付愿望。

7.3.2 环境污染经济损失的估算方法

环境污染经济损失估算主要是对大气污染造成的经济损失、水污染造成的经济损失、固体废弃物污染造成的经济损失、噪声污染造成的经济损失等进行估算。环境污染经济损失估算方法主要是根据前述的环境费用效益分析方法，进一步说明其应用的思路和方法。

1. 大气污染造成的经济损失

（1）人体健康损失　大气污染对人体健康的影响，主要是引起人们呼吸系统疾病的患病率上升。目前，大气污染导致的疾病主要是呼吸系统疾病，如慢性支气管炎、肺癌、肺心病、哮喘病等。我国专家经过分析研究认为，清洁区和污染区三种疾病的患病率差值为：慢性支气管炎 9‰，肺心病 11‰，肺癌 8. 33/10 万。根据我国 20 世纪 80 年代中期的典型调查，关于各种疾病导致人均丧失的劳动时间，慢性支气管炎为 1 年，肺癌为 11 年，肺心病为 2 年；关于陪床人员的人均误工时间，慢性支气管炎 0. 06 年，肺癌为 0. 1 年，肺心病 0. 07 年。

大气污染对人体健康的损失可通过污染区与相对清洁区某些疾病发病率的对比，采用修正的人力资本法计算，计算公式见式（7-8）。也可采用根据归因百分比 α，计算大气污染所引起的人力资本损失的方法。表 7-2 是郑易生、李玉浸等根据沈阳市的污染水平计算出的全国大气污染对疾病的归因百分比 α，以及王黎华等根据二十几个大城市的情况估算出的归因百分比 α 值。根据大气污染对疾病的归因百分比 α，运用式（7-14）计算大气污染造成的人体健康经济损失值 L。

表 7-2　大气污染对疾病的归因百分比 α

病　　种	郑、李 α/%	王 α/%
呼吸系统死亡	23.1	30.0
肺癌死亡	5.7	20.0
慢性气管炎患病	39.1	30.0
哮喘患病	31.0	30.0
肺心病患者	15.3	30.0

$$L = \sum \alpha \times \text{第}\, i\, \text{种疾病的人均医疗费} \times \text{第}\, i\, \text{种疾病的人患病人数} + \sum \alpha \times \text{第}\, i\, \text{种疾病过早死亡的直接经济损失} \times \text{第}\, i\, \text{种疾病的死亡人数} + \sum \alpha \times \text{人均国民收入} \times \text{第}\, i\, \text{种疾病的总误工时间} \qquad (7\text{-}14)$$

（2）农业损失　农田大气污染物含量若超过我国《保护农作物的大气污染物最高允许浓度》中污染物标准值时，认为农作物可能减产。对农作物伤害较大的大气污染物主要有二氧化硫、烟尘、光化学氧化剂、氟化物、氮氧化物等。大气污染以二氧化硫为主，当二氧化硫含量超过0.06mg/m^{3}时，认为农田被污染。根据农作物污染面积，主要农作物的产量损失，利用市场价值法可计算出大气污染对农作物造成的经济损失，见式（7-6）。

（3）畜牧业损失　大气污染使得草原退化，草原面积减少，从而引起牲畜发病率提高，单位面积载畜量减少。根据牲畜发病率和污染面积运用市场价值法可计算出大气污染引起的畜牧业的损失，计算公式如下

$$L = \text{污染面积} \times \text{单位面积载畜量} \times \text{牲畜发病率} \times \text{病畜损失值} \qquad (7\text{-}15)$$

（4）清洗费用增加　大气污染通过降尘，使得家庭清洗、洗衣、车辆清洁等工作量增加。大气污染使衣物更易变脏，增加了洗衣的次数，这不仅缩短了衣物的使用年限，而且增加了洗涤的经济支出。大气污染还可使车辆的清洁周期缩短，增加了费用。大气污染对家庭清洗费用的损失可用市场价值法和人力资本法进行计算。

根据对北京市的调查数据，居民洗衣用工时，城区为6—8.5 日/(人·年)，作为对照区的郊区为3—4 日/(人·年)；家庭清扫用工，城区为8—13 日/(人·年)，郊区为4—5 日/(人·年)；汽车擦洗工，城区为36.53 日/(车·年)，用品费用14.33 元/(车·年)，郊区为22.39 日/(车·年)，用品费用10 元/(车·年)。因此，只需知道受污染程度及受污染的数量，即可计算出大气污染对家庭清洗费用造成的损失。

（5）建筑材料的腐蚀　大气中所含三氧化硫的含量超过一定的限度，会使市政工程、建筑物、构筑物的使用年限缩短，年维修费用增多，造成一定的经济损失。可采用恢复费用法或市场价值法来进行计算，即通过计算维修或重置这些建筑物、材料所需的费用或者是通过对受腐蚀、损坏的材料根据市场价格来确定所受的经济损失。

2. 水污染造成的经济损失

（1）人体健康损失　水污染对人体健康的影响，主要通过直接饮用受污染的水或通过受污染的水灌溉使得粮食和蔬菜受到污染，从而对人体的健康造成严重危害，使得污染区的某些疾病明显高于相对清洁区。根据《公元2000年中国环境预测与对策研究》，饮用受污染水体人群癌症（肝癌和胃癌为主）发病率比饮用清洁水高61.5%左右。在20世纪80年代中期有关

学者对沈阳抚顺灌区的研究分析表明，癌症发病人数比清水灌区高1倍。胃癌发病率比对照区高18/10万（对照区为12/10万人），肠道病高49.2‰，肝肿大高35.8‰。根据卫生部门的有关资料，患者人均陪床日数为：肝肿大25日，癌症36日，肠道病10日；患者工作年损失为：肝肿大1年，癌症12年，肠道病15日。水污染对人体健康的损失可通过污染区与相对清洁区某些疾病发病率的对比，采用修正的人力资本法计算，计算公式见式（7-8）。

（2）工业损失　水资源短缺，或水源受到污染，使得产品的数量和质量下降。由于水资源短缺或水源受到污染，可能使工业用水短缺，也可能使生活用水短缺，如果缺水全部考虑对工业的影响，则按照水资源短缺的数量，采用机会成本法来计算水污染引起的工业损失，见式（7-10）。此外水污染还使得供水成本或水处理费用增加，在计算过程中应考虑。

（3）农业损失　水污染造成农作物损失主要是粮食和蔬菜减产或质量下降。污水灌溉引起粮食产量减少，质量下降导致其市场价格降低，对农业造成的经济损失可按照污灌面积、农作物产量和价格下降的百分数，采用市场价值法，利用式（7-6）来计算。根据农业环境保护研究所20世纪80年代中期对37个污水灌溉区38万hm^2污灌农田的调查，污灌农田与清灌农田相比，减产粮食0.8亿kg，平均减产210 kg/hm^2。

（4）渔业损失　水污染对淡水和海洋养殖业均有很大的影响，严重的可导致鱼虾产量下降或死亡，可根据鱼类减产的数量和市场价格，利用市场价值法进行计算。此外，还需要考虑水污染事故造成的直接经济损失。

（5）景观损失　水污染会影响人们的生活和健康，还会带来景观的损失，由于其造成的损失很难定量化，所以一般可采用调查评价法，发放调查问卷，通过咨询周围居民的意见，询问居民的支付意愿来得到由此所引起的经济损失。

3. 固体废弃物污染造成的经济损失

（1）人体健康损失　固体废弃物特别是一些有害的废弃物，如果未经过妥善处理，会产生大气污染，对人体健康有一些危害，从而引起一些疾病发病率的上升，可采用人力资本法进行计算。

（2）占用耕地损失　固体废弃物大多占用的都是种菜或产粮的耕地。固体废弃物堆放占用耕地产生的经济损失可采用机会成本法进行计算，即用被占用的耕地种粮食或蔬菜可获得的收益作为固体废弃物占用耕地引起的损失。1993年国家计委、建设部在《建设项目经济评价方法与参数（第二版）》中规定：每亩耕地在种植蔬菜时的净收益［元/（亩·茬）］为：黄淮海区1018，长江中下游区482，华南区890，西南区862，北京市1074，天津市1019，上海市504。

（3）地下水污染损失　固体废弃物通过雨水或地表径流等，使得地下水受到了污染，破坏了水源。目前我国对固体废弃物造成地下水污染造成的损失研究较少，一般可采用影子工程法或恢复和防护费用法进行计算。

4. 噪声污染造成的经济损失

噪声污染造成的经济损失与大气污染、水污染等有所不同，主要表现在对人身体健康和生活质量方面的影响。噪声对人体健康的影响主要体现在人们的睡眠方面，人的睡眠出现问题可引起身体上和精神上的疲倦和失调。噪声对人们生活的影响主要表现在干扰家庭内的正常氛围，如影响一般交谈以及平静气氛，同时可间接增加人们的急躁情绪，影响正常生产和生活。因此，可用调查评价法估算环境噪声引起的经济损失。例如，如果使你不受现在环境噪声的影响，你愿意每年支付多少钱？或者，每年付给你多少钱，你愿意忍受现有环境噪声的影响？以愿意支付的最大金额，或同意接受的最小赔偿数，来确定被调查人群的平均支付意愿 L，见式（7-16）。此外，还应该询问被调查者的职业、年龄、收入等，这些因素对被调查者的答案有很大的影响。

$$L = N \times S \tag{7-16}$$

式中 L——噪声污染引起的损失，万元/年；

N——受噪声污染影响的人数；

S——被调查人群的平均支付意愿，万元/年。

环境污染和破坏引起的经济损失的计算目前还存在着许多困难，一方面是环境、环境问题和环境经济具有多样性、复杂性、变化性和广泛性的特点；另一方面是目前环境经济损失的计量方法还不完善；还有就是环境经济的统计系统还未建立起来。所以对环境污染和破坏引起经济损失计算的整个方法体系还需进一步进行深入的探讨、研究和实践。

7.3.3 污染与破坏事故经济损失

环境污染与破坏事故，指的是由于违反环境保护法规的经济、社会活动与行为，以及意外因素的影响或不可抗拒的自然灾害等原因致使环境受到污染，国家重点保护的野生动植物、自然保护区等受到破坏，人体健康受到危害，社会经济与人民财产受到损失，造成不良影响的突发性事件。

环境污染与破坏事故根据类型可分为大气污染事故、水污染事故、噪声与振动危害事故、固体废弃物污染事故、农药与有毒化学品污染事故、放射性污染事故及国家重点保护的野生动植物与自然保护区破坏事故等。环境污染与破坏事故据程度分为：一般环境污染与破坏事故；较大环境污染与破坏事故；重大环境污染与破坏事故；特大环境污染与破坏事故。环境污染与破坏事故造成的经济损失应进行核算，并纳入经济分析中。

7.4 环境费用效果分析

7.4.1 环境费用效果分析概述

在环境经济分析方法中，费用效益分析是一种重要的方法。但费用效益分析要求对各种环境质量变化带来的损益进行币值量化，然后根据效益的币值量和费用的币值量对环境质量变化所带来的损益进行经济评价。所以实施费用效益分析的关键在于如何用货币形式来衡量这种损益。在对实际的环境问题进行经济分析中，有些损益是可以用货币量化的，有些则需要采用技术措施间接货币量化，但还有一些损益（即无形效果）是难以用货币量化的，这就使得对于一些环境经济问题，费用效益分析难以适用。如对空气污染、环境噪声、绿化效果等的货币估值，国内外还没有成熟的方法可循。在这种情况下，费用效果分析方法则有较大的实用价值和现实意义。

1. 费用效果分析的概念

费用效果分析也称作费用有效性分析，是费用效益分析方法的特殊形式。它是用一些特定的目标或某种物理参数来表示效果，如污染物的排放量、环境质量标准等。这样就可以把注意力集中到如何以最小的控制费用或如何在相同费用的前提下寻求最佳的污染控制效果上，而不需着重寻求控制效果的货币量化。费用效果分析是研究如何用最小费用使污染物达标排放，或在相同费用的条件下，寻求污染治理效果最佳方案的方法。费用效果分析避开了费用效益分析中环境效益进行币值量化的困难，从而在环境经济分析中有较大的灵活性和实用性，是一种有效的环境经济分析决策手段。

2. 费用效果分析的条件

1）有共同的、明确的并可达到的目的或目标。共同的目的或目标是进行环保措施和方案比较的一个基础。比如要求将某种环境污染量降到国家规定的污染物排放标准以下等。

2）有达到这些目的或目标的多种措施和方案。如在公路建设中，对公路沿线附近的住户、学校、单位等采取防治噪声的各种措施，如高围墙、隔声屏障、双层窗等。

3）对问题有一个限制的范围。对问题的界限应有所限制，如费用、时间和要求达到的功能等，使考虑的措施和方案限制在一定的范围内。

7.4.2 费用效果分析类别

费用效果分析的基本方法有三种：

（1）最小费用法　最小费用法也称为固定效果法，它指的是在达到规定效果的条件下比较各个方案的费用大小，从中选出费用最小方案的方法。运用最小费用法时应对费用与效果进行充分分析，如果某一方案的费用比另一方案稍高，而它的环境效果更为明显，这时两者之间的选择就应慎重。也可结合其他因素如施工条件等加以比较。

（2）最佳效果法　最佳效果法也称为固定费用法，它是在费用相同的条件下比较治理环境的方案，从中选择效果最佳方案的方法。运用此法时应注意的是，方案的效果并不是越优越好，只需达到有关治理目标或满足有关标准，使费用更为合理。

（3）费用效果比法　最小费用法和最佳效果法的前提是“效果相同”和“费用相同”。但在实际中，很难满足两种条件，往往采用费用效果比作为优选方案的准则。

环境费用效果分析如图7-5和表7-3所示。

表7-3　环境费用效果分析

环保方案	费　用	效　果	环保方案	费　用	效　果
1	A	X_A	3	C	X_C
2	B	X_B	4	D	X_D

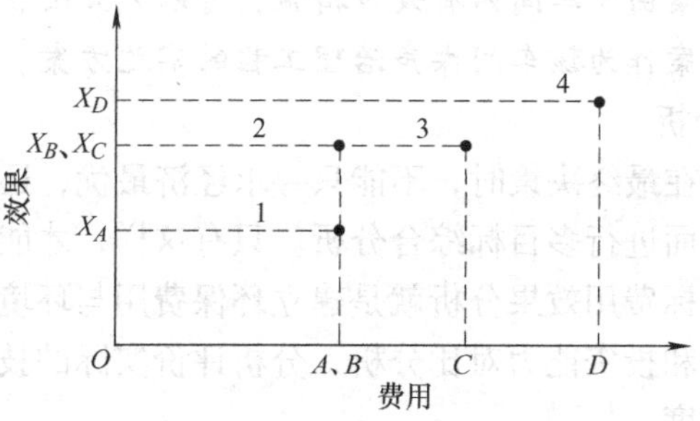

图7-5　环境费用效果分析

方案1与方案2的费用相同，即$A=B$，但方案2的效果比方案1的大，即$X_B>X_A$，显然应选择方案2；对于方案2和方案3，其效果相同，即$X_B=X_C$，但方案2的费用比方案3的小，显然方案2为优；对于方案2和方案4，要进一步分析，如果方案2和方案4的效果都达到要求（如果两种环保措施都可以将某种排污量降到国家环境标准以下），可选择第2方案，因为它所需要的费用少；但如果方案4的费用稍大于方案2的费用，而其产生的环保效果明显大于方案2，则可考虑选择方案4，因为方案4与方案2的效果增量显著高于其费用增量，它所产生的环境经济效果更加良好。

环保措施的效果确定可从两个方面综合考虑：一是处理排污量的多少和保护环境空间的大小；二是采取的环保措施能够达到或符合国家环境标准的程度。

7.4.3 费用效果分析方法

1. 搜索法费用效果分析

搜索法费用效果分析，指的是对防治环境污染的多个方案，按最小费用、最佳效果，或最优费用效果比进行搜索分析，找出最合理的方案。在环境污染控制规划中，最终的目标是满足特定环境的环境质量标准。但对于企业来说，在制订环境污染治理方案的时候，人们关心的是达到目标的要求和所需要的费用。通常污染治理方案有多种，如何寻求最优的污染控制方案可通过搜索法费用效果分析，对各种污染治理方案进行对比分析，找出一个效果良好、经济合理、技术可行的方案。

【例7-4】 噪声污染是一种物理污染，它对周围环境的影响既直接又快速和明显，对噪声污染治理效果通常难以用币值来衡量，用费用效果分析法进行治理方案选择则较为方便。西安某制药厂的空压机车间紧邻厂区围墙，致使厂区外环境噪声级严重超标，群众反映强烈。为进行其噪声治理，设计了三个方案，各方案的降噪效果与费用见表7-4。

表7-4 噪声治理方案及费用、效果分析

编　号	备选方案	费用/万元	降噪效果	费用效果比/万元/dB
①	车间内吸声与车间外墙隔声窗	20.5	达标，12dB	1.71
②	车间外建隔间墙与车间外墙隔声窗	19.8	达标，10dB	1.98
③	住户居室隔声窗与安装空调	24.5	达标，14dB	1.75

由表7-4可见，如果考虑降噪费用，②方案费用最小；如果考虑降噪效果，③方案最好。由于各方案费用相差不大，尤其是①、②方案的费用相差更小，故可用费用效果比作为方案比选依据。同时①方案由于车间内有吸声措施，可以大大改善工人的工作条件，提高工作效率。因此，采用①方案作为该车间噪声治理工程的实施方案。

2. 多目标费用效果分析

进行环境污染控制，在最终决策时，不能只寻求经济最优，还要对经济效果、环境影响以及技术和经济可行性方面进行多目标综合分析。只有这样，才能做到经济效益、社会效益和环境效益的统一。多目标费用效果分析就是建立环保费用与环境目标的函数关系，并与实际的环保技术力量与水平和投资能力对比分析，分析评价实际的技术水平和投资能力等对环境质量最低要求的保证程度。

例如，近年来随着国民经济的迅速发展，噪声污染越来越严重。根据多家企业厂界噪声测量结果统计，噪声值在66dB以上的大约占到了54.5%，而在这一等级之上，对人们的工作和生活将会产生不利影响，需要对其进行治理。道路交通噪声所产生的不良影响范围很广，其损失也很大。特别是交通干线两侧的单位和住户是交通噪声的直接受害者，目前对交通噪声的防治也日趋重视。但是，对噪声污染的防治需要治理到什么程度，不仅要考虑到人们对环境质量的起码要求，同时还要考虑到其他因素的影响。首先要考虑经过治理达到噪声标准允许强度所需的治理费用。根据噪声防治的特点，噪声超标值越高则治理达标的难度就越大，污染治理的费用就越高，噪声治理费用与超标噪声值之间近似呈幂指数关系，其关系式如下

$$C=f(x)=a\,(X_m-X)^b \tag{7-17}$$

式中 C——每户降噪的平均费用；

x——降噪削减量（dB）；

X_m——未治理时的噪声级（dB）；

X——治理后的噪声级（dB）；

a、b——参数，根据对具体问题分析时考虑其他影响因素确定。

在一般情况下，噪声污染对住户影响的噪声治理费用与超标分贝数之间的关系可用噪声治理费用函数曲线表示，如图7-6所示。根据噪声治理费用函数曲线，可知当超标数为14dB左右时，治理费用猛增。为此，可以根据此曲线适当调整原来的噪声控制标准，从而可以使噪声治理费用降低并能取得较好使用效果。但是要根据不同的噪声源对不同对象的影响采取控制措施，在大量的调查噪声治理费用的基础上，求出噪声治理的平均费用，然后才能根据此曲线对噪声标准进行适当的调整。同时要分析可投入噪声治理的投资以及能够采取的技术措施等。在主要的几个方面都成为可行时，才能对噪声污染进行有效的治理，从而改善工作、生产和生活的环境。

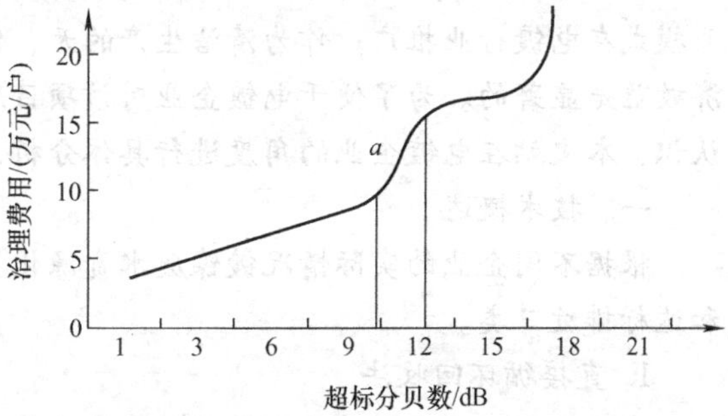

图7-6 噪声治理费用函数曲线

3. 费用效果灵敏度分析

灵敏度分析指对一个多变量的函数式，在其他因素不变的情况下，提高或降低其中某一个或几个变量的数值，依次分析其对函数式计算量的影响。费用效果灵敏度分析是研究环保措施主要因素发生变化时，其环保效果发生的相应变化，以判断这些因素对环保措施的效果目标的影响程度。对于环境污染控制来说，某项污染控制措施，其效果如何，一般受到许多因素的影响，特别是污染控制费用影响最为明显。因此需要对其进行灵敏度分析，以便在多种污染控制方案中，寻求一种既能达到目标又能使污染控制费用最少的方案。

例如，对于噪声超标费用这一强制性政策，如何才能在不太影响企业生产的前提下，更好地发挥噪声超标收费的效用，促进生产和生活环境的改善，这对于保证我国经济保持可持续发展具有重要的意义。合适的超标收费标准，最重要的是在促进企业进行噪声治理的同时，又不使其因缴纳排污费而影响到生产。

按照图7-6中的噪声治理费用曲线，可以曲线斜率较小段作为治理需达标段。对该段终点所对应的治理费用，在考虑收费标准略高于治理费用的情况下，来制定收费标准。当噪声

超标量处在图中 a 点的附近时，其治理费用的灵敏度很大，则排污收费将对刺激企业进行噪声治理起到很大的促进作用。制定合适的收费标准，才能更有效地促进企业减少排污量，更经济有效地使环境质量得到较大的提高。

费用效果分析本身并不是一种费用估值技术，但它含有对费用估值的要求，费用效果分析避开了费用效益分析的难点，即效益或损失的货币量化，因而操作起来较为简便，更加符合实际工作的要求。

对于环境保护的宏观决策分析也可以采用费用效果分析方法，如目标逼近环保费用决策分析。对环保投资进行多目标决策分析，不但要考虑环境质量保护目标、国民经济的支付能力、人们对环境质量的起码要求，还要考虑到实际具备的工程技术力量和材料、设备等条件，这对环境保护宏观决策分析具有现实意义。

【案例】

镀镍废水资源化项目经济与环境效益分析

由上海轻工业研究所开发的镀镍废水资源化技术在上海市电镀协会的支持下以创新的商业模式在电镀行业推广。作为清洁生产的无、低费方案，镀镍废水回收利用取得的环境和经济效益是显著的。为了便于电镀企业对该项目所能取得的经济和环境效益有一个较为明晰的认识，本文站在电镀企业的角度进行具体分析，以供大家参考。

一、技术概述

根据不同企业的实际情况镀镍废水资源化技术的应用大致可以分为直接回收、间接回收和达标排放三类。

1. 直接循环回收法

直接循环回收是目前使用最多的方法，其工艺流程如图 7-7 所示。

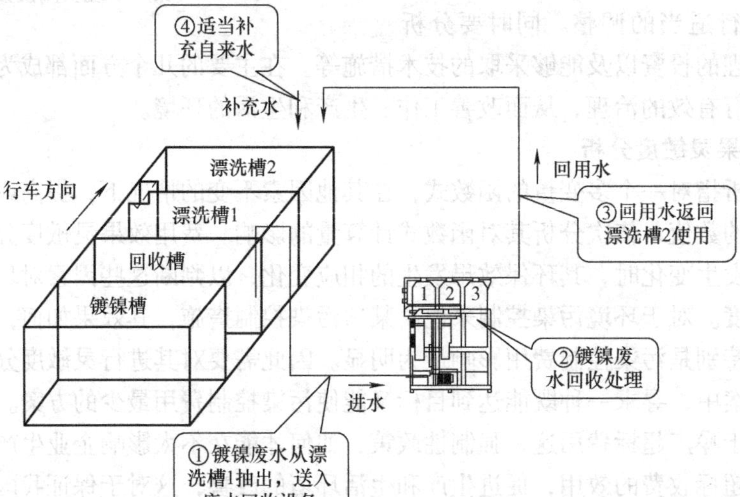

图 7-7 直接循环回收法示意图

该方法的优点是设备安装方便，操作简单；缺点是需要补充部分新鲜水，以防止盐分积累而影响镀件清洗效果，节水率随补水量的增加而减少。根据大多数用户的使用情况来看节水率达到70%左右，溢流排放水的镍离子含量降低90%是完全可能的。

2. 间接回收法

间接回收法指的是镀镍废水经过回收设备处理后净化的水不直接返回镀镍漂洗槽循环回用，而是间接回用于其他工位的镀件清洗，如镀前活化清洗，除油、除锈清洗等。间接法的优点有三个：一是镀镍废水设备处理后的净化水可以100%回用于这些清洗要求相对较低的工序，全部或部分替代原来的清洗水，水的回用率高；二是经处理后的废水中镍离子的去除率一般可以达到99%以上，镍的回收率高，有利于废水回用和达标；三是可以将多条生产线的镀镍废水汇集后集中处理，有利于管理，有利于提高设备利用率。间接回收法的主要缺点是设备管路安装比直接回收法略复杂，设备运行管理中需要注意水量平衡。图7-8是设高位水箱间接回收法的工艺流程图。

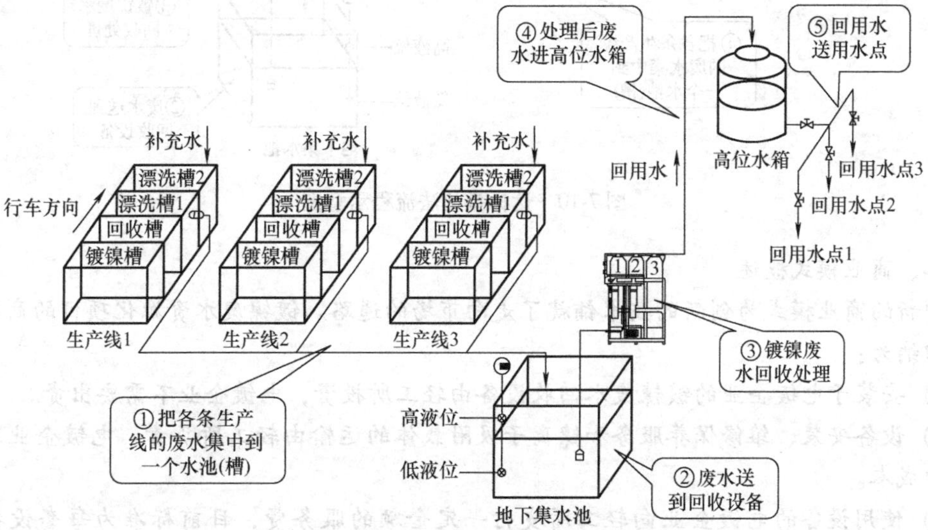

图7-8 设高位水箱的间接回收法示意图

如果只有一条生产线，也可以省去高位水箱直接送到需要用水的清洗槽，如图7-9所示。

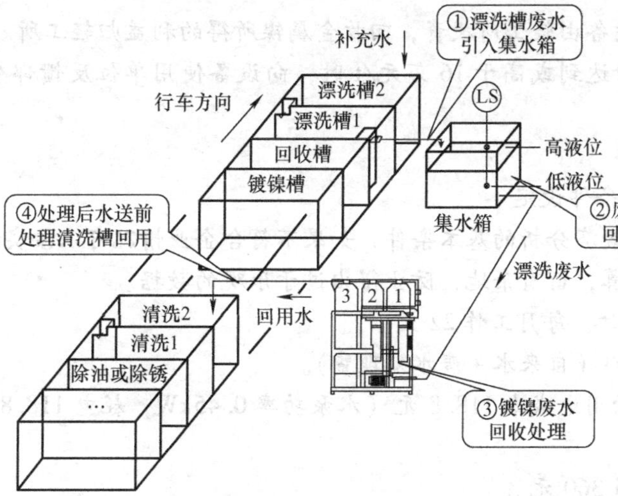

图7-9 省去高位水箱的间接回收法示意图

3. 达标排放法

对于某些电镀企业暂时不考虑回用废水，而将达标排放作为主要目的，可以采用图7-10方案。镀镍废水处理后排放废水的镍离子含量可以达到排放标准。虽然废水没有得到利用，但是保证废水达标对于企业和环境也是很有价值的。

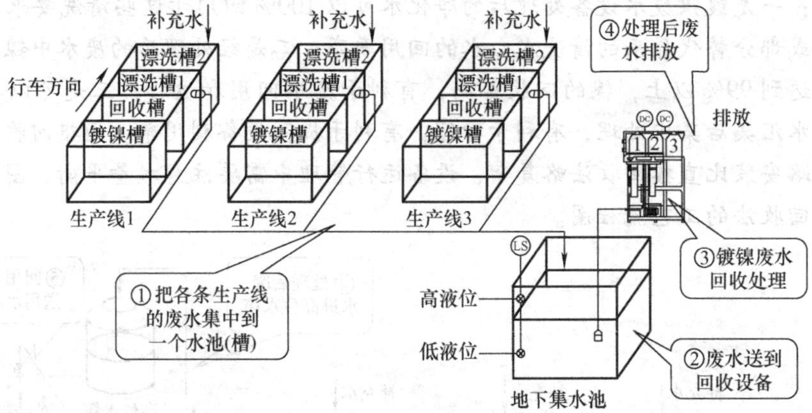

图7-10 达标排放法流程示意图

二、商业模式概述

创新的商业模式为创新的技术铺就了走向市场的通路。镀镍废水资源化项目的商务模式要点归纳为：

1）安装于电镀企业的镀镍废水回收设备由轻工所投资，电镀企业不需要出资。

2）设备安装、维修保养服务和镍离子吸附载体的运输由轻工所负责，电镀企业不需为此付出成本。

3）使用设备的电镀企业向轻工所支付一定金额的服务费，目前标准为每套设备每月360元（按年支付）。

4）通过设备使用，节约自来水、降低废水处理成本、达标排放和清洁生产所得的利益归设备使用单位。

5）镍提取、提纯设备由轻工所投资，回收金属镍所得的利益归轻工所。

6）当金属镍市场价达到或高于16万元/t时，向设备使用单位反馈部分回收和提取金属镍的收益。

三、经济效益分析

1. 经济效益测算的条件设定

设定以下条件作为经济分析的基本条件，如果不符合企业情况可以按实调整。这些条件设定的原则是不满打满算，留有余地，防止得出过于乐观的数据。

1）每天工作12小时，每月工作22天。

2）用水成本10元/t（自来水+废水处理费）。

3）每套设备每月的用电成本118.8元（水泵功率0.45kW，耗电118.8度/月，电费按1元/度计）。

4）服务费支出每月360元。

5）设备的废水平均处理能力设为$1m^3/h$（实际最大能力为$1.5m^3/h$以上），直接回收法的废水回收率为50%，(实际最高可达70%以上)，每小时节水0.5m^3。间接回收法的废水回用率100%，每小时节水1m^3。

2. 直接循环回收法经济效益

按照以上设定的条件，直接循环回收法每年可以节水1320t，获得经济效益10080元。计算依据如下：

月节水量=0.5t/小时×12小时/天×22天/月=132t/月

年节水=132t/月×12月/年=1584t/年

月节水减支=132t/月×10元/t=1320元/月

月电费支出：-118.8元/月

服务费支出：-360元

月经济效益=841.2元≈840元

年经济效益=840元/月×12月/年=10080元/年

3. 间接回收法经济效益

按照以上设定的条件，间接循环回收法每年可以节水2640t，获得经济效益25920元。(请读者试进行计算)

4. 达标排放法经济效益

达标排放方案不是以节约水为目的，不能计算节约水的效益，但是该方法对于节约废水处理成本也是非常有利的。经设备处理后废水中的镍离子含量已经达到排放标准，所以不必要为镍离子的处理投加大量氢氧化钠（为了镍离子达标往往要把pH值调节到11左右，碱的消耗量非常大)。如果镍离子达标的废水不与其他废水混合处理而是直接排到废水排放终端，设备使用单位可以根据自己的实际废水处理成本和废水量计算出因镀镍废水回收设备使用而带来的经济效益。以下举一个例子。

假设某企业原采用化学沉淀法处理镀镍废水，处理的成本为5元/t，废水量为每天8t，每天工作10小时，使用镀镍废水回收设备一套，废水处理后镍离子达标，直接与其他处理后达标的废水在总排放口汇合排放。根据这些条件可以计算出该企业每年可以节约废水处理成本5052元

月废水处理量=8t/天×22天/月=176t/月

月废水处理减支=176t/月×5元/t=880元/月

月电费支出：-99元/月

月服务费支出：-360元/月

月经济效益=421元/月

年经济效益=421元/月×12月/年=5052元/年

四、环境效益分析

1. 污染物削减，达标排放

镀镍废水资源化给企业带来的环境效益虽然无法用金钱衡量，但在某种程度上其意义远远大于经济效益。电镀废水中镍离子是一项排放限制严格、容易超标的污染物，为了达标不仅需要付出较高的成本，而且还会给其他金属离子的处理带来不利影响。面对新颁布的废水排放标准，电镀企业都面临新的考验，废水达标与否将关系到企业的生存与发展。

镀镍废水资源化项目的推广应用为电镀企业提供了既能获得经济效益又能获得环境效益的手段。直接回收法可以减少70%左右的镀镍废水，而且镍离子含量可以降低90%以上，废水处理负荷减轻，达标可靠性提高。间接回收法可以使100%的镀镍废水得到回用，不直接排放，镍离子的含量降低99%以上，达到新的电镀废水排放标准。

2. 清洁生产审核

根据《清洁生产促进法》的精神，电镀企业属于清洁生产重点审核对象，国家环保总局颁布的HJ/T314—2006《清洁生产标准电镀行业》明确规定了镀镍工艺的镍利用率标准（一级标准≥95%，二级标准≥92%，三级标准≥80%），新鲜水用水量标准（一级标准≤$0.1t/m^2$，二级标准≤$0.3t/m^2$，三级标准≤$0.5t/m^2$）和镀件带出液污染物产生标准（一级标准≤$0.3g/m^2$，二级标准≤$0.6g/m^2$，三级标准≤$0.71g/m^2$）。这些指标能否达到直接关系到电镀企业清洁生产审核的结果。镀镍废水资源化项目为达到清洁生产标准开辟了一条捷径，电镀企业在不需要设备固定资产投入的情况下实现节水减排的效果。在开展清洁生产活动过程中可以将镀镍废水资源化列入无低费方案，该方案实施所取得的效果对于达到审核标准有实质性的帮助。由轻工所回收的金属镍通过其他途径得到循环利用同样可以计入电镀企业的镍利用率，有利于提高该项指标的水平。镀镍废水经处理后回用于生产，用水量减少，有利于达到单位电镀面积新鲜水用量标准。镀镍废水中90%~99%以上的镍离子被回收，废水末端处理前的镍离子总量显著降低，有利于达到镀件带出液污染物产生指标。总之，镀镍废水资源化项目可以全面帮助企业达到或超过清洁生产中与镀镍工艺有关的审核标准。

3. 资源循环利用

我国是一个镍资源缺乏的国家，需求量的50%以上依赖进口，而每年从电镀废水中流失的金属镍却有数千吨之巨。这些金属镍流入环境是严重的污染物，如果能回收则是新的资源。镀镍废水资源化项目正是通过积少成多，把众多电镀企业废水中的镍聚集起来，在为电镀企业创造经济和环境效益的同时将污染环境的金属镍转化为可以重新利用的镍产品，为缓解我国镍资源的紧缺局面作出贡献。

通过以上分析可以看到镀镍废水资源化项目对于企业、对于环境、对于资源的循环利用都有积极的作用，因此可以充满信心地说建立在多方共赢基础上的该项目具有广阔的前景。

——资料来源：慧聪表面处理网，http://info.pf.hc360.com/2011/07/010903293595.shtml

思考与练习

1. 名词解释：费用效益分析、公共工程项目、直接费用、间接费用、直接效益、间接效益、费用效益比、净效益、环境退化成本、虚拟治理成本、剂量—反应关系、机会成本、资产价值、费用效果分析。
2. 费用效益分析有哪些研究对象？
3. 试举例说明费用效益分析中直接费用、间接费用、直接效益、间接效益的概念和关系。
4. 简述计算环境价值量的两种基本方法。
5. 你认为实施费用效益分析的关键是什么？为什么？
6. 简述实施环境费用效益分析需要具备的条件。
7. 简述环境费用效益分析程序。
8. 简述环境费用效益分析的基本方法。

9. 简述工程费用法的特点，并分析在实际工程中运用该法的可行性和合理性。

10. 简述环境费用效果分析的基本方法。

11. 某地大气中 SO_2 含量超标，引起该地农作物减产，该地区 5000 亩农田受到中度污染，农作物亩产为 200kg，农作物减产系数为 10%，该农作物的市场价格为 3.6 元/kg，求 SO_2 含量超标引起的该农作物的经济损失。

8

第 8 章 环境经济投入产出分析

本 章 摘 要

投入产出分析在环境经济系统中的应用始于20世纪70年代。环境经济系统的投入产出分析可用于研究经济发展与环境保护的关系，但是我国对于环境经济的投入产出分析起步较晚，在后期的一些研究中也取得了一些成果，为环境管理和决策提供了可靠的定量依据。本章将对环境经济投入产出分析的概况、原理及分析方法进行简要介绍。

8.1 环境经济投入产出分析概述

8.1.1 投入产出分析的起源及其发展

1. 投入产出分析的产生

投入产出分析在20世纪30年代产生于美国，它是由美国经济学家、哈佛大学教授瓦西里·里昂惕夫（Wassily Leontief）在前人关于经济活动相互依存性的研究基础上首先提出并研究的。

里昂惕夫从1931年开始研究投入产出分析、编制投入产出表，其目的是用以研究美国的经济结构。起初，他利用美国国情普查资料编制了美国1919年和1929年投入产出表，分析研究美国经济结构中的数量关系和美国经济的均衡问题，并于1939年9月在《经济学和统计学评论》上发表了《美国经济制度中投入产出数量关系》一文，这篇文章是世界上有关投入产出分析的第一篇论文，它标志着投入产出分析的诞生。1941年，里昂惕夫出版《美国经济结构，1919—1929年》一书，他在此书中详细地阐述了投入产出分析的主要内容。在1951年，里昂惕夫在增加了其主持指导编制的美国1939年投入产出表和一些论文的基础上，将《美国经济结构，1919—1929年》一书再版。1953年，里昂惕夫与他人合作出版了《美国经济结构研究》一书。通过这些论文和著作，里昂惕夫提出了投入产出表的编制方法，奠定了投入产出分析的基本原理，开创了投入产出技术的新纪元。由于里昂惕夫在投入产出分析方面的卓越贡献，于1973年他获得了第五届诺贝尔经济学奖。

投入产出分析的产生，是社会化大生产和社会生产力高度发展在客观上对经济理论和经济管理数量化、科学化、精确化的迫切要求。

2. 投入产出分析的发展

从投入产出分析的产生、发展到现在，已经经过了半个多世纪，在投入产出表的原理、投入产出表的编制技术、投入产出分析的方法、投入产出表的应用等方面都有了很大的发展。

里昂惕夫提出投入产出分析方法后，最初并没有得到各国政府和经济学界的重视，直到第二次世界大战发生后，各国政府加强了对经济的控制和干预，迫切需要有一种比较科学、比较精确的经济计量方法，投入产出分析这项技术才引起人们的重视，并且得到普及和推广，并被应用到经济运行中。

1942—1944 年，美国劳工部劳动统计局在里昂惕夫的指导下，编制了美国 1939 年的投入产出表，并利用其研究经济结构，预测战后美国钢铁工业的生产和美国的就业情况，制订战时军备生产计划，研究裁军对美国经济的影响，收到了比较好的效果，得到了美国政府和经济界的重视和关注，引起了世界各国的关注。1949 年，美国劳工部与美国空军合作，编制了美国 1947 年投入产出表。之后，美国又先后编制了 1958 年、1961 年、1963 年、1966 年、1972 年、1980 年、1986 等年份的投入产出表。

由于投入产出分析的科学性、先进性和实用性，自 20 世纪 50 年代以来世界各国纷纷研究投入产出分析，编制投入产出分析表，应用投入产出表。据不完全统计，到 1950 年，编制投入产出表的国家有美国、英国、荷兰、丹麦、加拿大、澳大利亚、波多黎各、阿根廷等国；到 1960 年，编制投入产出表的国家有 57 个；到 1970 年，编制投入产出表的国家有 86 个；到 1980 年，编制投入产出表的国家有 98 个；到 1990 年，除个别国家外，世界上绝大多数国家都编制出了投入产出表。

早期的投入产出分析表比较简单，一般都是静态型的。由一个中间使用流量矩阵，及其右边联结的一个最终使用向量、下边联结的最初投入向量组成，经过几十年的发展，投入产出分析的原理已经比较成熟，并在深度方面又有很大的发展。这些发展主要是：

1）外生变量内生化，静态模型向动态模型发展。

2）投入产出表的直接消耗系数的修订和预测。

3）投入产出的优化模型。

4）投入产出分析与其他数量经济分析方法相结合、相渗透。

投入产出分析在应用方面也有很大的扩展，这些扩展不仅体现在应用的深度，还体现在应用的广度方面。此扩展包括：①地区间研究；②固定资产、核算劳动、投资；③环境污染及其治理研究；④特殊领域的应用，包括收入分配、教育、人口、国际贸易、生态保护等。

随着投入产出分析的发展和国民经济核算（SNA）体系的完善，投入产出分析已成为国民经济核算（SNA）体系的重要组成部分，联合国统计司于 1968 年将其纳入 SNA 体系之中，于 1971 年将其纳入物质产品平衡表体系（MPS）之中。

将投入产出分析纳入到国民经济核算体系中，它完善了国民经济核算体系，扩充了国民经济核算体系的功能，丰富了国民经济核算体系的内容，它使得国民经济核算体系的诸多核算间建立了联系，已成为国民经济核算体系的重要支柱。

8.1.2 投入产出分析在中国的发展

我国的投入产出分析工作是从20世纪50年代末、60年代初开始的。当时经济理论界和一些高等院校的少数学者开始对投入产出分析进行研究，在个别高等院校还开设了投入产出分析课程，这些仅限于理论研究。

1974年8月，为研究宏观经济的需要，在国家统计局和国家计委的组织下，由国家计委、国家统计局、中国科学院、中国人民大学、北京经济学院等单位联合编制了1973年全国61种产品的实物型投入产出表。

1978年党的十一届三中全会以后，党和国家的工作重点转移到经济建设上来，这就为包括投入产出技术在内的现代经济数量分析方法的研究和应用创造了条件。在国家统计局的统一组织下，投入产出表的编制工作、投入产出分析的研究工作、投入产出分析的应用工作得到了迅速的发展。

1980年，国家统计局正式布置山西省统计局编制山西省1979年投入产出表，以探索编制全国投入产出表的经验；1982年，国家统计局和国家计委组织有关部门试编1981年全国投入产出表；1984年，国家统计局在1981年全国投入产出表（试编）的基础之上，编制了1983年全国投入产出表（延长表）；到1987年以前，除个别地区，全国各省（自治区、直辖市）都编制了本地区投入产出表，一些部门还编制了部门投入产出表，一些企业也编制了企业投入产出表。

1987年3月，为了适应我国改革开放的需要，为加强国民经济宏观调控、宏观管理，为宏观决策科学化，国务院办公厅发出《关于进行全国投入产出调查的通知》，在全国进行1987年投入产出调查，编制《中国1987年投入产出表》，并决定每5年进行一次。在国务院全国投入产出调查协调小组的统一领导下，在国家统计局的组织实施下，《中国1987年投入产出表》于1988年底编制成功。《中国1987年投入产出表》从我国经济运行的实际出发，设计了"积木式、板块化"的科学结构，具有多种转换功能，其编制实用性强，技术先进，应用成果显著，达到了国际先进水平。《中国1987年投入产出表》的编制成功和它在宏观经济中的成功应用，标志着我国投入产出分析已步入世界先进行列。

投入产出分析已在我国进行了成功的应用，投入产出表已成为我国宏观经济调控、宏观经济决策和宏观经济管理缺之不可的重要工具。它在我国主要在以下七个方面得到了应用：

1）为改革开放、发展社会主义市场经济服务。

2）用于计划和规划的调整和验证，用于经济预测。

3）用于产业结构、产品结构的调整，用于产业政策和产品政策的制定。

4）用于政策模拟。

5）用于专项重大问题研究（如环境问题和人口问题等）。

6）用于经济结构分析和研究。

7）加强企业经营管理，提高企业经济效益。

投入产出分析在环境经济系统中的应用始于20世纪70年代。国外一些国家和地区，如日本、美国、加拿大及欧盟等，对环境保护与经济发展的关系十分重视，为了解决环境保护和经济发展相协调的问题，他们首先把投入产出法引进环境经济系统，建立了一系列环境经济投入产出模型。我国在环境经济投入产出模型的研究与应用方面也取得了一些较好的成果，为环境管理和决策提供了可靠的定量依据。如内江地区环境经济问题研究、天津市生态系统和综合防治的研究中，都应用了投入产出分析。

8.2 环境经济投入产出分析原理

8.2.1 投入产出分析的基本概念

所谓投入产出分析，就是对经济系统的生产与消耗关系进行综合考察和数量分析。在现代经济活动中，生产任何一种产品都要消耗原燃料、材料、动力，都要投入劳动力，都要上缴利润和税金；而生产出来的产品，或用于生产其他产品时使用，或用于形成固定资产，或用于消费，或用于增加库存，或用于出口。以钢材为例，在生产过程中，要消耗生铁、焦炭、电、水等，还要支付劳动报酬、上缴利税等，而钢材生产出来之后，又用于生铁、矿石、煤、电、焦炭、水等产品的生产，还用于出口等。由此可见，不同生产部门之间存在着不同的相互关联的关系。为了描述这种相互关联的关系，同时从生产和使用的角度来研究不同生产部门之间的经济活动，并将其绘制成一张表格，这样便构成了投入产出表。投入产出表是进行投入产出分析的基础。它以简明而又系统的结构，全面反映了国民经济各部门之间、各种产品之间生产和使用的经济技术关系。

投入产出表根据应用的地域范围，可以分为世界投入产出表、国家投入产出表、地区投入产出表、部门投入产出表、企业投入产出表以及地区间投入产出表；根据用途，可以分为劳动投入产出表、固定资产投入产出表、教育投入产出表、能源投入产出表、环境保护投入产出表、信息投入产出表等；根据是否包含时间变化因素，可以分为静态投入产出表、动态投入产出表；根据计量单位的不同，可以分为实物型投入产出表、价值型投入产出表。我们通常所说的投入产出表，一般是指应用比较广泛而且较为成熟的静态实物型和价值型投入产出表。

8.2.2 投入产出表的基本结构

投入产出表根据计量单位的不同，分为实物型和价值型投入产出表。此处以价值型为主要内容，对实物型仅作简单介绍。

1. 实物型投入产出表

表8-1是实物型投入产出表，表中共包括 n 类产品。从横行看，反映的是各类产品的分配及使用情况，它的一部分作为中间产品供其他产品生产中消耗；另一部分作为最终产品供消费、积累及出口等使用，两部分相加，即为一定时期内各类产品的生产总量 Q；从纵列看，反映了各类产品的生产过程中需要消耗的产品数量（q_{ij}表示第 j 种产品生产中消耗的 i 种产品的数量，$i, j=1, 2, \cdots, n$）。由于各种产品计量单位各不同，所以无法相加；此外，将各类产品的活劳动消耗单列一行，用 q_{0i} 表示，它反映了各类产品的资源与分配使用的平衡情况。

表 8-1 实物型投入产出表

投入 \ 产出	中间产品 1	2	…	n	最终产品	总计
1	q_{11}	q_{12}	…	q_{1n}	y_1	Q_1
2	q_{21}	q_{22}	…	q_{2n}	y_2	Q_2
⋮	⋮	⋮		⋮	⋮	⋮
n	q_{n1}	q_{n2}	…	q_{nn}	y_n	Q_n
劳动	q_{01}	q_{02}	…	q_{0n}	—	U

2. 价值型投入产出表

价值型投入产出表是根据价值形态的投入产出而编制的表。价值型投入产出表将整个国民经济分为若干个部门，并以货币为计量单位，所以它比实物表包含的范围全面而广泛。价值表横行反映各部门产品的分配运动过程，纵列反映的是各部门产品的价值运动过程。价值型投入产出表见表 8-2。

表 8-2 价值型投入产出表

投入来源 \ 分配动向		中间产品 部门1	部门2	…	部门n	小计	最终产品 消费	储备	积累	出口	合计	总产品
物质消耗	部门1	x_{11}	x_{12}	…	x_{1n}	U_1					Y_1	X_1
	部门2	x_{21}	x_{22}	…	x_{2n}	U_2					Y_2	X_2
	⋮	⋮	⋮	Ⅰ	⋮	⋮			Ⅱ		⋮	⋮
	部门n	x_{n1}	x_{n2}	…	x_{nn}	U_n					Y_n	X_n
	小计 C_j	C_1	C_2	…	C_n	C					Y	X
新创造价值	劳动报酬 u_j	V_1	V_2	…	V_n	V						
	社会纯收入 m_j	M_1	M_2	Ⅲ	M_n	M				Ⅳ		
	小计 N_j	N_1	N_2	…	N_n	N						
总投入 X_j		X_1	X_2	…	X_n	X						

表 8-2 中的物质消耗包括为生产过程中投入的物质生产要素，即生产所消耗掉的那部分生产资料，也称为生产性消费。它包括生产中实际消耗的材料、原料、电力、燃料、种子饲料，支付的生产性服务报酬如邮电费、外雇运输费、委托其他企业进行半成品加工费和修理费，以及生产性固定资产的折旧费等生产物资的消耗。

中间产品指在产品生产过程中所消耗的产品，它的总量与物质消耗总量相等。中间产品是指 i 物质生产部门的部分产品，以中间产品的形式卖给 j 部门作为原材料投入生产中去的产品（含本部门的自耗）。这样一来，它与物资消耗构成各部门在生产过程中的中间产品相互交流表，属于产品价值的转移部分，它反映国民经济各部门间的生产技术经济联系，是投入产出表的基本部分。

最终产品是指一定时期内退出生产过程的供最终使用的那部分社会产品，包括供人们消费、投资或资金积累、国家储备、出口等产品。它体现了生产过程中活劳动所创造的价值或国民收入的最终分配使用情况，因此也反映出国民经济中的经济联系。

新创造价值为生产过程中投入的社会劳动力这个最主要的生产要素的活动结果。它代表着劳动者新创造的物质财富，其中包括劳动经物化后直接进入最终产品的部分。包括劳动者为自己所创造的价值，以及为社会所创造的价值，即劳动者由劳动所得的个人收入，以及社会所得的利润、税收等社会生产的纯收入。它是各部门的净产值之和，是一定时期内物质生产部门新创造的物质财富，反映了国民收入的初次分配情况。

从表8-2可见，由横竖两条线把投入产出表中间部分划分成四个部分。按照左上、右上、左下、右下的排列次序，分别将这四部分称为Ⅰ、Ⅱ、Ⅲ、Ⅳ象限。

第Ⅰ象限是由名称相同、排列次序相同、数目一致的n个产品部门纵横交叉而形成的。每一行表示的是一个部门的产品分配给各部门（包括本部门）作为生产性消耗的中间产品。每一列表示的是一个部门生产中所消耗各部门（包括本部门）产品的数量。它充分揭示了国民经济各部门的产品之间相互依存、相互制约的技术经济联系，反映了国民经济各部门之间相互依赖、相互提供劳动对象供生产和消耗的过程。这种联系主要是由一定时期的生产技术条件和经济条件所决定的。这一部分是投入产出表的核心。表中每个数字x_{ij}都具有双重含义：从横向看，它表明第i个产品部门的产品或服务提供给第j个产品部门使用的数量，从纵向看，它表明第j个产品部门在生产过程中消耗第i个产品部门的产品或服务的数量。

第Ⅱ象限实质上是第Ⅰ象限在水平方向上的延伸，因而其竖向与第Ⅰ象限的竖向相同，也是n个产品部门，其横向是总消费、总积累、进出口等各种最终产品。这一部分表示各生产部门从实物上和价值上对生产中的消耗进行补偿之后供给社会直接消费及积累等方面的产品部分的分配情况以及满足社会最终产品的需求程度。它反映的是各产品部门的产品或服务用于各种最终使用的数量，反映各种最终产品的构成，它描述了一定时期内退出生产过程的供最终使用的那部分社会产品。第Ⅰ象限和第Ⅱ象限连接在一起，反映了国民经济各部门的产品或服务的分配使用去向。

第Ⅲ象限是第Ⅰ象限在垂直方向上的延伸，其竖向是劳动报酬、社会纯收入，其横向与第Ⅰ象限的横向相同，也是n个产品部门。这一部分反映的是各部门劳动者为全社会创造价值的形成过程和构成情况。第Ⅰ象限和第Ⅲ象限连接在一起，反映了国民经济各部门产品或服务的价值形成过程。

第Ⅳ象限是由第Ⅱ象限在垂直方向上的延伸和第Ⅲ象限在水平方向上的延伸交叉而形成的，其竖向与第Ⅲ象限的竖向相同，横向与第Ⅱ象限的横向相同，它反映了一部分国民收入再分配过程以及国民经济非生产领域的行政机关、事业单位和工作人员等的收入分配情况。由于它所体现的经济关系非常复杂，限于理论和技术上的原因，在投入产出表中通常将这一部分忽略。

8.2.3　投入产出表的平衡关系

投入产出表有以下四个基本平衡关系：

1）第Ⅰ象限中的物质消耗之和等于中间产品之和，说明生产过程中的生产资料的消耗

必须以同等数量的中间产品来补偿，即

$$\sum_{j=1}^{n} C_j = \sum_{j=1}^{n}\sum_{i=1}^{n} x_{ij} = \sum_{i=1}^{n}\sum_{j=1}^{n} x_{ij} = \sum_{i=1}^{n} U_i \quad (i,j = 1,2,3,\cdots,n) \tag{8-1}$$

2）第Ⅱ象限的合计等于第Ⅲ象限的合计，说明在不考虑出口等因素的情况下，社会生产的国民收入与社会最终分配的国民收入相等，即

$$\sum_{i=1}^{n} Y_i = \sum_{j=1}^{n} N_j = \sum_{j=1}^{n} (V_j + M_j) \quad (i,j = 1,2,3,\cdots,n) \tag{8-2}$$

但是，由于国民收入需要再分配，所以每部门生产的国民收入和它最终分配的国民收入不一定相等。

3）一行的总计等于每一列的总计，说明在不考虑出口因素时，各部门生产的产品和分配使用的产品在总量上相等，即

$$\sum_{j=1}^{n} x_{ij} + Y_i = \sum_{i=1}^{n} x_{ij} + N_j \quad (i,j = 1,2,3,\cdots,n) \tag{8-3}$$

4）第Ⅰ象限与第Ⅱ象限之和等于第Ⅰ象限与第Ⅲ象限之和，说明整个社会产品的生产与使用量相等，即

$$\sum_{i=1}^{n} X_i = \sum_{i=1}^{n} (\sum_{j=1}^{n} x_{ij} + Y_i) = \sum_{j=1}^{n} (\sum_{i=1}^{n} x_{ij} + N_j) = \sum_{j=1}^{n} X_j \quad (i,j = 1,2,3,\cdots,n) \tag{8-4}$$

8.2.4 投入产出表的主要系数

1. 直接消耗系数

直接消耗系数指的是一个部门每生产一个单位产品所需要消耗有关投入部门产品的数量，它反映了部门间单位产品的消耗量。直接消耗系数一般用 a_{ij} 表示，其计算公式为

$$a_{ij} = \frac{x_{ij}}{X_j} \quad (i, j = 1,2,3,\cdots,n) \tag{8-5}$$

其中，活劳动的直接消耗系数用 a_{nj} 表示为

$$a_{nj} = \frac{N_j}{X_j} = \frac{V_j + M_j}{X_j} \quad (i,j = 1,2,3,\cdots,n) \tag{8-6}$$

由于投入产出表分为实物型和价值型，所以用实物量计算的直接消耗系数与用价值量计算的直接消耗系数所揭示的部门联系是不同的。对于用实物量计算的直接消耗系数，由于其仅受生产技术的影响，因而其反映的是各类产品生产过程中的技术联系；对于用价值量计算的直接消耗系数，由于其中包含了价格等经济因素，因而它除了受技术条件的影响外，还受产品或服务的价格及产品部门内部的结构等因素的影响，从而用价值量计算的直接消耗系数反映的是国民经济各部门、各产品之间的技术经济联系。

用价值量计算的直接消耗系数 a_{ij}，从表 8-2 不难看出，其数量大小的范围为 $0 \leqslant a_{ij} < 1$。在此范围内，如果 a_{ij} 越大，则说明第 i 部门和第 j 部门之间的直接相互依赖性就越强，直接技术经济联系越密切；如果 a_{ij} 越小，则说明第 i 部门和第 j 部门之间的直接相互依赖性越差，直接技术经济联系越松散；如果 $a_{ij} = 0$，则说明第 i 部门和第 j 部门之间没有直接相互依赖性，也没有直接的技术经济联系。显而易见，直接消耗系数是一个 $n \times n$ 阶的方阵，把 a_{ij} 表示成矩阵，就得到直接消耗系数矩阵表，即

$$\boldsymbol{A} = (a_{ij})_{n \times n} \tag{8-7}$$

直接消耗系数是投入产出模型的核心，引入直接消耗系数后，就可以把经济因素和技术因素有机结合起来，使经济工作真正地建立在定性定量分析基础之上。

2. 完全消耗系数

我们都知道，炼钢需要消耗大量的电力，这是炼钢对电力的直接消耗。另外，炼钢还需要消耗铁、焦炭以及冶金设备等，而炼铁、炼焦和制造设备也要消耗电力，这就是炼钢通过间接形式对电力的一次间接消耗。继续分析下去，可以找出炼钢对电力的二次、三次等多次的间接消耗。由此可见，国民经济各部门、各产品之间的技术经济联系，除了直接联系之外，还有间接联系，二者相结合才是全部联系。正是由于不同部门之间存在的这种错综复杂的关系，故而对一个部门的最终需要的变化就会引起整个系统的一系列变化，不仅所考虑部门的产量会发生变化，而且在系统中的大多数部门甚至所有部门的产量都会发生变化。直接联系已通过直接消耗系数得以揭示，而间接联系就要通过计算完全消耗系数才能得到。因此，除了要计算直接消耗系数外，还必须要计算完全消耗系数，以揭示国民经济各部门、各产品之间的全部联系。它反映了部门间的直接和间接的全部技术经济联系，比直接消耗系数更能全面揭示各部门间的数量关系。

所谓完全消耗系数，就是指某部门生产单位最终产品所需要消耗另一部门产品的总量，由直接消耗和间接消耗两部分组成，即

完全消耗系数 = 直接消耗系数 + 间接消耗系数

用 b_{ij} 表示完全消耗系数。它表示生产单位 j 部门最终产品需完全消耗 i 部门产品的数量，即直接消耗 j 部门产品和间接消耗 i 部门产品的数量之和。如果生产单位第 j 部门最终产品对第 i 部门产品的间接消耗可以通过第 k 部门的中间产品形成，那么 $b_{ik}a_{kj}$（$k=1, 2, 3, \cdots, n$）表示了 j 部门生产单位最终产品时通过中间部门 k 实现的对 i 部门产品的间接消耗量，对 j 个中间部门累加，得到 $\sum_{k=1}^{n} b_{ik}a_{kj}$，这就是 j 部门生产单位最终产品对 i 部门产品的所有间接消耗。由此可得

$$b_{ij} = a_{ij} + \sum_{k=1}^{n} b_{ik}a_{kj} \quad (i,j = 1,2,3,\cdots,n) \tag{8-8}$$

用矩阵可以表示为

$$\boldsymbol{B} = \boldsymbol{A} + \boldsymbol{B}\boldsymbol{A} \tag{8-9}$$

可以进行如下的变换

$$\boldsymbol{B} - \boldsymbol{B}\boldsymbol{A} = \boldsymbol{A}$$

$$\boldsymbol{B} - \boldsymbol{B}\boldsymbol{A} = \boldsymbol{I} - \boldsymbol{I} + \boldsymbol{A}$$

$$\boldsymbol{B}(\boldsymbol{I} - \boldsymbol{A}) = \boldsymbol{I} - (\boldsymbol{I} - \boldsymbol{A})$$

$$\boldsymbol{B}(\boldsymbol{I} - \boldsymbol{A})(\boldsymbol{I} - \boldsymbol{A})^{-1} = [\boldsymbol{I} - (\boldsymbol{I} - \boldsymbol{A})](\boldsymbol{I} - \boldsymbol{A})^{-1}$$

得

$$\boldsymbol{B} = (\boldsymbol{I} - \boldsymbol{A})^{-1} - \boldsymbol{I} \text{ 或 } \boldsymbol{B} + \boldsymbol{I} = (\boldsymbol{I} - \boldsymbol{A})^{-1} \tag{8-10}$$

式中　I——单位矩阵。

由此，便可以求解出完全消耗系数，若有必要还可求解出间接消耗系数，从而可得知生产某产品对另外一种产品的直接与间接消耗。

8.2.5　投入产出分析的数学模型

投入产出表的基本数学模型也是一种经济数学模型，是利用数学方程式的形式来反映客

观经济过程和经济结构的，它是根据投入产出表所反映的经济内容，利用线性代数原理而建立起的两组线性方程组。

1. 投入产出分析的几个假定

1）假设每个生产部门只生产一种产品，而且只由一种生产技术方式进行生产。但在实际中，由于部门分类不可能很细，因而很难符合这个假设。但相对来说，实物型要比价值型更接近于以上假设。

2）假设产出与投入为线性正比关系。其实，直接消耗系数本身已经隐含着这个假设。因而对于产出与投入成非线性、指数型关系都不能应用。

3）假设直接消耗系数在一定时期内为一定值。如果用于预测，则需要对变化可能性较大的直接消耗系数进行修订或者适当调整。影响直接消耗系数变化的主要因素有价格因素和技术因素，通过不变价格能部分消除价格因素的影响，但技术因素则往往不可忽略且较难消除。

2. 投入产出分析的数学模型

（1）投入产出表的行模型——产品分配平衡方程　投入产出表的行模型是根据投入产出表的横行而建立的经济数学模型，其经济含义是揭示的是国民经济各部门生产的产品或服务的分配使用去向。

由表 8-2 可知，第Ⅰ象限和第Ⅱ象限的各行组成一个方程组，其表达式为

中间产品 + 最终产品 = 总产品

即
$$\sum_{j=1}^{n} x_{ij} + Y_i = X_i \quad (i = 1,2,\cdots,n) \tag{8-11}$$

将各部门的直接消耗系数 a_{ij} 引入就可以得到

$$\sum_{j=1}^{n} a_{ij}X_j + Y_i = X_i \quad (i = 1,2,\cdots,n) \tag{8-12}$$

上式可用矩阵表示为

$$\boldsymbol{AX} + \boldsymbol{Y} = \boldsymbol{X} \tag{8-13}$$

或表示为
$$\boldsymbol{X} = \boldsymbol{Y}(\boldsymbol{I} - \boldsymbol{A})^{-1} \tag{8-14}$$

$$\boldsymbol{X} = \boldsymbol{Y}(\boldsymbol{B} + \boldsymbol{I}) = \boldsymbol{YB} + \boldsymbol{Y} \tag{8-15}$$

从式（8-13）与式（8-15）的比较可以看到，直接消耗系数和总产品相联系，即从总产品出发来研究和计算各部门间的物质消耗关系；完全消耗系数则是与最终产品相联系，即从最终产品出发，来研究部门间的物质消耗关系。由此，就可以分别从总产品和最终产品出发，来研究各部门之间的物质消耗关系。

（2）投入产出表的列模型——产值平衡方程　投入产出表的列模型是根据投入产出表的纵列而建立的经济数学模型，其经济含义揭示了国民经济各部门、各产品在生产经营过程中所发生的各种投入，反映了国民经济各部门产品或服务的总价值的形成过程。

由表 8-2 可知，第Ⅰ象限和第Ⅲ象限的各列组成一个方程组，其表达式为

物质消耗转移价值 + 新创造价值 = 总产值

即
$$\sum_{i=1}^{n} x_{ij} + V_j + M_j = X_j \quad (j = 1,2,\cdots,n) \tag{8-16}$$

可以看到 $N_j = V_j + M_j$，将各部门的直接消耗系数 a_{ij} 引入上式可得

$$\sum_{i=1}^{n} a_{ij}X_j + N_i = X_j \quad (j = 1,2,\cdots,n) \tag{8-17}$$

令

$$\boldsymbol{A}_c = \begin{pmatrix} a_{c1} & & & 0 \\ & a_{c2} & & \\ & & \cdots & \\ 0 & & & a_{cn} \end{pmatrix} \tag{8-18}$$

其中，$a_{cj} = \sum_{i=1}^{n} a_{ij} \quad (i = 1,2,\cdots,n)$

用矩阵表示式（8-12），经数学变换后可得

$$\boldsymbol{X} = \boldsymbol{N}(\boldsymbol{I} - \boldsymbol{A}_c)^{-1} \tag{8-19}$$

$(\boldsymbol{I} - \boldsymbol{A}_c)$ 称为新创造价值系数方程，就是由各部门新创造价值占总价值的比重所组成的矩阵，它也可以通过计算劳动消耗系数 a_{nj}得到，计算如下

$$a_{nj} = \frac{N_j}{X_j} = \frac{V_j + M_j}{X_j} = a_{vj} + a_{mj} \quad (j = 1,2,\cdots,n) \tag{8-20}$$

考虑到各部门的物质消耗系数 a_{cj}与活劳动消耗系数 a_{nj}之和为1，则有

$$a_{cj} + a_{vj} + a_{mj} = a_{cj} + a_{nj} = 1 \tag{8-21}$$

$$1 - a_{cj} = a_{nj} = a_{mj} + a_{vj} \tag{8-22}$$

从式（8-14）和式（8-19）可以看到，产品分配平衡方程揭示的是总产品与最终产品的关系，而产值平衡方程揭示的是总产品与新创造价值的关系，但两者的本质是反映总产品与国民收入之间的关系。此外，分配平衡方程无论对价值型还是对实物型都适用，而产值平衡方程仅对价值型适用。

8.3 环境经济投入产出分析方法

在国民经济活动中，除了有原材料、生产资料和劳动力的投入外，还有环境资源，比如空气、水、土地等的投入。由于生产技术和管理水平的限制，以及考虑产品的经济合理性，生产中除了产品外，还有一部分未被利用的物质，即废物。它被排入环境中，一部分被自然界分解、净化，一部分则会留在环境中，并对环境产生危害。因此，为了使经济与环境协调发展，维护自然生态的平衡，就要采取治理与削减废物的措施，但这种措施又必然要消耗经济产品与物资，可能还会产生二次废物。从经济活动规律与物质不灭定律来看，任何经济活动最终必然会产生一些废物。如果把这些废物当作一种产出，这种产出以价值表示就是经济损失，以实物表示就是污染物量，这样就可以把它引入投入产出表中，从而建立环境经济投入产出模型。

8.3.1 投入产出分析的基本假定

投入产出模型与其他经济数学模型一样，是对经济现象的一种抽象描述。它只能反映经济客体的主要特征，而不能毫无遗漏地再现经济客体原型。为此，在建立模型时必须依据科

学的理论，舍弃或抽象掉一些次要的、非本质的因素，而作出合理的假定。

1. 纯部门假定

纯部门假定也就是同质性的假定，每个产业部门只生产一种特定的同质产品，并且具有单一的投入结构，而且只是用单一的生产技术方式进行生产。不同产业部门的产品之间没有替代性。这个假设包含以下含义：

1）归入某一生产部门内部的所有产品应该是完全可以互相替代的，或者说这些产品本身能按严格的比例关系进行生产。

2）每个生产部门只有一个单一的投入结构。

3）不同生产部门之间的产品没有可替代性，换句话说，同一种产品或者某些近似的代用品，不能包括在两个不同的部门之中。

这个假设的意义在于，使得每个部门都成为一个单纯生产某种产品的集合体，以使模型能够反映各部门产品的不同用途，并按不同的用途说明其使用去向。同时，不考虑部门内部生产过程中不同生产技术的差异和产品的相互替代，其目的是使模型能准确反映各部门产品的物质消耗构成，因而在“产品”与“部门”之间建立起一一对应的关系。

2. 直接消耗系数稳定性假设

直接消耗系数稳定性假设，即假设直接消耗系数 a_{ij} 在一定时期内是固定不变的。这一假设包含两层含义：一个方面，直接消耗系数不随时间变化，即在一定时期内，各部门的生产技术水平保持不变，抽象了劳动生产率提高与技术进步的因素；另一个方面，直接消耗系数在同一部门的各企业之间保持不变，即同一部门内各企业的技术水平、技术条件相同，或者它们有相同的消耗系数，或者整个部门各企业的平均数为直接消耗系数。在建立投入产出分析模型的过程中，国民经济各部门间的生产技术联系是通过直接消耗系数来建立的，并通过计算（$\boldsymbol{I}-\boldsymbol{A}$）的逆矩阵来反映国民经济各部门、再生产各环节之间的间接联系，可以说 a_{ij} 是投入产出模型的一个基础，直接消耗系数越准确，越能通过投入产出模型反映客观经济过程的实际。一旦离开了这个假设，静态的投入产出模型无法构造，动态的投入产出模型无法求解。

在实际经济生活中，生产技术是在不断变化发展的，新材料的应用、生产过程自动化、价格变动等原因都使直接消耗系数发生的变动，也就说明了它在时间上有不稳定性，因此，要使投入产出模型有实际的应用价值，就必须同时考察技术进步、价格变动的情况与趋势、部门构成变化，并掌握由此而引起的 a_{ij} 变化的规律性。无论哪个方面的因素发生变化，都会使直接消耗系数稳定性假设条件得不到满足，根据研究，技术进步是主要原因，应重点考察。

3. 比例性假设

比例性假设在西方国家也称为规模收益不变假定，即假设国民经济各部门投入与产出之间是成正比例关系的，即随着产品生产（产出）的增加，所需的各种消耗（投入）以同样的比例增加。这个假设实际上是直接消耗系数稳定性假设的延伸。

总而言之，在这三个假设中，纯部门假设是最重要，最核心的假设，其思想表明投入产出分析的基本研究方法是线性方法，并突出强调了直接消耗系数的重要性和意义。其他两个假设纯粹是为了简化问题的复杂性。

8.3.2 环境经济投入产出表

假定生产和消费产品同时排放 m 种废物（如废水中的有机物、硫化物、固体废渣、废气中的 NO_x等），在实际中，一种废物可由几个治理部门治理，一个治理部门也可以同时治理数种废物。但是为了简便，规定每种废物可以独立地由一个治理部门削减，而每个治理部门只处理一种废物，即废物与治理部门建立起一一对应关系。这种治理部门称为虚拟治理部门。

如果将生产活动中排放的废物以实物量形式表示，而相应废物的削减与治理以虚拟治理部门表示，废物排放行在表8-2第Ⅰ象限之下，虚拟治理部门列在表8-2第Ⅰ象限之右，即引入 m 种废物和 m 个虚拟治理部门，就构成一个引入废物和虚拟治理部门的投入产出表8-3，用矩阵表示，得到表8-4。

表8-3 引入废物和虚拟治理部门的投入产出表

产出 / 投入		计量单位	产品部门 1 2 … n	虚拟治理部门 1 2 … m	最终产品及最终需求领域产生的废物	总产品
产品部门	1 2 ⋮ n		q_{ij}	g_{ij}	Y_i^p	X_i^p
废物	1 2 ⋮ m		h_{ij}	z_{ij}	Y_i^w	X_i^w
新创造价值			N_j^p	N_j^w		

表8-4 引入废物和虚拟治理部门的投入产出矩阵表

产出 / 投入	产品部门	虚拟治理部门	最终产品	总产品
产品部门废物 新创造价值	$\boldsymbol{Q}$ $\boldsymbol{H}$ $\boldsymbol{N}^p$	$\boldsymbol{G}$ $\boldsymbol{Z}$ $\boldsymbol{N}^w$	$\boldsymbol{Y}^p$ $\boldsymbol{Y}^w$	$\boldsymbol{X}^p$ $\boldsymbol{X}^w$

表8-3和表8-4中：

$\boldsymbol{Q}=(q_{ij})_{n\times n}$表示产品部门的产品消耗矩阵，其中 q_{ij}为第 j 个产品部门消耗第 i 个产品部门的产品数量（i，$j=1$，2，…，n）；

$\boldsymbol{G}=(g_{ij})_{n\times m}$表示虚拟治理部门的产品消耗矩阵，$g_{ij}$为第 j 个虚拟治理部门在治理过程中消耗第 i 个产品部门产品的数量（$i=1$，2，…，n；$j=1$，2，…，m）；

$\boldsymbol{H}=(h_{ij})_{m\times n}$表示产品部门生产中排放或产生废物矩阵，其中 h_{ij}为第 j 个生产部门在生产过程中产生的第 i 种废物的数量（$i=1$，2，…，m；$j=1$，2，…，n）；

$\boldsymbol{Z}=(z_{ij})_{m\times m}$表示虚拟治理部门的废物排放矩阵，其中$z_{ij}$为第$j$个虚拟治理部门在治理废物过程中产生的第$i$种废物的数量（$i=1, 2, \cdots, m$；$j=1, 2, \cdots, m$）；

$\boldsymbol{Y}^{\mathrm{p}}=(Y_i^{\mathrm{p}})_{m\times i}$表示产品部门的最终产品列向量，其中$Y_i^{\mathrm{p}}$为第$i$个产品部门的最终产品数量（$i=1, 2, \cdots, n$）；

$\boldsymbol{Y}^{\mathrm{w}}=(Y_i^{\mathrm{w}})_{m\times i}$表示最终产品需求领域产生的废物总量列向量，其中$Y_i^{\mathrm{w}}$为最终产品需求产生的第$i$个废物总量（$i=1, 2, \cdots, m$）；

$\boldsymbol{N}^{\mathrm{p}}=(N_j^{\mathrm{p}})_{i\times n}$表示产品部门新创造价值行向量，其中$N_j^{\mathrm{p}}$为第$j$个产品部门的新创造价值量（$j=1, 2, \cdots, n$）；

$\boldsymbol{N}^{\mathrm{w}}=(N_j^{\mathrm{w}})_{i\times m}$表示产品虚拟治理部门的新创造价值行向量，其中$N_j^{\mathrm{w}}$为第$j$个虚拟治理部门治理第$j$个废物的新创造价值（$j=1, 2, \cdots, m$）；

$\boldsymbol{X}^{\mathrm{p}}=(X_j^{\mathrm{p}})_{n\times i}$表示产品部门的总产品列向量，其中$X_j^{\mathrm{p}}$为第$i$个产品部门的总产品（$i=1, 2, \cdots, n$）；

$\boldsymbol{X}^{\mathrm{w}}=(X_j^{\mathrm{w}})_{m\times i}$表示废物总量列向量，其中$X_j^{\mathrm{w}}$为第$i$种废物总量（$i=1, 2, \cdots, m$）。

为适应研究实际问题的需要，表8-3中的各行数据通常采用实物单位，因此表8-3各行具有可加性；而各列只有变换成价值形态，即消耗的实物形态产品数量乘以相应产品的价格、实物形态的废物乘以单位废物费用时，才具有可加性。

8.3.3 投入产出分析模型的分类

根据投入产出表建立起来的数学模型称为投入产出数学模型，简称投入产出模型。投入产出模型的分类方法很多，主要有：

（1）静态模型和动态模型　按照模型反映的时期来划分，可分为静态模型和动态模型两种。静态模型一般只研究某一年度的再生产过程，模型中的变量只涉及一年的横断面资料，而不反映时间因素的变化。动态模型研究的是若干个年度的再生产过程和各年度再生产过程之间的相互关系，主要研究基本建设投资对生产影响在时间上的滞后。

（2）价值型和实物型　投入产出模型按计量单位的不同，主要可分为价值型和实物型两种。在价值型投入产出表中，所有指标都以货币为计量单位；在实物型投入产术表中的大部分指标是以实物单位计量的，其中一部分指标可用价值单位或劳动价值单位计量。

（3）宏观模型和微观模型　投入产出表按资料范围可分为宏观模型和微观模型两大类。宏观模型包括国际模型、国家模型、地区模型、地区间模型、部门模型等。微观模型是指企业模型。

（4）报告期和计划期投入产出模型　投入产出表按资料的性质和内容划分，可分为报告期投入产出表和计划期投入产出表两大类。前者的资料均为报告期的实际统计资料；后者是计划数据，用于计划计算、计划安排和预测计划期国民经济的发展状况。

【案例】

《中国能源利用投入产出分析》揭示我国经济能耗变动的秘密

陈锡康

能耗强度问题是当代国民经济运行表现的一个重要指标，既关联于日益严重的能源紧张局势，又与温室气体排放和环境问题紧密联系在一起。降低能耗强度既是我国对国际社会的重要承诺，也是我国经济、社会和环境发展的必然要求。“十五”期间我国的能耗强度曾快速攀升，“十一五”的规划目标勉强完成，要完成“十二五”的规划目标，任务非常艰巨。宋辉、刘新建等承担了国家社科基金项目“我国能源利用效率和统计测度方法研究”，根据其研究成果撰写的《中国能源利用投入产出分析》一书最近出版。该书以诺贝尔经济学奖获得者瓦西里·里昂惕夫（Wassily Leontief）发明的投入产出技术为主要方法，辅以其他计量分析，从加快构建我国节能型产业体系、制定行业节能目标、引进先进节能技术和理顺能源价格等方面进行了定性定量的深入研究，提出了一些理论观点和方法，得出了一些重要结论。该研究的主要特点是理论上努力创新，实践上力求有效。

该项研究的重要创新成果之一是提出多因素多阶影响统计测度方法。流行的影响因素分析方法是结构分解技术（SDA）和对数平均 Divisia 指数法（LMDI），这两种方法的主要缺陷有二。一是不能分离因素之间的相互作用，二是其中各因素影响测度的统计基础不同，减弱了不同因素影响贡献之间的可比性。该书提出的多因素多阶影响分析法很好地解决了这些问题。例如，用流行方法分析我国能耗下降的各因素贡献，一般结论是技术节能和结构节能都作出了贡献，只是技术节能的贡献比较高，这就掩盖了我国一个时期中产业结构变动实际上加重了能耗问题的事实。书中对我国 1997 年以来各产业能源利用效率情况进行了系统分析，计算出了各种因素及其相互作用影响变化的贡献率，基本结论是：1997 年到 2007 年期间，我国单位 GDP 能耗下降的主要因素是能耗技术进步，而需求结构包括净出口结构或产业结构的作用常是负面的，而且很严重。这个研究结论对于政府制定产业政策和提出降低能耗保障措施有非常重要的参考价值。

该书在分析技术方面的另外两项重要工作是编制中国 2007 年可比价投入产出表和混合型能源实物—价值投入产出表。为进行不同时期的经济比较，编制不变价格数据系统是一项十分重要的基础工作。不变价格投入产出表对于应用投入产出技术非常重要。我国以前只有中国人民大学刘起运教授课题组编制的 1997—2005 年 62 部门可比价投入产出表。宋辉课题组以国家统计局编制的我国 2007 年现价投入产出表为基础，利用各种基础数据和数量方法编制了中国 2007 年不变价投入产出模型，为进行经济结构、能源消费等比较问题研究提供了基础资料。混合型实物——价值投入产出模型是研究宏观价格问题的重要数据基础，相关投入产出模型能够将经济系统中的实物运动和价值运动有机地融为一体，更全面、系统地反映整个经济系统的运行状态。混合型能源实物——价值投入产出模型为研究我国能源产品价格合理性问题提供了分析工具。

该研究的另一项重要工作是测算我国完成“十二五”规划降低能耗目标的可能性，这也是广大读者和实际工作者希望了解的。该书以我国 2010 年投入产出延长表为基础，从结构节能和技术节能两方面双向分析，提出了高中低三种目标方案。通过分析得出的结论是：采用比较折中而可行的方案，到“十二五”期末，我国亿元 GDP 综合能耗降低 17.75%，可以达到“单位国内生产总值能耗降低 16%”的规划目标，但是，要付出相当努力。这个结论很中肯，也比较符合我国的实际情况。

由于经济系统的极度复杂性，认识清楚问题已是不易，提出具有可行性的具体对策建议更是需要深入的专业知识和洞察力。在过去几年中，我国政府为此付出了艰苦的努力。该书通过对我国能源利用效率及其影响因素的系统分析，基于深入的经济技术分析结论，结合宏观形势分析和微观技术比较分析，提出结构节能、技术节能和价格调整等提高能源效率的三条主要途径，从产业结构调整、技术进步和价格管理等方面提出了对策建议，并尝试提出了一些保障措施，为我国实现“十二五”节能目标和持续提高能源利用效率提供了重要参考依据。

相信该书的出版，对于改进因素影响分析技术、进行全国和各区域能源利用效率影响因素分析有重要方法论作用，对政府部门制定节能减排规划和能源政策有重要参考意义。

（作者为中国科学院研究员、中国投入产出学会名誉理事长）

——资料来源：人民网，http：//scitech. people. com. cn/n/2013/1018/c1015-23242355. html

思考与练习

1. 名词解释：投入产出分析、中间产品、最终产品、直接消耗系数、完全消耗系数。
2. 投入产出分析可应用于哪些方面？在环境经济中投入产出分析得到怎样的应用？
3. 请简述价值型投入产出表的基本构成。
4. 试述直接消耗系数和完全消耗系数与总产品及最终产品间的关系。
5. 简述建立投入产出表的基本假设。
6. 有六个部门的价值型投入产出表见表 8-5，试计算其直接消耗系数和完全消耗系数。

表 8-5 六个部门的价值型投入产出表

投入 \ 产出	中间产品							最终产品			总产品
	农业	采掘业	制造业	电力工业	运输业	其他产业	合计	消费	积累	合计	
农业	20	10	35	5	15	5	90	110	40	150	240
采掘业	0	0	65	0	0	10	75	60	25	85	160
制造业	30	20	90	10	15	10	175	225	80	305	480
电力工业	10	10	25	5	5	5	60	15	5	20	80
运输业	10	15	25	5	5	5	65	17	8	25	90
其他产业	5	20	15	5	5	5	55	10	5	15	70
劳动报酬	120	55	125	30	30	20					
社会纯收入	45	30	100	20	15	10					
合计	165	85	225	50	45	30					
总产值	240	160	480	80	90	70					

第3篇

环境管理

9

第9章 环境管理政策

本章摘要

环境保护可以采取行政的、法律的和经济的手段。政府通过运用这些手段来改变污染者的行为，以达到保护环境和生态的目的。经济学的研究认为，市场机制在一般商品与服务的配置中所表现出来的效率是其他方式所无法比拟的。但通过本书前面章节的学习可知，市场在配置环境物品，尤其是污染控制方面存在着很多不足。即使庇古税的设立能够矫正市场在污染控制方面存在的效率问题，但庇古税显然不是市场力量自发作用的结果。换句话说，庇古税是需要由政府设立并加以贯彻执行的。在本章中，政府将作为一个积极因素，研究其在解决污染及相关问题中所能发挥的作用。在此，需要特别强调的是，所谓将政府视为解决污染问题的积极因素，并不是说政府可以将市场取而代之。在中外环境管理实践中，因政府的不当作为导致的“越帮越忙”“越理越乱”的现象并不鲜见。本章所关注的是政府如何通过设定基本规则，促使市场机制在解决污染问题中能够更好地发挥作用。与此同时，我们也必须意识到政府介入并不总是能够有效地解决环境问题。“政府失灵”的问题虽然不是本章讨论的问题，但也是不能忽略的。

在某种程度上，本章可被视为环境管理政策的简介，在随后的章节中将就本章所提及的问题做更为详细的讨论。虽然本章只是简要提及与环境管理政策相关的主要问题，但从中不难发现，行之有效的环境管理政策不是生搬硬套经济学理论的结果。

9.1 污染管理政策概述

9.1.1 污染管理政策的基本原理

环境管理政策是经济管理理论在环境问题上的一种具体应用。随着环境问题在现代社会的凸显，如何运用经济管理的理论解决环境管理问题成为环境经济学的主要研究领域之一。经济管理研究的是政府以各种方式影响个人或企业的行为。相关的理论主要有两个：公共利益理论和利益群体理论。其中，公共利益理论属于规范经济学理论。该理论认为经济管理的目的就是为了提高公共利益。由此出发，经济管理之所以必要，主要是出于三方面的原因：竞争不充分；信息不充分；外部性的存在。利益集团理论则属于实证经济学理论。该理论认为经济管理旨在提高某个特殊的社会群体的特殊利益，例如，私人企业的利益，低收入群体的利益等。也就是说，通过政府的干预调整社会不同利益集团之间的关系。

在传统的规范经济理论当中，竞争不充分，尤其是自然垄断的存在是需要政府介入的原因。例如，从效率的角度出发，一个城市中有两个自来水公司同时向一个区域供水显然是不经济的。对于这样具有自然垄断性质的行业，政府的介入作用在于当只有一家企业提供供给时，防止消费者剩余因垄断价格的存在而受到侵蚀。与此同时，政府介入的另一项重要作用在于维护竞争的市场秩序，防止因企业过度合并而造成垄断。美国从1890年《谢尔曼反托拉斯法》起的一系列反托拉斯法，以及据此对那些被判定为垄断的大企业的分割就是为了营造一个自由竞争的市场环境。

需要政府介入的原因之二是在市场条件下的信息不充分。信息不是无偿的，获取信息往往需要付出高昂的代价，因此，消费者在进行交易的时候，对于商品的性能、质量等方面的情况可能并不完全了解，并且，当获取信息的代价可能远高于消费者从商品中所获得的收益，消费者主观上也可能缺乏获取信息的迫切希望。在市场经济国家，通常政府部门对于信息不充分的干预是较为间接的。例如，要求厂商将信息充分公开化；如果消费者因信息不充分而遭受损害，厂商将受到相应的处罚等。政府也可以采取较为直接的方式干预市场活动。例如，规定某些产品的市场准入门槛。

需要政府介入的第三个原因就是必须由政府出面提供社会所需的有益公共物品，处置有害公共物品。由前面章节的学习可知，由于非竞争性与非排他性的作用，自由竞争的市场往往难以有效地提供公共物品的供给。政府介入则被认为能够有效地矫正市场失灵。也就是说，由政府直接提供公共物品的供给可能是一种更加富有效率的供给方式，如国防。对于有害公共物品，政府介入的常见方式是通过设立某种制度或规则限制其产生。例如，为了控制污染，政府往往会出台相应的标准、法律、法规等。

利益群体理论则强调寻租是管理的基本原理。所谓寻租指的是私人或企业利用政府获取额外私利，常见的途径如通过政府授权获得在某一领域的特许经营权。为此，私人或企业就有可能对政府进行游说，要求政府设立某些对他们有利的规章制度，就是使他们在某些社会经济活动领域享有特权，而所有这些都不可能发生在一个自由竞争的市场上。在一定程度上，正是通过对寻租的研究，使我们知道了管理存在的原因。

9.1.2 污染管理的政治经济学含义

制定环境管理政策的难点在于政府如何能够使污染者的行为符合社会期望。这之所以成为难点，主要是因为社会所期望的事物往往与污染者私人利益最大化的愿望相矛盾。这使得污染者接受监管的积极性大打折扣，政府也因此难以做到完全掌控污染者的动向。而在对污染者实施管理之前，政府首先要明确的是，最佳社会污染水平到底是多少。很显然，这是一项比管理污染者更加艰巨的任务。事实上，政府在环境管理上面临着双重压力，既来自公众也来自污染者。

即便是在高度简化的条件下，政府—污染者—公众的关系也显得十分的复杂而微妙。例如，虽然政府依法对污染者实施管理，但控制污染可能并不是政府有关部门的唯一目标，可能还会牵扯到该部门自身的一些利益；虽然政府部门应当代表公众的利益实施污染管理，其目的在于使公众利益最大化，但企业也可能对政府行为产生较大影响。再比如，虽然公众希望企业积极配合政府部门的监管，控制污染排放，但如果企业的盈利水平因此而下降的话则会引起股东的不满。又如，公众虽然是企业污染排放的受害者，但同时也是企业所提供商品和服务的消费者。虽然公众不满于企业的污染排放，但如果政府实施污染控制的结果是减少了商品与服务的供给或提高了价格，这也可能引起公众的不满。不言而喻，如何理顺诸多错综复杂的关系，协调各方利益，同时又与政府进行环境管理的最终目标保持一致并非易事。虽然仔细梳理政府—污染者—公众之间的关系并不是本书的重点内容，但必须明确的是，通过对三者关系的研究不仅有助于我们了解环境管理政策应当是怎样的，而且有助于我们理解正在施行的某项环境管理政策为什么会是这样，而不是其他的形式。

9.2 最优污染水平和污染者负担原则

9.2.1 最优污染水平

1. 最优污染水平的基本概念

从经济学角度出发解决环境问题的关键之一，就是如何利用最小的投入来获得最优的环境效益，这也是在社会、经济发展的同时，协调经济发展与环境保护关系的重要途径。

污染物总是伴随着社会、经济活动而不断产生的，环境管理的目的之一就在于控制污染物的产生量，使其产生的环境效益和社会效益最优。而影响这一目标的两个关键因素是边际治理成本（MAC）和边际损害成本（MEC），其关系如图 9-1所示。

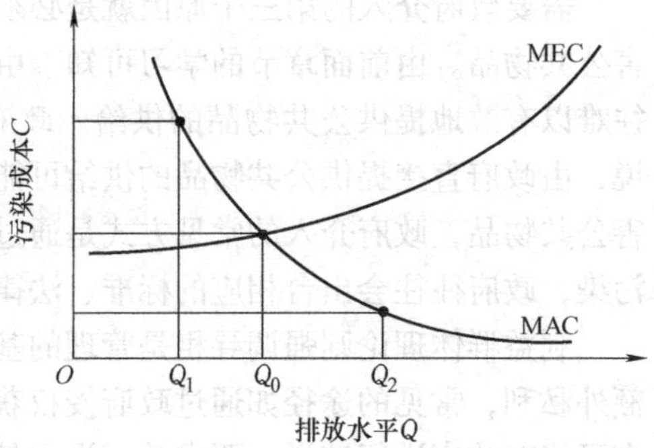

图 9-1　最优污染水平

在图 9-1 中，横轴 Q 代表的是污染物排放量，纵轴代表的是污染成本。曲线 MAC 为污染物的边际治理成本曲线，向右下方倾斜，意味着随着污染物排放量的不断增加，每单位量污染物的治理成本逐渐减少，即边际治理成本逐步减少；曲线 MEC 为边际损害成本，其向右上方倾斜，意味着随着污染物排放量的不断增加，每单位量污染物所造成的损害成本不断增加，即边际损害成本逐步增加。治理成本与损害成本之和即为社会总成本。进行环境管理的目的不是仅仅考虑如何将污染水平控制在最低水平，而是要将环境污染造成的社会总成本控制到最低水平。

厂商生产商品追求其利润最大化，即只要边际私人纯收益大于 0，厂商扩大生产规模就会有利可图。在环境管理不严的情况下，厂商出于利润最大化的动机，会提高污染排放水平（如 Q_2点），降低边际治理成本。同时，厂商生产过程中所产生的环境污染，迫使社会为此支付外部成本。随着污染物排放量的增加，边际损害成本不断增加，出现较高的社会总成本；在环境管理过于严格的情况下，厂商迫于压力会缩小生产规模，从而减少污染物的排放量（如 Q_1点），但这时边际治理成本就会增加，也会造成较高的社会总成本。根据以上分析，在环境管理不严或者过于严格的情况下，都会造成较高的社会总成本的支出。

从图 9-1 中还可以看出，当污染物排放量达到 Q_0时，边际治理成本等于边际损害成本，此时社会总成本是最小的，所以该点被称为污染物的最优污染水平。在关于最优污染水平的分析中，可知在经济发展过程中，彻底消除环境污染是不可能做到的。环境经济学需要解决的问题不是消除环境污染而是控制环境污染。所以，最优污染水平是在一定的社会经济发展阶段的产物，并随发展水平的变化而不断变化。

2. 影响最优污染水平的主要因素

(1) 环境容量　当自然环境受到破坏时，自身有一定的承载能力，只要在其承载能力范围内，人类生存和自然环境就不会受到明显影响，这就是环境容量。当生产规模及相应的污染物排放量低于环境承载力时，环境的自净能力可以将污染物净化到不影响人类生存和生态系统的程度，社会也不必支付相应的社会成本。但是如果污染物排放量大于环境承载力时，社会就不得不支付这部分费用了。所以，在分析和解决环境问题时，需要正确地认识和考虑环境容量的作用。

(2) 存量污染物和流量污染物　按照能否被自然环境净化来划分，污染物可以分成存量污染物和流量污染物。存量污染物指的是那些不容易被环境降解为无害物质，因而在自然环境中聚集并继续污染环境的污染物（如重金属等）。只要排放存量污染物，就会对环境造成一定的负面影响。流量污染物就是指能够较快地被环境稀释或降解为无害物质的污染物。只要排放的速度没有超过环境承载力，流量污染物就不会积聚下来。但是如果流量污染物的排放速度超过了环境承载力，就会造成污染物积聚排放量中超出年度环境自净能力的部分累积，此时，流量污染物也会具有存量污染物的特征。随着年污染物排放量中超出年度环境自净能力部分的逐步累积，社会为同一个污染物排放量所支付的外部成本是递增的，而为了使环境污染继续保持在当年的最优污染水平之上，生产规模及相应的污染物排放量就必须减少到相应的水平。由此就可以看出，从污染物的累积效应方面来看，环境自净能力决定最优污染水平。

(3) 环境资源的使用者成本　刚才讨论的是只有在污染物排放量超过环境自净能力时，才会导致外部不经济和外部成本。但是这并不意味着当污染物排放量低于环境自净能力时，经济当事人除了支付生产成本外，就不需要支付其他成本。由于环境容量和净化能力属于稀缺资源，因而使用资源的主体就需要向这些资源的所有者支付一定的使用费用。而对环境自净能力的使用方面，又存在着多种选择。因而对环境资源的所有者来说，经济当事人因使用环境自净能力而能够获得的私人纯收益中的最高值，就成为这些经济当事人使用该环境资源的使用者成本。此时，该环境资源的所有者就应该按照经济当事人从使用该环境资源中获取的最高收益来计算和征收使用者成本。在这一过程虽然对最优污染水平的决定没有影响，但却对污染者的私人纯收益有直接影响，并直接影响到生产者的生产决策（降低生产规模还是采取措施治理环境污染以保持或增加生产规模）。

在环境保护的实践中，由于经济、政治、社会、科学技术等多方面的原因，经常无法获得边际治理成本和边际损害成本的准确信息，因此代表最优污染水平的 Q_0点只能近似获得。

从最优污染水平的分析中可以看出，在经济发展过程中要彻底消除环境污染是不可能做到的。环境经济学研究和解决的重要问题之一，就是综合考虑环境与经济的因素，力求社会净效益的最大化。

3. 控制污染物排放的主要途径

(1) 从宏观上控制向环境排放污染物　主要是通过国家的宏观政策，调整发展方向，鼓励发展无污染、少污染的生产行业，从而减少污染物的排放。但是在现有的技术条件下，有污染行业还不能完全被无污染行业取代，如造纸、制革等行业。所以仅从宏观上进行调整，还不能完全达到消除污染的目的。

（2）从微观上促使排污者减少排放量　从微观上控制污染物的排放，大致经历了以下三个阶段：

1）简单禁止，即禁止生产者向环境排放污染物。但由于经济、科学技术等原因的限制，要求生产者做到“零排放”是不可能的。所以，简单禁止向环境排放污染物的控制方式达不到控制污染的效果。

2）国家投资治理污染，即排污者造成的污染状况，由国家来承担治理责任。这显然是不合理的，不仅加重了国家的负担，对排污者也未形成任何压力，同时还鼓励排污者排污，这实质上也是“先污染后治理”。

3）污染者负担原则。简单禁止和国家投资治理污染都不能控制污染物的排放，各国都在不断探索和寻找新的控制方式，到20世纪70年代，提出了污染者负担原则，要求污染者承担相应的治理责任。

9.2.2　污染者负担原则

1. 污染者负担原则的产生

污染者负担原则（Polluter Pays Principle），又称为3P原则（或PPP原则），是经济合作与发展组织（OECD）环境委员会于1972年5月在《关于环境政策的国际经济方面的控制》一文中提出的。提出3P原则，主要是针对以往污染者将外部不经济性转嫁给社会的不合理现象，目的是实现外部不经济性的内部化。

3P原则指的是污染者应当承担治理污染源、消除环境污染、赔偿受害人损失的费用。3P原则提出后，随即被许多国家采纳利用。目前，OECD成员国及国际社会都采用这一原则作为制定环境政策的一个基本原则。

一般来说，3P原则是一项非补贴原则，各成员国不应该通过诸如补贴或税收优惠一类手段来代替污染者承担污染控制费用。1974年OECD在《关于实施PPP原则的建议》中提出，作为一项一般原则，除非例外的情况下，各成员国不应该通过补贴或税收优惠政策来帮助污染者承担污染控制费用。这里所指例外情况，主要是指由于采用3P原则而带来严重困难的工业、严格规定的过渡时期、处于转型过程中的国家以及面临环境政策产生社会经济问题的国家等。因此，污染者负担原则可以被解释为“非补贴规定”，即污染者应当承担污染控制的全部费用。

3P原则是环境管理的支柱，它可以促使排污者积极主动地治理污染，否则就将在经济上受到制裁。各国在运用3P原则时，关于负担责任有着不同的规定，综合起来讲，主要包括三种：

1）等额负担，即要求污染者负担治理污染源、消除环境污染、赔偿损害等一切费用。从理论上说，等额负担是公平合理的。日本等国主要采取这样的责任形式。

2）部分负担，即要求污染者只负担治理污染源、消除环境污染、赔偿损害等的部分费用。采用这种负担方式，主要是考虑到污染者的支付能力，若全部由污染者来承担，会加重其经济负担，甚至使其不能进行正常的经济活动。我国现行政策实际上采用的就是部分负担。

3）超额负担，即污染者除负担因排放污染物而产生的全部费用外，还承担相应的罚款。由于这种方式带有惩罚的性质，一般较少采用。

3P 原则可以应用到财政收费、补偿或责任等政策中。在实施的过程中，越来越多的国家通过 3P 原则使用经济手段进行环境管理。为了使其能够更有效地执行，在很多情况下，3P 原则通过基本标准、许可证等强制手段来实施。

2. 污染者负担原则的完善

经济合作与发展组织（OECD）最初所建立的 3P 原则中还留有一些问题尚未明确。首先，3P 原则未对什么样的当事人应该看作污染者给予正确的界定，而把对污染者的识别留给了国家权力机关。其次，3P 原则没有明确指出污染者需要支付多少费用。1989 年 OECD 签署了《关于突发性污染中应用 PPP 原则的建议》，这实际上是把损害赔偿的经济原则同法律原则结合起来。1991 年制定的《理事会建议》也开始强调环境政策中采用经济手段使损害成本内部化的必要性。这两项建议书最终促进了 3P 原则的具体化，使应支付的费用超出了预防措施的成本范畴。《关于突发性污染中应用 PPP 原则的建议》提出：污染者不但应该负责预防事故发生所采取措施而产生的成本，而且应该负责事故发生后限制和减少损害所采取措施而产生的成本，以及清理和去除污染活动而产生的成本。

在环境管理的实践中，3P 原则的应用领域已经逐步扩大到资源利用范围，即在“污染者负担原则”的基础之上增加了使用者付费原则（广义的污染者负担原则）。对于一些特殊的污染问题，使用者付费原则有时会比污染者负担原则更加有效。例如，对于一些污染排放量很小，自行处理又很不经济的污染排放者，行之有效的办法就是利用污染集中处理设施集中处理污染物。那么这样一来，污染排放者就转变为集中处理设施的使用者，这些使用者必须付费才能取得公共设施的使用权，例如，居民和污染排放较小、污染物比较简单、经营规模较小的工商企业就可以通过这种方式来承担在生活和经济活动中排放污染物应负的责任。在这种情况下，污染者负担原则就演变成使用者付费原则。

9.3 环境管理政策的基本模式

尽管政府—污染者—公众之间的关系错综复杂，具体的环境管理措施不胜枚举但是我们依然可将其归为两大类：命令-控制模式（直接管制）与经济激励模式两类。

9.3.1 命令-控制模式

命令-控制模式类环境管理政策是当今环境管理领域的一种主要模式。尽管具体形式多种多样，但其基本特征是政府要求污染者采取相应的步骤解决污染问题。具体来说，政府有关部门首先收集必要的相关信息，接着制定企业实施污染控制的具体步骤，最后命令污染者按照政府规定的步骤实施污染控制。显然，在命令-控制模式下，政府有关部门应是污染控制的专家，有能力为企业解决污染问题开出具体有效的药方。

实施命令-控制类环境管理政策的前提是一个国家或地区有污染控制的法律，有关部门根据这些法律规定每个企业、每个行业、每个消费者的污染物排放的种类、数量与方式，并针对污染者的产品与生产工艺制定污染指标。污染者对相关规定、法律、指标等的遵守是强制性的。对于违规行为，管理者将处以法律或经济制裁。美国的《清洁空气法案》是命令-控制模式的典型。该法案要求美国国家环保局（EPA）分类列出所有新增污染源的最小污染控制量。为此，美国国家环保局开展了广泛的调查，详细了解全国所有类别企业的生产过程。尽管这样做要耗费巨大的人力、物力和财力，但至少在主要污染行业，EPA必须彻底清查企业的生产过程。例如，在轮胎制造业，EPA雇请专家对该行业的生产过程进行调查，编制了《控制技术指南》，并以此指导新进入的企业采取恰当的污染控制措施；在家具制造业，政府对厂商所使用的家具贴面类别、油漆车间的通风设施等均有明确规定；在电力行业，政府强制火电厂通过运用某种技术以降低二氧化硫的排放。

命令-控制类的环境管理政策多种多样。政府针对不同行业的特点分别制定有针对性的管制措施。例如，汽车的排污量与行驶里程是密切相关的，行驶里程越长，排放的废物也就越多。但考虑到监管成本，有关部门几乎不可能采取控制行驶里程的管制措施。相对简便的对策是制定新车的排放标准，加强对汽车制造商的监管。具体措施有规定新车百公里的一氧化碳排放量、要求汽车加装尾气净化装置等。再比如，火电厂排放的污染物主要是煤燃烧后释放的二氧化硫。毫无疑问，燃的煤量越大，排放的二氧化硫也越多。但是从效率的角度出发，政府的监管并不是针对火电厂的燃煤量，而是要求其使用优质煤。具体措施是规定火电厂燃煤的二氧化硫含量。

虽然命令-控制模式也对违规者施以罚款的措施，有时甚至是相当严厉的经济处罚。但这与经济激励模式是截然不同的。命令-控制模式的显著特征是将污染者的减排决策权收归政府部门统一行使。它与经济激励模式的区别主要体现在两个方面：

1）在命令-控制模式下，污染者无权选择减排手段。也就是，为了达到既定的减排目标，当可行的减排手段不止一个时，究竟采取何种手段，这取决于政府部门而不是企业。尽管对某个企业而言，采取手段A是更经济、更有效的，但是如果政府要求采取手段B，该企业也必须执行。

2）在命令-控制模式下，不同污染者的边际污染控制成本是不同的。通过前面章节的学习可知，富有效率的减排对策是使不同污染者的边际污染控制成本相等。也就是，那些边际污染控制成本高的污染者减排量少些，而那些边际污染控制成本低的污染者的减排量则应该多一些。但是，命令-控制模式缺少使各污染者边际污染控制成本均等化的机制。例如，当政府有关部门要求污染者使用某种污染控制设备时，该污染者无权控制自身的减排量。即使他能够以更经济的方式达到同样的减排量，也必须按照政府的要求办事，否则将会被处罚。但是，命令-控制模式有时也规定了在一定范围内企业选择的自由。例如，规定企业单位产量的最大污染排放量，而不具体规定企业所采取的减排手段。

命令-控制模式的突出优点在于能够更为灵活地应对复杂的环境问题，同时更易于确定污染排放总量。例如，分布于城市各处的各类工厂共同造成了城市环境污染，但各工厂所排放污染物的类别、数量是不相同的，这就难以通过制定切实有效的税率或其他经济激励措施来控制企业的污染排放。此外，由于政府部门不可能充分获取相关信息，因此，也不能确定污染者对于政府所制定税率的反应。换言之，经济激励措施的效果具有相当的不确定性。相比之下，命令-控制模式对于污染控制的结果则显然更具确定性——直接规定污染物排放数量、直接控制污染者的行为。除此之外，命令-控制模式的另一个优点在于简化了污染控制监控。例如，如果政府要求企业使用某种污染控制设备，那么相应的监管措施便可简化为检查企业是否按要求安装了该设备，至多是检查该设备是否处于工作状态。这显然比定时定点地监测污染者的排污量要省时、省力得多。

当然，命令-控制模式的缺陷也是不容忽视的。

1）由于获取信息代价不菲，因此，切实有效的命令-控制类环境管理政策往往是成本高昂的。这在客观上使得命令-控制类措施的有效性大打折扣。由于每个企业、每个行业都有其特殊性，所以为其量身定制的污染控制手段和减排量就需要非常仔细而全面的调查。这显然需要耗费大量的人力、物力和财力。即便如此，信息不充分的问题依然不能得以圆满解决。例如，政府部门不可避免地需要污染者的协助，以便更充分有效地获得有关污染排放量和污染控制成本的信息。对于污染者而言，这意味着拖延时间、歪曲事实至少在有时候对自己是有利的。

2）命令-控制模式削弱了社会经济系统追求以更有效的方式实施污染控制的动力。换言之，命令-控制模式的革新动力不足。某种污染控制手段一旦被确定下来，往往在很长时间内不会再改变。由于污染控制规章的变更是一个相当复杂而昂贵的过程，因此，即使社会上已经出现了更富有效率的污染控制技术或设备，政府部门往往很难在较短时间内采纳。对于污染者而言，由于是否认真落实政府的减排要求具体表现为是否安装政府指定的污染控制设备，因此，污染者成为被动的算盘珠，而不愿意对有关污染控制的研发进行投资。这是命令-控制模式一个明显的不足之处。

3）命令-控制模式的缺陷还在于，污染者只要为污染控制付费而不必对污染排放造成的损害负责。这实质上是对企业污染排放发奖金。例如，在命令-控制模式下，以再生材料为原料的环保企业往往举步维艰。在很大程度上这是由于那些直接以自然资源为原料进行生产的企业不必支付相应的环境损害费用，而只要付费进行污染控制造成的。相比之下，如果企业选择以再生材料为原料，则意味着其生产成本中已经包含了为减少或消除环境损害而发生的费用，所生产的产品在价格上显然是不具有竞争优势的。但由此产生的结果却是我们所不愿意看到的：企业过量攫取自然资源使环境遭受了重大的污染。

4）命令-控制模式难以满足边际均等原则。只有对各污染者的污染控制成本作出完全正确评估，政府部门才有可能据此制定相应的污染控制手段和减排量，各污染者的边际污染控制成本也才有可能相等。这显然使污染控制的代价变得极其高昂，甚至是任何一个社会都难以承受的。因而是不具有可行性的。这也是命令-控制模式存在的最大问题。命令-控制类措施的科学性因此而受到极大的质疑。以牺牲效率来换取排污的公平性是经济学家对命令-控制模式的主要批评意见。

为了更好地发挥命令-控制类管理措施在实践中的作用，在许多国家，政府越来越注重与工作对象——企业、行业协会等的事前沟通（也称为谈判），这在一定程度上克服了命令-控制模式缺乏灵活性的弱点，较为有效地解决了事前由政府说了算，事后又执法不严或有法不依的问题。但是，这种沟通的不利之处在于为污染者对管理者施加更大的影响提供了机会。在极端情况下，污染者甚至能够预先阻止政府采取某种管制措施。

9.3.2　经济激励模式

经济激励模式是命令-控制模式的对称形式，它通过采取某些与利益相关的措施，鼓励环境友好的行为，惩罚有害环境的行为，从而引导污染者的行为符合公众利益。经济激励模式的运用与高昂的污染控制监管成本不无关系。换句话说，如果对企业污染控制进行监管的成本高昂，甚至使监管变得不可能的话，那么，通过对企业的环境行为运用经济手段进行刺激则不失为一种有效的对策。如果将经济激励具体化为物质刺激的话，我们会发现，在现实生活中，它几乎无处不在，在很多时候甚至是非常有效的。针对污染问题的经济激励措施大致可分为三类：课税（或收费）制、许可证制和责任制。

1）污染税（费）是要求污染者对其单位污染排放支付相应的税（费）。恰当设置的污染税（费）就是庇古税。很显然，如果污染者必须为其污染排放支付大量税的话，不断减少相应的税（费）支出就成为其寻求如何减少排放的动力之所在。污染税（费）是应用最广、最典型的非市场性经济激励措施。其他的措施还有使用者收费、产品收费、税收减免、管理收费、押金制、补助金等。

2）许可证制允许污染者就污染权进行交易。许可证制的起点类似于命令-控制模式，即规定企业的污染权（污染物排放量）。所不同的是，许可证制允许企业间就污染权进行交易。正是在这个意义上，我们认为这是一项市场性的经济激励措施。交易使污染权成为一种具有价值的物品。对污染者而言，这意味着污染是有代价的，有时甚至是很昂贵的。反之，减少污染排放则意味着减少所需购入的污染权。这就是排污的机会成本。随着排污量的不断下降，污染者甚至可以出售所节余下来的污染权。

在此，值得一提的是，尽管污染税（费）制与许可证制分别属于非市场性与市场性经济激励措施，但在理论上，二者的管制结果应当是一样的。二者所不同的是，在信息充分的条件下，污染税（费）制的实行有助于我们确切了解污染控制的边际成本，但不能确定污染量。许可证制的实行有助于我们确切了解排污量，但难以准确掌握污染控制的边际成本。

3）责任制的出发点是认为致害者应当对受害者所遭受的损害负责。就环境问题而言，如果A意欲从事有风险的活动，如污染排放，那么，在作出决策时，他（她）必须将其风险活动可能引发的所有潜在损害都进行充分考虑。在实行责任制时，政府有关部门不必要求或指导污染者应当如何行事，只是使其意识到他（她）必须对污染行为造成的所有损害负责。显然，这有利于污染者谨慎抉择，尤其是当污染者所欲采取的行动具有较大风险时。同时也有利于污染者在行动之前就制定行之有效的损害预案。在美国，环境法具有溯及既往的特点。也就是说，即使污染排放行为发生在相关环境法规出台前，但只要造成环境损害，污染物的排放者就必须对此负责。换句话说，环境责任具有终身制的特点，污染排放行为则与定时炸弹无异。这与其他领域“既往不咎”的立法原则有很大不同。“溯及既往”和惩罚性赔款使企业更加严肃认真地考虑其行为可能的环境后果。

以垃圾堆场为例，潜在的损害包括散发恶臭、渗沥水污染土壤与地下水、滋生蚊蝇、沼气引发爆炸，附近居民的健康损失，当地经济机会的丧失，自然景观破坏等。如果采取恰当的预防措施，上述潜在危害大多是可以避免的，至少其损害程度是能够有效减轻的。反之，如果采取听之任之的态度，上述潜在危害发生的概率就变得很大，甚至成为必然事件。显然，在其他条件相同的情况下，如果不必对潜在损害负责的话，垃圾堆场是缺乏采取预防措施的动力的。图9-2是对这个例子的图示说明。在图中横轴表示垃圾堆场的预防投入。显然，预防投入的增加意味着垃圾堆场预防成本的

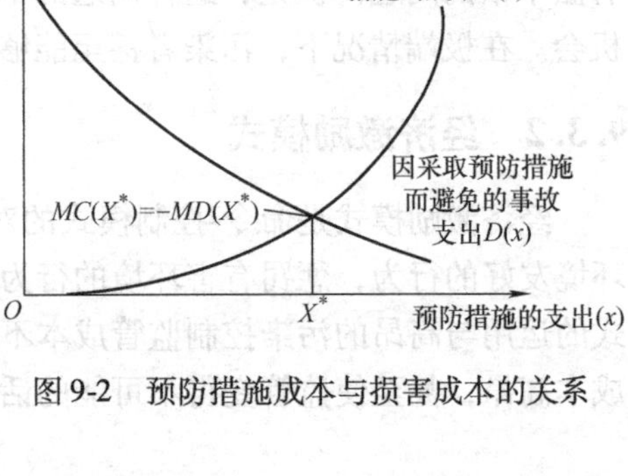

图9-2　预防措施成本与损害成本的关系

增长，同时，由于预防措施能够有效减少损害的发生，因而垃圾堆场的损害赔偿成本就会相应的减少。不言而喻，巨大的损害赔偿风险将促使垃圾堆场采取社会所期望的预防措施。

与命令-控制模式相比，经济激励模式具有明显的优点。首先，经济激励模式对信息充分的要求弱于命令-控制模式。例如，实行排污权制后，政府有关部门不必了解某个企业对该制度的反应是决定购买排污权，还是添置污染控制设备，或者是对生产流程进行革新。其次，经济激励模式为污染者不断追求以更经济的方式减少污染排放提供了动力。这是因为在经济激励模式下，污染者所要支付的不仅是污染控制设备的费用，还包括污染损害的费用。换言之，前文所提及的命令-控制模式对污染者的污染奖励不存在了。最后，经济激励模式下的大多数污染控制措施与边际均衡原则是一致的。例如，污染者会自动地将其边际污染控制成本设定在相当于污染税（费）的水平上；再如，当企业就排污权进行交易时，排污权的价格实际上决定了企业污染排放的机会成本；由图9-2可以看出，污染者会将边际减排成本设定在相当于边际损害的水平上，这也是经济激励模式最为突出的优点。

尽管与命令-控制模式相比，经济激励模式是成本更有效的污染控制模式。但是，在过去的几十年里，困扰环境经济学与环境管理的主要问题却是为什么属于命令-控制模式的环境管理政策在全世界大行其道呢？研究经济激励模式中存在的问题也许会有助于我们理解这个问题。

经济激励模式的问题首先在于，人们通常假设经济激励模式能够简洁有效地应对复杂的环境问题。众所周知，污染排放的不利影响可能是跨越时空的。对于这样一个高度复杂的问题提出行之有效的对策显然并非易事。

其次，经济激励模式的问题在于难以克服时间上的滞后性。经济激励模式的优越性之一是它对信息充分性的要求不如命令-控制模式严格，这意味着在运用经济激励措施进行污染控制时存在着大量的不确定性因素。这也意味着，随着事态的发展，政府部门应当根据所掌握的信息对所实施的经济激励措施进行及时的调整，如调整税（费）率、调整排污权的分配等。但是，在实践中，这种调整往往是十分困难的，距离"及时"的要求有很大的差距。

最后，经济激励模式的问题在于相关税（费）的征缴在实践中存在困难。例如，设定污染税（费），向企业征收污染税（费）固然能够使政府增加收入，但从污染者的角度来说，这实际上是其财富的外流。因此，污染者是强烈希望减少，甚至免除这笔开支的。此外，如果企业因无力支付污染税（费）而选择关停的话，虽然惠及未来，但现任政府的税收收入却将因此而受到实实在在的影响。所有这些都使得污染税税种设立、征缴面临着巨大的现实困难。

9.4　环境管理的主要问题

9.4.1　空间因素与时间因素的影响

环境污染管理是一个高度复杂的问题。其复杂性在很大程度上是由于环境本身造成的。众所周知，污染者向环境中排放污染物，污染者的行为之所以会造成环境损害，在很多时候是因为周围环境中的污染达到一定程度后所引发的。只有当空气中或水体中的有害物质达到一定含量后才会对人体的健康造成损害。从这个意义上来说，可以认为在达到这个极限含量之前，即使污染者向环境排放污染物也不会对人的健康造成损害。政府有关污染管理部门更关注于污染物含量的原因在于，只有当环境中的污染物达到一定含量后才有可能导致损害的发生。对于污染物含量本身，政府部门无疑是很难控制的，所能控制的只是污染者的排放。虽然污染者的排放是导致环境中污染物含量升高的原因，但显然这并不是唯一的原因。空间因素对于污染物在环境中的转化（迁移、稀释、化合、腐烂、沉淀），时间因素对污染物转化方式和危害程度的影响，都是极端复杂的。

不言而喻，针对排放进行的污染管理已经是非常困难的了。尽管完美的环境管理政策应当以减小污染损害和污染物的含量为基本目标，但是，如果还要考虑到空间与时间因素的话，则无疑会使污染管理变得难上加难。因此，在污染控制实践中，综合考虑时间与空间因素的污染管理大多只出现在对敏感地区的管理中。例如，为了减少扬沙和沙尘天气的损害，北京规定在一定区域范围内，正在施工的工地必须实行遮盖，并应避免在春季强风天气下进行施工；上海为缓解中心城区的大气污染状况，规定了对高排放车辆的限行措施等。

9.4.2 效率有效与成本有效

从效率的角度出发，当污染排放的控制成本等于环境污染所造成的损害时，可以认为此时的排放是有效排放。但是由于污染所造成的损害因时间与空间的不同而呈现出差异性，因此不可能全面而准确地评估污染排放所造成的损害。此外，如果考虑到人们对环境质量的需求可能受到文化传统、社会经济发展水平、价值观念等因素的影响，准确估量污染损害是不可能的。这使得有效污染排放的可操作性成为问题。在实践中，污染控制目标更多的是依据人们的期望而设定的污染物排放总量目标或者污染物含量目标。这显然极有可能与有效污染排放相去甚远。

在此以上海为例，即使同样属于中心城区，但各个区的人口密度、经济繁荣程度、产业类别都呈现出很大的差异性。对于污染损害而言，即使是同样含量的某种污染物，它对各个区所造成的损害显然各不相同。从污染控制的效率角度出发，有关部门似乎应当为每个区度身定制每种污染物的控制目标，但这会使污染控制变得极其复杂而完全不具有可行性。其中主要的障碍包括无法确切地知道污染损害程度、构成及污染物的迁移、转化等。因此，最终所得到的可能是一个折中的方案——针对所有区，针对主要行业，针对主要污染物的含量或排放总量的控制目标。很明显，这些污染控制目标极有可能以污染控制效率损失为代价的。

值得注意的是，在污染控制中，即使最终所制定的污染控制目标是一个以牺牲效率为代价的折中方案，但是在如何实现这一目标的问题上，依然存在效率问题，如何以成本最小化的方式实现既定的污染控制目标。循着这样的思路，由于污染者的污染控制成本各不相同，如果能够以最小化的成本实现既定的污染控制目标，那么，相应的污染管理就可以被认为是成本有效的。这是一个十分重要的概念。尽管在污染管理中，有效污染排放是难以做到的，但成本有效的污染管理却是很有可能实现的。在污染控制实践中，许多污染管理并没有做到成本有效。除了因管理规则本身不甚合理导致污染控制开支过大之外，其中一项现实而可理解的原因是污染控制往往涉及公平问题。因为，有时从成本有效的角度出发，减少污染排放的责任可能只落到少数个人或企业的身上。而从社会角度出发，这可能是有悖公平的，因而也必然会遭到反对。

9.4.3 基于环境损害的管理与基于排放的管理

在前面的分析指出，污染控制目标既可以是环境中的污染物含量目标，也可以是污染物排放总量目标。相应的污染控制措施既可以是针对污染者向环境排放的污染物的含量，也可以是针对污染者的排污总量。例如，假设位于中心城区的污染者 A 的 1 个单位的排放对环境污染物含量的影响不同于位于远郊的污染者 B，这就意味着，同样的污染排放所造成的环境损害程度是不同的。此时，如果环境管理政策是环境损害取向的，那么，环境污染物含量取向的污染控制措施应当对两个污染者区别对待；如果环境管理政策是基于排放量而制定的，那么，污染物总量控制取向的污染控制措施则对二者一视同仁，而不考虑二者实际所造成的环境损害的严重性的差异。

9.4.4 环境管理的主要问题

有关命令-控制管理模式与经济激励管理模式的激烈争论一如既往。不论是在发达国家还是发展中国家，命令-控制模式在环境管理中均占据着主导地位，但各国政府都在尝试更多地运用经济激励机制，有些遵循经济激励模式设计的管理措施也初显成效。然而，究竟应当如何评价经济激励措施依然是一个悬而未决的问题。环境问题的复杂性决定了不可能用一揽子的经济激励措施有效地加以解决。例如，在我国（其他许多国家也是如此）垃圾清运与处理、污水处理、道路保洁等是由当地政府或准政府机构来经营的。对于这样的运作模式，缺乏严格的预算约束是其共同特点。因此，很难想象在这些机构中，经济激励机制能发挥多大的作用，也许命令-控制模式能更有效地发挥作用。总之，尽管从理论上讲，命令-控制管理模式存在种种弊端，但简便易行、效果立竿见影应当是其在环境管理实践中依然活跃的主要原因。在任何国家或地区，环境管理政策都是一系列经济、社会、政治因素综合作用的结果，其总的发展趋势是由过去单一的命令-控制措施向命令-控制措施与经济激励措施相结合的综合性措施转变。

如何获得所需要的信息是环境管理中的重要问题之一。在环境管理实践中，政策的好坏及其在实践中能否被贯彻执行，在很大程度上都有赖于管理者能否全面准确地了解污染者的情况，包括其对环境管理政策的可能的反应，如何避免污染者钻政策的空子等。因此，如何确保污染者所提供的相关信息全面、准确就成为环境管理必须面对的问题。其中的难度是不言而喻的。

污染的风险是环境管理必须面对的又一个问题。以有毒有害废弃物的填埋场为例，尽管不论是设计、建造还是在使用过程中，有关部门都会尽其所能地使之不对人类与环境产生危害。但是，由于人的技术条件、认识水平、工作人员的责任心等因素的影响，其对周边居民带来不利影响的风险依然存在。在世界各地，因填埋场有害物质渗漏对附近居民造成损害的案例屡见不鲜。虽然不能说渗漏直接导致了癌症的发生，但有一点是可以肯定的，即有害物质的渗漏将大大提高附近居民患癌症的可能性。对于这样的问题，我们是否充分意识到其中潜在的风险，并提出行之有效的对策呢？又如，当我们决定兴建一座核电站时，对于可能发生的核泄漏事故，准备好了吗（不论是资金上的还是技术上的）？再如，如果今天的污染排放行为在三十年后，甚至更久远的时间才显现出环境损害结果，相应的环境管理政策应当是怎样的呢？

环境保护与促进区域经济发展是环境管理中时常出现的一对矛盾。也就是说，对于某个地区，何种程度的环境管理是适度的呢？过于严厉的环境保护政策会将投资者拒之门外，而过于宽松的政策显然又不利于当地环境资源的可持续利用。更让决策者举棋不定的是，本地相对严格的环境管理极有可能将潜在的投资者引向附近其他地区，长此以往区域经济发展就成了问题。此外，如果周边地区的污染殃及本地的话，那么，当地政府又该如何行事呢？如果类似的问题发生在国与国之间，那么，一国政府可采用经济的、外交的，甚至是其他更为激烈的手段遏止污染者的排污行为，但如果是在国内的不同地区之间呢？由此而引发的另一个问题是，应当实行怎样的环境管理，是针对各个地区制定不同的环境管理政策（如各省分别制定各自的环境政策），还是实行“一刀切”，执行一种全国统一的环境政策？

一项环境保护措施究竟使谁受益（或到底是谁在承担相应的成本）也时常在环境管理中引发热烈的讨论。尽管“谁污染、谁治理”“谁受益、谁付费”“污染者付费”等是较为公认的环境保护费用分担模式，但是，在实践过程中，谁是环境保护的受益者，谁又是环境保护的真正买单者却并不是一个简单的问题。例如，某个地区原先由于环境脏乱不堪，商品房的销售情况一直不理想。经过一番整治后，优美的环境固然使居民受益，但开发商从不断上升的房价中获得了更大的经济收益。如果整治行动是由政府发起的，那么，治理费用则是全体纳税人共同分担的。房地产开发商是最大的受益者，但却未必是最大的费用负担者。在这个问题上，更为极端的情况是甚至出现了“甲治理、乙受益”的情况。

9.5 环境经济政策

9.5.1 环境政策手段的类型

环境政策是指国家结合经济、社会和环境保护的实际情况，为保护和改善环境所确定、实施的战略、方针、原则、路线、措施和其他对策的总称。为达到环境政策确定的目标，可以采取多种措施和手段。目前，在环境保护领域应用的环境政策手段多种多样。从对管理对象的约束性来看，可以分为经济政策、命令-控制型政策、信息手段和自愿行动等。世界银行将环境政策手段分为创建市场、利用市场、实施环境法规、鼓励公众参与四大类。在中国，一般将环境政策手段分为法律手段、行政手段、经济手段、技术手段、信息手段五大类。在不同的社会政治、经济条件下，各种手段的组合使用所达到的效果也不尽相同。应根据不同条件对环境政策手段进行选择或组合，以达到促进环境资源合理利用和有效配置的目的。

1. 环境政策的行政手段

环境政策的行政手段是指政府有关行政机关运用行政的手段和方法，直接对环境经济系统中的各种活动进行管理和调控。这种手段的主要内容是由政府颁布相关的环境制度和环境标准等。我国主要使用环境影响评价、“三同时”制度、限期治理制度、污染物排放标准、严重污染企业的关停并转、排污申报和许可证制度、环境目标责任制、污染物排放总量控制制度等行政手段。行政手段具有直接对活动者行为进行控制，并且在环境效果方面存在较大确定性的突出优点。但也存在着信息量巨大、运行成本高、缺乏灵活性和应变性，缺乏激励性和公平性等缺点。

2. 环境政策的法律手段

环境政策的法律手段是指依靠法制机构，运用法律的强制性，按照一定法律规范来管理和调控环境经济系统。环境政策的法律手段是以法律的权威性为作用估计值，在一定范围内调整环境经济系统中的各种关系。在我国，已经形成包括宪法、环境保护基础法、环境保护单行法、环境保护部门规章、环境保护行政法规、地方性环保法规和规章、环境标准在内的环境保护法规体系，为我国的环境保护提供法律基础。法律手段具有强制性和公平性的优点，但也存在事后性、缺乏激励性和法律制裁标准过低等缺点。环境政策的法律手段和行政手段都具有强制性，因此，通常将这两类手段称为环境政策的强制性手段。

3. 环境政策的经济手段

环境政策的经济手段是指，为了达到环境保护和经济发展相协调的目标，利用生态规律和经济利益关系，根据价值规律，运用价格、投资、信贷、税收、成本和利润等经济杠杆，影响或调节有关当事人经济活动的政策措施。与行政手段和法律手段相比，环境政策的经济手段具有较高的灵活性、经济效果良好、筹集环保资金和激励性等优点，但也存在环境效果不明确、技术水平限制等缺点。虽然环境政策的经济手段具有以上优点，但必须注意的是，环境政策的经济手段是建立在行政手段和法律手段基础上的，是强制性手段的必要补充，不可能完全取代强制性手段。

4. 环境政策的技术手段

环境政策的技术手段是指，政府通过向广大公众、企业等推荐使用有利于环境保护的技术、工艺及设施的方式，提高资源和能源的利用效率，调整产业结构、引导产业发展、从源头上减少污染。环境政策的技术手段的总体思想是，推荐使用高质量、低消耗、高效率的适用生产技术，重点发展附加值高、技术含量高、符合环保要求的产品，重点发展投入成本低、去除效率高的污染治理适用技术。环境政策的技术手段属于鼓励性或倡导性的指导性规范，不具有强制性。

5. 环境政策的信息手段

环境政策的信息手段是指，通过各种媒体将环境行为主体的有关信息公开，通过社区、公众和媒体的舆论，对污染行为主体产生改善其行为的压力，从而达到保护环境的目的。对于政府来说，通过信息公开可以获得新的信息，为正确制定污染控制政策提供依据，提高污染控制和环境保护的效率；对于企业来说，随着公众环境意识的提高，环境友好产品的需求越来越高，企业环境信息的公开有助于拓宽市场，促使企业治理污染；对于公众来说，开展信息公开工作，是公众了解环境信访和投诉的作用和程序，逐步提高他们的环保意识，而环保意识的增强又会对环境信息公开提出更高的要求，形成环境管理部门与公众社区相互促进的良性循环，最终有利于环境改善。

综上所述，环境政策的手段各具优缺点，单独使用哪一种手段都不能实现既定的环境目标。所以，环境政策的发展应形成法律手段、行政手段、经济手段、技术手段和信息手段的组合，并对环境经济系统中的各种活动共同发生作用的机制。我国常用的环境政策手段情况见表 9-1。

表 9-1 我国常用的环境政策手段

行政手段	法律手段	经济手段	技术手段	信息手段
污染物排放含量控制	宪法	排污收费制度	环境保护技术政策要点	公布环境状况公报
污染物排放总量控制	环境保护基础法	二氧化硫排放权交易	关于防止水污染、煤烟型污染的技术政策	公布环境统计公报
环境影响评价制度	环境保护单行法	二氧化碳排放权交易	化工环境 41 项技术政策	公布河流重点断面水质
“三同时”制度	其他部门中的环境保护规范	重点工程、环境友好产品等的补贴	燃煤二氧化硫污染防治技术政策	公布大气环境质量指数
限期治理制度	环保行政法规	生态补偿费试点	危险废物污染防治技术政策	公布企业环保业绩试点
排污许可证制度	环保部门规章	环境税	生活污水、生活垃圾处理及污染防治技术政策	环境影响评价公众听证
污染物集中控制	地方性环保行政法规和规章	绿色信贷政策	制浆造纸工业环境保护技术政策及污染防治对策	加强各级学校环境教育
城市环境综合整治定量考核	环境标准		废弃家用电器与电子产品污染防治技术政策	中华环保世纪行（舆论媒体监督）

9.5.2 环境政策手段的发展

随着经济的不断发展及环境问题的不断变化，世界各国的环境政策也在不断变化。虽然强制性的政策手段仍占主导地位，但总体上环境政策手段正在向经济手段、综合规划、信息手段和自愿行动的方向发展。在这个发展过程中，在保证国家环境保护职能的同时，更加注重市场经济手段引导企业和公众的生产和消费行为，更加注重社会公众参与环境保护所发挥的重要作用。这种政策手段的结合可以实现在保证环境效果的同时，提高管理者管理工作的灵活性和管理效率。环境政策手段的发展趋势见表 9-2。

表 9-2 环境政策手段的发展趋势

内容＼时间	20 世纪 70 年代	20 世纪 80 年代	20 世纪 90 年代到目前
环境政策	命令-控制手段	市场手段	混合途径
	污染治理 法规 单介质 增长极限	预防与防止 法规改革 环境税费 可交易许可证 定价政策 多介质 消费者需求	长远规划 可持续发展 法规与经济措施 寿命周期分析 污染预防与控制 自愿协商 对话

根据世界银行的研究报告《里约后5年——环境政策的创新》，提出新形势下成功的环境政策需要考虑以下几个方面。

1）实现资金的可持续性。最为成功的环境政策是那些认识到有限的外部资源和政府财政的窘迫并进而能够产生财政收入的政策，如排污收费、征收环境税、取消有害于环境的补贴等。

2）确保管理的可持续性。在政策变革中要认识到在新政策实施中有许多管理方面的约束，如机构、人员、设备、技术、法律等方面。

3）建立对变革的支持体系。成功的环境政策的实施必须要有相应的支撑体系，如法律、政策、技术及支持主体等方面。

4）实现综合决策。环境与发展密不可分，宏观经济决策会影响到环境，环境政策也会影响到宏观经济。因此，必须实现环境与经济的综合决策。

9.5.3 环境经济政策的框架

在20世纪80年代末，由于OECD成员国必须解决范围日益扩大的各类问题，环境政策的出现已发展到影响经济和政治利益发展的地步。基于可持续发展观，各国达成一个共识：经济政策与环境政策不可分割。两者的相互结合也是确保经济政策和环境政策产生更大的经济效益的一种途径。而提高这种经济效益的一个重要方法就是，通过使用“经济手段”，更广泛地发挥和利用市场在环境保护中的作用。在1989年6月，在OECD部长级会议上发表的联合公报中要求，在“决定价格和其他机制如何用于达到环境目标时”，应开辟“新领域”，即“环境经济政策”。1992年，联合国《里约环境与发展宣言》明确要求各国要重视经济政策，把环境费用纳入生产和消费决策过程。在市场经济体制下，环境经济政策是实施可持续发展战略的关键措施。

1. 环境经济政策概念

环境经济政策是为了达到环境保护和经济发展相协调的目标，利用经济利益关系，对环境经济活动进行调节的一类政策体系。环境经济政策属于经济激励型的环境政策，是一种在传统的行政手段和法律手段逐渐不能满足环保工作需要的前提下逐渐发展起来的政策。环境经济政策的概念也有广义和狭义的解释。

广义的环境经济政策，指的是可以纳入经济范畴的环境政策，它是环境保护工作与经济工作相互交叉、结合的产物，反映了环境保护与经济发展间的协调关系。

狭义的环境经济政策，指的是根据价值规律的要求，运用价格、信贷、税收、投资、微观刺激和宏观经济调节等经济杠杆，调整或影响市场主体，使其产生消除污染行为的一类政策。

2. 环境经济政策特点

环境经济政策的原理主要是环境价值和市场刺激理论，借助环境成本内部化和市场交易等经济杠杆调整和影响社会经济活动当事人。环境经济政策与强制型环境政策（行政和法律）相比，主要具有以下特点。

（1）经济效果较好　环境经济政策是以市场为基础，直接或间接地向政策控制对象传递市场信号，影响其经济利益，从而使其改变不利于环境保护的行为。这种宏观管理模式不需要全面监控政策对象的微观活动，因此不需要像实施行政手段那样，建立庞大的执行管理机构并需要高额的执行成本来支持。所以，与强制型环境政策相比，环境经济政策能以较低的费用来实现相同或更高的环境目标。

（2）具有较高的灵活性和动态的效果　环境经济政策通过市场，把有效保护和改善环境的责任，从政府转交到环境责任者手里。在通过市场传递信号的过程中，不是用行政手段和法律法规强制环境责任者改变其行为，而是把具有一定行为选择余地的决策权交给他们，使其能以他们认为对自身最为有利的方式来对这些刺激作出反应，从而使环境管理更加的灵活，可以适用于具有不同条件、能力和发展水平的政策对象。同时，环境管理还要求污染者必须为其造成的污染支付费用。环境经济政策的实施，使其在政策的引导下来追求利润最大化。环境经济政策刺激污染者不断进行技术革新，在兼顾环境效益的同时，寻求经济发展。

（3）有利于筹集环保资金　环境经济政策的实施，不仅可以刺激政策对象调整自己的行为，还可以筹集到大量的资金。这些资金不仅可以用于污染的防治，还可以用于纠正其他不利于可持续发展的经济行为。同时，还可以借助环境经济政策，把一些具有经济效益的环保产业推向市场，以减轻政府的财政负担。

3. 环境经济政策基本功能

（1）筹集资金　通过实施环境经济政策，可以筹集一定的资金用于环境保护和可持续发展建设。我国从20世纪70年代末期开始实施排污收费制度，截至2008年年底，累计征收排污费1420.09亿元，累计从排污费资金中安排污染治理资金1339.50亿元。

（2）刺激作用　通过实施环境经济政策，借助市场机制的作用，给市场主体一定的经济刺激。当人们的行为符合环境保护和可持续发展的要求时，行为人将获得相应的经济利益；反之，行为人将会受到相应的经济处罚。通过环境经济政策，给市场经济主体施加一定的经济刺激，从而促使人们主动地去保护环境。如建立适应环境保护和可持续发展要求的税收政策，当人们的行为符合环境保护、可持续发展的要求时，就会享受到相应的减税、免税优惠，反之则会增加税收。

（3）协调作用和公平作用　环境经济政策可以有效地将环境保护行为与行为人的经济效益结合起来，从而协调经济发展与环境保护之间的关系，以实现可持续发展。

此外，实施环境经济政策，还可以兼顾环境社会关系调控过程中的公平与效率。

4. 环境经济政策组成

环境经济政策主要包括以下几个部分：

（1）环境资源核算政策　目前世界各国和地区普遍使用“国内生产总值GDP”这一指标来衡量国家和地区经济发展及国民财富的富裕程度，但GDP不能反映出经济发展所付出的环境代价。因此，必须建立完善的环境资源核算政策，以全面评价经济发展的成果。在环境资源核算政策的基础上，逐步建立科学、合理、公平、有效的环境资源有偿使用制度。

（2）财政政策　政府是环境保护和环境管理的主体，政府发挥环境保护和管理职能时，必须建立和完善财政政策来支持和促进环境保护。作为环境经济政策的财政政策主要包括政府“绿色”采购制度、财政补贴、环境税收和环境性因素的财政转移支付等。

（3）环保投资政策　环境保护需要大量资金的支持，建立和完善环保投资政策是确保环境保护工作顺利进行的必要条件。

（4）信贷政策　根据环境保护和可持续发展的要求，对不同的对象实行不同的信贷政策，即对环境保护和可持续发展有利的项目实施优惠信贷政策；反之，则实施严格的信贷政策。通过这种方式来引导开发者作出符合经济和环境利益的决策。

（5）环境管理的经济手段　环境经济政策调节、控制和引导经济主体行为的作用，主要是通过实施各种环境管理的经济手段来实现的。所以，环境管理的经济手段是环境经济政策的实现措施，是环境经济政策体系中的一个重要组成部分。采用的经济手段主要有排污收费、环境税、排污权交易、绿色信贷、生态补偿政策和押金-退款制度等。这些经济手段适用于污染控制、资源利用、自然保护、流域、区域综合环境管理、国际和全球环境问题及生产、消费等领域。

5. 环境经济政策实施

（1）实施条件　实施以市场为基础的环境经济政策，必须具备以下几个条件：

1）比较完备的市场体系。环境经济政策是政府通过经济刺激手段，向经济行为主体传递市场信号，以达到改变其行为的目的。因此，环境经济政策的实施是否能达到预期的效果，取决于市场的完备程度。如果市场功能不健全，政府就失去了传递信号的中介，或者导致市场信号失真；被管理对象在这种情况下有可能对市场信号反应迟缓，甚至对这些经济刺激根本不产生反应。如果是这样，环境经济政策的实施也就失去了它的意义。

2）相关的法律保障。市场经济是法制经济，参与市场运行的环境经济政策，只有在相关的法律保障之下才具有合法性和权威性。因此，必须不断调整和完善相关的政策法规，使其为实施环境经济政策提供法律保证。同时，要授权政府主管部门制定政策的实施细节和管理规定。

3）实施能力。环境经济政策的有效实施需要有配套的具体实施规章、实施机构的人力资源和财力支持。例如，排污收费制度的实施，需要制定具体的实施细则和详细的收费标准，建立负责费用征收、资金使用及管理的环境监督管理机构。

4）相应的数据和信息。必要的数据信息也是环境经济政策制定和实施的重要条件。管理者想要最大限度地接近最优污染水平进行调控，那么就必须尽可能多地掌握关于污染控制成本函数及环境损害函数等数据信息。

5）宽松的经济环境。宽松的经济环境是环境经济政策实施的一个充分条件。如果一个国家或地区的大部分企业都面临严重的经济困难和生产不足，同时又有通货膨胀问题；那么在这种情况下，实施环境经济政策往往起不到应有的效果。

（2）影响实施的因素　环境经济政策涉及社会经济生活的众多部门和群体，其实施的影响因素错综复杂。但从总体来看，影响环境经济政策实施的因素主要有以下几个方面：

1）相关政策的制约。现行的法规框架，为环境经济政策的选择划定了有限的生存空间，在这个范围内，环境经济政策与其他经济政策之间只能是配合而不能是冲突，否则其实施就不具备现实的可行性。

2）政策可接受性。环境经济政策实施后，会对政策涉及的利益集团产生不同的影响。各利益集团将从自身利益的角度出发，反对或支持政策的实施，最后的结果将取决于两方面力量的对比以及他们对决策过程的影响。当反对的力量大到足以影响决策过程时，该项环境经济政策就会被修改或者放弃。因此，考虑一项环境经济政策能否实施，政策的可接受程度是需要评估的。

3）公平性的考虑。由于环境经济政策涉及经济利益的再分配，缴纳排污费或纳税者并不一定是税赋的最终承担者，因此必须全面衡量环境经济政策对不同对象以及不同收入水平阶层产生的影响。考虑到受影响最大的往往是一些低收入阶层，因此为了提高政策的可实施性，有必要采取一些实施前的减缓措施和实施后的补偿措施。

4）体制问题。环境经济政策是一种克服市场失灵和政策失灵的手段，因此它的实施必然会引起现行管理体制的一些变革。因此，通常需要对现行体制作出一些适当调整，从而为环境经济政策的实施提供支持。

5）管理上的可行性。管理的可行性不仅会影响到环境经济政策的选择，而且还会影响具体政策的执行。例如，我国正在推行的排污许可证制度，由于其技术含量高，在许多地区难以操作，在一定程度上妨碍了该项制度在全国范围的推广。

6）产业政策。各级政府为实现特定时期的经济目标而制定了一些产业政策，这些政策有时也会影响到环境经济政策的实施。例如，为扶持和保护国内某些产业提供财政补贴和征收高额关税，为了鼓励出口而对有关产业或企业提供补贴等，都会妨碍环境经济政策的实施。此外，一些部门和地方政府担心，实施环境经济政策会给企业造成经济负担，影响经济效益的提高，所以可能对某些环境经济政策的实施持消极或抵触的态度，干扰环境经济政策的实施。

9.6 中国的环境经济政策

9.6.1 中国环境经济政策的发展

1992年联合国环境与发展会议《里约环境与发展宣言》的原则中指出，考虑到污染者原则上应当承担污染费用的观点，各国政府应当努力促使环境费用内部化，并且适当地照顾到公众的利益，而不歪曲国际贸易和投资。

我国对于这一原则在国内的执行，在《中国环境与发展十大对策》（1992年）中的第七大政策中明确提出，要“运用经济手段保护环境”，并指出：“各级政府应更多地运用经济手段来达到保护环境的目的，按照资源有偿使用的原则，要逐步开征资源利用补偿费，并开展对环境税的研究；研究并试行把自然资源和环境纳入国民经济核算体系，使市场价格准确地反映经济活动造成的环境代价；制定不同行业污染物排放的时限标准，逐步提高排污收费的标准，促进企业污染治理达到国家和地方规定的要求；对环境污染治理、废物综合利用和自然保护等社会公益性明显的项目，要给予必要的税收、信贷和价格的优惠；在吸收和利用外资时，要把环境保护工作作为一项同时安排的内容，引进项目时，要切实把住关口，防止污染向我国转移”。

1994年3月25日国务院第16次常务会议讨论通过的《中国21世纪议程》明确提出了要“有效利用经济手段和市场机制”促进可持续发展。具体目标是“将环境成本纳入各项经济分析和决策过程，改变过去无偿使用环境并将环境转嫁给社会的做法”“有效利用经济手段和其他面向市场的方法来促进可持续发展。”

2001年12月国务院批准的《国家环境保护“十五”计划》在保障措施中提出，“政府要综合运用经济、行政和法律手段，逐步增加投入，强化监管，发挥环保投入主体的作用”“积极运用债券和证券市场，扩大环保筹资渠道。发挥信贷政策的作用，鼓励商业银行在确保信贷安全的前提下，积极支持污染治理和生态保护项目”“积极稳妥地推进环境保护方面的费税改革。研究对生产和使用过程中污染环境或破坏生态的产品征收环境税，或利用现有税种增强税收对节约资源和保护环境的宏观调控功能，完善有利于废物回收利用的优惠政策”。

2005年12月国务院发布的《关于落实科学发展观加强环境保护的决定》（国发［2005］39号）中指出，加强环境保护必须“建立和完善环境保护的长效机制”，其中的一项重要工作就是“推行有利于环境保护的经济政策，建立健全有利于环境保护的价格、税收、信贷、贸易、土地和政府采购等政策体系。”

2006年4月，国务院总理温家宝在第六次全国环境保护会议上特别强调“做好新形势下的环保工作，要加快实现三个转变：……三是从主要用行政办法保护环境转变为综合运用法律、经济、技术和必要的行政办法解决环境问题，自觉遵循经济规律和自然规律，提高环境保护工作水平。”

为促进环境友好型社会的建设，根据国务院《关于落实科学发展观加强环境保护的决定》和国务院《关于节能减排综合性工作方案》的有关要求，原国家环境保护总局于2007年5月与有关部门共同启动了国家环境经济政策研究与试点工作，以争取在环境财政税收、绿色资本市场、区域生态补偿、排污权交易等方面取得突破，并最终建立健全有利于环境保护的环境经济政策体系。

2007年9月9日原国家环境保护总局副局长潘岳在第十二届“绿色中国论坛”上提出，在建立和完善环境保护机制方面，中国应先建立绿色税收、环境收费、排污权交易、绿色资本市场、生态补偿、绿色贸易、绿色保险七项环境经济政策，形成我国环境经济政策的架构，并制定了路线图。

2007年12月国务院批准的《国家环境保护“十一五”规划》在保障措施中提出，“发挥价格杠杆的作用，建立能够反映污染治理成本的排污价格和收费机制”“加大排污费征收和稽查力度，进一步完善排污收费制度”“完善信贷政策，鼓励银行特别是政策性银行对有偿还能力的环境基础设施建设项目和企业治污项目给予贷款支持。探索建立环境责任保险和环境风险投资”“完善生态补偿政策，建立生态补偿机制”。

2011年12月批准的《国家环境保护“十二五”规划》在完善政策措施中提出，“健全排污权有偿取得和使用制度，发展排污权交易市场”“推进环境税费改革，完善排污收费制度。全面落实污染者付费原则，完善污水处理收费制度，收费标准要逐步满足污水处理设施稳定运行和污泥无害化处置需求。改革垃圾处理费征收方式，加大征收力度，适度提高垃圾处理收费标准和财政补贴水平”“建立企业环境行为信用评价制度，加大对符合环保要求和信贷原则企业和项目的信贷支持。建立银行绿色评级制度，将绿色信贷成效与银行工作人员履职评价、机构准入、业务发展相挂钩。推行政府绿色采购，逐步提高环保产品比重，研究推行环保服务政府采购。制定和完善环境保护综合名录”“探索建立国家生态补偿专项资金。研究制定实施生态补偿条例。建立流域、重点生态功能区等生态补偿机制。推行资源型企业可持续发展准备金制度。”

可以看出，在我国社会经济发展的同时，为了实现建设和谐社会的目标，环境经济政策越来越受到关注和重视，在我国环境政策中的地位逐步加强，发挥着越来越重要的作用。

9.6.2　中国环境经济政策实施的意义

与传统的行政手段和法律手段的强制性“外部约束”相比，环境经济政策是一种“内在约束”力量，具有增强市场竞争力、促进环保技术创新、降低环境治理与行政监控成本等优点。在我国的环境保护实践中，对作为调控主体的行政手段进行了最大限度的创新，从首次叫停超过千亿元投资的建设项目到圆明园听证，从区域限批到流域限批，行政手段的作用可以说是发挥到极致，但仍然不能解决我国日益严峻的环境问题。在这样的背景之下，环境经济政策在环境政策体系中的作用日益受到重视，因为这一政策体系是最能形成长效机制的办法，与其他手段进行组合应用，能最大限度地满足环境保护的需求。

我国在环境保护事业中采用环境经济政策具有其发展的必然性，主要原因有：

1）在环境保护和管理的过程中，我国制定的大多数环境政策，是以计划经济体制为背景的。在计划经济体制向市场经济体制转轨的过程中，原有的这些政策必然会与新的经济体制发生冲突，使得政策的效力大大减弱。在市场经济体制下，应主要依靠市场机制来调控各种行为。但是，由于经济外部性及公共商品的存在，加之市场条件的不完善，必然会出现“市场失灵”。在环境保护领域，“市场失灵”更为明显，这就需要政府干预。环保实践证明，建立并实施环境经济政策是政府干预环境保护的最佳途径。因为通过环境经济政策可以很好地将经济发展与环境保护结合起来，实现二者的协调，以实现经济、社会的可持续发展。

2）环境保护涉及社会经济的各个方面，国内外的环境保护实践经验已经证明，环境保护工作需要运用法律的、行政的、经济的、技术的、教育的等多种手段，其中经济手段在环境保护工作中起着十分重要的作用。根据经济学理论，环境问题是外部不经济性的产物，为解决环境问题，必须从环境问题的根源入手，通过一系列政策、法规、措施，将外部不经济性内部化。理论和实践经验均已说明，环境经济政策是将外部不经济性内部化的最为有效的途径。

3）长期以来，我国的环境保护投资一直受到资金供给和投资体制的双重制约，不能满足环境保护的需要。而环境经济政策资金筹集的功能正好能够解决这一燃眉之急。

4）我国地域辽阔，各地自然条件和经济发展水平都不尽相同，使用传统的强制型环境政策，往往会因为过分强调环境效果而忽视了经济效益和社会公平。环境经济政策留给政策调控对象较大的自主决策空间，可以很好地照顾地区之间的差异，有利于具体环境问题的具体分析和具体解决。

环境经济政策作为宏观经济政策的重要组成部分，对我国环保事业具有特定的功能和重要的地位，对于推动我国环境保护事业，贯彻落实科学发展观具有重要意义。

1）环境保护与经济发展，反映了生产过程的两个不同的侧面，它们既有相互促进、互为条件，又相互制约、互相矛盾。因此，从客观上就要求在制定环境政策时考虑经济条件和经济政策，在制定经济政策时要考虑环境保护和环境政策，从而必然产生协调这两者之间关系的环境经济政策。

2）环境污染与破坏的产生，主要在于开发者或排污者只注意获取局部的、近期的、直接的效益，却忽视了长远的、间接的经济损失。所以在一定程度上可以说，保护和改善环境的活动之所以发展不平衡，主要是由于利益分配不公正、不合理。环境经济政策针对这种利益分配，力求公正、合理地来处理、协调国家、集体和个人之间，污染者与被污染者之间，以及其他方面的各种经济关系，运用经济手段促使人们关心环保事业，限制那些对环境有害的经济开发活动，对那些肆意破坏资源、污染环境的行为，运用经济手段进行处罚，这就抓住了关键环节，从而强化了环境管理工作。

3）我国的环境经济政策，是运用环境经济学理论来调节环境经济系统的产物。环境经济政策的基本内容包括：把环境保护规划纳入国民经济发展规划，搞好经济发展与环境保护间的综合平衡；对物质资源进行合理开发和充分利用，把提高资源利用率、转化率，减少废弃物排放作为扩大再生产的主要途径；在经济生产过程中解决环境污染和破坏；运用税收、信贷、补贴、利润、价格等价值工具来协调人们防治污染、保护环境资源的活动；完善环保投资方式，加大环境保护投入等。由此可见，我国的环境经济政策着眼于运用经济手段来调控人们的行为，力求采用灵活多样的方式来协调经济发展与环境保护间的关系，以最小的劳动消耗和投资获取最佳的经济、社会、环境效益，从而使我国经济持续发展。

4）环境经济政策是强化环境管理、打开环保工作局面的有力武器。用经济杠杆来调节环境保护方面的财力、物力及其流向，调整产业结构和生产力布局，实施“责、权、利”相结合，国家、集体和个人利益相结合，从而使环境管理落到实处。2005 年 1 月，国家环境保护总局宣布停建金沙江溪洛渡水电站等 13 个省市的 30 个违法开工项目；2006 年，国家环境保护总局查处 10 个投资约 290 亿元的违法建设项目，对 11 家布设在江河水边环境问题严重的企业挂牌督办，2007 年年初，国家环境保护总局首次启动“区域限批”政策来遏制高污染高耗能产业的迅速扩张；2007 年 7 月，对黄河、长江、淮河、海河四大流域水污染严重、环境违法问题突出的 6 市 2 县 5 个工业园区实行“流域限批”，对流域内 32 家重污染企业及 6 家污水处理厂实行“挂牌督办”。这四次环境执法活动将行政手段在现有的法律法规体系中进行了最大限度的创新，但是仅在短期内有效，并未形成一个长期的有效机制。在这样的背景下，作为宏观经济手段重要组成部分的环境经济政策应该是现阶段能够形成长效机制，与行政管理手段相结合，推动我国环保事业发展，落实科学发展观的重要支撑。

9.6.3 我国环境经济政策的内容

1. 我国环境经济政策的基本内容

1）排污收费政策，它是“污染者负担原则”在污染防治领域的具体化，是我国环境管理制度和经济刺激手段的核心组成部分。现行的排污收费已覆盖废气、废水、废渣、噪声、放射性五大领域和 113 个收费项目。

2）征收资源税的政策，包括超额使用地下水的收费、征收土地税、征收矿产资源税和实行土地许可证制度等。

3）奖励综合利用的政策，包括对开展综合利用有显著成绩和贡献的单位及个人给予表扬奖励、对开展综合利用的生产建设项目实行奖励和优惠、对开展综合利用生产的产品实行优惠。

4）环境保护经济优惠政策，包括价格优惠政策、税收优惠政策、财政援助政策（国家拨款和财政补贴）、银行贷款等。

5）关于环保资金渠道的环保投资政策。

随着社会主义市场经济体制的建立和不断完善，环境保护事业的不断深入，我国的环境经济政策也在不断地发展和完善。经过 30 多年的发展，我国已初步建立包含排污收费、财政政策、生态补偿等种类较多的环境经济政策体系，见表 9-3。但这些已有的环境经济政策体系真正在全国范围内实施并发挥实际作用的并不多。有些环境经济政策虽然有政策性规定，但是由于没有配套的措施，并没有起到应有的作用。例如，中国人民银行于1995年制定政策，要求各级金融机构“对不符合环保规定的项目不贷款”，但是由于没有配套的措施，这项很好的环境经济政策并没有得以实施。又如，我国虽然已经建立了差别税收政策，但是与发达国家相比，我国的差别税收政策种类较少，应用领域较窄，环境税收政策仍处于初创阶段，环境资源核算、生态保护补偿金、排污许可证交易、污染责任保障仍处于起步阶段。

表9-3 我国环境经济政策概况

环境经济政策类型	实施部门	开始时间/年	实施范围
排污收费	环保	1982	全国
二氧化硫排污收费（试点）	环保、物价和财政	1992	“两控区”
污水排放费	物价、财政和环保	1993	全国
排污许可证交易（试点）	环保	1985	上海、沈阳、济南 太原等城市
生态补偿费（试点）	土地管理、财政和环保	1989	广西、福建、江苏等地
资源税、矿产资源补偿费	矿产、财政	1986	全国
差别税收	税收	1984	全国
环保投资	计划、财政、环保、金融	1984	全国
财政补贴	财政、环保	1982	全国
银行贷款	金融	1995	全国
废物回收押金制度	物资部门	不详	全国
污染责任保险制度	金融、环保	1991	大连、沈阳
城市生活污水处理费	城建、环保	1994	上海、淮河流域城市
城市生活垃圾处理收费	城建、环保	1999	北京、上海、西安等部分城市

2. 我国环境经济政策的完善

在新的经济发展形势和环境保护要求日益提高的情况下，环境保护的政策手段必须要跟上形势发展的步伐。根据《国务院关于落实科学发展观加强环境保护的决定》和第六次全国环境保护会议的要求，做好新形势下的环保工作，必须由主要依靠行政办法转变为综合运用经济、法律、技术和必要的行政办法解决环境问题，提高环境保护工作水平，改善环境质量。

在环境经济政策体系方面，原国家环境保护总局和有关部门进行了研究和试点，提出在现有的环境经济政策体系中，应加快七项环境经济政策的建立、完善和实施。这七项政策分别为：环境税、排污权交易、绿色资本市场、绿色保险、生态补偿、环境收费和绿色贸易，这就是我国于2007年确定的环境经济政策架构和发展路线，如图9-3所示。

3. 环境税

环境税也称为绿色税收，是指对环境保护有积极影响的税种。广义的环境税是指税收体系中与环境资源利用和保护有关的各种税种和税目的总称，包括专项环境税（独立型环境税）与环境相关的资源能源税和税收优惠（融入型环境税），以及消除不利于环保的补贴政策和收费政策。狭义的环境税主要指的是对开发、保护和使用环境资源的单位和个人，按其对环境资源的开发利用、污染、破坏程度进行征收的一种税收，即独立环境税。

2010年3月，我国环境税开征方案已经上报国务院，环保部、财政部和税务总局等相关部门也在研究具体实施细则。同时，环境税的立法工作也正在不断推进。由于环境税的复杂性，环境的整体定义和税的完整性研究还存在偏差。环境保护部希望把环境资源税、环境能源税、环境关税、污染物税等税种都包含进来。每个税目还可再分子税，如污染物税可分为硫税、碳税、垃圾税、噪声税、有毒化学品税等。但具体实施起来并不容易，所以实施环境税还有一个过程。

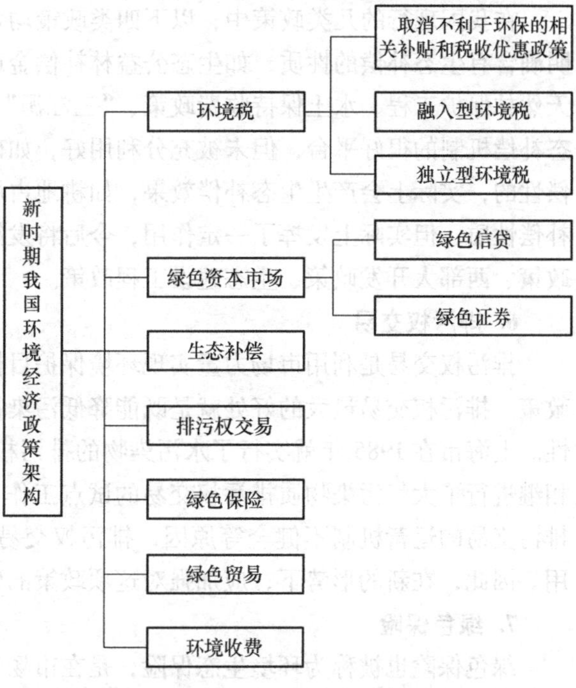

图9-3　新时期我国环境经济政策框架

4. 绿色资本市场

构建绿色资本市场是一个可以直接遏制“双高一低”（高能耗、高污染、效率低）企业融资的有效政策手段。通过直接或间接“斩断”污染企业资金链条，迫使其重新制定发展决策。

（1）绿色信贷　根据环境保护及可持续发展的要求，对不同的信贷对象实行不同的信贷政策，具体地来说，对有利于环境保护和可持续发展的鼓励类投资项目，要简化贷款手续、优惠利率，积极给予信贷支持；对限制类投资项目，要区别对待存量项目和增量项目，对增量项目不提供信贷支持，允许存量项目的企业在一定时期内整改，按照信贷原则给予必要的信贷支持；对于淘汰类项目，要从防范信贷风险的角度，停止各类形式的授信，并采取措施收回和保护已发放的贷款；对于不列入鼓励类、限制类和淘汰类的允许类项目，在按照信贷原则提供信贷支持时，要充分考虑项目的资源节约和环境保护等因素。

（2）绿色证券　在直接融资渠道方面，通过环保部门和证监部门的共同协作，制定包括资本市场初始准入限制、后续资金限制和惩罚性退市等内容的审核监管制度，对没有严格执行环评和“三同时”制度、不能稳定达标排放、环保设施不配套、环境事故多、环境影响风险大的企业，要在上市融资和上市后的再融资等环节进行严格限制，甚至以“一票否决制”截断其资金链条；对环境友好型企业的上市融资则提供各种便利条件。

5. 生态补偿政策

生态补偿既包括对生态系统和自然资源保护所获得效益的奖励或破坏生态系统和自然资源所造成损失的赔偿，也包括对造成环境污染的主体进行收费，是以改善或恢复生态功能为主要目的，以调整保护或破坏环境的相关利益者的利益分配关系为对象，具有经济激励作用的一种制度。这项政策不仅是环境与经济的需要，更是政治与战略的需要。

在我国现行的几类政策中，以下四类政策均含有生态补偿的作用。第一类在政策设计上明确含有生态补偿的性质，如生态公益林补偿金政策和退耕还林还草工程、退牧还草工程、天然林保护工程、水土保持收费政策、“三江源”生态保护工程等。第二类可以作为建立生态补偿机制的很好平台，但未被充分利用好，如矿产资源补偿费政策。第三类看似属资源补偿性的，实际上会产生生态补偿效果，如耕地占用补偿政策。第四类是政策设计上没有生态补偿性质，但实际上发挥了一定作用，今后将发挥更大作用的，如扶贫政策、财政转移支付政策、西部大开发政策、生态建设工程政策。

6. 排污权交易

排污权交易是利用市场力量实现环境保护目标和优化环境容量资源配置的一种环境经济政策。排污权交易最大的好处就是既能降低污染控制的总成本，又能调动污染者治污的积极性。上海市在1985年就实行了水污染物的排污权交易试点工作，此后太原、平顶山等城市相继进行了大气污染物质排污权交易的试点工作，但由于市场机制、污染物质的适应范围、排污交易的运营机制不健全等原因，排污权交易并未在全国范围推行，也未发挥其应有作用。因此，在新的形势下，应加强对这项政策的研究和实践。

7. 绿色保险

绿色保险也被称为环境生态保险，是在市场经济条件下，进行环境风险管理的一项基本手段。其中，以环境污染责任保险最具代表性，就是由保险公司被保险人因投保责任范围内的污染环境行为而造成他人的人身伤害、财产损毁等民事损害赔偿责任提供保障的一种手段。利用保险工具来参与环境污染事故处理，有利于分散企业经营风险，促使其快速恢复正常生产；有利于发挥保险机制的社会管理功能，利用费率杠杆机制促使企业加强环境风险管理，提升环境管理水平；有利于使受害人及时获得经济补偿，稳定社会经济秩序，减轻政府负担，促进政府职能转变。

8. 绿色贸易

20世纪80年代后，在国际贸易中，西方国家开始普遍设立绿色贸易壁垒，对国外商品进行准入限制。它主要通过技术标准、卫生检疫标准、商品包装和标签等规定来强制性实施，其内容涉及产品研制、开发、生产、包装、运输、使用、循环再利用等整个过程有无采取有效的环境保护措施。

我国加入WTO之后，必须对我国的贸易政策作出相应调整。要改变单纯追求数量增长，而忽视资源约束和环境容量的发展模式，平衡好进出口贸易与国内外环保的利益关系。一方面，应当严格限制能源产品、低附加值矿产品和野生生物资源的出口，并对此开征环境补偿费，逐步取消“两高一资”产品的出口退税政策，必要时开征出口关税。另一个方面，应强化废物进口监管，在保证环境安全的前提下，鼓励低环境污染的废旧钢铁和废旧有色金属进口；征收大排气量汽车进口的环境税费；积极推进国内的绿色标识认证。在保障机制方面，首先，需构建防范环境风险法律法规体系，如应加快制定生物遗传资源保护法、生物安全法、危险化学品防治法、臭氧层保护条例、电子废物污染防治管理办法，并发布外来入侵物种的黑名单；其次，建立跨部门的工作机制，如实施国际通用的遗传资源获取与获益分享的机制，保护好我国的遗传资源；再次，需要加强各部门联合执法，对走私野生动植物、废旧物资、木材与木制品、破坏臭氧层物质的违法行为进行严惩。

9. 环境收费

环境收费在OECD成员国使用比较广泛。根据OECD最新统计，OECD成员国已经实施250项环境收费。

排污收费制度是我国环境管理的制度之一，自1979年确立至今，不断发展和完善，尤其是2003年《排污收费条例》的公布实施，对排污费的计征、使用、管理都进行了改革。这项制度的核心在于，当排污者上缴的排污费高于自己治理的费用时，排污者才会积极地开展环境污染治理。目前我国的排污收费水平过低，不能对排污者产生太大压力。所以，今后要继续完善排污收费制度，提高污水处理费征收标准，促进电厂脱硫，推进垃圾处理收费。

在完善已有的排污收费制度的同时，还需运用价格和收费手段推动节能减排的开展。一是推进资源价格改革，包括水、煤炭、天然气、石油、电力、供热、土地等价格；二是促进资源回收利用，包括鼓励资源再利用、发展可再生能源、生产使用再生水、垃圾焚烧、抑制过度包装等。

以上七项环境经济政策并不是新创的，而是包含在我国已建立的环境经济政策体系中的。但是由于政策的运营机制、保障机制及技术等方面的原因，这些政策在我国的开展和应用十分有限。在新的形势下，应当加快这七项环境经济政策的研究和实施，以促进环境保护的法律、行政、经济、技术和教育手段综合效益的提高，推进我国环境保护事业的发展。

【案例】

环境商会：多种途径鼓励环保企业走出去

全国工商联环境服务业商会2014年3月2日呼吁实行绿色援助计划、设立财政专项资金或基金支持环保国际化、提供绿色金融优惠政策等多项措施，多种途径鼓励环保企业走出去。

全国“两会”召开前夕，全国工商联环境服务业商会秘书长骆建华对《第一财经日报》表示，由环境商会起草的多份建议，将作为全国工商联的团体提案提交即将召开的全国政协十二届二次会议。

国际化是必然选择

骆建华介绍，“十五”以来，我国节能环保产业快速发展。据环境保护部测算，2011年我国环保产业的从业机构约为2.4万家，上市环保公司约400家，年营业收入约3万亿，2004—2010年营业收入的年均复合增长率达到30%。

“十二五”期间，我国将培育和发展战略性新兴产业提升到转变经济发展方式与产业结构调整的重要高度，节能环保产业被列为七大战略性新兴产业之首，国内节能环保产业投资预计将达3.1万亿元，在发展战略性新兴产业和国内经济转型及产业结构调整的大背景下，环保产业将进入高速增长阶段。

骆建华对记者说，目前，国外环保企业均实施全球发展战略，大型环境集团已通过参股或控股进入全球多个国家的环保市场。据欧盟统计，2010年全球环境服务业产值达到6400亿美元，全球环保产业总产值达到2.3万亿美元。

环境商会的分析显示，随着城镇化的推进，国内大中城市环保设施建设逐渐趋于饱和。近10年来，国家对环境污染治理投入大量资金，进一步加快了城市环境基础设施建设。

截至2013年9月底，全国设市城市、县累计建成城镇污水处理厂3501座，污水处理能力约1.47亿m^3/日，比2012年底新增污水处理厂161座，新增处理能力约450万m^3/日。2012年，全国城镇污水处理厂平均运行负荷率达到82.5%。2010年全国城市生活垃圾无害化率达到77.9%，规划到2015年县县具有无害化处理能力，无害化处理率达到80%以上。未来国内环保产业增长点将由工程建设转向环境设施运营服务。

“我国已有的环境产品及工程建设能力亟须开拓新的市场，环保产业国际化将成为一种必然选择。”骆建华说，我国环保企业要实现跨越式发展，就必须要参与全球经济竞争，实施国际化发展战略，在目前国际分工格局尚未完全形成的情况下，推动环境技术及产品走向国际平台，利用技术、管理和成本等综合优势抢占国际环保市场的制高点，开拓市场以实现跨国经营。

环境商会给记者提供的资料显示，当前，我国环保技术逐步向国际先进水平靠拢，炉排炉垃圾焚烧技术已实现国产化，超滤膜水处理技术位居领先，在污水处理、再生水利用、海水淡化、污泥处置、垃圾焚烧以及烟气脱硫脱硝等方面，积累了丰富的建设运营经验，拥有了门类齐全、具有自主知识产权的技术装备，培育了一批拥有自主品牌、掌握核心技术、市场竞争力强的环保龙头企业。

目前，北京桑德环境、北控水务、福建龙净、杭州新世纪等骨干环保企业，已获得了多个海外环保项目订单，开拓了东南亚、南亚、中东、非洲、南美等多个国家市场，为我国环保企业走出去积累了宝贵经验。

市政环境基础设施前期投入资金普遍较大，运营权作为长期回收成本和获取稳定收益的保障，一般都优先给予投资建设方，其他企业很难在后期介入。因此，能否快速抢占处于起步和发展阶段的目标市场决定着未来我国环保产业的规模和全球竞争力。

完善走出去优惠政策

但骆建华同时表示，国内环保企业实施国际化发展还存在不少问题。“首先是国外政治经济法律制度、环保行业标准及服务对象需求不同，工程项目履约过程面临较大风险。”骆建华介绍，美欧等发达国家污染物排放标准普遍严于我国，而一些发展中国家的环境标准缺失，或执行不同于国内的环境质量、环境技术和环境污染物排放标准，这意味着项目设计和施工阶段要根据当地环境要求提供定制化解决方案，按照国际咨询工程师联合会（FIDIC）的勘察、设计、施工、监理、货物采购合同条款执行。

骆建华介绍，海外国家更倾向采用工程项目融资管理模式开展环保项目，除了BOT模式外，集成投融资及运营服务全过程的PPP、PFI等模式更被广泛接受和采用。而国内企业多以DB、DBO、EPC等承发包管理模式参与环保工程建设，延伸至投融资前端还需要金融资本实力和项目综合管理能力的大幅提升。

此外，目前我国在金融财税等方面支持力度较小。在国际环保市场上占据主导地位的多是美国、日本、加拿大和欧洲等国家的环境公司。这些国家在拓展国际市场初期给予企业不同程度的税收抵免、投融资担保、津贴或补助等直接或间接优惠，以减少企业前期投入风险，但我国已实施的相关优惠政策还较少。

环境商会起草的《关于通过多种途径鼓励环保企业走出去的提案》建议，通过与中东、非洲、南美等产油国建立能源—环境战略联盟，实施绿色援助贷款或赠款和工程援助，支持其建设环境公共设施。

“安排对外援助时优先考虑节能环保项目，重点推动环境基础设施建设，由国内大型环保企业主导建设和运营，提供相应的技术服务和配套的国产产品设备。”骆建华说，此外，还可以设立财政专项资金或基金支持环保国际化。运用贷款贴息、以奖代补、设立海外环保投资基金、并购资金、亏损准备金等多种方式，按一定比例补贴海外环保项目。设立海外环保项目先期投入补贴资金，对先期市场开拓费用，按一定比例进行项目补贴。

环境商会建议，结合国家投融资体制改革，设立海外环保投资担保机制，针对资质较好的节能环保企业加大信用担保机构的支持力度，探索适合环保企业的内保外贷、境外资产抵押、境外消费信贷等多种抵押贷款方式。

在境外资本运作方面，环境商会建议，适当降低境内环保企业到境外上市的门槛，简化并规范环保企业境外上市的审批流程，并加强对已境外上市企业的监管。鼓励环保企业与不同资本类型、不同业务范围的企业强强联合，抱团出海，进行境外投资，合作、并购、参股国内外先进环保研发和设备制造企业，整合战略资源、促进产业升级，尤其在技术开发上加大力度，增强企业核心竞争力。

“还应完善环保企业境外税收抵免适用范围，避免双重征税。”骆建华认为，政府与鼓励投资国家签订协定时，设立税收抵免和享受当地税收优惠政策条款，保障国内环保企业享受到东道国当地的税收优惠政策。参照国内高新技术企业优惠标准和研发费用加计扣除政策，制定环保企业国际化发展税收优惠政策，降低境外红利抵免限额税率。

——资料来源：慧聪机械工业网，http：//info. machine. hc360. com/2014/03/061514471613. shtml

思考与练习

1. 名词解释：最优污染水平、3P原则、环境政策、环境经济政策、环境税、绿色保险。
2. 有哪些因素影响最优污染水平？这些因素是如何影响最优污染水平的？
3. 现在的环境管理有哪些模式？试分别分析其优缺点。
4. 环境管理的主要问题有哪些？
5. 环境政策手段有哪些类型？
6. 环境经济政策的实施需要哪些条件？

第 10 章 环境管理的经济手段

本 章 摘 要

自然环境资源是经济发展的基础，然而现代经济的发展很多情况下是以牺牲自然资源为代价的。自然资源有其自身的自我修复能力，然而当对其破坏程度达到一定水平、超出其负荷能力时，就造成了相应的所谓“污染”的后果。采取经济手段进行环境管理、治理环境污染是指在污染前或者污染后采取相应措施，控制生产生活过程中可能对环境造成的不利影响。本章将对环境税、排污收费制度、排污权交易、生态补偿政策及其他经济手段在环境管理中的应用进行介绍。

10.1 环境税

10.1.1 税收概述

税收是国家为满足社会公众需要，由政府按照法律规定，强制地、无偿地参与社会剩余产品价值分配，以取得财政收入的一种规范形式。税收是一项重要的宏观经济调控手段，其主要功能是组织收入和经济调节。

税收具有的特点：首先，税收是政府行使行政权力所进行的强制性征收；其次，税收是将社会资源的一部分从私人部门转移到公共部门，以获得政府履行其职能所需的经费；再次，税收通过整体偿还的方式使个体受益，即纳税人从公共服务中享受利益，得到一般性的补偿。

1. 我国的税收制度

1992 年 9 月，中国共产党第十四次全国代表大会确定了我国经济体制改革的目标是建立社会主义市场经济体制。按照社会主义市场经济体制的要求，遵循统一税法、公平税负、简化税制、合理分权、理顺分配关系、保证财政收入的指导思想，我国进行了新的税制改革。截至 1997 年底，我国实施的新税制由七类 29 个税种所组成。

（1）流转税类　流转税类通常是在生产、流通或者服务领域中，按照纳税人取得的销售收入、营业收入或者进出口货物的价格（数量）征收的，包括消费税、增值税、营业税和关税。

（2）所得税类　所得税类是按照生产、经营者取得的利润或者个人取得的收入征收的，包括个人所得税、企业所得税、外商投资企业所得税。

（3）资源税类　资源税类是对从事资源开发或者使用城镇土地者征收的，包括资源税、耕地占用税和城镇土地使用税。

（4）财产税类　财产税类是对各类财产征收的，包括房产税、城市房地产税和遗产税（目前尚没有立法开征）。

（5）特定目的税类　特定目的税类是为了达到特定的目的，对特定对象进行调节而设置的，包括城市建设税、固定资产投资方向调节税（目前暂停征收）、车辆购置税、土地增值税、燃油税、社会保障税（目前没有立法开征）等 7 种。

（6）行为税类　行为税类是对特定的行为征收的，包括车船使用税、车船使用牌照税、契税、印花税、证券交易税（目前没有立法开征）、屠宰税和筵席税等 8 种。

（7）农业税类　农业税类是对取得农业收入或者牧业收入的企业、单位和个人征收的，包括农业税（含农业特产税）和牧业税两种。

根据国务院关于实行分税制财政管理体制的规定，我国的税收收入分为三部分：一是中央政府的固定收入，包括关税、消费税、车辆购置税、船舶吨税和海关代征的增值税；二是地方政府的固定收入，包括城镇土地使用税、城市房地产税、土地增值税、房产税、遗产税、耕地占用税、固定资产投资方向调节税、车船使用税、车船使用牌照税、契税、屠宰税、农业税、牧业税及其地方附加税；三是中央政府与地方政府共享税，包括增值税（不包括海关代征的部分）、企业所得税、营业税、个人所得税、外商投资企业和外国企业所得税、资源税、城市维护建设税、印花税、燃油税、证券交易税。

2. 环境税

税收是一项重要的宏观经济调控手段，同时，税收政策在环境保护工作中也可以发挥重要的作用。在增加宏观调控、保护环境的职能后，就形成了“环境税”（绿色税收）的概念。根据目前国际上对环境税的界定，我国现行税种中与环境相关的税种主要有消费税、资源税和车船税，同时在其他一些税种中也制定有与环境保护相关的一些税收政策规定，如增值税、企业所得税、关税等。

2010 年 3 月，我国环境税开征方案已经上报国务院，环保部、财政部和税务总局等相关部门也正在研究具体实施细则。现阶段我国环境税工作的推进，主要包括以下三个方面：

1）对现有税收政策进行绿色化改进，通过税制的一些优惠规定鼓励环境保护行为，如增值税、消费税和所得税中的税收减免、加速折旧等规定；消除不利于环境的税收优惠和补贴，如按照国务院关于限制“两高一资”（高污染、高能耗、资源性）产品出口的原则，取消或降低这类产品的出口退税（率）。

2）研究融入型环境税改革方案。将环境因素融入现有税种，如在消费税中增加污染产品税目、提高资源税税率，考虑资源生产和消费过程中生态破坏和环境污染损失因素，如研究适合征收进出口关税、降低或者取消高污染产品的出口退税名录等。

3）研究独立型的环境税方案，即在税收体系中引进新的环境税税种，逐步设置一般环境税、污染排放税、污染产品税等环境税税目，用来调节生产和消费行为。

10.1.2　环境税的效应

按照经济学家庇古的福利经济学理论，政府可以通过征税的办法迫使生产者实现外部效应的内部化。当生产者在生产过程中产生一种外部社会成本时，政府应该对其征税，而且该税收等于生产者生产每一连续单位的产品对环境所造成的损害，以使其产生的外部效应内部化。

1. 环境税的数理模型

美国经济学家范里安（Varian H. R）在他的著作《微观经济学：现代观点》中以上游的钢厂和下游的渔场为例，构建了如下的环境税数理模型。

（1）假设条件

1）假设企业A生产某一数量的钢S，同时产生一定数量的污染物X倒入到一条河流中。企业B为一个位于河流下游的渔场，因而受到了企业A排出的污染物的不利影响。

2）假设企业A的成本函数由$C_S(S,X)$给出，其中S是其生产钢的数量，X是钢的生产过程中所产生污染物的数量。

3）假设企业B的成本函数由$C_F(F,X)$给出，其中以F表示鱼的产量，X表示污染物的数量。

企业A不加治理地排放污染物，使得钢的生产成本大幅度下降。而由于污染物排入河中，却使得鱼的生产成本增加。所以，企业B生产一定数量鱼的成本，取决于企业A所排放的污染物的数量。

（2）最优化问题

钢厂A的利润最大化模型为$\max\limits_{S,X}[P_S S - C_S(S,X)]$

渔场B的利润最大化模型为$\max\limits_{F,X}[P_F F - C_F(F,X)]$

表示利润最大化的条件，对钢厂而言是利润函数对钢产量的一阶导数为零，利润函数对污染产出的一阶导数等于零，即

$$\mathrm{d}[P_S S - C_S(S,X)]/\mathrm{d}S = 0$$
$$\mathrm{d}[P_S S - C_S(S,X)]/\mathrm{d}X = 0$$
$$\begin{cases} P_S = \mathrm{d}C_S(S,X)/\mathrm{d}S \\ 0 = \mathrm{d}C_S(S,X)/\mathrm{d}X \end{cases}$$

表示利润最大化的条件，而对渔场来说，鱼的利润函数对鱼的产量的一阶导数等于零，即

$$\mathrm{d}[P_F F - C_F(F,X)]/\mathrm{d}F = 0$$
$$P_F = \mathrm{d}[C_F(F,X)]/\mathrm{d}F$$

由以上条件可以说明，在利润最大化点上，增加每种物品产量的价格，应该等于它的边际成本。对于钢厂来说，污染也是它的一种产品，但根据上面分析，企业的污染成本为一常数，而且为零。因此，确定使利润达到最大化的污染供给量的条件说明，在新增单位的污染成本为零时，污染还会继续产生。钢厂在进行利润最大化计算时，只考虑了产钢的成本，而未计入污染治理的成本，这样就产生了钢厂的外部不经济性。随着污染增加而增加的渔场成本就是钢厂生产的一部分社会成本。

（3）税率的确定　为了使钢厂减少污染排放，一种有效的办法就是对其征收税金。假设对钢厂排放的每单位污染征收t数量的税金，这样，钢厂的利润最大化问题就变成

$$\max_{S,X} P_S S - C_S(S,X) - tX$$

这个问题的利润最大化条件将是

$$\begin{cases} P_S - \mathrm{d}C_S(S,X)/\mathrm{d}S = 0 \\ -\mathrm{d}C_S(S,X)/\mathrm{d}X - t = 0 \end{cases}$$

结合上面的分析可以得出

$$t = \mathrm{d}[C_S(S,X)]/\mathrm{d}X$$

2. 环境税的效应分析

环境税的实施对不同经济主体（如生产者、消费者和政府）的经济效果影响是不同的，具体分析如下：

（1）环境税效应分析的基本模型　如图10-1所示的几何模型，横轴所代表的是某种产品的市场需求量，纵轴表示其价格。假如对代表性生产者征收的税 t 等于它所造成的边际损害成本，则对于整个行业的征税额就是所有生产者单位产品征税额的总额。由于征税，使得行业的供给曲线由 S 移到 S'。产品出售到市场后，税收由生产者和消费者共同分担。

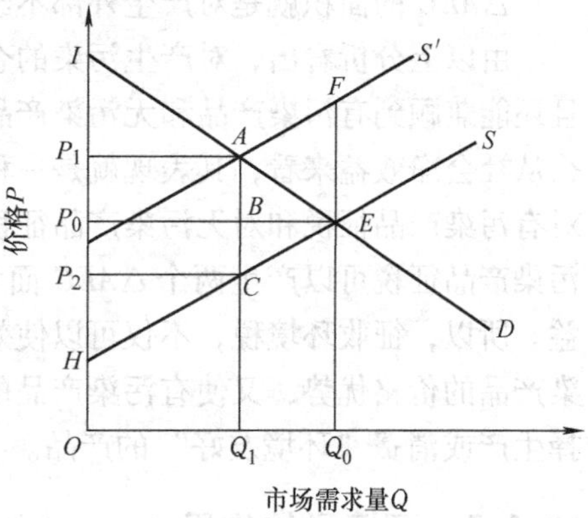

图10-1　环境税效应分析的几何模型

（2）环境税收手段对不同经济主体的效应分析

1）对生产者的影响。征税前生产者剩余是价格线 $P=P_0$ 以下、供给曲线 S 以上的三角形面积，即 $\triangle P_0EH$ 的面积。征税之后，产品的总产量由原来的 Q_0 下降到了 Q_1，生产者剩余为 $\triangle P_2CH$ 的面积，则生产者剩余的增量为梯形 P_0P_2CE 的面积。这个梯形面积包括两个部分：一是矩形 P_0P_2CB 的面积，用 $S_{\square P_0P_2CB}$ 表示，这是生产者对政府税收的贡献；二是 $\triangle BCE$ 的面积，用 $S_{\triangle BCE}$ 表示，这是生产者为减少有污染产品产出的损失。这里用 ΔPS 表示生产者剩余的增量，那么就有

$$\Delta PS = -(S_{\square P_0P_2CB} + S_{\triangle BCE})$$

2）对消费者的影响。征税前消费者剩余是价格线 $P=P_0$ 以上、需求曲线 D 以下的三角形面积，即 $\triangle P_0EI$ 的面积。征税以后，产品的总产量由原来的 Q_0 下降到 Q_1，消费者剩余为 $\triangle P_1AI$ 的面积，则消费者剩余的增量为梯形 P_0P_1AE 的面积。这个梯形面积包括两个部分：第一是矩形 P_0P_1AB 的面积，用 $S_{\square P_0P_1AB}$ 表示，这是消费者对政府税收的贡献；第二是 $\triangle ABE$ 的面积，用 $S_{\triangle ABE}$ 表示，这是消费者为减少有污染的产出付出的代价。这里用 ΔCS 表示消费者剩余的增量，则

$$\Delta CS = -(S_{\square P_0P_1AB} + S_{\triangle ABE})$$

生产者和消费者负担税额比重的大小主要取决于需求曲线和供给曲线价格弹性的大小。如果供给曲线一定，有污染的产品的需求曲线越富有弹性，生产者承担的税额比重越大；需求曲线越缺乏弹性，那么消费者承担的税额比重越大。如果需求曲线一定，有污染的产品的供给越富有弹性，消费者承担的税额比重越大；供给曲线缺乏弹性，则生产者承担的税额比重越大。

3）对政府的影响。通过强制性的税收手段，政府从中获得了税收，其数量是矩形 P_1P_2CA 的面积，用 $S_{\square P_1P_2CA}$。其中，矩形 P_0P_2CB 是来自于生产者剩余的损失，矩形 P_0P_1AE 是

来自于消费者剩余的损失。

4）对环境的影响。因为征税税率是按照单位产品所造成的社会损失来计算的，即每减少一个单位的产出，就可以带来相当于 t 的环境收益。征税使得产量从 Q_0 减少到 Q_1，则环境收益就等于菱形 $AFEC$ 的面积，而且恰好为 $\triangle AEC$ 面积（用 $S_{\triangle AEC}$ 表示）的 2 倍。

5）对整个社会净收益的影响。以上四个方面的总和即为税收手段对整个社会的净收益，以 ΔWS 来代表社会净收益，则

$$\begin{aligned}\Delta WS &= S_{\square P_1P_2CA} + 2S_{\triangle AEC} - (S_{\square P_0P_2CB} + S_{\triangle BEC}) - (S_{\square P_0P_1AE} + S_{\triangle ABE}) \\ &= 2S_{\triangle AEC} - (S_{\triangle BEC} + S_{\triangle ABE}) \\ &= S_{\triangle AEC}\end{aligned}$$

$\triangle AEC$ 的面积就是对产生外部不经济性的企业实施征税的社会净收益。

由以上分析看出，对产生污染的企业征收环境税，不仅可以使社会获得正的净效益，而且还能兼顾到有污染产品和无污染产品的社会公平性。如果对无污染的产品也进行征税，那么从社会净效益来看，其表现就是一种损失，损失的数量是 $\triangle AEC$ 的面积。主要原因在于，对有污染产品征税和对无污染产品征税所得到的社会净收益中存在着环境收益的差异。对有污染产品征税可以产生两个 $\triangle AEC$ 面积的环境收益，对无污染产品征税则不会产生环境收益。所以，征收环境税，不仅可以使效率得到提高，而且可以促进社会公平，既保证了无污染产品的价格优势，又使有污染产品的生产者和消费者共同来分担税收，间接地刺激他们选择生产或消费“环境友好”的产品。

10.1.3 环境税的作用

1. 有利于调节环境污染行为，减少污染物排放量

通过征收环境税，使得企业承担环境污染造成的外部成本，把环境污染的外部不经济性内部化，将环境核算纳入企业的经济核算。企业若不对其造成的环境污染进行治理，随着环境污染程度的不断加重，企业将要缴纳越来越多的环境税，企业的成本也随之增加，在价格不变的情况下，企业的利润则会相对减少，为了获得最大利润，企业必须采取措施治理污染，减少污染物的排放量。在这种情况下，企业的利润函数中不仅包括产量和价格这两个自变量，而且还包括环境污染和治理情况内容的自变量。这样一来，将更有利于促使企业在生产决策中作出“环境友好”的选择。

2. 有利于资源优化配置

通过征收环境税，使造成环境污染或资源消耗者承担其排放污染量或资源补偿等量的税收，从而矫正市场机制的缺陷，使资源得到优化配置，保障社会福利最大化。

3. 为环境资源的永续利用提供资金保障

通过征收环境税，一方面可以调节环境污染和资源消费的行为；另一方面征收的环境税可以用于环境保护的各项公益项目，从而为环境综合治理和资源永续利用提供及时、充足、稳定的资金保障。

10.1.4 环境税的实践

目前，我国与环境有关的税种包括资源税、消费税、车船使用税和车辆购置税、城市维护建设税以及城镇土地使用税和耕地占用税等。近些年来，我国增加了对部分造成环境污染

的产品实行提高税率的税收惩罚措施，而对环保产品实行税收优惠。此外，主要还开展了资源税的征收工作。我国与环境有关的税收手段见表 10-1。

表 10-1　我国与环境有关的税收手段

税　种	内　容	环境效果
资源税	原油、天然气、煤炭、其他非金属矿原矿、黑金属矿原矿和有色金属矿原矿	对资源的合理开发利用有一定的促进效果
消费税	烟、酒、汽油、柴油、汽车轮胎、摩托车、高档手表、游艇、木制一次性筷子、实木地板等	环境效果不明显
车船使用税	机动船、乘人汽车、载货汽车、摩托车	环境效果不明显
城市建设维护税	按市区、县城、城镇分别征收	增加了环境保护投入
城镇土地使用税和耕地占用税	对大城市、中等城市、小城市、县城等按占用面积分别征收	有利于城镇土地、耕地的合理利用
差别税收	利用“三废”为主要原料进行生产，减免企业所得税； 对煤矸石、粉煤灰等废渣生产建材产品，免征增值税； 对油母岩炼油、垃圾发电实行增值税即征即退； 煤矸石和煤系伴生油母页岩发电、风力发电增值税减半； 废旧物资回收经营免征增值税； 低污染排放小轿车、越野车和小客车减征 30% 的消费税； 对自来水厂收取的污水处理费，免征增值税	环境效果良好

我国于 1984 年 10 月 1 日起征收资源税，其主要目的是调节资源开发者之间的级差收益，使资源开发者能在大体平等的条件下竞争，同时促使开发者能够合理开发和节约使用资源。目前我国部分资源税税目、税额见表 10-2。

表 10-2　我国部分资源税税目、税额

税　目	税　额	税　目	税　额
原油	销售额的 5% ~10%	黑色金属矿原矿	2 ~30 元/t
天然气	销售额的 5% ~10%	有色金属矿原矿	0.4 ~30 元/t
煤炭	0.3 ~5 元/t	固体盐	10 ~60 元/t
其他非金属矿原矿	0.5 ~20 元/t(或元/m^3)	液体盐	2 ~10 元/t

虽然我国已经开始征收资源税，但是，我国的资源税制度还很不完善，突出表现在资源税征收项目不全，目前仍没有对水资源、草原资源、森林资源、海洋渔业资源等生物资源征收资源税。

除了资源税之外，我国目前还征收一些与环境相关的税种，如消费税、城市建设维护税、城镇土地使用税和耕地占用税、固定资产投资方向调节税、车船使用税等。这些税种的设置目的并不是保护环境，但其实施为保护环境和削减污染提供了一定的经济刺激和资金。

有关研究资料显示，我国的环境税及与环境相关的税收呈现出逐年上升的趋势，其税收额占总税收的 8% 左右，占 GDP 的 0.8% ~0.9%。

随着环境问题的日益突出，政府对环境保护的重视，环保投资需求的增加及公众环保意识的增强，中央和地方政府越来越重视利用环境税来进行环境行为的调控。财政部世界银行贷款研究项目（中国税制改革研究）专门对我国开征环境税进行研究。原国家环境保护总局计划利用环境税的刺激作用来控制环境污染，增加环保投入。为了解决严重的大气污染问题，北京市财政局专门就利用环境税筹集资金的可行性进行了立项，对开征环境税进行全面系统的研究。1999 年 10 月，中国环境科学研究院向财政部、国家税务总局和北京市财政局分别提交了有关建立环境税的政策研究报告，提出了环境税的两个实施方案。一个方案是建立广义的环境税，依据“受益者付费”原则，对公民征收广义的环境税。例如，在现行的城市建设与维护税的基础上加征一个环境税，或者在商品最终销售环节加征环境税。另一个方案是对污染产品进行征税。目前我国对排污者征收排污费，但对污染产品却没有相应的收费或课税。因此建议对污染产品开征产品税。正在考虑的污染产品税有含磷洗涤剂差别税、包装产品税、散装水泥特别税和高硫煤污染税等。

10.1.5 环境税的发展

利用税收手段保护环境是市场经济体制的必然要求。在新形势下，我国环境税的发展，应主要做好以下几个方面的工作：

1. 完善资源税

完善资源税主要包括以下内容：

1）扩大资源税的征收范围。应该将我国资源税的征收范围扩大至土地、森林、草原、动植物、矿产、海洋、滩涂、地热、大气、水资源等领域。

2）适当提高资源税税率。我国的资源税实行的是定额税率，为了合理利用环境资源，应适当地提高资源税的定额税率。

3）实行资源税从价和从量相结合的计征方式。

2. 实行差别税收

扩大我国差别税收的应用范围，提高税收差别的幅度，尤其是对“两高一资”的产品实行严格的税收政策。

3. 对一些危害环境的产品征收消费税

通过征收消费税，启用价格杠杆引导公众消费，从而抑制对环境有危害产品的消费水平，同时鼓励和引导公众树立健康的消费方式。对在生产或使用过程中产生严重污染或生态破坏的产品、行为征收消费税，如对一次性塑料餐具、煤炭、塑料袋、汞镉电池等产品征收消费税或消费附加税。

4. 开征环境税

环境税可分为排污税和产品税。我国的学者王金南在 2005 年 10 月召开的“环境税收与公共财政国际研讨会”上指出，独立型的环境税包括一般环境税、直接污染税和污染产品税。其中，一般环境税是基于收入的环境税，其目的是筹集环境保护资金，它根据“受益者付费原则”对所有环境保护的受益者征税；直接污染税则以“污染者付费”为征收原则，计税依据是污染物排放量，如开征氮氧化物、二氧化硫、碳税、噪声税等的污染税。污染产品税则是以“使用者付费”为原则对煤炭、燃油等污染产品来征收税费，可细化为燃料环境税、特种产品污染税等。

我国的环境税政策应当采取先旧后新、先易后难、先融后力的策略，即首先消除不利于环境保护的补贴和税收优惠，其次实施融入型环境税方案对现有税制进行绿色化的改革，最后研究实施独立型的环境税。

2009年1月1日，我国正式实施成品油税费政策，即将汽油消费税提高到1元/L，柴油消费税提高至0.7元/L，其他成品油消费税每单位税额相应提高，同时也取消了原来在成品油价外征收的公路养路费、公路运输管理费等六项费用。成品油税费改革对推进我国税收体制绿色化进程和引导消费导向具有重要意义。成品油税制改革实施后，柴油、汽油等成品油消费税将实行从量定额计征，这意味着征税额仅与用油量的多少有关。这将促使消费者改变汽车消费观念，购买节油汽车，推动汽车行业的产业结构升级，促进新能源和新技术的应用，推进新能源汽车的产业化发展。

2009年1月5日，财政部部长谢旭人在全国财政工作会议上明确表示，2009年将适当扩大资源税的征收范围，实行从价和从量相结合的计征方式，改变部分应税品目的计税依据。同时完善消费税制度，将部分对环境造成严重污染、大量消耗资源的产品纳入征收范围。

2010年8月4日，国家环境保护部环境规划院表示，环境税研究已取得阶段性成果，财政部、国家税务总局和环保部将向国务院提交环境税开征及试点的请示。

至于环境税实行的具体时间表，中国环境与发展国际合作委员会曾提出了分三个阶段推进的中国建立相关环境税制路线图和具体时间表。第一阶段，用3~5年时间，完善资源税、消费税、车船税等其他与环境相关的税种。尽快开征独立环境税，二氧化硫、氮氧化合物、二氧化硫和废水排放都将是环境税税目的可能选择。第二阶段，用2~4年时间，进一步完善其他与环境相关的税种和税收政策。扩大环境税的征收范围。如果环境税没有在第一阶段开征，需要在此阶段开征。第三阶段，用3~4年时间，继续扩大环境税的征收范围。结合环境税税制改革情况，进行整体优化，从而构建起成熟和完善的环境税制。

2011年12月，财政部同意适时开征环境税。

2013年12月2日，环境税方案已上报至国务院，正在按程序审核中。

2014年5月15日发布的《中国低碳经济发展报告（2014）》指出，中国要根治雾霾问题至少需要15~20年，建议适时开征环境税，用经济手段治理雾霾。

关于环境税政策，国外许多国家进行了一些有益的尝试。

丹麦于1992年对工业部门征收CO_2税，并从1996年起，提高了这项税收。此外，在1993年通过了一项重要的税收改革方案，在降低劳动力税份额的同时，提高自然资源和污染的税收，新的环境税收将逐步提高到120亿丹麦马克，主要是汽油税和能源税。

挪威于1994年成立了绿色税收委员会，其主要任务是改革现有税收制度。自1992年开始征收CO_2税，该项税收收入排在工业部门缴纳税费的前列。

瑞典自1974年起就实施了能源税，1991年又增加了CO_2税，同时对能源征收增值税。在环境税中增设了NO_x和SO_2税。重新分配的税收总额相当于GDP的6%。对杀虫剂、化肥、饮料罐和废电池等也征税。此外，自1989年开始，对国内空中运输征收HC和NO_x税。

意大利实行“塑料袋课税法”，规定使用每只塑料袋支付8美分的税，即商店每卖出一只价值50里拉的塑料袋，要缴纳100里拉的税，但对“可被生物降解”的塑料袋免征。自1988年采用这项政策后，意大利塑料袋的消费立即降低了20%~30%。

荷兰于1995年成立了绿色委员会，其任务是为实施绿色税收制度提出建议。该委员会成立后首先对现行的税收制度进行了评价，尤其是交通部门的税收，并提出改革建议，如降低私人车辆的燃料税收。其次对自1980年起实施的CO_2税进行了评估，建议提高环境税尤其是能源税，降低对环境有利的投资税收。

10.2 排污收费制度

排污收费是目前在国内外环境管理工作中采用的一种主要的经济手段，它的内容已扩大到环境的诸多要素方面，如气、水、固体废弃物、噪声等污染的控制。排污收费在我国也已经实施了30多年，对促进污染治理，控制环境恶化，提高环境保护技术水平发挥着重要的作用，已成为我国环境保护的一项基本制度。

10.2.1 排污收费的理论基础

排污收费的理论基础主要是环境资源价值理论和经济外部性理论。1972年5月，OECD提出了“污染者负担”原则，排污收费即是在这一原则的基础上形成并发展起来的一种有效的经济手段。

长期以来，人们对水、空气等公共环境资源的使用完全没有考虑支付任何费用，也没有任何使用者主动限制自已使用这些免费的环境资源或改善资源状态。然而，在这种情况下，资源使用者所获得的“内部经济性”是以免费使用这些环境资源为基础的。而因使用公共资源造成的“外部不经济性”则强加给社会来承担。使用经济手段解决这一问题，需要建立污染损害的补偿机制。征收排污费在一定程度上体现了环境资源的价值，并且通过这种补偿作用使环境资源的使用者改变排污行为，有效地利用越来越稀缺的环境资源。政府可以通过调节补偿费用，让生产者或消费者在抉择自身利益的时候，将环境资源的费用考虑进去，从而使环境问题的外部不经济性内部化。

1. 排污费与最优污染水平

排污费对污染物排放量的影响，如图10-2所示。

在图10-2中，MEC代表边际外部成本，MNPB代表边际私人纯收益，这两条曲线相交于E点，在与E点对应的污染物排放Q_E水平下，边际私人纯收益与边际外部成本相等，所以，Q_E就是最优污染水平。

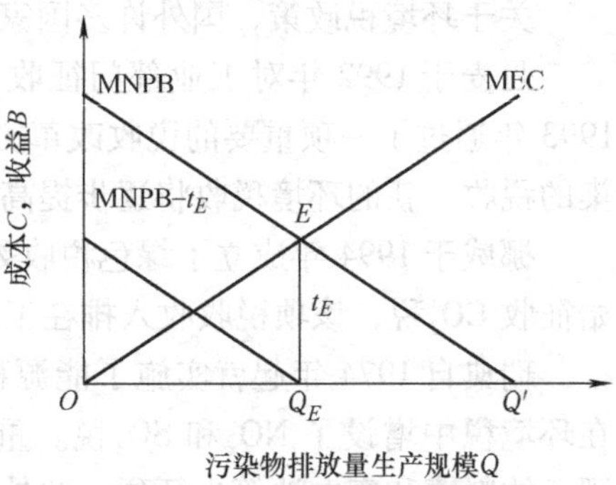

图10-2 排污费与最优污染水平

生产者为了追求最大限度的私人纯利益，希望将生产规模扩大到MNPB线与横轴的交点Q'处。如果政府向排污的生产者征收一定数额的排污费，生产者的私人纯收益就会减少一部分，MNPB线的位置、形状以及它与横轴的交点也会发生变化。假定政府根据生产者的污染物排放量，对每一单位排放量征收特定数额t的排污费，使得MNPB线向左平移到MNPB-t_E线位置，与横轴恰好相交于Q_E点。这就说明，在政府的控制以及生产者追求利益最大化的条件下，最有效率的情况是将生产规模和污染物的排放量控制在最优污染水平上。

在实际中，对最优污染水平和达到最优污染水平时的边际私人纯收益的估计，都会存在误差，有时误差还相当大。但只要排污费的征收有助于使污染物排放接近最优污染水平，征收排污费就是可取的。

2. 排污费与污染治理成本

图 10-2 有一个隐含的前提，就是当政府征收排污费时，生产者只能在缴纳排污费和缩小生产规模这两种方案中进行选择。但事实上，在考虑自身经济利益的情况下，生产者还可能做出购买和使用污染物处理设施，在扩大生产规模的同时将污染物的排放量控制在最优污染水平，这也是政府征收排污费的目的之一。所以，当政府征收排污费时，生产者就有三种选择：缴纳排污费、减产或者追加投资购买和使用污染物处理设备。生产者面对这三种可能性的最优选择，可以用图 10-3 表示。

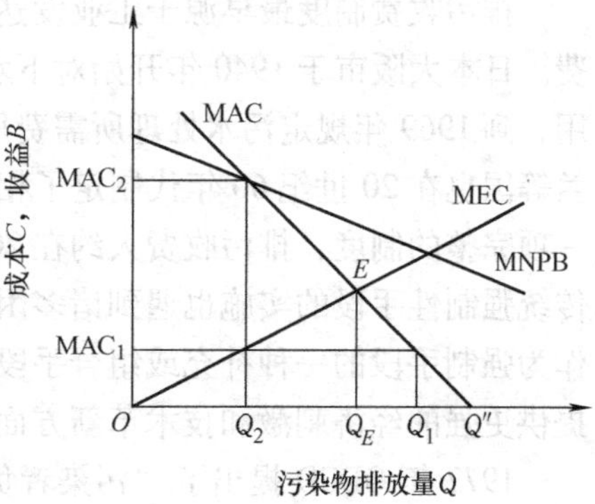

图 10-3　三种可能性存在时的生产者决策

图 10-3 中的横轴中的 Q 代表污染物的排放量。MEC 线代表边际外部成本曲线；MNPB 线代表生产者没有安装环保设备，其污染物排放量随生产规模的扩大而同比例增加的条件下，生产者的边际私人纯收益曲线；MAC 代表污染治理的边际成本曲线；MAC_1 和 MAC_2 则代表污染物排放量为 Q_1 和 Q_2 条件下的边际治理成本。

因为存在通过治理污染来减少污染物排放的可能性，生产者的决策和排污费的征收标准都会发生一些变化。若政府对某一特定污染物排放量的排污费征收标准既高于生产者的边际私人纯收益，又高于其边际治理成本时，生产者就可能做出减产或购买并且安装环保设备的选择。在图 10-3 中 Q_2 点的右侧，生产者的边际私人纯收益高于边际治理成本，在这一区间，生产者在利润最大化的促使下会治理污染，而不是缩小生产规模；而在原点到 Q_2 这一区间，生产者的边际治理成本高于边际私人纯收益，从自身经济利益考虑，生产者却宁愿选择减产。因此，在原点到 Q_2 之间，MNPB 可以看作减少产量是减少污染的唯一途径的治理成本曲线。

当存在购买和安装环保设备的第三种选择时，最优污染水平及排污费的征收标准，就应该根据 MEC 和 MAC 两条曲线的交点来决定。从图 10-3 中可以看出，当污染物的排放量低于 Q_E 时，生产者支付的边际治理成本高于社会为此付出的边际外部成本。由于生产者支付的边际治理成本也是社会总成本中的一部分，所以此时对社会来说，不治理比治理有利；当污染物的排放量高于 Q_E 时，生产者支付的边际治理成本低于社会为此付出的边际外部成本，此时，对于社会来说，治理比不治理更有利。为了防止生产者为追求最大限度的利润而将污染物的排放量增加到超过 Q_E 的程度，从而损害全社会的利益，根据 Q_E 对应的边际外部成本来确定排污费的征收标准，可以促使生产者从自身利益考虑，将污染物排放量控制在 Q_E 的水平上。

与根据 MNPB 线与 MEC 线的交点来确定排污费的征收标准相比，根据 MAC 线和 MEC 线的交点来确定排污费的征收标准有一个很显著的优点。私人纯收益属于生产者的营业秘密，政府在这方面所掌握的信息远远少于生产者；而从事生产和安装环保设备的生产者乐于向社会公布有关设备的性能和经济效益等方面的资料。所以，这样一来，大大减少了政府和生产者在掌握信息方面的差距，从而减小了非对称信息对政府作出有关排污费征收标准决策所造成的误差，使得决策更具可操作性。

10.2.2 排污收费制度的产生和发展

1. 国外排污收费制度的形成

排污收费制度最早源于工业发达国家。1904 年德国在鲁尔河流域就实施了废水排放收费。日本大阪市于 1940 年开始对下水道用户征收排水费，以解决污水处理厂的运行管理费用，到 1969 年规定污水处理所需费用全部由排放污水的用户承担。此外，英国、法国和荷兰等国也在 20 世纪 60 年代制定了相关的排污收费办法，并取得了不同程度的效果。而作为一项完整的制度，排污收费大约在 20 世纪 70 年代基本形成。当时发达国家的经济不景气，传统强制性手段的实施也遇到诸多困难，促使政府必须作出环境政策的转变，即把经济手段作为强制手段的一种补充或组合手段，在利用经济手段为财政提供资金需求的同时，对企业提供更强的经济刺激和技术革新方面的影响。

1972 年 OECD 提出了“污染者负担原则”（PPP 原则），并在 1985 年发表的《未来环境资源的宣言》中提出将“污染者负担原则”与管制手段相结合，更有效地使用经济手段，使污染控制具有更强的灵活性、更高的效率。

在 PPP 原则指导下，OECD 成员国在环境管理中逐步采用了一系列经济手段，主要有押金制度、环境收费、排污交易等。排污收费是采用最早、运用最广泛的一种经济手段。国外部分国家的污染收费情况见表 10-3 ~ 表 10-6。

表 10-3　国外部分国家水污染收费概况

国　家	收费目的	起始年份/年	收费对象	收费范围
德国	RR，I	1904	公司，居民	全国
日本	RR，I	1940	公司，居民	大阪
法国	RR	1969	同上	全国
荷兰	RR	1972	同上	全国
英国	RR，I	1974	同上	全国
意大利	I	1976	公司	全国
美国	I	1978	公司，居民	威斯康星州

表 10-4　国外部分国家大气污染收费概况

国　家	收费目的	起始年份/年	收费对象	污染物	收费范围
波兰	I	1967	企业	TSP，SO_2	全国
挪威	RR	1971	石油消费者	SO_2	全国
荷兰	RR	1981	汽油	SO_2	已终止
芬兰	RR	1981	石油消费者	SO_2	全国
德国	I	1973	企业	113 种	不详
日本	I	1973	企业	SO_2	全国
法国	RR	1985	企业	SO_2	全国

表10-5 国外部分国家固体废弃物收费概况

国 家	收费目的	起始年份/年	收费对象	收费范围
日本	I	1973	公司	全国
比利时	I	1981	废弃物处理公司	全国
澳大利亚	I	不详	公司，居民	部分州
美国	RR，I	1983	废弃物经营者	>20个州
丹麦	I	1987	公司，居民	全国

表10-6 国外部分国家噪声收费概况

国 家	收费目的	起始年份/年	收费对象	收费范围
法国	RR	1973/1984	航空公司	已终止
英国	I	1975	航空公司	全国
日本	RR	1975	航空公司	全国
德国	RR	1976	航空公司	全国
荷兰	RR	1979	企业，航空公司	不详
瑞士	RR，I	1980	航空公司	全国
美国	I	不详	航空公司	全国

注：表10-3～10-6中I代表刺激污染治理，RR代表筹措资金。

2. 我国排污收费制度的建立和实施

（1）排污收费制度的提出和试行阶段（1979—1981年） 1978年10月31日，中共中央批准了原国务院环境保护领导小组《环境保护工作汇报要点》，第一次明确提出了在我国实行“排放污染物收费制度”。由环境保护部门会同有关部门制定具体收费办法。同时，一些地区也着手组织制定地方征收排污费管理方法，并开始了征收排污费的最初尝试。在1979年9月，第五届全国人民代表大会常务委员会第十一次会议原则通过了《中华人民共和国环境保护法（试行）》，明确规定：“超过国家规定的标准排放污染物，要按照排放污染物的数量和浓度，根据规定收取排污费”，从法律上确立了我国的排污收费制度，标志着我国排污收费制度的初步建立。

1979年9月江苏省苏州市率先对15个企业开展了征收排污费的试点工作。1980年河北省、辽宁省、山西省、济南市、杭州市、淄博市开始征收排污费的试点工作。到1981年底，除西藏、青海外，全国其他各省、直辖市、自治区都开展了排污收费制度的试点工作。

（2）排污收费制度的建立和实施阶段（1982—1987年） 1982年2月，国务院发布了《征收排污费暂行办法》（国发［1982］21号文件），标志着排污收费制度在我国正式建立。该办法对征收排污费的对象、目的、收费政策、收费标准、排污费管理、排污费使用等内容作出了详细的规定。《征收排污费暂行办法》实施一年后，全国除西藏自治区外，各省、自治区、直辖市均根据《征收排污费暂行办法》制定了地方实施办法或细则。自此，排污收费制度在全国范围内普遍实行。

为了配合《征收排污费暂行办法》的实施，1984年财政部、建设部联合发布《征收超标排污费财务管理和会计核算办法》，对排污费资金预算管理、预算科目和收支结算及会计核算办法进行了统一。在同年5月，国务院《关于加强环境保护工作的决定》重申：排污费的80%可以用作重点污染治理的补助资金，其余环境保护补助资金应主要用于地区的综合性污染防治和环境监测站的仪器购置，还可以用于业务活动等费用。到1987年，全国年排污收费额已达到14.3亿元。

（3）排污收费制度的发展完善阶段（1988年至今）　1988年7月，国务院发布《污染源治理专项基金有偿使用暂行办法》，将我国排污费的无偿使用改为有偿使用，即“拨改贷”。1991年6月，国家物价局、国家环境保护总局、财政部发布《超标污水排污费征收标准》，取代了《征收排污费暂行办法》中的废水排污费征收标准，提高了污水超标排污费收费标准。其中，水污染超标排污费增加了10个收费因子，总体收费水平高了25.5%。与此同时，还颁布了《超标环境噪声收费标准》，统一了我国的噪声超标排污费收费标准。

1992年9月，国家环境保护总局、国家物价局、财政部、国务院经贸办发布《关于开展征收工业燃煤二氧化硫排污费试点工作的通知》，决定对两省（贵州、广东）九市（重庆、宜昌、宜宾、南宁、贵州、桂林、杭州、青岛、长沙）的工业燃煤征收二氧化硫排污费。1998年4月，财政部、国家环境保护总局、国家发展计划委员会、国家经贸委发布了《关于在酸雨控制区和二氧化硫污染控制区开展征收二氧化硫排污费扩大试点的通知》，将二氧化硫排污费的征收范围由两省九市扩大到“两控区”。

1994年6月，世界银行环境技术援助项目《中国排污收费制度设计及其实施研究》（国家环境保护总局主持，中国环境科学研究院组织实施）启动，于1997年11月完成。其主要研究成果是建立了我国的总量收费理论体系和实施方案。1998年5月，国家环境保护总局、国家发展计划委员会、财政部联合发文《关于在杭州等三城市实施总量排污收费试点的通知》规定，从1998年7月1日起，杭州市、郑州市、吉林市开始进行总量收费的试点工作。

1994年10月，国家环境保护总局提出了如下排污收费制度改革的总体思路：

1）排污收费的政策改革。主要实现四个转变，由超标收费向排污收费转变；由单一浓度收费向浓度与总量相结合的转变；由单因子收费向多因子收费转变；由静态收费向动态收费转变。

2）排污收费标准的改革。主要要体现三个原则：按照补偿对环境损害的原则；略高于治理成本的原则；排放同质等量污染物等价收费的原则。

3）排污费资金使用改革。主要体现在两个方面，一是排污费资金有偿使用的改革；二是改变单纯用行政办法管理排污费资金的做法。

4）加强环境监理队伍的建设。

经过30多年的改革和发展，排污收费的法律、政策、法规、制度和执行体系基本形成。在法律方面，《中华人民共和国环境保护法》及5部环境保护单行法律对此均作出了明确的规定。2003年1月国务院颁布了《排污费征收使用管理条例》，并在12项有关行政法规中作了补充规定，标志着我国的排污收费制度进入到一个新的发展阶段。各省、市、区还制定了50多项地方法规和规章。在标准方面，对废气、废水、废渣、噪声和放射性元素五大类113个污染因子制定了排污收费标准，各省、市、区还制定了数十项地方补充标准，形成了排污收费的标准体系。在管理方面，对排污申报、核准、排污费计征、财务管理、预决算管理、监督管理及考核制度等作了明确规定，建立了较为完整的工作程序。目前，全国 31 个省、市、区已经全面开征排污费。

10.2.3　排污收费制度的作用

排污收费制度是环境保护工作中非常有效的一种经济手段，对于改善环境质量、促进企业的污染治理、筹集环保资金等方面起到了十分重要的作用。

1. 有利于提高降低污染的经济刺激性

通过征收排污费，给排污者施加了一定的经济刺激，这将促使排污者积极治理污染，如图 10-4 所示。

在图 10-4 中，曲线代表排污者的边际污染治理费用。进行污染治理的目的就是在达到环境和经济目标前提下，使污染治理的费用与缴纳排污费用之和为最小。图中的 t^* 为最优的排污收费标准，Q^* 是与之相对应的污染物排放量。此时，排污者缴纳的排污费（图中 Ot^*AQ^* 的面积）与污染治理费用（图中 AQ^*Q 的面积）之和最小。

从图 10-4 中还可以看出，排污收费的标准越高，其刺激污染者降低污染排放水平的作用就越大。若把排污收费标准从 t^* 提高到 t_1，则对于同一污染源，污染排放量就会降低到 Q_1。一定的排污收费标准会刺激排污者去实施一个最优的污染治理水平。治理水平过高或过低，都将使排污者支付的环境费用增加。与最优治理水平 Q^* 相比，当治理水平过高，即 $Q_1 < Q^*$ 时，排污者将要多支付的费用为图中 ABF 的面积；当治理水平过低，即 $Q_2 > Q^*$ 时，排污者将要多支付的费用为图中 ADE 的面积。

2. 有利于提高经济有效性

相对于执行统一的排污标准，排污收费能以较少的费用达到排污标准，如图 10-5 所示。

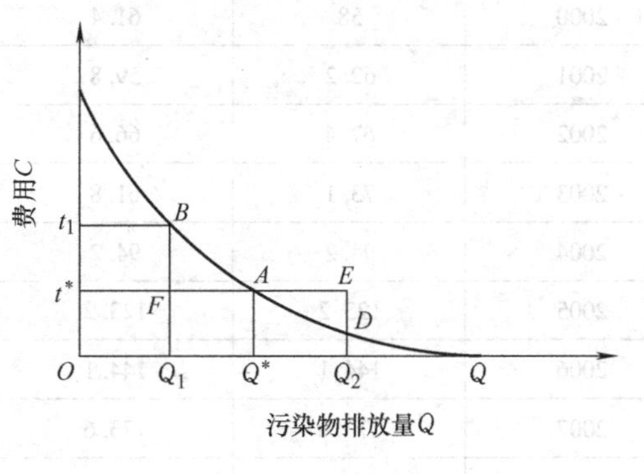

图 10-4　排污费的作用

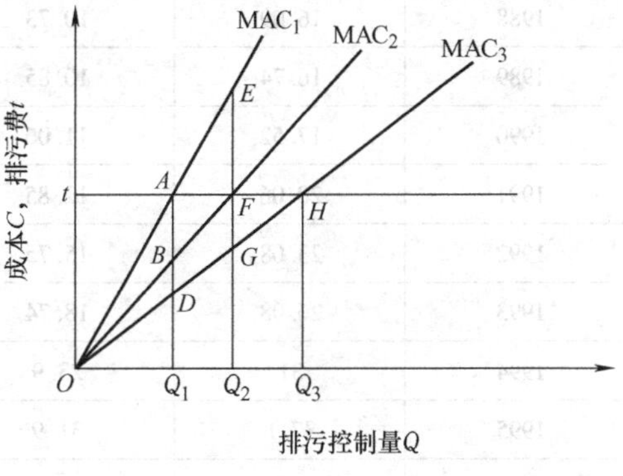

图 10-5　排污费与统一的排污标准的比较

假定某一产品的生产企业只有三家，图中 MAC_1、MAC_2、MAC_3 分别代表这三家企业生产这种产品的边际治理成本。由于这三家企业在污染治理中采用了不同的控制技术，所以三家企业的 MAC 不同。对于同样的污染控制量如 Q_1，三家企业所支付成本的情况是：企业 l 为 A，企业 2 为 B，企业 3 为 D，那么成本大小排列为 $A > B > D$。为了简化分析，假定政府的削减目标是 $3Q_2$，并假设线段 $Q_1Q_2 = Q_2Q_3$，且 $Q_1 + Q_2 + Q_3 = 3Q_2$。

从图 10-5 可以看出，企业 1 的控制成本最高，控制量最少；企业 3 的治理成本最低，控制量最多；企业 2 的治理成本和控制量均居中。如果政府制定一个统一的环境标准，强制所有的企业分别削减相当于 Q_2 的污染物排放量，三家企业的边际治理成本将分别达到 E、F、G。但如果政府通过设定排污费 t 来达到污染物削减目标 $3Q_2$，则三家企业将会根据各自的治理费用，在缴纳排污费与自行治理污染之间进行权衡，根据总成本最小化原则，选择不同的污染控制水平。例如，对企业 1 来说，污染控制量从零增加到 Q_1，治理污染要比缴费便宜，而当污染控制量超过 Q_1 时，缴纳排污费则比较合算。为了比较统一执行标准和收费情况下的总成本，就需要计算 MAC 曲线以下的面积（用 S 表示对应图形面积）。

执行排污收费：总治理成本 $=S_{\triangle OAQ_1}+S_{\triangle OFQ_2}+S_{\triangle OHQ_3}$

执行排污标准：总治理成本 $=S_{\triangle OEQ_2}+S_{\triangle OFQ_2}+S_{\triangle OGQ_2}$

两者之差：$(S_{\triangle OEQ_2}+S_{\triangle OFQ_2}+S_{\triangle OGQ_2})-(S_{\triangle OAQ_1}+S_{\triangle OFQ_2}+S_{\triangle OHQ_3})=S_{\triangle Q_1AEQ_2}-S_{\triangle Q_2GHQ_3}$

因为 $S_{\triangle Q_1AEQ_2}>S_{\triangle Q_2GHQ_3}$，所以，达到同样的排污控制量，排污收费比单纯执行排污标准的成本要低。

3. 有利于筹集环保资金，促进污染治理

排污收费的另一项功能是筹集环保资金。我国从 20 世纪 70 年代末开始实施排污收费制度，截至 2008 年年底，累计征收排污费 1420. 09 亿元，见表 10-7。

表 10-7 我国排污费征收使用情况表

年份/年	排污费征收/亿元	排污费支出/亿元	年份/年	排污费征收/亿元	排污费支出/亿元
1985 前	34. 34	24. 78	1997	45. 4	45. 8
1986	11. 90	9. 18	1998	49	48. 6
1987	14. 28	11. 22	1999	55. 5	54. 6
1988	16. 09	10. 73	2000	58	61. 4
1989	16. 74	10. 85	2001	62. 2	59. 8
1990	17. 52	11. 06	2002	67. 4	66. 6
1991	20. 06	12. 85	2003	73. 1	61. 8
1992	23. 08	15. 75	2004	94. 2	94. 2
1993	26. 08	18. 74	2005	123. 2	123. 2
1994	31	23. 9	2006	144. 1	144. 1
1995	37. 1	31. 9	2007	173. 6	173. 6
1996	40. 96	39. 61	2008	185. 2368	185. 2368
合计				1420. 99	1118. 9368

根据 2003 年 7 月 1 日施行的《排污费征收使用管理条例》和《排污费资金收缴使用管理办法》的规定，征收的排污费用于以下四类污染防治项目的拨款补助和贷款贴息：区域性污染防治项目，重点污染源防治项目，污染防治新技术、新工艺的推广应用项目及国务院规定的其他污染防治项目。

4. 有利于提高污染控制技术和污染治理水平

实行排污标准时，政府必须首先确认企业的排污超过了标准，然后才能采取相应的措施。只要排污没有超过标准，生产者就不会被责令缴纳罚款，所以生产者也就没有寻找低成本污染治理技术的必要，有时甚至为了达标排放，生产者会采取稀释的手段，既浪费了资源，同时又加重了污染程度。而实行排污收费时，只要政府实行根据污染企业的污染物排放量或生产规模来征收的办法，即使企业的排污没有超过标准，企业也必须缴纳一定数量的排污费，那么在这种经济刺激下，企业就必须不断寻找低成本的污染治理技术。

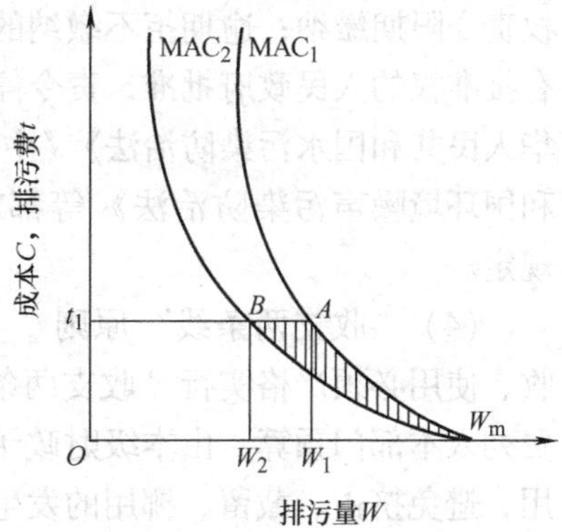

图 10-6　排污收费与污染控制技术革新

如图 10-6 所示，假设 MAC_1 是排污者现有的边际治理成本曲线。假如设置的排污收费标准为 t_1 水平，那么根据排污收费的刺激作用，排污者将会把排污水平从最大排污量 W_m 降低到污染治理成本与缴纳排污费相当的水平，即图中的 W_1。此时，排污者既承担了污染控制的费用，其值就等于 AW_1W_m 的面积，同时又承担了排污费，其值等于 Ot_1AW_1 的面积。所以，排污者承担的总费用为 Ot_1AW_m 的面积。

10.2.4　我国的排污收费制度

1. 排污收费的基本原则

在吸收各国先进经验的同时，结合我国的实际国情，逐步形成了具有鲜明中国特色的排污收费制度。我国排污收费的基本原则主要有如下几条：

(1) 排污即收费原则　我国 2003 年 7 月 1 日施行的《排污费征收使用管理条例》第一章第二条规定："直接向环境排放污染物的单位和个体工商户（以下简称排污者），应当依照本条例的规定缴纳排污费。"第三章第十二条规定："依照水污染防治法的规定，向水体排放污染物的，按照排放污染物的种类、数量缴纳排污费；向水体排放污染物超过国家或地方规定的，按照排放污染物的种类、数量加倍缴纳排污费。""依照大气污染防治法、海洋环境保护法的规定，向大气、海洋排放污染物的，按照排放污染物的种类、数量缴纳排污费。""依照固体废物污染环境防治法的规定，没有建设工业固体废物储存或者处置的设施、场所，或者工业固体废物储存或者处置的设施、场所不符合环境保护标准的，按照排放污染物的种类、数量缴纳排污费；以填埋方式处置危险废物不符合国家有关规定的，按照排放污染物的种类、数量缴纳危险废物排污费。""依照环境噪声污染防治法的规定，产生环境噪声污染超过国家环境噪声标准的，按照排放噪声的超标声级缴纳排污费。"排污即收费是我国新的排污收费制度的一项重大改革措施。

(2) 征收程序法定化原则　根据《排污费征收使用管理条例》，排污费的征收必须依据法定程序进行，即排污申报登记→排污申报登记核定→排污费征收→排污费缴纳，不按照规定缴纳，经责令限期缴纳，拒不履行的，强制征收；否则，将视征收排污费程序违法。

(3) 强制征收原则　《排污费征收使用管理条例》第十四条规定："排污者应当自接到排污费缴纳通知单之日起 7 日内，到指定的商业银行缴纳排污费。"第二十一条还规定："排污者未按照规定缴纳排污费的，由县级以上地方人民政府环境保护行政主管部门依据职权责令限期缴纳；逾期拒不缴纳的，处应缴纳排污费数额1倍以上3倍以下的罚款，并报经有批准权的人民政府批准，责令停产停业整顿。”此外，《中华人民共和国环境保护法》《中华人民共和国水污染防治法》《中华人民共和国固体废弃物污染环境防治法》《中华人民共和国环境噪声污染防治法》等都对不按规定缴纳排污费的违法行为作出强制征收的相关规定。

（4）“收支两条线”原则　《排污费征收使用管理条例》第四条规定：“排污费的征收、使用必须严格实行‘收支两条线’，征收的排污费一律上缴财政，环境保护执法所需经费列入本部门预算，由本级财政予以保障。”“收支两条线”原则可以确保排污费的有效利用，避免挤占、截留、挪用的发生；否则，将按该条例第二十五条，追究有关监督人员的法律责任。

（5）专款专用原则　《排污费征收使用管理条例》规定，排污费作为环境保护专项资金，全部纳入财政预算管理，用于重点污染源防治、区域性污染防治、污染防治新技术和新工艺的开发及示范应用以及国务院规定的其他污染防治项目等，任何单位和个人不得挤占、截留和挪作他用；否则，将依照本条例的相关规定，追究有关人员的法律责任。

（6）缴纳排污费不免除其他法律责任原则　《排污费征收使用管理条例》规定：“排污者缴纳排污费，不免除其防治污染、赔偿污染损害的责任和法律、行政法规规定的其他责任。”缴纳排污费是排污者应尽的一种法律义务，其与因污染产生的各种法律责任不能相互代替。

2. 排污费征收有关概念

（1）污染当量　污染当量是根据各种污染物或污染排放活动对环境的有害程度、对生物体的毒性及处理的技术经济性，规定的有关污染物或污染排放活动的一种相对数量关系。新的收费标准在设计时，为简化和统一收费方法，引入了污染当量的概念，并主要应用于水污染收费和大气污染收费之中。

（2）污染当量值　污染当量值即表征不同污染物或污染排放量之间的污染危害和处理费用相对关系的具体值，单位以kg计。以水污染为例，将污水中1kg最主要污染物COD作为基准，对其他污染物的有害程度、对生物体的毒性及处理的费用等进行研究和测算，结果是0.5g汞、1kgCOD或10m^{3}生活污水排放所产生的污染危害和相应的处理费用是基本相等的，即污水中汞的污染当量值是0.0005kg，COD的污染当量值是1kg。废气则以大气中主要污染物烟尘、二氧化硫作为基准，按照上述类似的方法得出其他污染物的污染当量值。

（3）污染当量数　对于某种污染物污染当量数为

$$\text{污染当量数}=\frac{\text{排放量}}{\text{污染当量值}} \tag{10-1}$$

其中

$$\text{排放量}=\text{排放含量}\times\text{介质体积} \tag{10-2}$$

（4）收费单价　收费单价就是每一污染当量的具体收费标准。污水的收费单价是根据12000多套污染治理设施的固定资产折旧、物耗、能耗、管理费用、维修、人工费用等测算后得出的，COD的平均治理成本为1.32元/kg。按照排污收费应略高于污染治理成本的原则，每一污染当量收费单价目标值为1.4元。按照上述类似方法得出废气的每一污染当量收费单价目标值为1.2元。考虑到我国的经济水平以及排污者现阶段的经济承受能力，为保证新收费标准的顺利施行，我国将污水和废气的每一污染当量收费单价分别定为0.4 ~0.7元和0.3 ~0.6元。

3. 排污收费计算方法

按照新的排污收费方式，污水、废气按污染物的种类、数量以污染当量为单位实行总量排污收费，噪声实行超标收费，固体废物和危险废物实行一次性征收排污费的政策。各类污染物排污费的计算方法如下。

（1）污水排污费计算

1）计算污染物排放量。依据排污单位某排污口排放污染物的种类、含量和污水排放量，计算所有污染物的排放量

$$\underset{(\text{kg/月或季度})}{\text{某一污染物的排放量}}=\frac{\text{污水排放量(t/月或季度)}\times\text{该污染物的排放含量(mg/L)}}{1000} \tag{10-3}$$

2）计算污染物的污染当量数。在计算确定了污染物排放量的基础上，依据国家规定的污染物当量值，计算某排污口所有污染物各自相应的污染当量效。

① 一般污染物污染当量数

$$\frac{\text{某污染物的}}{\text{污染当量数}}\;=\frac{\text{该污染物的排放量(kg/月或季度)}}{\text{该污染物的当量值(kg)}} \tag{10-4}$$

② pH值、大肠菌群数、余氯量污染当量数

$$\frac{\text{某污染物的}}{\text{污染当量数}}\;=\frac{\text{污水排放量(t/月或季度)}}{\text{该污染物的污染当量值(kg)}} \tag{10-5}$$

③ 色度污染当量数

$$\frac{\text{色度污染}}{\text{当量数}}\;=\frac{\text{污水排放量(t/月或季度)}\times\text{色度超标倍数}}{\text{色度的污染当量值(t·倍)}} \tag{10-6}$$

3）确定收费因子。

① 确定污水排污费收费因子。根据同一排污口征收污水排污费应按污染物的污染当量数从大到小的顺序，收费因子最多不超过三项的原则，首先在计算各种污染物的污染当量数的基础上，对污染物因子从大到小进行排序。然后选定污染当量数排在前三项的污染物因子为该排污口计征污水排污费的收费因子。

② 确定超标收费因子。根据超标加一倍征收超标排污费的原则，从确定的计征排污费的三项污染物因子中，找出所有超标的污染物因子。判断污染物是否超标按照以下步骤进行：

a. 确认污染物执行的排放标准。有地方标准的按照地方标准执行；无地方标准有行业标准的，应先执行行业标准；无行业标准的，应执行综合标准。

b. 确认污染物类别。

c. 确认污染物执行的标准时限。

d. 确认污染物执行的功能标准。

4）计算污水排污费。根据排污即收费和超标按污水排污费加一倍征收超标排污费，以

及污水进入城市污水处理厂征收了污水处理费不再征收污水排污费，但超标时应按污水排污费加一倍征收超标排污费的原则，污水排污费的计算公式为

$$\underset{(元/月)}{污水排污费} = \underset{标准(元/污染当量)}{污水排污费征收} \times \begin{pmatrix}\alpha\times 第一位污染物的污染当量数+\alpha\times 第二位污染\\ 物的污染当量数+\alpha\times 第三位污染物的污染当量数\end{pmatrix} \quad (10\text{-}7)$$

式中 α——系数，当污染物超标时，$\alpha=2$，当污染物不超标时 $\alpha=1$，当污染物不超标且征收了污水处理费时，$\alpha=0$。

（2）废气排污费的计算

1）计算污染物排放量。

① 实测法。

$$\underset{(kg/月)}{某污染物的排放量} = \frac{废气排放量(m^3/月)\times 该污染物排放含量(mg/m^3)}{10^{-6}}$$

或

$$\underset{(kg/月)}{某污染物的排放量} = \underset{(kg/h)}{该污染物的排放量} \times \underset{(天/月)}{生产天数} \times \underset{(h/天)}{生产时间} \quad (10\text{-}8)$$

② 物料衡算法。

a. 利用单位产品污染物排放量系数计算

$$\underset{(kg/月)}{某污染物的排放量} = \underset{(产品总量/月)}{产生该污染物的产品总量} \times \underset{(kg/单位产品)}{该污染物的单位产品排放系数} \quad (10\text{-}9)$$

b. 利用单位产品废气排放量与污染物排放含量计算

$$\begin{matrix}某污染物的\\ 排放量(kg/月)\end{matrix} = \begin{matrix}产生该污染物的产品\\ 总量(产品总量/月)\end{matrix} \times \begin{matrix}单位产品废气排放置\\ 系数(m^3/单位产品)\end{matrix} \times \begin{matrix}单位产品该污染物的\\ 排放含量(kg/m^3)\end{matrix} \quad (10\text{-}10)$$

c. 利用单位产品废气排放量与污染物质量分数计算

$$\begin{matrix}某污染的排\\ 污量(kg/月)\end{matrix} = \begin{matrix}产生该污染物的产品\\ 总量(产品总量/月)\end{matrix} \times \begin{matrix}单位产品废气排放量\\ 系数(m^3/单位产品)\end{matrix} \times \begin{matrix}废气中该污染物\\ 的质量分数(\%)\end{matrix} \times \begin{matrix}该污染物的气\\ 体密度(kg/m^3)\end{matrix} \quad (10\text{-}11)$$

③ 燃料燃烧过程中污染物排放量的计算。燃料在燃烧过程中，产生大量的烟气和烟尘，烟气中主要污染物有二氧化硫、氮氧化物和一氧化碳等，其计算方法如下：

a. 燃煤过程中污染物排放量的计算

$$\underset{(kg/月)}{燃煤烟尘排放量} = \frac{1000\times 耗煤量(t/月)\times 煤中的灰分(\%)}{1-烟尘中的可燃物(\%)} \times \frac{灰分中的烟尘(\%)\times[1-除尘效率(\%)]}{1-烟尘中的可燃物(\%)} \quad (10\text{-}12)$$

$$燃煤SO_2排放量(kg/月)=1600\times 耗煤量(t/月)\times 煤中的含硫分(\%) \quad (10\text{-}13)$$

$$\underset{(kg/月)}{燃煤NO_x排放量} = 1630\times \underset{(t/月)}{耗煤量} \times \left[0.015\times \underset{转化率(\%)}{燃煤中氮的NO_x} + 0.000\,938\right] \quad (10\text{-}14)$$

$$\underset{(\text{kg/月})}{\text{燃煤 CO 排放量}} = 2330 \times \underset{(\text{t/月})}{\text{耗煤量}} \times \underset{\text{的含量}(\%)}{\text{燃煤中碳}} \times \underset{\text{燃烧值}(\%)}{\text{燃煤的不完全}} \tag{10-15}$$

$$\underset{(\text{kg/月})}{\text{焦炭 CO 排放量}} = 2330 \times \underset{(\text{t/月})}{\text{焦炭耗用量}} \times \underset{\text{含量}(\%)}{\text{焦炭中碳的}} \times \underset{\text{燃烧值}(\%)}{\text{焦炭的不完全}} \tag{10-16}$$

以上计算公式中的1000、1600、1630、2330为单位换算系数值，式（10-14）中的0.015为燃煤的含氮量。

b. 液体燃料燃烧过程中污染物排放量的计算

$$\text{燃油 }SO_2\text{排放量(kg/月)} = 2 \times \text{燃料耗量(kg/月)} \times \text{燃油中硫的含量}(\%) \tag{10-17}$$

$$\underset{(\text{kg/月})}{\text{燃油 }NO_x\text{排放量}} = 163 \times \underset{(\text{kg/月})}{\text{燃料耗量}} \times \left[\underset{\text{转化率}(\%)}{\text{燃油氮的 }NO_x\text{的}} \times \underset{\text{含量}(\%)}{\text{燃油中氮}} + 0.000\,938\right] \tag{10-18}$$

$$\underset{(\text{kg/月})}{\text{燃油 CO 排放量}} = 2330 \times \underset{(\text{kg/月})}{\text{燃料耗量}} \times \underset{\text{含量}(\%)}{\text{燃油碳的}} \times \underset{\text{燃烧值}(\%)}{\text{燃油的不完全}} \tag{10-19}$$

以上计算公式中的2、163、2330为单位换算系数值。

c. 气体燃料污染物排放量的计算

$$\underset{\text{排放量(kg/月)}}{\text{气体燃料 }SO_2} = \underset{(m^3\text{/月})}{\text{气体燃料耗量}} \times \underset{\text{含量}(\%)}{\text{气体中 }H_2S\text{ 的}} \times 2.857\ \underset{\text{排放量(kg/月)}}{\text{气体燃料 CO}} \tag{10-20}$$

$$\begin{aligned} &= \text{气体燃料耗量}(m^3\text{/月}) \times \text{气体燃料的不完全燃烧值}(\%) \times \\ &\quad [\text{CO 含量}(\%) + CH_4\text{含量}(\%) + C_2H_2\text{含量}(\%) + \\ &\quad C_2H_8\text{含量}(\%) + C_3H_8\text{含量}(\%) + C_4H_{10}\text{含量}(\%) + \\ &\quad C_5H_{12}\text{含量}(\%) + C_6H_6\text{含量}(\%) + H_2S\text{ 含量}(\%) + \cdots] \end{aligned} \tag{10-21}$$

2）计算污染当量数。

$$\text{某污染物的污染当量数} = \frac{\text{该污染物的排放量(kg/月)}}{\text{该污染物的污染当量值(kg/月)}} \tag{10-22}$$

3）确定收费因子。根据烟尘和林格曼黑度只能选择收费额较高的一项作为收费因子的规定，对燃料燃烧排污费收费因子的确定，首先计算出每项污染物的收费额后，选择其中收费额较高的前三项污染物作为排污收费因子。

① 一般污染物的排污费计算。

$$\underset{(\text{元/月})}{\text{某污染物的排污费}} = \underset{\text{标准(元/污染当量)}}{\text{废气污染当量值征收排污费}} \times \text{该污染物的污染当量数} \tag{10-23}$$

② 林格曼黑度排污费计算。

$$\underset{(\text{元/月})}{\text{林格曼黑度排污费}} = \underset{\text{收费标准(元/t)}}{\text{林格曼黑度(级)的}} \times \underset{\text{燃料耗用量(t/月)}}{\text{该林格曼黑度(级)条件下的}} \tag{10-24}$$

当燃料为非煤时（如天然气、原油、有机可燃废气等），应将非煤燃料折算成标准煤后再计算排污费。

4）计算某排污口的排污费。某排污口排污收费额最大的前三项污染物的排污费之和就是该排污口的排污费。

（3）噪声排污费的计算　根据噪声超标排污费征原则，一个单位厂界噪声超标排污费的计算步骤如下：

1）查《工业企业厂界噪声标准》表，确定不同超标噪声排放处的环境功能区，并确定与之相对应的夜、昼噪声允许排放标准值。

2）计算噪声超标值。

夜间噪声超标值(dB)=夜间实测噪声值(dB)-夜间噪声排放标准值(dB)

昼间噪声超标值(dB)=昼间实测噪声值(dB)-昼间噪声排放标准值(dB)

3）选择确定噪声超标收费处。一个单位边界上有多处噪声超标的，分别选择昼间与夜间超标最高点为计征白昼和夜间噪声超标值。

4）计算排污费。

① 确定收费标准。根据《噪声超标排污费征收标准》表分别找出白昼与夜间的噪声超标排放收费额。

② 确定是否需要减半征收。当噪声超标排放最高处排放时间超过15个昼或夜时，昼或夜的噪声超标排污费应分别按噪声超标的收费标准征收；当超标噪声排放时间未达到15个昼或夜时，昼或夜的噪声超标排污费应分别按噪声超标的收费标准减半征收。

③ 确定是否需加倍征收。以噪声超标排放最高处为起点，沿厂界查寻，当发现沿边界长度超过100m仍有白昼、夜间噪声超标排放点时，应按昼、夜分别加一倍来征收噪声超标排放费。

④ 计算总排污费。

$$\underset{(\text{元/月})}{\text{噪声超标排污费}}=\underset{\text{标准(元/月)}}{\text{昼间噪声超标收费}}\times\alpha\times\beta+\underset{\text{标准(元/月)}}{\text{夜间噪声超标收费}}\times\gamma\times\zeta \qquad (10\text{-}25)$$

式中，当超标噪声最高处排放时间不足15个昼或夜时，$\alpha=\gamma=0.5$；当排放时间超过15个昼或夜时$\alpha=\gamma=1$。当以最高超标噪声处为起点，沿厂界查寻，发现超过100m处还有昼间或夜间超标噪声排放时，$\beta=\zeta=2$；反之，$\beta=\zeta=1$。

（4）固体废物及危险废物排污费的计算

1）工业固体废物排污费的计算。

① 确定工业固体废物的类型。

② 分析确定工业固体废物的储存、处置的方式与达标情况。对无专用储存、处置设施和专用储存、处置设施无防渗漏、防扬散、防流失设施的征收工业固体废物排污费。

③ 计算工业固体废物排放量。

$$\underset{\text{排放量(t/月)}}{\text{工业固体废物}}=\underset{(\text{t/月})}{\text{产生量}}-\underset{(\text{t/月})}{\text{综合利用量}}-\underset{\text{储存量(t/月)}}{\text{符合规定标准的}}-\underset{\text{处置量(t/月)}}{\text{符合规定标准的}} \qquad (10\text{-}26)$$

④ 计算工业固体废物排污费。

$$\underset{\text{排污费(元/月)}}{\text{某工业固体废物}}=\underset{\text{收费标准(元/t)}}{\text{该工业固体废物}}\times\underset{\text{排放量(t/月)}}{\text{该工业固体废物}} \qquad (10\text{-}27)$$

2）危险废物排污费计算。

① 根据《国家危险废物名录》判断是否为危险废物。

② 确定危险废物填埋或处置是否符合国家有关规定要求。对不符合相关规定的，征收危险废物排污费。

③ 计算危险废物排放量。

$$\begin{matrix}\text{危险废物排}\\\text{放量(t/月)}\end{matrix}=\begin{matrix}\text{危险废物产}\\\text{生量(t/月)}\end{matrix}-\begin{matrix}\text{符合国家规定的危险}\\\text{废物填埋量(t/月)}\end{matrix}-\begin{matrix}\text{符合国家规定的}\\\text{处置量(t/月)}\end{matrix} \quad (10\text{-}28)$$

④ 计算危险废物排污费。

$$\begin{matrix}\text{危险废物排污费}\\\text{(元/月)}\end{matrix}=\begin{matrix}\text{危险废物排放量}\\\text{(t/月)}\end{matrix}\times\begin{matrix}\text{危险废物收费标准}\\\text{(元/t)}\end{matrix} \quad (10\text{-}29)$$

10.3 排污权交易

排污权交易也称为“买卖许可证制度”，是一项重要的环境管理的经济手段。排污权交易通过为排污者确立排污权（这种权利通常以排污许可证的形式表现），建立排污权市场，利用价格机制引导排污者的决策，实现污染治理责任及相应的环境容量的高效率配置。

10.3.1 排污权交易的理论基础

排污权交易的思想来源于“科斯定理”。科斯定理表达了这样的一种思想：只要市场交易成本为零，无论初始产权配置是怎样的状态，通过交易总可以达到资源的最优化配置。科斯定理在环境问题上最典型的应用就是排污权交易。

“排污权”这个概念是美国经济学家戴尔斯（John Dales）在1968年提出的。戴尔斯认为，外部性的存在导致了市场机制的失效，造成了生态破坏和环境污染的问题。单独依靠政府干预，或者单独依靠市场机制，都不能起到令人满意的作用。必须将两者结合起来才能有效地解决外部性，把污染控制在令人满意的水平。政府可以在专家的帮助下，把污染物分割成一些标准单位，然后在市场上公开标价出售一定数量的“排污权”。购买者购买一份“排污权”则被允许排放一个单位的废物。一定区域出售“排污权”的总量要以充分保证区域环境质量能够被人们接受为限。如果一时不能达到，可以将“排污权”数量的出售逐年减少，直到达到为止。在出售“排污权”的过程中，政府不仅允许污染者购买，而且，如果受害者或者潜在受害者遭受了或预期将要遭受高于排污权价格的损害，为防止污染，政府也允许他们竞购“排污权”。此外，一些环保社团也可以购买“排污权”来保证环境质量高于政府规定的标准。政府则可以用出售“排污权”得到的收入来改善环境质量。政府有效地运用其对环境这一商品的产权，使市场机制在环境资源的配置和外部性内部化的问题上发挥了最佳作用。

排污权交易的主要思想是：在满足环境质量要求的前提下，建立合法的污染物排放权利即排污权，并允许这种权利像商品那样被卖出和买入，以此来控制污染物的排放。

排污权交易的实施包括以下几个要点。

1）“排污权”的出售总量要受到环境容量的限制。一定区域到底能出售多少“排污权”，要建立在环境监测部门和环境保护部门认真研究和论证的基础之上。最大限度不能超过环境容量，最佳数量是使公众感到满意。

2）“排污权”的初次交易发生在政府与各经济主体之间。这里的经济主体可以是排污企业，也可以是投资者，甚至还可以是环境保护组织。排污企业购买污染权的动机是，在技术水平保持不变和保护生态环境的前提下，维持原来产品的生产。投资者购买污染权的动机是，通过污染权现期价格与未来价格之间的差价来牟取利润。环保组织购买污染权则是为了保证环境质量的不断改善和提高。

3）“排污权”将来的交易可能发生在更广泛的领域。“排污权”的多次交易可以发生在排污企业之间，有的企业因生产规模扩大了，需要拥有更多的排污权，而有的企业通过技术创新，使排污权尚有剩余，只要两企业之间的交易使双方都能够获利，排污权交易就会发生；“排污权”的多次交易可以发生在排污企业与环保组织之间，随着经济发展和生活水平的提高，环保组织认为环境质量也应有相应水平的提高，因而出资竞购排污权，从而迫使污染企业减少污染排放；“排污权”的多次交易可以发生在污染企业和投资者之间，投资者意识到污染权是一种稀缺资源，在买进卖出中可以获利；“排污权”的多次交易也可以发生在政府和各经济主体之间，随着环境质量要求的日益提高以及政府财力的不断增强，政府可以回购一些排污权，以进一步减少污染的排放量。

由以上分析可见，排污权交易是让市场机制发挥基础作用，各经济主体共同参与，政府参与调节的一种有效运行机制。

10.3.2 排污权交易的效应分析

1. 宏观效应

通过排污权交易产生的宏观效应如图 10-7 所示。

在图 10-7 中，S 曲线和 D 曲线分别代表排污权供给曲线和需求曲线；MAC 曲线和 MEC 曲线分别代表边际治理成本和边际外部成本。

从图 10-7 就可以看出排污权供给曲线和需求曲线的特点：由于政府发放排污许可证的目的是保护环境而非盈利，所以排污权的总供给曲线 S 是一条垂直于横轴的直线，表示排污许可证的发放数量不会随着价格的变化而变化。由于污染者对排污权的需求取决于其边际治理成本，那么，就可以将图中的边际治理成本曲线 MAC 看成排污权的总需求曲线 D。

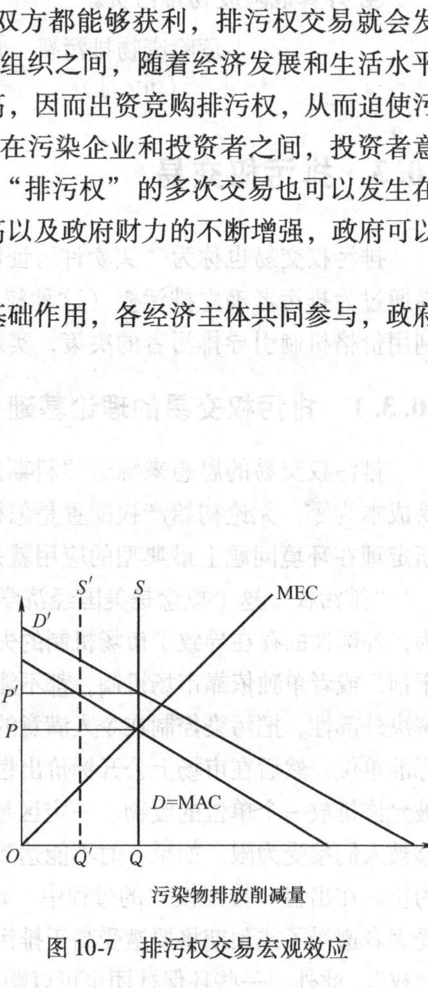

图 10-7 排污权交易宏观效应

当市场主体发生变化时，通过市场调节作用可以使排污权的总供求重新达到平衡。污染源的破产，使得排污权市场的需求量减少，需求曲线左移，排污权市场价格下降，其他排污者则将多购买排污权，少削减污染物的排放量，在保证总排放量不变的前提之下，尽量减少过度治理，节省了控制环境质量的总费用。新的污染源加入将使得排污权的市场需求增加，需求曲线 D 向右移到 D'，总供给曲线保持不变，因而每单位排污权的市场价格就上升至 P'。如果新排污者的经济效益高，边际治理成本低，只需购买少量排污权就可以使其生产规模达到合理水平并赢利，那么该排污者就会以 P' 的价格购买排污权，而那些感到不合算的排污者则不会购买。显然，这对于优化资源配置是很有利的。

2. 微观效应

假设每个污染源都有一定的排污初始授权（q_i^0），则所有污染源初始授权的总和在数量上等于或小于允许的排污总量。假设第 i 个污染源未进行任何污染治理时的污染排放量为 $\overline{Q}_i$，选择的治理水平为 l_i，根据企业追求的费用最小化原则，就可以建立该污染源决策的目标函数

$$(C_{\mathrm{T}i})_{\min} = C_i(l_i)_{\min} + P(\overline{Q}_i - l_i - q_i^0) \tag{10-30}$$

式中　$C_{\mathrm{T}i}(l_i)_{\min}$——最小治理成本；

P——污染源要得到一个排污权愿意支付的价格，或是以这个价格将一个排污权出售给其他污染源。

令　$\mathrm{d}C_{\mathrm{T}i}/\mathrm{d}l_i = 0$，得到第 i 个污染源目标函数的解为

$$\frac{\mathrm{d}C_i(l_i)}{\mathrm{d}l_i} - P = 0 \tag{10-31}$$

式（10-31）表明，只有当排污权的市场价格与企业的边际治理成本相等时，企业的费用才会最小化。在企业自身利益的驱动之下，排污权交易市场将自动产生这样的排污权价格，该价格等于企业的边际治理费用。市场交易的最终结果是污染源通过调节污染治理水平，达到所有企业的边际治理费用都相等，并等于排污权的市场价格，从而满足有效控制污染的边际条件，以最低治理费用完成了环境质量目标。

一般情况下企业控制污染的费用差别很大。在排污权交易市场中，那些治理污染费用最低的企业，会选择通过治理减少排污，然后卖出多余的排污权而受益。而对另一些企业来说，只要购买排污权比安装治理设施划算，他们就会选择购买排污权以维持原有的生产规模。只要治理责任费用效果的分配没有达到最佳程度，那么交易的机会总是存在的。

通过排污权交易产生的微观效应如图 10-8 所示。图中 $\Delta_1 + \Delta_2 = \Delta_3$。分析时假设：

1）整个市场由污染源甲、乙、丙构成，交易只在三者之间进行。

2）污染源甲、乙、丙的边际治理成本曲线分别为 MAC_1、MAC_2、MAC_3。

3）根据环境质量标准，要求共削减排污量为 $3Q$，政府按等量原则将排污权初始分配给三个污染源。削减任务使得甲、乙、丙三家排污单位持有的排污许可证比他们现有的污染排放量减少了 Q。

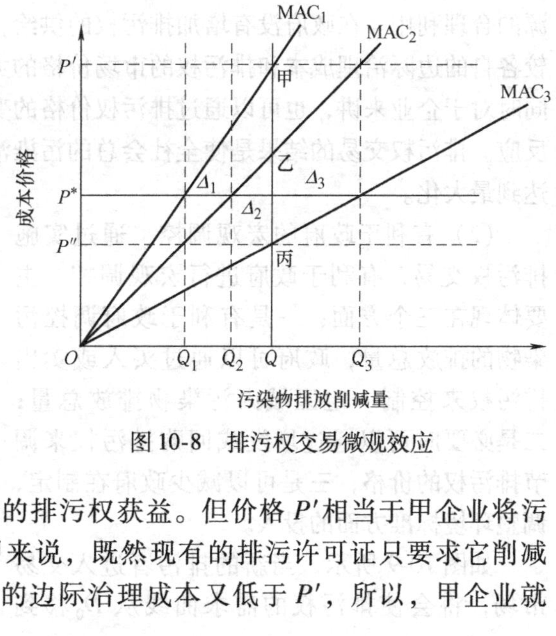

图 10-8　排污权交易微观效应

情况一：排污权的市场价格是 P'，由于 P' 高于乙、丙两个企业将污染物排放量削减 Q 时的边际治理成本，因而乙、丙两企业都愿意少排污，多治理，从而出售一定的排污权获益。但价格 P' 相当于甲企业将污染物排放量削减 Q 时的边际治理成本，对甲来说，既然现有的排污许可证只要求它削减 Q 数量的污染物排放量，而这一部分污染物的边际治理成本又低于 P'，所以，甲企业就

没有必要去购买更多的排污权。这样一来，市场中就只有卖方而没有买方，排污交易就无法进行了。

情况二：排污权的市场价格是P''，由于P低于甲、乙两个企业将污染物排放量削减Q时的边际治理成本，因而甲、乙两企业都愿意购买一定数量的排污权。但价格P''相当于丙企业将污染物排放量削减Q数量时的边际治理成本，对于丙企业来说，进一步削减自己的污染物排放量，并将相应的排污权以价格P''出售是不合算的，因此丙企业不会出售排污权。这样一来，市场中就只有买方而没有卖方，排污交易也无法进行。

情况三：排污权的市场价格是P^*，由于P^*低于甲、乙两企业将污染物排放削减量分别从Q_1、Q_2进一步增加的边际治理成本，所以对两家企业来说，将自己的污染物排放削减量从Q减少到Q_1、Q_2，并从市场上购买Δ_1、Δ_2数量的排污权是有利可图的；对于丙企业P^*相当于它将污染物排放量削减到Q_3数量时的边际治理成本（$Q_3>Q$），所以丙企业愿意出售Δ_3，数量的排污权。由于$\Delta_1+\Delta_2=\Delta_3$，排污权供求平衡，交易得以进行。

而排污权交易市场最常见的情况是，排污权的市场价格位于P'、P^*或P^*、P''之间，这时排污权的买方和卖方都会存在，但排污权市场需求量$\Delta_1+\Delta_2$小于或大于Δ_3，则排污权的市场价格将下降或上升直至达到P^*。

对图10-8进行分析就可以看出排污权市场价格的产生过程，同时证明了前面导出的一个重要结论：只有在所有污染源的边际治理成本相等的情况下，减少指定排污量的社会总费用才会最小化。

10.3.3 排污权交易的特点

排污权交易是运用市场机制控制污染的有效手段，与环境标准和排污收费相比，排污权交易具有如下的特点：

（1）有利于污染治理的成本最小化　排污权交易充分发挥市场机制这只“看不见的手”的调节作用，使价格信号在生态建设和环境保护中发挥基础性的作用，以实现对环境容量资源的合理利用。在政府没有增加排污权的供给，总的环境状况没有恶化的前提之下，企业比较各自的边际治理成本和排污权的市场价格的大小来决定是卖出排污权，还是买进排污权。同时对于企业来讲，也可以通过排污权价格的变动对自己产品的价格及生产成本作出及时的反应。排污权交易的结果是使全社会总的污染治理成本最小化，同时也使各经济主体的利益达到最大化。

（2）有利于政府的宏观调控　通过实施排污权交易，有利于政府进行宏观调控。主要体现在三个方面：一是有利于政府调控污染物的排放总量，政府可以通过买入或卖出排污权来控制一定区域内污染物排放总量；二是必要时可以通过增发或回购排污权来调节排污权的价格；三是可以减少政府在制定、调整环境标准方面的投入。

如图10-9所示，当新的排污者进入交易市场，将会使排污权的需求曲线从D_0移到

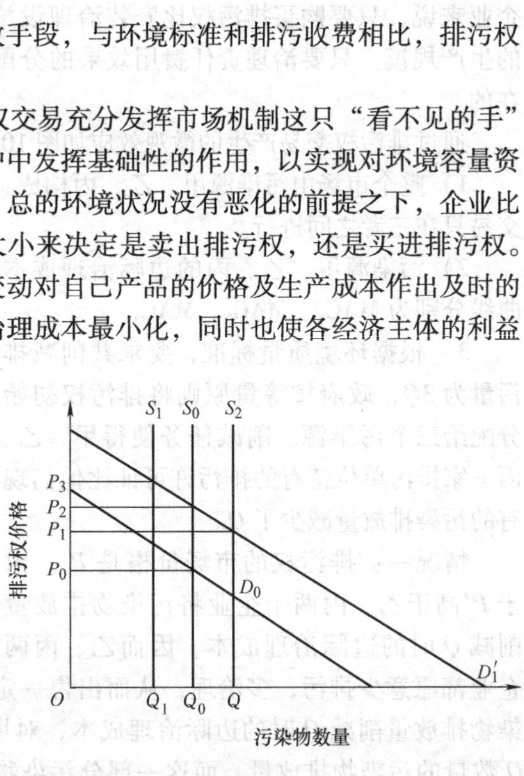

图10-9　排污权的供求变化与其价格关系

D_1'。为了保证环境质量，政府不会增加排污权总量，排污权供给曲线仍为 S_0，此时，排污权供小于求，它的价格从 P_0上升到 P_2。新的排污者或购买排污权，或安装使用污染处理设备控制污染，成本最小化仍能够得以实现。如果政府认为由于新排污者的进入，有必要增加排污权总量，就可以发放更多的排污权，排污权供给曲线右移至 S_2。此时排污权供大于求，价格下降到 P_1。如果政府认为需要严格控制排污总量，那么他们也可以进入市场买进若干排污权，使市场中可供交易的排污权总量减少，供给曲线左移至 S_1，排污权价格上升到 P_3。那么这样一来，政府就可以通过市场操作来调节排污权的价格，从而影响各经济主体的行为。

（3）具有更好的有效性、公平性和灵活性　排污权交易所面临的任务是在一定区域最大污染负荷已确定的情况下，如何在现在或将来的污染者之间合理有效地进行排污总量的分配，即要考虑该分配系统的有效性和公平性。排污权交易的实施使得在分配允许排放量时，不能有效去除污染的企业可以获得更大的环境容量，而能够较经济地去除污染的企业可以将其拥有的剩余排污权出售给污染处理费用高的企业，以卖方多处理来补偿买方少处理，从而使区域的污染治理更加经济有效。此外，排污权交易直接控制的是污染物的排放总量而非价格，当经济增长或污染治理技术提高时，排污权的价格会按市场机制自动调节到所需水平，具有很大的灵活性。

（4）有利于促进企业的技术进步，有利于优化资源配置　排污权交易提供给排污企业一种机会，即通过技术改革、工艺创新来减少污染物的排放量，将剩余的排污权拿到市场上交易，或储存起来以备今后企业发展使用。而那些经济效益差、技术水平低、边际成本高的排污企业自然会被市场所淘汰。所以，排污权交易是一种有效的激励机制，能够促使排污企业积极地进行技术改革，采用先进工艺来减少污染物的排放量。

（5）有利于非排污者的参与　绝大多数环境管理经济手段的运作过程通常是政府与排污企业发生某种关系，而其他经济主体难以介入。排污权交易则允许环保组织和公众参与到排污权交易市场中，从他们的利益出发，买入排污权，但不排污也不卖出，从而表明他们希望提高环境标准的意愿。

10.3.4　排污权交易的实施条件

（1）技术条件　实施排污权交易需要有相应的技术手段的支持，例如，应该如何来计算和确定环境容量和排污权总量，如何在遵守“污染者负担”原则的前提下合理地分配排污权等。

（2）法律保障　市场经济是法制经济，运用市场机制基础调控作用的排污权交易制度，其有效的实施，必须有一个强有力的法律结构保障，使得这一经济手段具有法律权威，并通过法律结构来定义一系列产权，从而允许排污权的交易。

（3）有效的监督管理　进行有效的排污监督管理是实施排污权交易的必备条件。首先，政府必须对排污者的排污行为进行有效的监督和管理。而且，政府必须对公务人员的行为进行有效的监督管理。政府必须建立并实施有效的制约机制，防止人为因素对交易市场产生不良影响。

（4）完善的市场条件　只有具有竞争性的市场，存在大量潜在的排污许可证的买者和卖者，才能使排污许可证交易正常运行。另外，由于排污权的价格由市场决定，且从长远角度来看其价格呈现出上升趋势，那这样一来，就可能存在炒卖排污许可证，甚至出现垄断排污权市场牟取暴利的现象。

10.3.5 排污权交易在国外的实践

1. 美国的排污权交易政策

美国的排污权交易从20世纪70年代就开始了，在美国排污许可证主要包括空气污染许可证、汽油铅含量许可证及向水体排放污染物的许可证。1990年通过的《清洁空气法》修正案允许进行排污权交易，并逐步建立起包括气泡政策（Bubble）、容量节余政策（Netting）、补偿政策（Offset）和银行政策（Banking）为核心内容的排污权交易政策体系，并由排放削减信用（Emission Reduction Credit，ERC）来连接。排放削减信用（ERC）指的是，如果污染源将其排放量控制在法定排放量以下，排污单位就可以向负责污染控制的官方管理机构申请将其超额治理的排放量作为排污减排信用，且减排信用必须是可以实施的、长期削减的、可以定量计算的。在整个交易过程中，排污削减信用是用来在各污染源之间进行交易的“货币”，而气泡、银行储存、补偿和容量节余是决定这些“货币”如何使用。

（1）气泡政策（Bubble Policy） 气泡概念最早是在美国国家环保局（EPA）1975年12月颁布的《新固定污染源的执行标准》中提出的。该标准指出，如果不增加总排污量，可同意改建厂不执行新的污染源标准。1979年12月制定了“气泡政策”并开始试点执行，用于达标区和未达标区的老污染源。“气泡政策”就是把一个多污染源的工厂当作一个“气泡”，只要该“气泡”向外界排出的污染物总量符合政府按照环境要求计算出的排污量，并且保持不变，不危害周围的大气质量，则允许“气泡”内各个污染源自行调整，即在减少某些污染源排放量的同时，增加另一些污染源的排放。

这一政策具有两大优点：第一，能使工厂以最经济的代价来达到最佳的有效净化程度。有资料显示，1986年以前EPA批准了89个“气泡”，这些“气泡”的污染控制费用比传统的方法节约了3亿美元。据对钢铁工业、电子工业和化学工业的初步分析表明，污染防治费用可分别节省5%、15%和33%。第二，可以充分发挥工厂的积极性和创造性，促使工厂研究新的污染控制技术来节省资金和发展生产。

（2）排污银行（Banking） 1979年EPA通过了排污银行计划。按照这一计划，各污染源可存入某一时期富余的排污权，以便在将来合适的时间出售或使用。EPA授权了不少于24家银行受理排污权储存业务，一些银行规定排污权的储存只有5年的有效期。这些银行大多提供登记服务以帮助排污权的购买者和销售者进行交易。

（3）补偿政策（Offset Policy） 为了解决新污染源和老污染源的扩建问题，1976年12月EPA颁布了《排污补偿解释规则》，创立了补偿政策，即如果新污染源安装了污染控制设备，达到了最低可达到的排放率标准，并通过该地区其他污染源的超额削减（比该污染源规定削减的量削减更多的排污量）来补偿新污染源排放量的增加，那么就允许新污染源的发展。这项政策在1977年的《清洁空气法》修正案中得到了法律认可。补偿政策允许新建或扩建污染源在未达标地区投产运营，条件是他们要向现有的污染源购买足够的排污权。通过这项政策，满足了经济发展的要求，同时又保证了空气环境质量的达标进程。

(4) 容量节余政策（Netting Policy）　容量节余政策是排污交易政策中最后一个组成部分，1980 年开始在 PSD（Prevention of Significant Deterioration）地区和未达标地区启用。这项政策允许污染源在能够证明其厂区排污量没有明显增加的前提下进行改建和扩建，以避免污染源承担通常更严格的污染治理责任。容量节余政策是排污权交易政策中应用最广泛的一项，有资料显示，该政策已经在 5000 ~ 12000 个污染源中得到应用。

1982 年，美国联邦环保局将气泡、银行、补偿和容量节余政策合同为统一的“排污权交易政策”，允许在美国各州建立“排污权交易系统”，在这个交易系统中，同类工业部门和同一区域中各工业部门可进行排污削减信用的交易。在 1986 年 12 月的“排污权交易政策总结报告”中，美国联邦环保局阐述了 SO_2、NO_x、颗粒物、CO 和消耗臭氧层物质等污染物的减排信用交易。在实践过程中，尽管现行管理措施在许多方面还做不到费用效果良好，但排污权交易已经成为美国空气污染控制政策的一个组成部分。

此外，在补偿政策的启示下，美国政府开始利用许可证交易来促进汽油中铅的淘汰。1982 年环保局给各炼油厂发放了一定量的“铅权”，允许这些企业在过渡期内使用一定数量的铅，其中提前完成淘汰任务的企业就可以将自己富余的“铅权”出售给其他的炼油厂，另外一些企业买到“铅权”后，就可以用来达到淘汰限期的要求。在 1985 年，美国政府还建立了“铅”银行制度，全美有超过半数的炼油厂都参与了这项交易，到 1987 年 12 月，美国完成了铅淘汰计划。

1990 年美国国会通过的《清洁空气法》修正案中，提出的“酸雨计划”，确定到 2010 年美国 SO_2 年排放量在 1980 年水平上削减 1000 万 t 的目标。为了实现这个目标，计划分两个阶段在电力行业实施排放总量控制和交易政策。整个交易体系由确定参加单位、初始分配许可、再分配许可（许可证交易）和审核调整许可四个部分构成。SO_2 许可是整个交易计划的核心。许可的总量是有限的，并将逐渐削减以达到 1000 万 t 的削减量。许可被分配给参加计划的电厂，然后可以进行自由交易。该计划最大的特点就是建立了交易市场，并允许任何人购买，所以，该计划是真正意义上的市场导向的环境经济手段。交易政策确定后，1994 年交易次数为 215 起，1997 年增加到了 1430 起，到 2001 年底，交易次数已经超过了 1.78 万次，涉及 1.33 亿份许可证交易量，其中 760 万份许可的交易发生在经济组织内部，5700 万份交易是在不同经济组织之间进行的。交易成本非常低，每吨 SO_2 还不足 2 美元，相当于交易价格的 1% 左右。SO_2 年许可交易政策使削减计划产生了积极的影响，电力企业的排放显著低于计划要求的水平。同时，SO_2 交易政策产生了显著的社会经济效应，在近些年的交易过程中，交易价格最高为 212 美元，约为预计削减成本的 1/5。此外，还降低了环境管理的费用，计划实施过程中，管理成本大约每年为 1200 万美元，折合削减每吨 SO_2 的管理费用为 1.5 美元。

2. 其他国家排污权交易实践

(1) 加拿大　加拿大没有正式的可交易许可证制度，但是在酸雨和 CFC 控制计划中含有相关内容。安大略省的电力公用事业公司在其发电站之间可以转让排污量。此外，安大略省也允许 SO_2 和 NO_x 排放的转让。

(2) 澳大利亚　澳大利亚的新南威尔士、维克多及南澳洲加入了由 Murray-Darling 流域委员会执行的 Murray-Darling 流域盐化和排水战略。对进入河流系统的盐水进行管理或改善整个流域的管理工程，可产生“盐信用”。这些信用可以在各州之间进行转让。

（3）新加坡 在新加坡，为了实行消耗臭氧层物质消费许可证的交易，引入了一套完整的拍卖机制。每个季度，全国的消耗臭氧层物质配额要在进口商和用户之间分配，其中的一半以消费历史记录为基础进行分配，另一半以拍卖方式分配。进口商和用户必须登记参加一个不公开标底的投标过程，每家买主标明各自想要购买的消耗臭氧层物质的数量和愿意为此支付的价格，然后按照投标价对消耗臭氧层物质配额进行定价，并制订各标的底价，作为各种消耗臭氧层物质的配额价格。

（4）日本与澳大利亚的 CO_2 排污权交易 《京都议定书》明确规定：到 2010 年，全球温室气体排放量要在 1990 年的水平上降低 5.2%。日本签订该议定书后，必须要解决国内 CO_2 超标排放的问题。在这种情况下，2001 年 3 月，日本富圆公司和丘部电力公司向澳大利亚最大的发电厂麦夸里公司购买了 2000t CO_2 的“排放权”。这是全球工业界首个 CO_2 排放份额的国际交易案例。这次交易额的总量为 2000t，交易价格仅为 2～3 美元/t。

10.3.6 排污权交易在我国的实践

我国于 1987 年开始试行水污染物总量控制，1990 年试行大气污染物总量控制。根据总量控制的要求，环保部门给排污单位颁发排污许可证，排污单位必须按排污许可证的要求排放。随着经济的不断发展，排污单位及其排污情况会不停地发生变化，从而对排污许可证的需求发生变化。在这种情况下，我国逐步开始试行排污权交易。

1. 我国排污权交易的产生及发展

我国污染物排放许可证制度的试点工作始于 1988 年。首先考虑控制的是水污染物。1988 年 3 月 20 日，国家环境保护局发布《水污染物排放许可证管理暂行办法》，该办法第四章第二十一条规定：“水污染排放总量控制指标，可以在本地区的排污单位间互相调剂”；1988 年 6 月，国家环境保护局确定在北京、上海、天津、沈阳、徐州、常州等 18 个城市（县）进行水污染物排放许可证的试点工作。

我国最早试行排污权交易制度的是上海市，上海市于 1985 年对黄浦江上游水污染物的排放试行有偿转让制度。

1989 年 4 月 28 日，“第三次全国环境保护会议”提出了污染物排放许可证制度。

1989 年 9 月，在河南安阳市召开的“第二次全国水污染防治工作会议”上提出，要在全国范围内推行实施水污染物的排放许可证制度。

1990 年，国家环境保护局开始选择试行排放大气污染物许可证制度的城市，1991 年 4 月在 16 个城市进行了排放大气污染物许可证制度的试点。1993 年，国家环境保护局又在 6 个城市（包头、开远、太原、柳州、平顶山和贵阳）开展了大气排污交易的试点工作。1994 年，国家环境保护局宣布排污许可证的试点阶段工作结束，同时开始在所有城市推行排污许可证制度。截至 1994 年，发放大气污染物排放许可证的试点城市总共有 16 个，持证企事业单位有 987 家，控制排放源达到 6646 个；发放水污染物排放许可证的试点城市 240 个，共向 12247 家企业发放了 13447 个水污染排放许可证。到 1996 年，全国地级以上城市普遍实行了水污染物排放许可证制度，共向 42412 家企业发放了 41720 个排污许可证。

1995 年 7 月，国家环境保护局关于国家环境保护“九五”计划和 2010 年远景目标汇报会的《会议纪要》（国阅［1995］111 号）中，对总量控制提出了明确要求：“要研究实行全国环境污染物排放总量控制的办法，2000年全国污染物排放总量不超过1995年的水平，实行总量控制，逐步减少污染物排放总量，将各类污染物排放总量控制指标分解落实到各省、自治区，直辖市。”在实施总量控制和排污许可证制度的过程中，排污许可证交易就成为一项有效的总量控制计划达标的环境管理的经济手段。

从1997年开始，北京环境与发展研究会和美国环境保护协会合作开展了排污权交易研究项目，以本溪和南通为例，开展城市的排污权交易研究，着重对排污监测计量、排污权交易立法和交易管理等进行了研究。2001年9月，亚洲开发银行和山西省政府启动了“SO_2排污权交易机制”项目，以太原市为例，共26家大型企业参与，在国内首次制定了比较完整的SO_2排污许可交易方案。在2002年3月1日，环境环境保护总局下发了《关于开展“推动中国二氧化硫排放总量控制及排污交易政策实施的研究项目”示范工作的通知》（环办函[2002] 51号），在山西、山东、河南、上海、江苏、天津、柳州共7省市，开展二氧化硫排放总量控制及排污权交易试点工作。

2007年中国环境经济政策架构提出之后，北京市、天津市、上海市、杭州市、湖南省和湖北省纷纷作出反应。

2007年3月，湖北省审批通过《湖北省主要污染物排污权交易办法（试行）》，武汉光谷产权交易所建立排污权交易平台，首次尝试把排污权交易引入产权交易市场；2007年9月，浙江嘉兴市排污权储备交易中心成立；2008年3月，《太原市二氧化硫排污交易管理办法》实施；2008年8月，北京建立了北京环境交易所；2008年8月，上海建立了上海环境能源交易所；2008年9月，天津建立了天津排放权交易所；2008年9月，黑龙江启动二氧化硫交易试点。

2006年杭州市出台《杭州市主要污染物排放权交易管理办法》，2008年12月市政府办公厅发布了《杭州市主要污染物排放权交易管理办法实施细则（试行）》，正式推行排污权交易，并暂定对杭州市行政区内的SO_2和COD实施排污权交易，交易平台设在杭州市产权交易所有限责任公司。

2008年11月28日，湖南省长沙市拍卖行进行了COD的拍卖活动，通过拍卖行，长沙矿冶研究院以每吨2240元、总价11.648万元的价格从长沙造纸厂购买了52t COD的排污权。对于排污权的分配，长沙市实行“环评→审核→审批”的手续。

2014年8月6日，国务院办公厅发布《关于进一步推进排污权有偿使用和交易试点工作的指导意见》（国办发[2014] 38号），对加快推进排污权交易做出如下规定：

1）规范交易行为。排污权交易应在自愿、公平、有利于环境质量改善和优化环境资源配置的原则下进行。交易价格由交易双方自行确定。试点初期，可参照排污权定额出让标准等确定交易指导价格。试点地区要严格按照《国务院关于清理整顿各类交易场所切实防范金融风险的决定》（国发[2011] 38号）等有关规定，规范排污权交易市场。

2）控制交易范围。排污权交易原则上在各试点省份内进行。涉及水污染物的排污权交易仅限于在同一流域内进行。火电企业（包括其他行业自备电厂，不含热电联产机组供热部分）原则上不得与其他行业企业进行涉及大气污染物的排污权交易。环境质量未达到要求的地区不得进行增加本地区污染物总量的排污权交易。工业污染源不得与农业污染源进行排污权交易。

3）激活交易市场。国务院有关部门要研究制定鼓励排污权交易的财税等扶持政策。

试点地区要积极支持和指导排污单位通过淘汰落后和过剩产能、清洁生产、污染治理、技术改造升级等减少污染物排放，形成“富余排污权”参加市场交易；建立排污权储备制度，回购排污单位“富余排污权”，适时投放市场，重点支持战略性新兴产业、重大科技示范等项目建设。积极探索排污权抵押融资，鼓励社会资本参与污染物减排和排污权交易。

4）加强交易管理。排污权交易按照污染源管理权限由相应的地方环境保护部门负责。跨省级行政区域的排污权交易试点，由环境保护部、财政部和发展改革委负责组织。排污权交易完成后，交易对方应在规定时限内向地方环境保护部门报告，并申请变更其排污许可证。

2. 我国排污权的交易方式

（1）点源与点源间的排污权交易　点源间的排污权交易是指排污指标富余的排污单位将一部分排污指标有偿转让给需要排污指标的排污单位。这是我国排污权交易的一种主要方式，如上海市1985年进行的关于黄浦江上游水污染排放许可的有偿转让试点均发生在排污企业之间。2002年，江苏省太仓环保发电有限公司需扩建2×300MW发电供热机组，以每年170万元的费用，向采取脱硫工艺后SO_2排放配额有富余的南京下关电厂购买了2003—2005年每年1700t的SO_2排污权。

（2）点源与面源间的排污权补偿　点源与面源间的排污权交易是指某一排污单位（点源）与某一区域（面源）之间进行的排污交易。这种交易方式是近些年才出现的，例如，平顶山矿务局为新建55t焦化厂和1200kW的热电厂获得排污许可，通过给当地居民供煤气，集中供热，以减少区域（面源）大气污染物的排放量来实现这一目的。1997—1998年，天津市拟建两个电厂，但已没有污染物排放指标，两电厂分别拿出1200万元向政府购买排污权，所缴款额用于城市综合治理。

（3）点源与环保部门间的排污权交易　点源与环保部门间的排污权交易是排污权交易的一种特殊形式，即排污单位向环保部门购买所需的排污许可证的措施。

3. 我国排污权交易程序

（1）初始排污权分配　按照总量控制计划，将排污许可证指标分配给辖区内的各个排污单位，排污单位必须按照许可证的要求排放污染物。

（2）申请　申请是指排污许可证交易的出让方与购买方向环保部门提交排污许可证交易申请书，申请书中需填写的内容包括购买（出让）排污指标的数量、种类、交易时间、地点等。

（3）审核　排污权交易必须经环保部门审核后才能进行。环保部门的审核主要包括以下几方面的内容：

1）对排污权出让方的审核。主要审核出让方是否有富余的排污许可证指标。富余的排污许可证指标是通过清洁生产、污染治理、产品（业）结构调整等措施获得的，且必须是持久、可定量和可实施的。

2）对排污许可证购买方的审核。主要审核购买方是否具备购买排污许可证指标的条件。一般来说，排污许可证购买方应符合国家产业政策和环境保护法律、政策的要求；否则，环保部门就不能同意其购买排污许可证指标。

3）对交易双方的审核。审核时应注意，一方面许可证指标不能过分集中，如对一个城市的大气污染物总量控制而言，在进行大气污染物排污许可证指标交易时，应防止大气污染物排污许可证指标过分集中于城市的某一局部地区，以避免出现局部地区的严重大气污染；另一个方面，应对交易量进行审核，若交易双方处于同一功能区，一般可以进行等量交易，反之则必须安排污交易系数核算交易后的排污许可证指标。

（4）协商　提出排污许可证交易的出让方与购买方就排污许可证交易的价格、数量、时间等具体内容进行协商，达成排污许可证交易协议。必要时，环保部门参与协商，可向交易双方提供有关排污许可证指标的供求信息、污染治理技术及成本信息等，供交易双方参考。

（5）发证　如果交易双方就排污许可证指标交易数量、价格等事项达成初步协议，还需经过环保部门的审查，并重新核发排污许可证。

4. 排污权交易的相关问题

（1）污染物的适用范围　从污染物的性质来看，一般适宜采用排污权交易的污染物主要是均匀混合吸收性污染物（在一定排放量内，相对其排放速率而言，自然环境对它们有足够大的吸收能力，污染物不随时间累积，在一定空间内可以均匀混合）和非均匀混合吸收性污染物。典型的均匀混合吸收污染物有CO_2和消耗臭氧层物质（如CFC)。这些污染物对环境的影响只与污染物的排放量有关，所以，排污权交易相对简单，交易的管理成本也较低。对于非均匀混合吸收性污染物，如悬浮颗粒物、SO_2、BOD等，就可以经过适当的设计将其视为均匀混合吸收性污染物。比如，悬浮颗粒物的污染影响受排放地点的影响，但如果适当地划定总量控制的区域，就可以在该区域内视悬浮颗粒物为均匀混合吸收性污染物。

从管理成本来看，适合交易的污染物应当是污染物排放影响非常清楚，监测容易且数据可靠的。从交易市场来看，适合排污权交易控制的污染物必须是普遍的，有足够多的污染源可以参与交易。从排污权交易的过程来看，适合采用排污权交易的污染物还受污染物环境质量标准控制形式的影响。

（2）排污权价格的确定　怎样确定排污权的交易价格，是目前排污许可证交易中存在的一个重要问题。根据经济学理论，在完全竞争的排污权交易市场上，排污权价格是由排污权供求均衡决定的。而目前排污权交易市场尚不成熟，还没有形成排污权的市场定价机制。上海市水污染物交易中提出了排污权价格的计算公式

$$P = (2G + 5D) \times S \times A \times B \tag{10-32}$$

式中　P——某一污染物的单位排污权交易价格（元/kg）；

G——削减单位某污染物所需投资数（基建投资＋设备投资，当地两年的平均数）；

D——削减单位某污染物所需运行费（当地两年平均数）；

A——污染因子权重，当主要污染因子转让给非主要污染因子时，$A=1$，反之，$A=1.2$；

B——功能区权重，当高功能区向低功能区转让时，$B=1$，反之，$B=1.2$；

S——交易费用系数，包括环保部门提取的管理费用、转让方为发生交易而花费的费用。

从式（10-32）可以看出，目前排污权的价格主要是由治理费用决定的，而在具体操作的时候，交易双方需要考虑各种因素，最终达到一个双方都满意的价格。但是这种由交易双

方一事一议地协商排污权交易价格，往往不能反映排污权的供求状况，也就不能达到资源的最优配置。因此，在今后的研究中必须注意解决这个问题。

(3) 排污权许可证指标的分配方式　排污权的初始分配是实施排污权交易的基础，是一个必须首先妥善解决的问题。从经济学的角度看，初始排污权分配分为无偿分配和有偿分配两种方式。从国内外的实践情况来看，初始排污权分配主要以无偿分配为主。例如，美国的 SO_2 排污权的97.2%是无偿分配给排污单位的，余下的许可，在市场需求增加时将以每吨1500美元的价格出售。我国也主要是按照总量控制计划将排污权无偿分配给排污单位的。初始排污权的无偿分配可能是公平的，也可能是不公平的。根据科斯定理，在产权明确，交易成本为零的前提下，初始产权的界定对社会总福利并不构成影响。

(4) 交易资金的使用　在我国目前实施的一系列排污权交易中，环保部门都收取了一定额定的交易费用，如开远市的大气污染物排放交易，环保部门以评估费的形式收取了交费资金5%～10%的交易费，上海水污染物排放交易过程中环保部门收取的交易费用体现在 S 值中，S 值中有0.4%作为环保部门的管理费。环保部门收取管理费有其合理性和实际性，但需要注意的是：首先，由于政府对排污权交易进行收费，势必会影响到排污权的交易成本，从而影响排污权交易这种经济手段节约成本潜力的发挥；其次，应加强政府管理，使其市场化、规范化，从而防止环保部门“以权谋私”，给排污权交易市场带来消极影响；最后，应加强对环保部门收取交易费用的使用管理，这笔资金应用于企业的污染治理，或用于鼓励企业间排污权交易的实现。

(5) 加强地方的相关立法　总量控制是我国环境管理的发展方向，排污权交易是实施总量控制的一项有效的经济手段。但由于我国总量控制和排污权交易提出的时间还比较短，实施经验尚不充分，国家级法律、法规尚不健全，限制了总量控制和排污权交易优越性的发挥。例如，总量控制指标的管理及指标的分配、执行情况的检查、排污交易的监督管理、对不执行者的处罚等都需要有科学的、权威的规定。因此，必须加强实施总量控制和排污权交易的地方性立法，不仅为地方实施总量控制奠定基础，同时也能为国家制定相关法规提供经验。

10.4 生态补偿政策

10.4.1 生态补偿的含义

目前，国内外对于生态补偿还没有一个公认的定义，综合国内外学者的研究并结合我国的实际情况，这是将生态补偿（Eco-compensation）定义为以保护和可持续利用生态系统服务为目的，以经济手段为主来调节相关者利益关系的制度。对生态补偿的理解有广义和狭义之分。广义的生态补偿既包括对生态系统和自然资源保护所获得效益的奖励或破坏生态系统和自然资源所造成损失的赔偿，同时也包括对造成环境污染者的收费。狭义的生态补偿主要是指对生态系统和自然资源保护所获得效益的奖励或破坏生态系统和自然资源所造成损失的赔偿。本节主要是对狭义的生态补偿进行阐述。

生态补偿应该包括以下几方面主要内容：一是对生态系统本身保护（恢复）或破坏的

成本进行补偿；二是通过经济手段将经济效益的外部性内部化；三是对个人或区域保护生态系统和环境的投入或放弃发展机会的损失而进行的经济补偿；四是对具有重大生态价值的区域或对象进行保护性投入。生态补偿机制的建立是以内化外部成本为原则，对保护行为的外部经济性的补偿依据是保护者为改善生态服务功能所付出的额外的保护与相关建设成本和为此而牺牲的发展机会成本；对破坏行为的外部不经济性的补偿依据是恢复生态服务功能的成本和因破坏行为造成的被补偿者发展机会成本的损失。

在我国的环境经济政策体系建立和完善过程中，必须建立生态补偿政策，以解决生态环境保护过程中资金投入问题、相关者的利益分配问题和生态破坏的损失赔偿问题，并最终形成一个有效的生态补偿机制，达到合理配置环境资源，有效刺激经济主体参与生态环境保护的目的。

10.4.2　生态补偿的理论基础

环境经济学、生态经济学与资源经济学理论，特别是生态环境价值论、外部性理论和公共物品理论等为生态补偿机制研究提供了理论基础。

1. 生态环境价值论

长期以来，资源无限、环境无价的观念根深蒂固地存在于人们的思维之中，也渗透在社会和经济活动的体制和政策中。随着生态环境破坏的加剧和生态系统服务功能的研究，使人们更为深入地认识到生态环境的价值，并成为反映生态系统市场价值、建立生态补偿机制的重要基础。生态系统服务功能指的是人类从生态系统获得的效益，生态系统除了为人类提供直接的产品以外，所提供的其他各种效益，包括调节功能、供给功能、文化功能及支持功能等可能更为巨大。因此，人类在利用生态环境时应当支付一定的费用。

2. 外部性理论

外部性理论是生态经济学和环境经济学的基础理论之一，也是环境经济政策的重要理论依据。环境资源的生产和消费过程中产生的外部性，主要反映在两个方面，一方面是资源开发造成生态环境破坏所形成的外部成本；另一方面是生态环境保护所产生的外部效益。由于这些成本或效益没有在生产或经营活动中得到很好的体现，从而导致了破坏生态环境没有得到应有的惩罚，保护生态环境产生的生态效益被他人无偿享用，使得环境保护领域难以达到帕累托最优。

制定生态补偿政策的核心目标，是实现经济活动外部性的内部化。具体地来说，就是产生外部不经济性的行为人应当支付相应的补偿，产生外部效益的行为人应当从受益者那里得到相应的补偿。

3. 公共物品理论

自然生态系统及其所提供的生态服务具有公共物品属性。纯粹的公共物品具有非排他性（Non-excludability）和消费上的非竞争性（Non -frivolousness）两个本质特征。这两个特性意味着公共物品如果由市场提供，每个消费者都不会去自愿掏钱购买，而是等着他人去购买而自已顺便享用它所带来的利益，这就是“搭便车”的问题，而这一问题会导致公共物品的供给严重不足。

生态环境由于其整体性、区域性和外部性等特征，很难改变公共物品的基本属性，因此，需要从公共服务的角度，进行有效的管理，强调主体责任、公平的管理原则和公共支出的支持。从生态环境保护方面，基于公平性的原则，人与人之间、区域之间应该享有平等的公共服务，享有平等的生态环境福利，这是制定区域生态补偿政策必须考虑的问题。

10.4.3 生态补偿机制建立的必要性

随着我国经济的不断迅速发展，生态和环境问题已经成为阻碍经济社会发展的瓶颈。近年来，我国政府提出了科学发展观，构建和谐社会，强调以人为本，全面、协调、可持续发展，对生态建设给予高度重视，并采取了一系列加强生态保护和建设的政策措施，有力地推进了生态状况的改善。但是在实践过程中，也深刻地感受到在生态保护方面还存在着结构性的政策缺位，特别是有关生态建设的经济政策严重短缺。这种状况使得生态效益及相关的经济效益在保护者与受益者，破坏者与受害者之间不公平分配，这就导致了受益者无偿占有生态效益，保护者得不到应有的经济激励；破坏者未能承担破坏生态的责任和成本，受害者得不到应有的经济赔偿。这种生态保护与经济利益关系的扭曲，不仅使我国的生态保护面临很大困难，而且也影响了地区之间以及利益相关者之间的和谐。想要解决这类问题，必须建立生态补偿机制，以便调整相关利益各方生态及其经济利益的分配关系，促进生态和环境保护，促进城乡间、地区间和群体间的公平性和社会的协调发展。

在这个方面，我国政府正在积极开展研究和试点，为生态补偿机制建立和政策设计提供理论依据，探索开展生态补偿的途径和措施。2005年12月颁布的《国务院关于落实科学发展观加强环境保护的决定》、2006年颁布的《中华人民共和国国民经济和社会发展第十一个五年规划纲要》等关系到我国未来环境与发展方向的纲领性文件都明确提出，要尽快建立生态补偿机制。为了建立促进生态建设和保护的长效机制，国务院提出“按照‘谁开发、谁保护；谁破坏、谁治理；谁受益、谁补偿’的原则，加快建立生态补偿机制”。

10.4.4 生态补偿政策的基本原则

（1）破坏者付费，保护者受益原则　破坏生态环境，会产生外部不经济性，破坏者就应该支付相应的费用；保护生态环境，会产生外部经济性（外部效益），保护者应该得到相应的补偿。

（2）受益者补偿原则　生态环境资源的公共物品性，决定了在生态建设与环境保护中，将会使更多的人受益。如果对保护者不给予必要的补偿，就会产生公共物品供给严重不足的情况。因此，生态环境质量改善的受益者必须支付相应的费用，作为环境生态建设和环境保护者的补偿，使他们的环境保护效益转变为经济效益，以激励人们更好地保护环境。

（3）公平性原则　环境资源是大自然赐予人类的共有财富，所有人都有平等利用环境资源的机会。公平性不仅包括代内公平，也包括代际公平。

（4）政府主导、市场推进原则　生态补偿涉及面很广，需要发挥政府和市场两方面的作用。政府在生态补偿中要发挥主导作用，比如制定生态补偿政策、提供补偿资金、加强对生态补偿政策的监督管理等。在市场经济体制下，实施生态补偿还需要发挥市场的力量，通过市场的力量来推进生态补偿制度。

此外，由于生态补偿涉及面很广，生态补偿政策应该坚持先易后难、分步推进的原则。先进行单要素补偿和区域内部补偿，在此基础上逐步推广到多要素补偿和全国补偿，并注意在补偿机制的实施过程中，重视补偿地区的发展问题，重点放在提高补偿地区的人口素质、加强城市化建设、提升产业结构等方面，提高补偿资金的使用效率。

10.4.5 我国生态补偿政策

1. 我国生态补偿政策的发展

根据我国“谁开发、谁保护；谁破坏、谁付费；谁受益、谁补偿”的环境管理原则，我国在生态保护、恢复与建设工作中，针对生态补偿的理论和实践，进行了许多探索和试点工作。在我国生态保护与管理中，生态补偿具有四个层面上的含义：

1）对生态环境本身的补偿，如2001年由国家环境保护总局颁发的《关于在西部大开发中加强建设项目环境保护管理的若干意见》（环发［2001］4号）规定，对重要生态用地要求“占一补一”。

2）对个人与区域保护生态或放弃发展机会的行为予以补偿。

3）生态补偿费的概念，即利用经济手段对破坏生态的行为予以控制，将经济活动的外部成本内部化。

4）对具有重大生态价值的区域或对象进行保护性投入等，包括重要类型（如森林）和重要区域（如西部）的生态补偿等。从20世纪80年代以来，我国进行了有关生态补偿的诸多实践，但总体而言，还没有建立一个系统的政策，存在生态补偿体制不顺、机制不完善、融资渠道单一和缺乏必要的法规政策支持等问题。

我国在“三北”及长江流域等防护林体系建设中，进行了生态补偿实践，但还没有明确的补偿政策；在实施天然林保护工程中，通过制定森林资源保护的法律、法规和林业可持续发展行动计划，实施天然林资源保护，并为生态补偿制定了标准；在“退耕还林还草工程”中，首次较为规范地提出了生态补偿政策，不仅涉及了明确的补偿标准和实施细则，还涉及了验收的生态补偿监督机制；在耕地占用方面建立了补偿制度，从而有效地开展了土地资源的管理；通过制定草原法及配套法规，加强了草原资源的生态补偿；对自然保护区实施了生态补偿，从而提高了保护区建设规模与管理质量。

1998年通过的《森林修正案》中明确规定，“国家建立森林生态效益补偿基金，用于提供生态效益的防护林和特种用途林的森林资源、林木的营造、抚育、保护和管理”。2000年1月国务院发布的《森林法实施条例》中明确规定，“防护林、特种用途林的经营者，有获得森林生态效益补偿的权利”。2001年财政部、国家林业局决定开展森林生态效益补助资金试点工作，国家财政支出了10亿元，在11个省区的0.13亿hm^2重点防护林和特种用途林进行试点，支出了300亿元用于天然林保护、公益林建设、退耕还林补偿、防沙治沙工程。广东、福建和浙江等地方财政也进行了公益林的补偿试点。

2005年中国环境与发展国际合作委员会组建了中国生态补偿机制与政策课题组，旨在建立生态补偿的国家战略和重要领域的补偿政策。

2005年以来，国家环境保护总局先后配合国家发改委研究制定了煤矿开采的生态环境补偿政策，而且联合财政部、国土资源部制定了《关于逐步建立矿山环境治理和生态恢复责任机制的指导意见》。

2007年9月，国家环境保护总局公布《关于开展生态补偿试点工作的指导意见》，宣布将在自然保护区、重要生态功能区、矿产资源开发和流域水环境保护四个领域开展生态补偿试点。

2008 年 1 月，江苏省正式实施《江苏省太湖流域环境资源区域补偿试点方案》，建立环境资源污染损害补偿机制，在江苏省太湖流域部分主要入湖河流及其上游支流开展试点。

2. 我国实施生态补偿政策的方式

（1）国家财政补偿　财政政策是调控整个社会经济的重要手段，主要是通过经济利益的诱导改变区域和社会的发展方式。在中国当前的财政体制中，财政转移支付制度和专项基金对建立生态补偿机制具有重要作用。财政部制定的《2003 年政府预算收支科目》中，与生态环境保护相关的支出项目约 30 项，其中具有显著生态补偿特色的支出项目，如沙漠化防治、退耕还林、治沙贷款贴息占支出项目的 1/3。2004 年浙江省提出《浙江省生态建设财政激励机制暂行办法》，将财政补贴、环境整治与保护补助、生态公益林补助和生态省建设目标责任考核奖励等政策作为主要激励手段。广东省编制的《广东省环境保护规划》将生态补偿作为促进协调发展的重要举措，并准备采取积极的财政政策，进行山区生态保护补偿。

专项基金是政府各部门开展生态补偿的重要形式，国土、水利、林业、农业、环保等部门制订和实施了一系列计划，建立专项资金，对有利于生态保护和建设的行为进行资金补贴和技术扶助，如生态公益林补偿、农村新能源建设、水土保持补贴和农田保护等。林业部门建立了森林生态效益补偿基金。

（2）国家重大生态建设工程支持　政府通过直接实施重大生态建设工程，不仅直接改变项目区的生态环境状况，而且对项目区的政府和民众提供资金、物资和技术的补偿，这是一种最直接的方式。当前我国政府主导实施的重大生态建设工程包括退耕还林（草）、退牧还草、天然林保护、“三北防护林”建设和京津风沙源治理等。这些项目主要投资来源是中央财政资金和国债资金。

（3）市场交易模式　水资源的质和量与区域生态环境保护状况有直接关系，通过水权交易不仅可以促进资源的优化配置，提高资源利用效率，而且有助于实现保护生态环境的目标，所以交易模式也是生态补偿的一种市场手段。浙江省东阳市与义乌市成功地开展了水资源使用权交易，经过协商，东阳市将横锦水库 5000 万 m^3 水资源的永久使用权通过交易转让给下游义乌市，这样一来，义乌市降低了获取水资源的成本，而东阳市获得比节水成本更高的经济效益。在宁夏回族自治区、内蒙古自治区也有类似的水资源交易的案例，上游灌溉区通过节水改造，将多余的水卖给下游的水电站使用。

（4）生态补偿费　通过经济手段将生态破坏的外部不经济性内部化，同时对个人或区域保护生态系统和环境的投入或放弃发展机会的损失进行一些经济补偿。如广东省向水电部门以每度电增收一厘钱作为对粤北山区农民进行山林保护的生态补偿金；广州市从 1998 年开始，每年投入数千万元用于生态公益林生态效益补偿，以流溪河流域水质保护作为试点，从生态保护成本的分担出发，建立了上下游的生态补偿机制，下游区域所在地政府每年要从地方财政总支出中安排一定数量的资金，用于补偿上游保护区在育林、造林、护林、涵养水源以及产业转型中的费用；2008 年江苏省太湖流域的环境资源污染损害补偿机制的实施；2008 年 7 月，常州、南京、无锡三个试点城市对在太湖流域交界面的污染物超标情况进行了补偿，对下游城市共支付 24.3 万元。山东省根据《山东省环境空气质量生态补偿暂行办法》，按照“将生态环境质量逐年改善作为区域发展的约束性要求“和”谁保护、谁受益，谁污染、谁付费”的原则，建立考核奖惩和生态补偿机制。2014年4月14日，《山东省2014年第一季度大气环境空气质量生态补偿资金清算汇总表》显示，山东以17市细颗粒物（$PM_{2.5}$）、可吸入颗粒物（PM_{10}）、二氧化硫（SO_2）、二氧化氮（NO_2）四类污染物季度平均含量比去年同期变化情况为考核指标，共补偿各市7029万元。其中，最少的为烟台，获补偿资金32万元；最多的为聊城市，获得950万元。

（5）建立“异地开发生态补偿实验区”　在浙江、广东等地的生态补偿实践中，还探索出了“异地开发”的生态补偿模式。为了避免上游地区发展工业造成严重的污染问题，并弥补上游经济发展的损失，浙江省金华市建立了“金磐扶贫经济开发区”，作为该市水源涵养区磐安县的生产用地，并在政策与基础设施方面给予支持。2003年，该区工业产值5亿元，实现利税5000万元，占磐安县财政收入的40%。

10.5　其他经济手段

10.5.1　绿色证券

在直接融资方面，我国提出了“绿色证券”政策。从企业的直接融资渠道方面对其生产决策和环境行为进行引导：对“双高”企业采取包括资本市场初始准入限制、后续资金限制和惩罚性退市等内容的审核监管制度，凡没有严格执行环评和“三同时”制度、环保设施不配套、环境事故多、不能稳定达标排放、环境影响风险大的企业，在上市融资和上市后的再融资等环节进行严格限制，甚至可以使用“环保一票否决制”截断其资金链条；而对环境友好型企业的上市融资提供各种便利条件。

近年来，我国在推行“绿色证券”政策方面进行了很多有益的尝试。例如，在2001年，国家环境保护总局发布了《关于做好上市公司环保情况核查工作的通知》，2003年出台了《关于对申请上市的企业和申请再融资的上市企业进行环境保护核查的通知》。2007年下半年，国家环境保护总局下发了《关于进一步规范重污染行业生产经营公司申请上市或再融资环境保护核查工作的通知》以及《上市公司环境保护核查工作指南》，并对37家公司的上市情况进行了环保核查，对其中的10家存在严重违反环评和“三同时”制度、发生过重大污染事件、主要污染物不能稳定达标排放，以及核查过程中弄虚作假的公司，作出了不予通过或暂缓通过上市核查的决定，阻止了环保不达标企业通过股市募集资金数百亿元以上。

在2008年1月9日，中国证券监督管理委员会发布了《关于重污染行业生产经营公司IPO申请申报文件的通知》，规定“重污染行业生产经营公司申请首次公开发行股票的，申请文件中应当提供原国家环境保护总局的核查意见；未取得环保核查意见的，不受理申请。”2008年2月22日，国家环境保护总局正式发布了《关于加强上市公司环保监管工作的指导意见》，将以上市公司环保核查制度和环境信息披露制度为核心，遏制“双高”行业的过度扩张，防范资本风险，并促进上市公司持续改进环境的表现；要求对从事火电、水泥、钢铁、电解铝行业及跨省经营的“双高”行业（13类重污染行业）的公司申请首发上市或再融资的，必须根据国家环境保护总局的规定进行环保核查。据此，环保核查意见将作为证监会受理申请的必备条件之一。国家环境保护总局按照《环境信息公开办法》定期向证监会通报上市公司环境信息以及未按规定披露环境信息的上市公司名单，相关信息也会向公众公布，并选择“双高”产业板块开展上市公司环境绩效评估试点，发布上市公司年度的环境绩效指数及排名情况，为投资者、管理者提供上市公司的环境绩效信息和排名情况。加强对上市公司的环保核查，并督促上市公司履行社会责任，披露环境信息，不仅可以促进上市公司改进环境表现，而且有助于保护投资者利益。

10.5.2 绿色保险

绿色保险也称为环境生态保险，是在市场经济条件下，进行环境风险管理的一项基本手段。其中以环境污染责任保险最具代表性，就是由保险公司对被保险人因投保责任范围内的污染环境行为而造成他人的人身伤害、财产损毁等民事损害赔偿责任提供保障的一种手段。

环境污染责任保险是近几十年来新兴的一种险种。20世纪60—70年代，美国、英国等一些经济发达国家的保险行业率先推出了环境污染责任保险，为企业提供了一种新的风险保障。在我国，随着社会主义市场经济体制的建立和环境保护方面法律的不断健全和完善，企业作为社会的法人，一旦造成环境污染，必然会产生因为民事损害而依法承担的经济赔偿责任。这就给如何维护受害者利益、促使企业依法赔偿且不会影响其生产发展提出了更高的要求。实行环境污染责任保险主要有三个方面的作用：为企业提供一种经济保障，有利于保障公民的合法权益，而且有利于促进企业加强环境管理。1991年大连市率先推出污染责任保险这项新业务，此后沈阳等一些城市也开始开展这项保险业务。

近些年来，我国已经进入环境污染事故高发期。全国7555个大型重化工业项目中，81%布设在江河水域、人口密集区等环境敏感地带；45%为重大风险源，相应的防范机制却存在缺陷。仅2007年，国家环境保护总局处置的突发环境事件达到108起，平均每两个工作日一起。污染事故发生后，污染受害人不能及时获得补偿，从而引发很多社会矛盾。

2008年2月18日，由国家环境保护总局和中国保险监督管理委员会联合制定的《关于环境污染责任保险工作的指导意见》（以下简称《意见》）明确提出，今后企业就可能发生的环境事故风险可在保险公司投保，如若发生污染事件，保险公司将对污染受害者进行赔偿。受害者得到赔偿，投保企业避免了破产，政府也减轻了财政负担。两部门将对生产、经营、储存、运输、使用危险化学品企业，易发生污染事故的石油化工企业和危险废物处置企业这三类企业，特别是在近年来发生重大污染事故的企业和行业开展试点工作，其他类型的企业和行业也可自愿试行。试点区域包括浙江宁波、重庆、河南、江苏苏州等。

在操作层面上，环境污染责任险分四步实施：第一是确定环境污染责任保险的法律地位，在国家和各省市自治区环保法律法规中增加“环境污染责任保险”条款，条件成熟的时候还将出台“环境责任保险”专门法规；第二是明确现阶段环境污染责任保险的承保标的以突发、意外事故所造成的环境污染直接损失为主；第三是环保部门、保险监管部门和保险机构各司其职，环保部门提出企业投保目录及损害赔偿标准，保险公司开发环境责任险产品，合理确定责任范围，分类厘定费率，保险监管部门制定行业规范，进行市场监管；第四是环保部门与保险监管部门将建立环境事故勘查与责任认定机制、规范的理赔程序和信息公开制度，在条件完备时，需研究第三方进行责任认定的机制。

江苏、湖南、湖北、上海、宁波、沈阳等省市在此方面进行了积极的实践工作。湖南省在2008年推出了保险产品，确定了有色、化工、钢铁等18家重点企业，积极引导并组织保险机构主动上门说明，做好服务工作。湖南株洲某农药公司2008年9月初购买了平安公司环境责任保险产品，2008年9月底发生了氯化氢泄漏事故，污染了附近村民的菜田。平安保险公司依据"污染事故"保险条款，及时向120多户村民赔偿损失，避免了矛盾纠纷，从而维护了社会稳定。目前，湖南试点的18家企业已有7家投保，其他企业也表示将积极参加。

湖北省于2008年9月，启动了环境污染责任保险试点工作，在武汉城市圈范围进行试点，其中，武汉市每年安排400万元资金作为政府引导资金，即使投保企业没有出险，政府一样从专项基金中为购买保险企业按保费50%进行补贴。2009年3月18日，武汉石化、泽龙电业、名幸电子、武昌焦化厂、无机盐化工厂5家企业，与中国人保财险武汉分公司签订环境污染责任保险，金额从300万元到500万元不等。

江苏省2008年8月推出了船舶污染责任保险，在交通、环保、保监等部门的推动下，由人保、平安、太平洋和永安4家保险公司组成共保体，承保2008—2009年度江苏省船舶污染责任保险项目。

上海市将上海化学工业区、黄浦江水域储存船舶和危险品码头、放射源相关单位列入重点环境风险源企业试点范围，华泰保险公司在上海创设了环境污染责任保险业务，目前上海市环境污染责任保险业务的保费达130万元。宁波市已有4家保险公司开展了环境污染责任保险业务，并在危险品运输、化工园区开展试点。沈阳市在2009年1月1日起实施的《沈阳市危险废物污染环境防治条例》中明确规定，"支持和鼓励保险企业设立危险废物污染损害责任险种，支持和鼓励产生、运输、收集、储存、利用和处置危险废物的单位投保危险废物污染损害责任险种"。这是我国第一次将环境污染责任保险纳入立法范畴。

10.5.3　信贷政策

信贷政策是我国应用比较早的一类环境经济政策，也是一项非常重要的经济手段。这项政策在环境保护领域的应用途径主要是，根据环境保护及可持续发展的要求，对不同的信贷对象实行不同的信贷政策，即对有利于环境保护和可持续发展的项目实行优惠的信贷政策：反之，则实施严格的信贷政策。通过控制企业的间接融资渠道，达到促进企业积极开展环境保护的目的。

在2007年7月，人民银行、国家环境保护总局、银监会联合发布了《关于落实环保政策法规防范信贷风险的意见》（以下简称《意见》）。《意见》公布后，国家环境保护总局定期向中国人民银行征信系统报送企业环境违法信息，建设银行、工商银行、兴业银行等银行在审核企业贷款过程中实施了"环保一票否决"。江苏、浙江、黑龙江、河南、陕西、山西、青海、深圳、沈阳、宁波、西安等20多个省市的环保部门与所在地的金融监管机构，联合出台了有关绿色信贷的实施方案和具体细则。部分地区政府也推动了绿色信贷的实施。2007年7月和11月中国银监会发布了《关于防范和控制耗能高污染行业贷款风险的通知》和《节能减排授信工作指导意见》，要求各银行业金融机构积极配合环保部门，认真执行国家控制"两高"项目的产业政策和准入条件，并根据借款项目对环境影响的程度大小，按ABC三类，实行分类管理。

中国工商银行于2007年9月率先出台了《关于推进“绿色信贷”建设的意见》，提出要建立信贷的“环保一票否决制”，对于不符合环保政策的项目不发放贷款，对列入“区域限批”“流域限批”地区的企业和项目，在解限前暂停一切形式的信贷支持等要求。工商银行系统对法人客户进行了“环保信息标识”，初步形成了客户环保风险数据库。工商银行现有贷款余额的近6万户法人客户中，已有约4.7万户录入了环保信息标识。

2007年，江苏省江阴市对污染严重企业否决申请贷款超过10亿元，并收回已向这些企业发放的银行贷款超过2亿元。浙江省湖州市对该市重点污染企业进行了排查，共涉及银行贷款15.7亿元，由贷款银行督促其限期整改实现达标排放，否则收回贷款；其中有35家企业因环保不达标而退出贷款行列，涉及贷款金额2.14亿余元。广东省银行系统（除深圳以外）根据环保系统提供的环保违法信息，向7家企业限贷4亿元。深圳特区进行了对污染企业和金融机构的“双约束”，不仅对深圳统信电子有限公司等5家环保违法企业停止了1.377亿元的贷款申请，金融监管机构还对向环保违法企业发放贷款的两家银行进行了处罚。

在执行绿色信贷的过程中，我国一方面严格控制向“两高”等污染型企业的贷款，另一方面建立了“节能减排专项贷款”。例如，国家开发银行建立“节能减排专项贷款”，着重支持水污染治理工程、燃煤电厂二氧化硫治理工程等8个项目，环保贷款发放额年均增长35.6%。到2007年底，国家开发银行的15家分行已经支持的环保项目贷款达到了300亿元。2009年1月16日，中国节能投资公司与华夏银行在京签署了《银企合作协议》，由华夏银行向中国节能投资公司提供50亿元人民币意向性授信额度，主要用于中国节能并购节能环保项目。2009年上海浦东发展银行坚持对环保项目、节能重点工程、水污染治理工程、风力发电等节能减排项目提供积极的信贷支持。此外，浦发银行与国际金融公司合作，进行能源效率融资项目合作，并设立专项信贷额度10亿元，鼓励开展该类授信。

10.5.4 使用者收费

使用者收费是指为集中处理或共同治理排放污染物而支付费用。其收费的依据主要是污染物的处理量，收费费率根据其处理成本确定。使用者收费是OECD国家普遍采用的经济手段，主要用于城市固体废弃物和污水收集、处理方面。近些年来，随着我国城市污水和垃圾量迅猛增长，需要建设越来越多的污水集中处理厂和垃圾处理厂，使用者收费将成为我国解决城市污水集中处理和垃圾集中处理资金来源的一项重要的经济手段。

1. 城市污水的处理费

对污水实行使用者收费一般是用来解决污水处理厂和泵站管网等的运行费。各国行使的收费方式和费率不尽相同，主要有按水量收费和按水质水量收费两种方式。

1）按水量收费，主要适用于生活污水。例如，新加坡污水处理厂的建设由政府拨款，日常运行费用则由收取水费来获得，工业污水收费额0.22新元/m^3，生活污水为0.1新元/m^3，每只抽水马桶收费3元。美国纽约则把污水费用纳入自来水费中，水费为2.51美元/m^3，其中污水处理费为1.51美元/m^3。政府将征收的污水处理费的40%用于还贷，60%用于污水处理厂的运行。

2）按水质水量收费，综合考虑污水的体积和污染强度来确定不同类型污水的收费标

准，一般是针对工业污水所采用。OECD 成员国污水排放收费情况见表 10-8

表 10-8　OECD 成员国污水排放收费情况

国　家	收费计算	收费对象	国　家	收费计算	收费对象
澳大利亚	统一收费率	家庭、公司	意大利	体积 + 污染负荷	家庭、公司
比利时	统一收费率	家庭	荷兰	统一收费率	家庭、公司
加拿大	统一收费率 + 用水	家庭、公司	挪威	统一收费率	家庭、公司
丹麦	统一收费率 废水体积	家庭、公司	瑞典	统一收费率 + 用水	家庭、公司
芬兰	统一收费 + 用水 统一收费 + 污染负荷	家庭、公司	英国	用水体积 + 污染负荷	家庭、公司
法国	用水	家庭、公司	美国	统一收费率 + 污染负荷 统一收费率 + 用水	公司 家庭、公司
德国	废水体积	家庭、公司			

1997 年 6 月 4 日，我国财政部、国家计委、建设部和国家环保局联合印发了关于城市污水处理收费试点有关问题的通知（财综字［1997］111 号），从 1997 年开始征收污水处理费，各地根据实际情况采取不同的收费标准。1999 年 9 月 6 日，建设部、国家计委、国家环境保护总局联合发布了《关于加大污水处理费的征收力度，建立城市污水排放和集中处理良性运行机制的通知》（计价格［1999］1192 号），明确规定在全国范围开征城市生活污水处理费。其主要内容包括：

1）在供水价格上加收污水处理费，建立城市污水排放和集中处理的良性运行机制；

2）污水处理费应按照补偿排污管网和污水处理设施的运行维护成本，并合理盈利的原则核定。

3）建立健全对污水处理费的征收管理和污水处理厂运行情况的监督制约机制。

4）切实做好征收污水处理费的各项工作。

我国的生活污水收费政策到目前还很不完善，截至 2005 年底，全国有 475 个城市开征污水处理费，部分城市还未对生活污水进行收费。已经对生活污水收费的城市，收费标准定得很低，一般为 0.1 ~0.5 元/t 污水，只有极少数城市的污水处理费收费标准超过 1 元/t 污水。而我国生活污水处理成本一般为 0.5 ~0.7 元/t 污水。根据环境经济学理论，污水处理成本是制订污水处理费收费标准的基础。一般来说，污水处理收费应能够补偿排污管网和污水处理设施的基本运行成本，加上合理盈利。根据国务院节能减排综合性工作方案，应当全面开征城市污水处理费并提高标准，收费标准原则上不低于 0.8 元/t。部分省市进行了相应的实践改革，如 2008 年嘉兴联合污水处理工程收集区域污水处理费的平均标准为 1.69 元/m^3，到 2009 年，污水处理费达到 1.85 元/m^3。广州市 2009 年 7 月 1 日后执行新的污水处理费收费标准，城市污水处理费中居民生活污水收费由 0.81 元/t 上调为 0.9 元/t，费用由自来水供水企业代收；2012 年，城市污水处理费中居民生活类污水实行阶梯收费，第一阶梯为 0.9 元/t，第二阶梯为 1.2 元/t，第三阶梯为 1.5 元/t。

2. 城市垃圾的处理费

近年来，我国城市垃圾的产生量增长速度非常快，仅仅2008年我国城市的垃圾产生量是1. 55亿t，2014年我国大、中城市生活垃圾达到1. 61亿t。城市垃圾的处理需要一定的费用，垃圾总量的不断增长，给政府带来越来越大的财政压力。根据污染者负担原则，所有产生垃圾者都应承担相应的费用。因此，对垃圾处理也应实行使用者收费，其费率根据收集成本而确定。国内外对此项收费主要采取两种方式：一是根据废弃物的实际体积，采用统一的收费率收费，如瑞典、加拿大、荷兰等；二是根据废弃物的体积、类型收费，如芬兰、法国等。国外城市垃圾收费情况见表10-9。

表10-9 OECD成员国城市垃圾收费情况

国家	收费计算	收费对象	国家	收费计算	收费对象
澳大利亚	统一收费率	家庭、公司	比利时	体积的统一收费率	家庭
意大利	居住面积	家庭	荷兰	统一收费率	家庭、公司
加拿大	统一收费率 统一收费率+超过限定体积	家庭、公司	丹麦	统一收费率 废弃物体积	家庭、公司
芬兰	废弃物体积 废弃物体积+类型+运输距离	公司	法国	居住面积（80%人口） 废弃物体积（5%人口）	家庭、公司 家庭、公司
挪威	统一收费率	家庭、公司	英国	统一收费率 废弃物体积	家庭、公司
瑞典	统一收费率（55%的市政当局） 收集组织（45%的市政当局）	家庭、公司			

到目前，我国城市生活垃圾的处理问题非常突出，在部分地区和城市已造成了严重的环境问题和社会问题。根据我国的实际情况，可先实行按人收费，然后逐步过渡到按垃圾量收费。我国的一些城市已经开始征收生活垃圾处理费，如北京市从1999年9月开始征收生活垃圾处理费，收费标准为北京居民每户每月缴纳3元，外地人每人每月缴纳2元。为加快城市生活垃圾的处理，2002年6月7日，财政部、建设部、国家计委、国家环境保护总局4部委发布了《关于实行城市生活垃圾处理收费制度促进垃圾处理产业化的通知》（计价格[2002]872号），明确规定全面推行生活垃圾处理收费制度。其内容主要包括：

1）所有产生生活垃圾的国家机关、个体经营者、企事业单位（包括交通运输工具）、社会团体、城市居民和城市暂住人口等均应按规定缴纳生活垃圾处理费。

2）垃圾处理费收费标准应按补偿垃圾收集、运输和处理成本，合理盈利的原则核定。

3）生活垃圾处理费应按不同收费对象采取不同的计费方法，并按月计收。

4）改革垃圾处理运行机制，促进垃圾处理产生化。

10.5.5 产品收费

产品收费是指对那些在制造过程或消费过程中产生污染或需要处理的产品进行收费或课税。这种经济手段的功能主要是通过提高产品的价格来实现的，即通过提高产品的价格来减少这些产品的消费量。产品收费通常有以下几种：

1）直接针对某种产品收费。如OECD成员国对农药、化肥、润滑油、包装材料、含CFC产品、轮胎、汽车电池等产品征收费用。

2）针对某些产品具有的某种危害特征收费。如根据汽油的含铅量、根据燃料的含碳量和含硫量收费。

3）对“环境友好”产品实行负收费，即价格补贴，从而扩大这些产品的生产和消费。

4）最低限价。主要用于维持和改善某些具有潜在价值的废弃物的市场，以促进该废物不被倾倒而被再利用。如废纸回收可以显著地减少焚烧和倾倒的家庭废弃物数量，但废纸市场通常不稳定，为维持这个市场，由政府规定最低限价。

自 2008 年 6 月 1 日起，我国开始实行塑料袋收费制度，对限制塑料袋的使用量和提高塑料袋的质量，具有积极的作用。

目前，国外产品收费的应用范围广泛，包括润滑油、不可回收容器、矿物燃料油、包装纸、电池、废旧家用电器等。

1. 润滑油收费

润滑油收费的目的是为废油收集和处理系统提供资金。各国在收费标准上差异很大。部分 OECD 成员国润滑油产品收费情况可见表 10-10。

表 10-10 OECD 成员国润滑油产品收费情况

国 家	收费水平/(ECU/t)	收费收入/(ECU/a)	收 费 效 果
芬兰	29	300 万	有利于废油的收集和处理
法国	6	400 万	发动机废油回收了 70%
意大利	3	200 万	收集的废油由 55000t 增加到 105000t
荷兰	6/1000L	100 万	废油的收集和安全处置得到改善

注：ECU 为欧洲货币单位。

2. 化肥收费

化肥收费的主要目的是筹资金，各国对化肥收费的费基、费率均不相同。部分 OECD 成员国化肥收费情况见表 10-11。

表 10-11 OECD 成员国化肥收费情况

国 家	费 基	费 率	占其价格的百分比 1%	收 入 用 途
奥地利	氮	ECU0. 31/kg		补偿、环境支出
	磷	ECU0. 18/kg		
	钾	ECU0. 091/kg		
芬兰	氮	ECU0. 41/kg	5 ~20	农业补贴、一般预算
	磷	ECU0. 27/kg		
挪威	氮	ECU0. 13/kg	19	一般预算
	磷	ECU0. 24/kg	11	
瑞典	氮	ECU0. 07/kg	10	补贴、环境支出
	磷	ECU0. 141/kg		

3. 电池收费

电池收费的主要目的是为电池的收集、处理和再循环筹集资金，各国电池收费的费基和费率各不相同。表 10-12 是部分 OECD 成员国电池收费情况。

表 10-12　OECD 成员国电池收费情况

国　家	费　基	费　率	收入用途
加拿大区域	>2kg 的铅—酸电池	ECU2.8/kg	电池的再循环、环境、开支
丹麦	镍镉电池	ECU0.2/节	电池的收集、处理和再循环
	电池组	ECU0.9/个	
葡萄牙	铅电池	ECU1～5/节	电池的收集、处理和再循环
美国	>3kg 的铅电池	ECU3.8/kg	电池的收集、处理和再循环
	HgO 电池	ECU2.7/kg	
	镍镉电池	ECU1.5/kg	

4. 包装材料的收费

对包装材料进行收费，一方面为减少此类材料产生的固体废物量；另一方面也可以筹集处理资金。部分 OECD 成员国包装材料收费情况见表 10-13。

表 10-13　OECD 成员国包装材料收费情况

国　家	费　基	费　率	收入用途
加拿大区域	不能再用的饮料容器		混合的
丹麦	玻璃和塑料容器 10～60cL 60～106cL 10～60cL	ECU0.06 ECU0.18 ECU0.25	一般预算
	金属容器罐	ECU0.09	
	纸板及层压饮料包装 10～60cL 60～106cL >106cL	ECU0.04 ECU0.08 ECU0.21	一般预算
	液体奶制品包装	ECU0.01	
芬兰	可处置的容器： 啤酒 软饮料（玻璃和金属） 软饮料（其他）	ECU0.16/er ECU0.48/er ECU0.32/er	一般预算
挪威	不可回收的饮料容器： 啤酒 碳酸软饮料 葡萄酒和酒精	ECU0.27 ECU0.05 ECU0.27	一般预算
葡萄牙	玻璃饮料器（30～100cL）	ECU0.05	一般预算
瑞典	饮料容器： 可回收的玻璃、铝容器 可处置容器（20～300cL）	ECU0.01 ECU0.01～0.03	
美国区域	产生废弃物的产品		一般预算

10.5.6　押金-退款制度

押金-退款制度是对可能引起污染的产品征收押金（收费），当产品废弃部分回到储存、处理或循环利用地点后退还押金的一种经济手段。采用押金-退款制度有利于资源的循环利用和削减废弃物数量，并可以防止一些有毒有害物质（如废电池、杀虫剂等容器的残余物）进入环境。表 10-14 是 OECD 成员国开展押金-退款制度的情况。

表 10-14　OECD 成员国塑料饮料容器押金-退款制度情况

国　　家	制度内容	费　　率	占其价格百分比	返还的百分比/%
澳大利亚区域	PET 瓶	ECU0.02	2～4	62
奥地利	可回收利用容器	ECU0.25	20	60～80
加拿大区域	塑料饮料容器	ECU0.03～0.05		60
丹麦	PET 瓶（<50cL～>50cL）	ECU0.20～0.55		80～90
芬兰	PET 瓶 >1cL	ECU0.32	10～30	90～100
德国	不可再装的塑料瓶	ECU0.22		
冰岛	塑料瓶	ECU0.07	3～10	60～80
荷兰	PET 瓶	ECU0.35	30～50	90～100
瑞典	PET 瓶	ECU0.47	20	90～100
美国区域	啤酒和软饮料			72～90

目前，由于生产者可以购买到廉价的包装材料，从成本的角度考虑，他们更倾向于使用一次性包装，这使得押金-退款制度的使用范围受到限制，远不如税费手段应用得广。但在一些特殊领域里，押金-退款制度的运用取得了很好的效果，如对饮料、容器、电池、含有害物质的包装物等。在 OECD 国家中，有 16 个国家实行玻璃瓶押金-退款制度，12 个国家实行塑料饮料容器押金-退款制度，5 个国家实行金属容器押金-退款制度，使得这些容器的返还率达到了 60% 以上，有的甚至高达 90%。挪威从 1978 年起对汽车使用押金-退款制度，其目的在于削减废弃汽车的数量并鼓励汽车材料的重复利用，使得挪威 90%～95% 的废弃汽车被回收。

日本是循环利用固体废物最为成功的国家之一，其中押金-退款制度提供了相当大的刺激作用，仅在 1989—1990 年度，全国回收利用了 50% 的废纸、92% 的酒瓶、43% 的铝制易拉罐、45% 的铁制易拉罐及 48% 的玻璃瓶。其中对啤酒瓶实行押金-退款制度的操作过程为：啤酒生产者对每 20 瓶包装收取押金。1992 年收取的押金额为 300 日元，其中 100 日元是啤酒瓶押金，剩下的 200 日元是包装箱押金。押金的收取顺序是啤酒生产者向批发商收取，批发商向零售商收取，最后由消费者支付。当所用包装和啤酒瓶被收集起来以后，按销售的每个步骤逐一返还。

我国台湾省于 1989 年建立了回收利用 PET 塑料瓶的押金-退款制度。在此制度下，PET 塑料瓶工业界的成员组成了一个基金会，管理一个联合的循环利用基金，以资助塑料的收集与循环利用的成本。饮料销售后，塑料瓶的押金再去补充基金。这样一来，那些送回收集站的 PET 塑料瓶以 2 元新台币/瓶的金额进行补偿，塑料瓶送到工厂循环利用，收集者可以得到0. 50元新台币/瓶的送瓶费。1992年，PET塑料瓶的回用率达到了80%。

从以上国内外押金-退款制度的应用效果来看，该制度是一种有效的经济刺激手段，具有广阔的应用前景。但这一制度在执行过程中应注意几个方面：

1）合理地设计押金的标准及退款手续，尽量使该制度简单易行。

2）押金-退款制度应与现有的产品销售和分送系统相互结合起来，以降低收还押金的管理成本。

3）押金-退款制度应与相关法律、法规及管理制度相协调。

4）押金-退款制度应与教育手段为基础，使公众自觉地参与到这一制度中来，提高该制度的效率。

目前，我国的押金-退款制度尚不健全，在今后环境管理手段的研究领域中应加强对该制度的研究，尽快建立适合我国国情的押金-退款制度。

10.5.7 补贴

补贴是政府为实际潜在的污染者提供的财政刺激，主要用于鼓励污染削减或减轻污染对经济发展的影响。

补贴手段在OECD国家中除澳大利亚和英国之外被广泛使用。在大多数国家中，补贴通常采用直接拨款、优惠贷款和税收优惠等方式，其资金来源主要是环境方面的税收、费用、许可证和收费等，而不是普通的税收。在实际工作中，各个国家的补贴对象和补贴资金的来源有所不同。例如，意大利补贴固体废物的回收，并支持工业界致力于削减废物；法国提供补贴以鼓励工业减轻水污染，补贴制度基于贷款而不是拨款；德国实行补贴制度主要是为了促进其环境计划的实现和帮助可能因污染控制系统突然额外的资金需求而遇到困难的生产者，其资金来源于公众预算的税收；荷兰补贴其工业以促进工业企业对环境管理的服从，鼓励对污染控制设备的研究及安装；美国政府为市政水处理厂的建设提供补贴，此外，在50多年间，美国政府花费了数十亿美元帮助农民偿付土壤保持和防止土壤生产力流失的费用。

在我国，补贴这种手段经常被采用，主要应用于对污染治理项目的补贴、对生态建设项目的补贴、对环境科研的补贴、对清洁生产项目的补贴、对生产环境友好产品的补贴等。

10.5.8 绿色贸易

在西方国家设立绿色贸易壁垒对我国贸易进行挤压的形势下，我国的贸易政策必须作出相应的调整，即要改变单纯追求数量增长，而忽视资源约束和环境容量的发展模式，平衡好进出口贸易与国内外环保的利益关系，避免“产品大量出口、污染留在国内”的现象继续。

绿色贸易包含许多内容，目前我国重点抓两个方面：一个是限制“两高一资”产品的出口；另一个是我国对外投资企业的环境责任问题。2007年6月，国家环境保护总局规定并提出对50多种“双高产品”取消出口退税的建议，财政部和税务总局采纳了建议，目前，这些产品的出口量下降了40%。2008年1月，国家环境保护总局再次发布无机盐、农药、涂料、电池、染料等6个行业140多种“双高”产品目录，涉及出口金额20多亿元，并提交各经济综合部门。2008年4月，商务部在发布的禁止加工贸易名录中，采纳了环境保护部提交的全部产品目录，并明确将“双高”产品作为控制商品出口的依据。2008年7

月底，财政部、税务总局发布的取消出口退税的商品清单中，40个商品编码的商品中有26个是“双高”产品。在2008年8月，国务院关税税则委员会下发通知，决定自2008年8月20日起，对铝合金焦炭和煤炭出口关税税率进行提高。

在执行“绿色贸易”政策中，对不同类型行业采取不同的绿色贸易措施，对于低污染行业，通过出口退税等政策措施，鼓励出口，扩大行业投资规模，并设立“绿色”进口通道，鼓励行业产品进口。

【案例】

河南排污权交易市场情况分析

截至去年11月底，河南省四个排污权交易试点市的排污权交易量已有1243笔，共11140.31万元。目前，河南省正进行排污技术和交易规范研究，积极筹备排污权有偿使用和交易在全省范围内实施。

排污权交易是指在一定区域内，在污染物排放总量不超过允许排放量的前提下，内部各污染源之间通过货币交换的方式相互调剂排污量，从而达到减少排污量、保护环境的目的。

河南省于2009年开始在洛阳、焦作、三门峡和平顶山四市开展了排污权交易试点，洛阳畔山水泥有限公司购买了1432.25万元生活污水的排污权，开启了河南省第一笔排污权交易。2012年10月，河南省被财政部、环保部和国家发改委三部委纳入排污权交易试点省。

四年来，河南省试点排污权交易制度取得了明显的效果。首先是提高了企业对环境资源价值的认知度，结束了“环境无价、无偿使用”的历史，为排污权交易全省推行奠定了良好的舆论氛围。其次是促进当地产业结构调整的作用开始显现，一些企业在谋划企业发展和实施建设项目时，已将排污权交易政策作为重要因素，将低污染的行业和项目作为重点投资方向，促进了污染减排和产业结构调整。

党的十八届三中全会提出，要建立系统完整的生态文明制度体系，实行资源有偿使用制度和生态补偿制度，推行排污权交易制度。这为河南省排污权交易早日在全省开展提供了政策支持。据悉，河南省正积极筹备排污权交易在全省开展。

目前，河南省正研究制订《河南省主要污染物排放权有偿使用和交易管理暂行办法》，并于近期提请省政府审议，办法出台后，排污权有偿使用和交易制度就将全面推行。排污权交易全省推行后，交易的污染因子将增加到四项，增加了氮氧化物和氨氮两项。

此外，河南省也正进行排污权交易的效益分析、交易价格等方面的课题研究，为排污权交易的后期评价工作做技术和理论准备。

——资料来源：碳排放交易，http://www.tanpaifang.com/paiwuquanjiaoyi/2014/02/0628638.html

思考与练习

1. 名词解释：环境管理经济手段、环境税、排污权交易、产品收费、补贴、押金-退款制度、生态补偿政策。
2. 试分析环境管理的经济手段与其他手段的效应比较。
3. 说明我国目前正在实施的环境税的主要内容。
4. 简述排污收费的理论基础和作用。

5. 简述我国排污收费标准体系。
6. 简述排污权交易手段的理论基础和优点。
7. 我国排污权交易有哪些类型？交易需要进行哪些程序？
8. 谈谈如何利用税收手段来保护环境。
9. 请简要说明我国“绿色资本市场”的主要内容。
10. 什么是“绿色保险”制度？

第4篇

环境经济与可持续发展

11

第 11 章 循环经济与清洁生产

本章摘要

循环经济是我国未来经济发展的最佳模式，清洁生产则是我国现阶段切实可行的道路。循环经济就是把清洁生产和废弃物综合利用融为一体的经济，本质上它是一种生态经济，它是在可持续发展的思想指导下，按照清洁生产的方式，对资源及其废弃物实行综合利用的生产活动过程。本章将对循环经济和清洁生产的发展、内涵及其审核过程进行简单阐述。

11.1 循环经济

11.1.1 经济系统发展的矛盾

1. 资源环境与经济增长的矛盾

资源和环境是人类赖以生存的根基，也是人类经济发展的基础。千百年来，人类认为自然界有取之不尽、用之不竭的资源，一直想方设法地从大自然中获取资源，千方百计从资源中获得财富。在现代科学技术和人类生存需要的双重驱动下，在未来的100年里，地球上的人口增长、资源消耗、经济规模呈现出指数增长的趋势，而这种快速的经济增长是以资源快速消耗为基础的。

因此在全球经济快速发展的同时，不仅引发了资源短缺的问题，而且还带来了环境污染和生态破坏。图11-1所示为地球生态系统与人类经济系统交互所带来的矛盾。

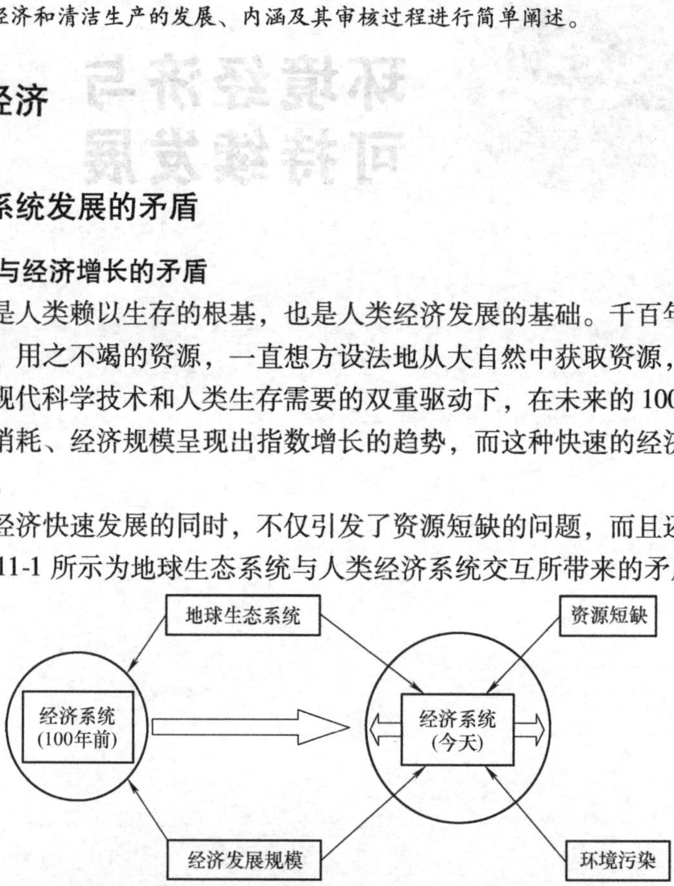

图11-1 地球生态系统与人类经济系统交互作用产生的矛盾

2. 传统的工业文明和发展模式受到挑战

人类在享受工业文明所带来的成果及财富时，也深深感受到了人类赖以生存的自然资源与生态环境正面临着巨大挑战。而全球资源环境与经济增长的尖锐矛盾仅仅是一种表面现象，其引发的深层次原因是传统的工业文明和发展模式的缺陷。

（1）传统工业文明对自然资源的无限制掠夺　传统工业文明初期，由于生产力水平和科技发展水平的限制，人们一直坚信自然界有取之不尽、用之不竭的资源，唯一的不足是人类索取自然资源的能力有限。但是，随着科技进步和生产力水平的不断提高，人类对自然资源的利用，逐渐由农业社会利用动植物等可再生资源，转向工业社会利用煤炭、石油、天然气、铁、铝等不可再生资源。传统工业文明不断追求物质财富无限增长，这导致人们对自然资源不断进行大规模的掠夺开采。这种高增长、高投入、高消耗、高排放、高污染的发展方式，使得传统工业文明渐渐陷入了不能自拔的危机之中。

（2）传统工业模式对生态环境先污染、再治理　传统经济本质上是将自然资源变为产品，产品变成废物的过程，其以反向增长的环境代价来实现经济上的短期增长，对资源的利用是粗放型、一次性的。传统经济没有从经济运行机制和传统经济流程的缺陷上揭示出产生环境污染和生态破坏的本质，也没有从经济和生产的源头上寻找问题的症结所在。因此，"边生产，边污染，边治理""先生产，后污染，再治理"成为当时的一种非常普遍现象。

（3）传统工业流程：开环式、单程型的线性经济　众所周知，传统的工业文明范式是一种"资源-产品污染-排放"的单程型线性经济模式，其显著特征是"两高一低"（资源的高消耗、污染物的高排放、物质和能量的低利用）。同时，传统工业采用低利用率的工艺进行加工生产，产生了大量"无使用价值的污染物"，并将其大量地排放到自然环境中。图11-2所示为传统经济流程图。

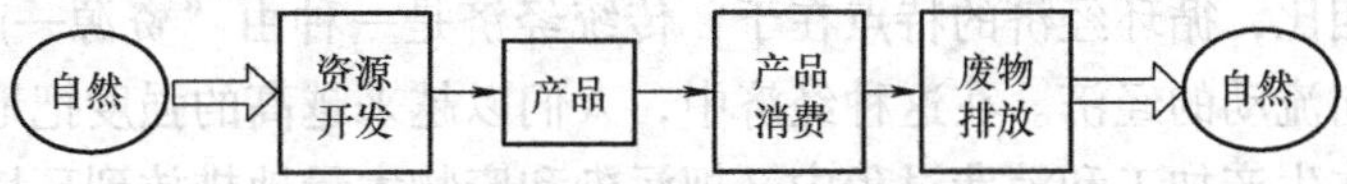

图11-2　传统经济流程图

（4）两个有限性：自然资源和环境容量

1）自然资源有限性。地球上的自然资源有限，尤其是不可再生资源在总量上更是有限的。有限的资源不能满足经济无限增长以及人类对物质财富的无限需求。据有关专家统计，与人类关系密切的自然资源中，可以连续利用的时间分别为：煤炭280~340年，石油50~60年，天然气60~80年。其他矿产资源，特别是金属矿产，少则几十年，多则数百年，也将消耗殆尽。我国的资源总量和人均资源严重不足。在资源总量方面，现已查明的石油含量仅占世界1.8%，天然气占0.7%，铁矿石不足9%，铜矿不足5%，铝土矿不足2%。在人均资源量方面，我国人均矿产资源约为世界平均水平的1/2，人均森林资源约为1/5，人均耕地、草地资源约为1/3，人均水资源约为1/4，人均能源占有量仅约为1/7，其中人均石油占有量仅约为1/10。

2）环境容量的有限性。自然界在太阳提供的能量中，昼夜交替，四季循环，生命繁衍，万物生长。自然界的生态环境对人类文明进程有一种承载能力和包容能力。自然环境可以通过大气、水流的扩散和氧化作用及微生物的分解作用，将污染物转化为无害物。然而，随着人类活动范围的快速拓展，无休止地摄取自然资源，无节制地向自然环境排放废弃物，使得局部环境恶化开始达到或超越生态阈值。自然环境受到永久性损害，并直接危害到人类自身的生存条件，人类才开始意识到自然生态环境的承载能力和包容能力是有限的，自然界的自净能力也是有限的。

11.1.2 循环经济的内涵

1. 循环经济的含义

循环经济是一种以资源的高效利用和循环利用为核心，以减量化、资源再利用化为原则，以低投入、低消耗、低排放及高效率为基本特征，符合可持续发展理念的经济发展模式。循环经济是一种全新的经济观，是一种“资源-产品-再利用”的闭环型非线性经济模式，图 11-3 所示为循环经济流程图。

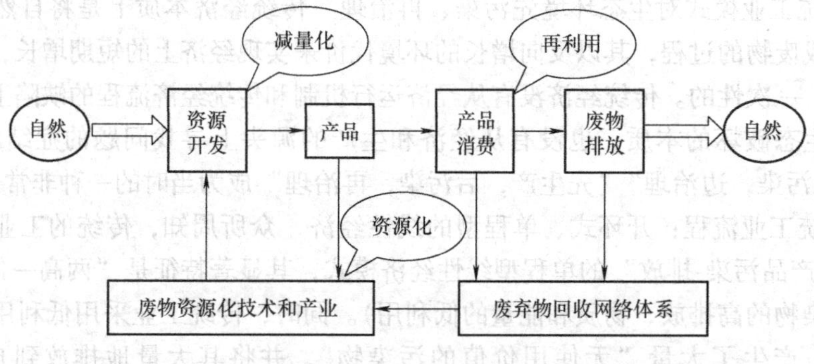

图 11-3 循环经济流程图

与传统经济相比，循环经济的特点在于：传统经济是一种由“资源—产品—污染排放”所构成的物质单向流动的经济。在这种经济中，人们以越来越高的强度把地球上的物质和能源开发出来，而在生产加工和消费过程中又把污染和废物大量地排放到环境中去，对资源的利用常常是粗放型和一次性的，通过把资源持续不断地变成废物来实现经济的数量型增长，从而导致了许多自然资源的短缺与枯竭，并酿成了灾难性环境污染后果。与之不同，循环经济提倡的是一种建立在物质不断循环利用基础上的经济发展模式，它要求把经济活动按照自然生态系统的模式，组织成一个“资源—产品—再生资源”的物质反复循环流动的过程，使得整个经济系统以及生产和消费的过程基本上不产生或者只产生很少的废物。只有放错了地方的资源，而没有真正的废物，其特征是自然资源的低投入、高利用及废物的低排放，从根本上消解长期以来环境与发展之间的尖锐冲突。

2. 循环经济的理论基础

循环经济的理论基础应当说是生态经济理论。生态经济学是以生态学原理为基础，经济学原理为主导，以人类经济活动为中心，运用系统工程方法，从最广泛的范围研究生态和经济的结合，从整体上去研究生态系统和生产力系统的相互影响、相互制约和相互作用，揭示自然与社会之间的本质联系和作用规律，改变生产和消费方式，高效合理利用一切可用资源。简而言之，生态经济就是一种尊重生态原理和经济规律的经济。它要求把人类经济社会发展与其依托的生态环境作为一个统一体，经济社会发展一定要遵循生态学理论。生态经济所强调的就是把经济系统与生态系统的多种组成要素联系起来进行综合考察与实施，要求经济社会与生态发展全面协调可持续，达到生态经济的最优目标。

循环经济与生态经济既有紧密的联系，又各有特点。从本质上讲循环经济就是一种生态经济，就是运用生态经济规律来指导经济活动，也可以说它是一种绿色经济。生态经济强调的核心是经济与生态的协调，注重经济系统与生态系统的有机结合，强调宏观经济发展模式的转变；循环经济侧重于整个社会物质循环应用，强调的是循环和生态效率，资源被多次重复利用，并且注重在生产、流通、消费全过程的资源节约。生态经济与循环经济本质上是一致的，都是要使经济活动生态化，都是要坚持可持续发展。

3. 循环经济的“3R”原则

循环经济的核心理念是“物质循环使用，能量梯级利用，减少环境污染”，而这些理念都集中体现在“3R”原则上，即“Reduce（减量化），Reuse（再利用），Recycle（资源化）”。

减量化（Reduce）原则是循环经济最核心的原则，实现生产和消费过程中资源消耗的减量化和废弃物排放的减量化，也是建设环境友好型和资源节约型社会的基本原则；减量化一方面要求企业在生产中实现产品体积小型化和质量轻型化，避免过度包装等；另一方面要求把废弃物回收和再资源化，减少或减轻对生态环境的污染。

再利用（Reuse）原则是指延长产品使用寿命和服务时间，最大可能地增加产品的使用次数和方式，防止物品过早被废弃。人们将可利用的或可维修的物品返回消费市场体系供别人使用。

资源化（Recycle）原则是指通过把社会消费领域的废弃物进行回收利用和再资源化，使经济流程闭合和循环，一方面减少污染环境的废弃物数量，另一方面可获得更多再生资源，从而使那些不可再生的自然资源的消耗有所减少，实现经济的可持续发展。

4. 发展循环经济的战略意义

（1）发展循环经济是落实科学发展观的具体体现 循环经济不仅充分体现了可持续发展理念，也体现了走“科技含量高、经济效益好、资源消耗低、环境污染少、人力资源优势得到充分发挥”的新型工业化道路的思想。循环经济是统筹人与自然关系的最佳方式，是促进经济、生态、社会三位一体协调发展的基本手段。由此可见，发展循环经济是落实科学发展观的具体体现。

（2）发展循环经济是经济增长方式变革的客观要求 目前，我国经济发展仍然以粗放型和外延型为主。传统的经济增长方式主要是以市场需要为导向，以利益最大化为驱动力，不计环境成本和资源代价，大量消耗自然资源，大量排放各类废弃物，导致生态环境大面积污染。循环经济则是以最小的资源代价谋求经济社会的最大发展，同时致力于以最小的经济社会成本来保护资源与环境。因此，循环经济是一条科技先导型、资源节约型、清洁生产型、生态保护型的经济发展之路。

（3）发展循环经济是实现产业结构升级和调整的重大举措 “十一五”期间，为保障我国经济的持续、稳定增长，应该以循环经济的理念对产业结构升级和调整的目标指向进行重新梳理，明确产业结构优化和调整的方向：经济循环化、工业共生化、生活清洁化、产业生态化、资源再生化及废弃物减量化。

（4）发展循环经济是引导科技进步和科技创新的行动指南 循环经济是一个集技术密集、知识密集、劳动密集和资本密集为一体的新经济发展模式。发展循环经济必须有强大的科技支撑体系，不论是企业清洁生产，还是工业园的生态化改造；不论是资源的生态化利用，还是废弃物的再生化处理，都离不开科技进步和科技创新。因此，大力发展循环经济对科技进步的方向、科技资源的整合、科技布局的调整和科技创新的重点都会产生深刻影响。

(5) 发展循环经济是实现小康社会和文明社会的必由之路　循环经济不仅能促进传统生产方式的变革，而且也会促进社会公众的生活方式发生很大变革。发展循环经济的一个重要内容是不仅要求政府和企业积极参与，而且更需要社会公众的积极参与。因为，社会公众是社会物质资源和产品的直接消费主体和废弃物的排放主体，每一个人都在循环经济和循环社会建设中扮演着重要角色和承担着重大责任，这是社会文明与进步的直接反映。

11.1.3 循环经济的主要模式

按循环经济实施层面的不同，可将循环经济分为三种模式：企业层面上的小循环，即推行清洁生产，减少产品和服务中的物料和能源的使用量，实现污染物的最小化排放；区域层面上的中循环，就是按照工业生态学的原理，形成或建立企业间有共生关系的生态工业园区，使得资源和能量充分利用；社会层面上的大循环，即通过废旧物资的再生利用，实现物质和能量的循环。

1. 循环型企业

企业的循环经济，即在企业层次上根据生态效率的理念，推行清洁生产，减少产品和服务中物料和能源的使用量，实现污染物排放最小化。其要求企业做到：减少产品和服务的物料使用量，减少产品和服务的能源使用量，减少有害物质的排放，提高物质的循环使用能力，最大限度可持续地利用再生资源，提高产品的耐用性，提高产品和服务强度。

企业的循环经济是一个复杂的系统，要求企业在产品设计中运用能源消耗最小、资源最佳利用和防止污染原则进行设计；在生产过程中，应该采用清洁生产技术和污染治理技术；对废品和废料进行再利用和资源化利用。其循环系统如图 11-4 所示。

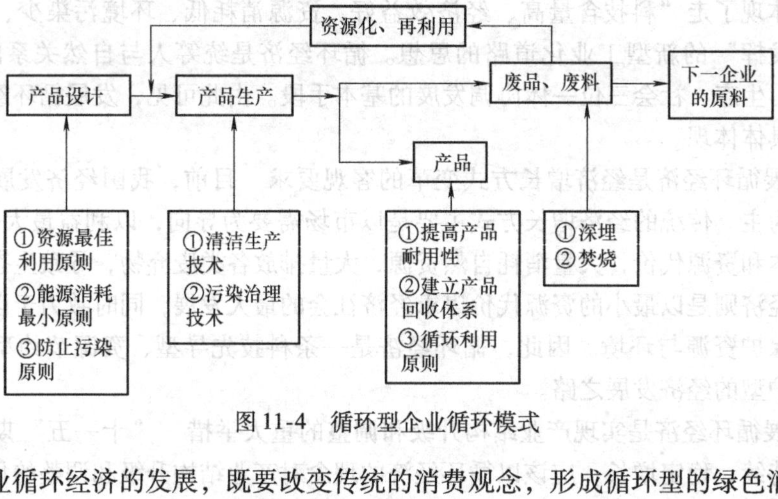

图 11-4　循环型企业循环模式

促进企业循环经济的发展，既要改变传统的消费观念，形成循环型的绿色消费观念；还要创新体制，完善运行机制，形成促使企业自觉发展循环经济的外部环境；更要企业从战略高度出发，自觉进行绿色设计，节约资源，提高资源利用效率，减少废弃物排放。

(1) 企业责任　循环经济必将是未来经济发展的大方向和主要模式，企业应该按照循环经济理念，开展绿色设计，合理配置资源，实现企业发展和循环经济发展的双赢。首先，企业应该加强企业技术创新，制定有助于企业循环经济发展的战略，提高企业发展循环经济的自生能力。其次，实施有助于企业发展循环经济发展的管理，树立循环经济理念，培育绿色企业文化；完善管理制度，建立绿色管理体制。最后，企业按照循环经济理念生产和营销产品。在生产过程中，实行清洁生产，减少原料投入，提高资源利用率，减少环境污染；按照对环境破坏性最小化原则实行绿色包装；以循环经济理论为指导，实行绿色营销。

（2）消费者参与 在市场经济条件下，企业为了多出售产品，实现个别价值转化为社会价值，就必须根据消费者的消费意愿，调整投资方向和生产行为，生产出符合消费者需求的产品和服务。因此，消费者的选择具有间接配置资源的作用，促进企业循环经济的发展，就需要消费者树立绿色的消费观和价值观。在生活中，消费者的以下行为和选择能够推动企业循环经济的发展：优先选择购买绿色产品，从产品的主要功能出发，选择那些能满足基本需求的产品，拒绝消费过分包装和在添加性功能上投资过多的商品和服务；选择耐用性产品而不是选择一次性产品。

（3）政府作用 在企业循环经济的发展中，政府为企业发展循环经济提供一个良好的外部环境，是企业发展循环经济的基础保障。第一，制定相关法律和法规，明确企业在产品设计、生产、包装、营销及产品处置等方面应该承担的义务和权利，加强和改进监管。第二，重构国民经济成本—价格体系。重构原始资源价格体系，让价格真正反映资源稀缺程度，降低废弃物资源化成本，提高废弃物排放成本，使企业减少废弃物排放。第三，运用经济手段，建立适当的激励机制。企业是循环经济实施的最终主体，政府可以运用多种经济手段，改变企业决策的客观经济环境，从而促使企业按照循环经济理念决策。第四，完善管理体制，规范企业的生产和经营行为。政府可以通过制定各行业资源和能源消耗标准，积极开展企业清洁生产审核和环境标志认证，建立完善的废旧物品回收利用体系，促使企业循环经济的不断发展。第五，加大宣传力度，鼓励社会公众积极参与。通过教育培训等多种形式，宣传普及循环经济理念，提倡绿色生产方式和绿色消费方式。

2. 循环型产业园区

循环型产业园区处于企业循环与社会循环的衔接部位，它一方面包括小循环，另一方面又衔接着大循环，在循环经济发展中起着承上启下的作用，是循环经济的关键环节和重要组成部分。

产业园区，是指各级各类生产要素相对集中，实行集约型经营的产业开发区域，如生态工业园、经济技术开发区、高新技术产业开发区等。生态产业园区是指依据工业生态学原理和系统工程理论，将特定区域中多种具有不同生产目的的产业，按照物质循环、生物和产业共生原理进行组织，模拟自然生态系统中的生物链关系，在园区内构建纵向闭合产业循环链，横向耦合产业循环链或区域整合产业链。它是一种新型的产业组织形态，是一种生态产业的聚集场所。

（1）产业园区发展循环经济的基本内容

1）产业园区循环经济的层次。产业园区循环经济包括三个层次：第一层次是在产品的生产层次中推行清洁生产，全程防控污染，使污染排放达到最小化；第二层次是在产业的内部层次中实现相互交换，互利互惠，使废弃物排放最小化；第三层次是在产业的各层次间相互交换废弃物，使废弃物重新得以资源化利用。总之，在产业园区内，要努力使一个企业的废物成为另一个企业的原料，并通过企业间能量及水等资源梯级利用，来实现物质闭路循环和能量多级利用，实现物质能量流的闭合式循环。

2）生态产业链的构建。产业园区的生态产业链是通过要素耦合、废物交换、循环利用和产业生态链等方式形成网状的密切联系、相互依存并且协同作用的生态产业体系。各产业部门之间，在质上为相互依存、相互制约的关系，在量上是按一定比例组成的有机体。各系统内分别有产品产出，各系统之间通过中间产品和废弃物的相互交换来衔接，从而形成一个比较完整和闭合的生态产业网络，其资源得到最佳配置、废弃物得到有效利用、环境污染减少到最低水平。

3）生态技术支撑体系。运用循环经济的理念，对产业园区可持续发展系统的物流和能流进行分析，确定生态产业园区建立过程中所必需的生态技术，然后借助现代高新技术、生态无害化技术、循环物质性能稳定技术、关键的资源回收利用技术、环保技术、闭路循环技术及清洁生产技术等进行研究，提高这些生态技术的可行性和经济效益，并以这些技术为支撑，构建发展循环经济的相关法规、保障体系和优惠政策等。

（2）产业园区的循环系统　产业园区循环经济是一个复杂的循环系统，它在产业园区是如何构成的呢？下面就通过广西贵港生态工业（制糖）示范园区的循环系统具体说明。

2001 年，广西贵港制糖集团挂上了我国第一块生态工业示范园区的牌子。根据贵港国家生态工业园区建设规划，贵港国家生态工业示范园区由蔗田、制糖、造纸、酒精、热电联产、环境综合处理六个系统组成，各系统内分别有产品产出，各系统之间通过中间产品和废弃物的相互交换来衔接，从而形成一个比较完整和闭合的生态产业网络，其资源得到最佳配置、环境污染减少至最低水平、废弃物得到有效利用。

目前，该园区已形成了以甘蔗制糖为核心，“甘蔗—制糖—废糖蜜制酒精—酒精废液制复合肥”，以及“甘蔗—制糖—蔗渣笺纸—制浆黑液碱回收”等工业生态链。此外，还形成了“制糖滤泥—制水泥”“造纸中段废水—锅炉除尘、脱硫、冲灰”“碱回收白泥—制轻质碳酸钙”等多条副线工业生态链。这些工业生态链相互利用废弃物作为自己的原材料，既节约了很多可利用资源，又能把污染物消除在工艺流程中，如图 11-5 所示。

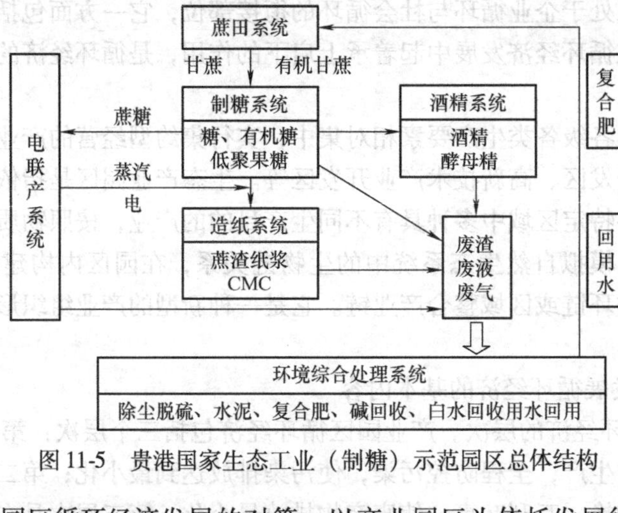

图 11-5　贵港国家生态工业（制糖）示范园区总体结构

（3）促进产业园区循环经济发展的对策　以产业园区为依托发展循环经济，是一个涉及经济、自然、社会等各方面的复杂系统工程。

1）把循环经济纳入产业园区的决策和管理体系中。加大力度推进循环经济，力争把循环经济作为产业园区的中长期发展战略进一步推进，并使其融入到产业园区经济发展、社会进步及环境建设的各个领域，在产业园区经济发展、城市规划建设及重大项目建设上努力体现循环经济的思想。

2）让政府成为产业园区循环经济发展的重要促进者。产业园区循环经济发展不仅仅是园区本身的事，也是全社会的事，政府应通过提供风险资金和基础设施来鼓励循环经济产业园区的发展。目前，我国还处于发展循环经济的起步阶段，中央、地方和园区三方合作共建是一个非常好的模式，因此，政府应作为循环经济产业园区建设的重要促进者和投资者。

3）形成促进循环经济产业园区发展的激励体系。在产业园区内应该积极运用经济杠杆，提高对资源的综合利用，使废弃物减量化、资源化和无害化，使区内资源得到梯次开发和实现良性循环流动，降低园区企业参与循环经济发展和环境治理的成本，促进园区循环经济的发展。其经济手段有：积极开拓多元化、多渠道、多形式的投融资途径；提供贷款、经费和补贴等优惠政策；在税收方面给予优惠；建立生产者责任延伸制度和消费者付费制度等。

4）推进技术的进步和创新。科学技术是循环经济的主轴，是循环经济发展的支撑。因此，必须积极推进技术进步与创新，对产业进行技术改造，加大企业技术的研发力度，支持和鼓励企业发展清洁生产技术、回收利用技术和能量梯级利用技术等，以形成企业为主体、市场为导向，产学研相结合的技术创新体系。

5）促进产业园区循环经济发展所需人才资源开发。资源及其废弃物的循环使用和再生利用，靠的是智力投入和科技的进步。园区中物质循环的实现首先是靠智力资源的开发，以及人力资源潜能的充分改制，人力资源的良性循环和物质资源的良性循环互动，既是循环经济发展的要求，也是循环经济发展的不懈努力。

3. 循环型社会

社会层面的循环经济，就是整个国家和全社会按照循环经济的要求，通过建立资源循环型社会来实现工业、农业、城市、农村的各个领域的物质循环。

循环型社会是一个环境友好型社会，其最主要的特征就是按照生态规律来确定人类活动的方式。循环型社会是一个人与自然、人与人之间全面和谐并且可持续发展的社会。从本质上讲，环境问题虽然是人与自然的和谐问题，而其实质上还是人与人之间的社会关系和谐问题。循环型社会是一个公众广泛参与的社会。循环型社会的形成和发展，需要的不仅仅是政府自上而下的推动和引导，更重要的是需要在全社会自下而上培养自然资源和生态环境的忧患意识和真正形成“发展循环经济、建设资源节约型社会”的广泛共识，并把这种意识与共识付诸到日常的行为中去。

（1）循环型社会的创建 创建“循环型社会”，就是建设资源节约型社会和建设资源回收利用的社区系统。具体包括以下几部分的内容：

1）社区消费。要倡导一种可持续的消费理念，从环境与发展相协调的角度来发展绿色消费模式。积极宣传、推广带有“绿色商标”的绿色产品；积极倡导绿色包装，积极倡导开展节水、节电、节气等活动，反对铺张浪费。

2）社区能源。积极使用液化气、管道煤气等清洁能源。推广新型能源，大力提倡使用太阳能。在建筑设计上，应尽可能采用自然采光的设计，减少电力照明设备的使用。

3）垃圾分拣回收。建立社区范围内的生活废弃物资源回收系统，包括纸张、塑料、旧电器、旧家具、电池、生活垃圾等。回收要求做到分类，要把资源回收和物业管理、社区建设、社区服务和再就业有机结合起来，构建资源充分有效回收的社区系统。

(2) 促进循环型社会发展的对策 循环经济是一种新型的、先进的经济形态，是集经济、环境和社会为一体的系统工程。要全面推动循环经济的发展，使整个社会成为循环型社会，需要政府、企业、科技界及社会公众的共同努力。

1）加强宣传教育，增强全社会的环境意识、节约意识和资源意识。要充分利用电视、广播、报刊、网络等宣传舆论工具广泛、深入、持久地宣传循环经济，使全社会充分认识循环经济在树立和落实科学发展观中的重要作用，以提高公众的环保意识、节约意识和资源意识。同时，在宣传教育活动中，积极发放介绍垃圾处理的知识和再生利用常识的小册子，鼓励人们积极地参与到废旧资源回收和垃圾减量的工作中去。

2）推行社会循环经济发展的绿色技术支撑。科学技术是第一生产力，同时，科学技术也是发展循环经济的重要支撑。要加大财政的支撑力度，逐步建立循环经济技术创新体系，提高社会循环经济的技术支撑和创新能力。积极促进技术进步和科技成果转化，实现由废弃物转变成资源的链接或进行无害化处理，以可再生资源来代替自然资源，提高资源节约的整体技术水平。

3）建立促进循环经济发展的激励约束机制。建立完善的循环经济法律法规是促进循环经济发展的基本保障，政府要制定和颁布一系列法律、法规和政策，对整个社会的行为活动进行进一步规范，促进生产者和消费者有足够的内在动机抑制废弃物的产生，并且在废弃物产生后对它们进行重复利用。积极实行有奖有惩的财政、税收等经济政策，利用经济杠杆抑制对环境不利的现象。

4）大力发展循环产业，充分利用开发再生资源。我国废旧物资回收利用及再生资源化的总体水平还不高，二次资源利用率仅相当于世界先进水平的30%左右，大量的废家电和电子产品、废纸、废有色金属等，没有实现高效利用和循环利用。因此，要在社会层面上促进循环经济的发展，关键是建立一个废弃物分类、回收、加工利用体系，积极发展循环产业，加强对废弃物的综合利用，充分开发利用再生资源，延伸产业链。

11.1.4 资源节约型社会的构建

资源节约型社会是指在生产、流通、消费等领域，通过采取经济、法律和行政等综合性措施来提高资源利用效率，以最少的资源消耗获得最大的经济和社会收益，保障经济社会可持续发展。建设资源节约型社会，其目的在于追求更少资源消耗、更低环境污染、更大经济和社会效益，实现可持续发展。

其中的“节约”具有双重含义：第一，是相对浪费而言的节约；第二，是要求在经济运行中对资源、能源需求实行减量化，即在生产和消费过程中，用尽可能少的资源、能源(或用可再生资源)，创造相同的财富甚至更多的财富，最大限度地充分回收利用各种废弃物。这种节约要求彻底转变现行的经济增长方式，进行深刻的技术革新，真正推动经济社会的全面进步。

1. 构建资源节约型社会的必要性

(1) 构建资源节约型社会是由资源的有限性决定的 我国是一个人口众多，而人均资源相对贫乏的国家。从资源拥有量来看，虽然我国资源总量不少，但人均资源相对贫乏，资源紧缺状况将会长期存在。要缓解资源约束的矛盾，就必须树立和落实科学发展观，充分考虑资源承载能力，建设资源节约型社会，实现可持续发展。

（2）建立资源节约型社会是我国实现现代化的必然选择　我国社会主义制度建立在社会生产力不发达的基础之上，要缩短与发达国家的差距，实现现代化，必须长期坚持艰苦奋斗、勤俭节约的传统美德。而建立资源节约型社会，是长期坚持艰苦奋斗、勤俭节约的必然选择。

（3）节约资源是人类社会发展的永恒主题　人的需求的无限性与资源的有限性之间的矛盾是人类生存的永恒矛盾。古人说“天育物有时，地生财有限，而人之欲无极。以有时有限奉无极之欲，而法制不生其间，则必物暴殄而财乏用矣”，由此可见，古人就已认识到人的需求无限性与资源有限性这一矛盾。到了今天，这一矛盾更加突出，因而更加需要节约资源。

2. 资源节约型社会的构成

建设资源节约型社会，要求在社会各个领域、各个层面重点开展节能节水节材和资源综合利用，其中以下列五大领域为主：

（1）资源节约型农业　构建资源节约型农业的目标，是通过“三节”（节水、节粮、节地）实现“三增”（增收、增产、增效），促进农业可持续发展。要大力推广灌溉节水技术，如渠水防渗漏技术、点灌技术、喷灌技术等，以实现农业节水的目的。

（2）资源节约型工业　构建资源节约型产业体系，加快调整产业结构、产品结构和资源消费结构，是建立节约型工业的重要途径。明确限制类和淘汰类产业项目，促进有利于资源节约的产业项目发展；淘汰消耗大、技术水平低、污染严重的产业，积极发展资源节约型经济；大力发展循环经济，推行清洁生产；积极建设生态工业园区，合理布局，促进产业链的有效衔接。

（3）资源节约型服务业　随着产业结构的不断调整，服务业在国民经济中所占的比重越来越大。建设资源节约型服务业，重点应该关注物流业和宾馆业。对于物流行业，要淘汰高油耗的运输工具，提高物流业效率，鼓励小排量、省油型私家小汽车。在宾馆行业，应该降低单位面积能耗，减少“一次性服务品”的用量。构建提倡适度消费、勤俭节约型的生活服务体系。

（4）资源节约型城市　城市是整个社会有机体的活力细胞，城市资源节约化的实现对于建设资源节约型社会具有重大意义。构建资源节约型城市，就要大力发展城市公共交通系统，尽量减少私家车的使用；创建节能型小区和住宅，加快绿色住宅设计，普及太阳能热水器和住宅隔热墙体材料，简化一次装修，提倡统一装修；推进城市固体废弃物的回收和再资源化水平，提高社区中水回用水平。

（5）资源节约型政府　在资源节约型社会的创建过程中，政府的引导作用不可或缺，而政府机构本身的资源节约情况，将直接影响到相关政策的有效程度。根据调查，政府机构人均用水量、用电量和耗能量分别是居民人均量的数倍，所以，政府在资源利用方面浪费较为严重，在政府机构开展资源节约潜力很大。可以通过随手关灯、关各类办公设备电源，控制办公室空调温度，使用再生纸、倡导无纸化办公等措施，达到资源节约的目标。还要建立政府能源消耗责任制，尽快建立一套细致、严格的“绿色采购”制度，将节电、节水、节能等设备产品纳入政府采购目录，并制定统一的政府机构能源消耗标准。

3. 构建资源节约型社会的途径

根据我国资源紧缺的基本国情，建设资源节约型社会，必须选择一条与发达国家不同的资源组合方式，即非传统的现代化道路，其关键在于促进资源的节约，降低资源的消耗，杜绝浪费资源，提高资源的利用率、生产率和单位资源的人口承载力，以缓解资源的供需矛盾。

1）要将节约资源提升到基本国策的高度来认识，把建立资源节约型社会的目标纳入国家经济社会发展规划之中，将“控制人口，节约资源，保护环境”作为我国的基本国策，并在实践中推进这一基本国策。不仅仅要把建立资源节约型社会这一目标，纳入国家经济社会发展规划之中，而且要以此为依据建立综合反映社会进步、资源利用、经济发展、环境保护等体现科学发展观、政绩观的指标体系，构建“绿色经济”考核指标体系，实现“政绩指标”与“绿色指标”的统一，彻底改变片面追求 GDP 增长的行为。

2）牢固树立以人为本的科学发展观，改变透支资源以求经济发展的方式。要着眼于充分调动大众的主动性、积极性和创造性，着眼于满足大众的需要和促进人的全面发展。按照科学发展观，必须把资源保护和节约放在首位，充分考虑资源承载能力，辩证地去认识资源和经济发展的关系。要加大合理开发资源的力度，努力提高有效供给水平；要着力抓好节水、节能、节材工作，实现开源与节流的统一。

3）通过经济杠杆，推动节约资源，倡导符合可持续发展理念的循环经济模式和绿色消费方式，实现经济社会与资源环境的协调发展，改变“高投入、高消耗、高排放、低效益、不协调、难循环”的粗放型经济增长方式，逐步建立资源节约型国民经济体系。要尽快建立以节能、节材为中心的资源节约型工业生产体系。通过技术进步改造传统产业和推动结构升级。对高物耗、高能耗、高污染的初级产品出口加以控制，按照新型工业化道路的要求，推进国民经济和社会信息化，促进产业结构优化升级。如在能源、交通、金融等行业大力推进信息化，力争用信息技术降低对能源的消耗。

4）必须采取法律、经济和行政等综合手段，促进资源的有序、高效开发和利用。要在资源开采、加工、运输、消费等环节建立全过程和全面节约的管理制度，要完善和健全《节能法》，并加大实施力度；尽快制定《可再生能源法》，推动可再生能源的发展。政府要进行制度设计，建立和完善能源、资源审计制度，与现行的环境评价制度共同构成社会性管理的新框架。

总之，建设资源节约型社会，是我国人口、资源、环境与经济社会可持续发展的客观需要，也是全面建设小康社会的战略选择，具有重大的现实意义和深远的历史意义。

11.2 清洁生产

11.2.1 清洁生产的产生和发展

1. 清洁生产的起源和发展过程

清洁生产起源于 20 世纪 60 年代美国化工行业的污染预防审核。而“清洁生产”概念的出现，最早可追溯到 1976 年。当年欧共体在巴黎举行了“无废工艺和无废生产国际研讨会”，会上提出了“消除造成污染的根源”的思想；在 1979 年 4 月，欧共体理事会宣布推行清洁生产政策。1984、1985、1987 年欧共体环境事务委员会三次拨款支持建立清洁生产示范工程。

1989 年 5 月，联合国环境署工业与环境规划活动中心（UNEP IE/PAC）根据 UNEP 理事会会议的决议，制定了《清洁生产计划》，在全球范围内推进清洁生产。该计划的主要内容之一为组建两类工作组：一类为造纸、制革、纺织、金属表面加工等行业清洁生产工作组；另一类则是组建清洁生产政策及战略、数据网络、教育等业务工作组。该计划还强调要面向工业界、政界和学术界人士，提高他们的清洁生产意识，教育公众，推进清洁生产的行动。1992 年 6 月，在巴西里约热内卢召开的“联合国环境与发展大会”上，通过了《21 世纪议程》，号召工业提高能效，开展清洁技术，更新替代对环境有害的产品和原料，推动实现工业可持续发展。

1998 年 10 月，在韩国汉城（旧称，现为首尔）的第五次国际清洁生产高级研讨会上，出台了《国际清洁生产宣言》，包括 13 个国家的部长及其他高级代表和 9 位公司领导人在内的 64 位签署者共同签署了《国际清洁生产宣言》，参加这次会议的还有国际机构、商会、学术机构和专业协会等组织的代表。《国际清洁生产宣言》的主要目的是提高公共部门和私有部门中关键决策者对清洁生产战略的理解及该战略在他们中间的形象，它也将激励对清洁生产咨询服务更广泛的需求。《国际清洁生产宣言》是对作为一种环境管理战略的清洁生产的公开承诺。

2002 年 4 月，在布拉格召开的第七次国际清洁生产高级研讨会上传达了一个明确信息：进一步将清洁生产与可持续消费结合起来至关重要，只有在产品的整个生命周期中——从产品设计和制造到使用和处置——采用预防环境管理手段，才能向“用更少的资源做得更好”的目标前进。

2005 年 2 月 16 日作为联合国历史上首个具有法律约束力的温室气体减排协议，《京都议定书》生效。《京都议定书》在减排途径上提出三种灵活机制，即清洁发展机制、联合履约机制和排放贸易机制，对解决全球环境难题具有里程碑式的意义。2007 年 9 月，亚太经合组织（APEC）领导人会议首次将气候变化和清洁发展作为主要议题。

美国、荷兰、澳大利亚、丹麦等发达国家在清洁生产立法、组织机构建设、科学研究、信息交换、示范项目和推广等领域已取得明显成就。特别是近年来发达国家清洁生产政策有两个重要倾向：一个是着眼点从清洁生产技术逐渐转向清洁产品的整个生命周期；另一个是从多年前大型企业在获得财政支持和其他种类的支持方面拥有优先权转变为更重视扶持中小企业进行清洁生产，包括提供项目支持、财政补贴、技术服务和信息等措施。

2. 我国清洁生产进展

我国早在 20 世纪 80 年代初召开了第一次全国工业污染防治会议。1983 年第二次全国环境保护会议明确提出了社会、经济、环境效益三统一的指导方针。同年国务院发布了技术改造结合工业污染防治的有关规定，提出要把工业污染防治作为技术改造的重要内容，通过采用先进技术，提高资源能源的利用效率，把污染消除在生产过程之中，并提出开发资源转化率高的少废无废工艺和设备；替代有毒有害原料；研制少污染或无污染的新产品等要求。

1992 年 5 月，国家环保局与联合国环境署工业与环境办公室联合组织了在我国举办的第一次国际清洁生产研讨会，会上我国首次推出“中国清洁生产行动计划（草案）”。

1993 年 10 月，在上海召开的第二次全国工业污染防治会议上，国务院、经贸委及国家环保局的高层领导一致高度评价推行清洁生产的重要意义和作用，确定了清洁生产在我国工业污染控制中的重要地位。

1996 年 8 月，国务院颁布了《关于环境保护若干问题的决定》，明确规定所有大、中、小型新建、改建、扩建和技术改造项目，要提高技术起点，采用能耗物耗小、污染物排放量少的清洁生产工艺。

1997年4月，国家环保局制定并发布了《关于推行清洁生产的若干意见》，要求地方环境保护主管部门将清洁生产纳入已有的环境管理政策中，以便更深入地促进清洁生产。

1999年5月，国家经贸委发布了《关于实施清洁生产示范试点的通知》，选择北京、上海等10个试点城市和石化、冶金等5个试点行业开展清洁生产示范和试点。

2002年6月29日，第九届全国人大常委会第28次会议通过了《中华人民共和国清洁生产促进法》，2003年1月1日起正式施行。2012年7月1日，新修订的《中华人民共和国清洁生产促进法》开始施行。

2003年4月18日，国家环境保护总局以国家环境保护行业标准的形式，正式颁布了石油炼制业、炼焦行业、制革行业3个行业的清洁生产标准，并于同年6月1日起开始实施。

2003年12月，为贯彻落实《中华人民共和国清洁生产促进法》，国务院办公厅转发了国家环境保护总局和国家发改委及其他9个部门共同制定的《关于加快推行清洁生产的意见》。《关于加快推行清洁生产的意见》提出：推行清洁生产必须从国情出发，发挥市场在资源配置中的基础性作用，坚持以企业为主体，政府指导推动，强化政策引导和激励，逐步形成企业自觉实施清洁生产的机制。

2004年8月，国家发展和改革委员会、国家环境保护总局发布《清洁生产审核暂行办法》。

2005年12月3日，国务院下发了《国务院关于落实科学发展观加强环境保护的决定》，其中明确提出“实行清洁生产并依法强制审核”的要求，把强制性清洁生产审核摆在了更加重要的位置。这对推动我国环境保护工作具有重要意义。

2005年12月，国家环境保护总局印发《重点企业清洁生产审核程序的规定》。

2008年7月1日，环境保护部发布了《关于进一步加强重点企业清洁生产审核工作的通知》（环发［2008］60号）发及《重点企业清洁生产审核评估、验收实施指南（试行）》。

2008年9月26日，环境保护部发布了《国家先进污染防治技术示范名录》（2008年度）和《国家鼓励发展的环境保护技术目录》（2008年度）。

2009年9月26日《国务院批转发展改革委等部门关于抑制部分行业产能过剩和重复建设引导产业健康发展若干意见的通知》（国发［2009］38号）第三条第（二）款规定“对使用有毒、有害原料进行生产或者在生产中排放有毒、有害物质的企业限期完成清洁生产审核”。

截至2009年年底，环境保护部已经组织开展了53个行业的清洁生产标准的制定工作。

2010年4月22日，环境保护部发布了《关于深入推进重点企业清洁生产的通知》（环发［2010］54号），通知要求依法公布应实施清洁生产审核的重点企业名单，积极指导督促重点企业开展清洁生产审核，强化对重点企业清洁生产审核的评估验收，及时发布重点企业清洁生产公告。

2010年9月3日、2010年12月8日和2011年7月19日环境保护部分别公告了第1批、第2批和第3批实施清洁生产审核并通过评估验收的重点企业名单，共计6439家。

总之，清洁生产在我国蕴藏着很大的市场潜力。随着市场竞争的加剧、经济发展质量的提高，我国企业开展清洁生产的积极性会越来越高，这也必将拉动需求市场的发展，预计在今后几年中，清洁生产将会在我国形成一个快速生长期，为进一步促进我国经济的良性增长和可持续发展作出积极的贡献。

11.2.2 清洁生产的内容与意义

1. 清洁生产的定义

联合国环境规划署将清洁生产定义为："清洁生产是一种新的创造性思想。该思想将整体预防的环境战略持续应用于生产过程、产品和服务中，以增加生态效率和减少人类及环境的风险。对生产过程，要求节约原材料和能源，淘汰有毒原材料，减少所有废弃物的数量并降低其毒性；对产品，要求减少从原材料提炼到产品最终处置的全生命周期的不利影响；对服务，要求将环境因素纳入设计和所提供的服务中。"

清洁生产是在较长的污染预防进程中逐步形成的，也是国内外几十年来的污染预防工作基本经验的结晶。它的本质，在于源头削减和污染预防。它不但覆盖了第二产业，同时也覆盖到第一、三产业。

清洁生产是污染控制的最佳模式，它与末端治理有着本质的区别：

1）清洁生产主要体现的是"预防为主"的方针。传统的末端治理侧重于"治"，与生产过程相脱节，先污染后治理；清洁生产的侧重点在于"防"，从产生污染的源头抓起，注重对生产全过程进行控制，强调"源削减"，尽量将污染物消除或减少在生产过程中，减少污染物的排放量，且对最终产生的废物进行综合利用。

2）清洁生产可以实现经济效益与环境效益的统一。传统的末端治理投入多、运行成本高、治理难度大，只有环境效益，没有经济效益；清洁生产则是从改造产品设计、替代有毒有害材料，改革和优化生产工艺和技术装备，物料循环和废物综合利用的多个环节入手，通过不断加强管理和技术进步，达到"节能、降耗、减污、增效"的目的，在提高资源利用率的同时，减少污染物的排放量，实现经济效益和环境效益的最佳结合，调动组织的积极性。

2. 清洁生产的内涵

清洁生产是通过产品设计、能源和原料选择、工艺改革、生产过程管理和物料内部循环利用等环节，实现源头控制，使企业生产最终产生的污染物最少的一种工业生产方法。清洁生产既包括生产过程少污染或无污染，更注重产品本身的"绿色"，还包括这种产品报废之后的可回收和处理过程的无污染。

3. 清洁生产的内容

根据清洁生产的概念与内涵，其内容主要包括以下三个方面：

（1）清洁的原料、能源　尽量少用或者不用有毒、有害的原料；尽量采用无毒、无害的中间产品；尽可能采用无毒或者低毒、低害的原料，替代毒性大、危害严重的原料。减少生产过程中的各种危险因素：少废、无废的工艺和高效的设备；完善的管理制度，物料的再循环（厂内，厂外）；简便、可靠的操作和控制。原材料和能源的合理化利用；节能降耗，淘汰有毒原材料。

（2）清洁的生产过程　尽量选用少废、无废工艺和高效设备；尽量减少生产过程中的各种危险性因素，如低压、低温、高压、高温、易燃、易爆、强噪声、强振动等；采用可靠和简单的生产操作和控制方法；对物料进行内部循环利用；完善生产管理，不断提高科学管理水平。

(3) 清洁的产品　产品设计应考虑节约原材料和能源，少用昂贵和稀缺的原料；产品在使用过程中及使用后不含危害人体健康和破坏生态环境的因素；产品的包装要合理；产品使用后易于回收、重复使用和再生；使用寿命和使用功能合理。

4. 清洁生产的意义

1) 清洁生产是保障可持续发展的基本策略。清洁生产可大幅度减少资源和能源消耗，减少甚至消除污染物的产生，通过努力还可以使破坏了的生态环境得到缓解和恢复，排除资源匮乏困境和污染困扰，走工业可持续发展之路。

2) 清洁生产坚持以污染预防为主，改变末端治理模式。清洁生产改变了传统被动、滞后的“先污染后治理”的污染控制模式，强调在生产过程中提高资源、能源的转化率，减少污染物的产生，最大限度地降低对环境的不利影响。

3) 增强企业竞争力。推行清洁生产可促使企业提高管理水平，提高职工队伍的整体素质。通过清洁生产审核，实施降耗、节能、减污等方案，可降低生产成本，提高产品质量，带来良好的经济效益；同时帮助企业在社会上树立良好的形象，做出品牌，从而增强企业的整体竞争力。

11.2.3　清洁生产的科学方法

1. 生命周期评价

生命周期评价（Life Cycle Assessment，LCA）是一种用于评估产品在其整个生命周期中，即从原材料的获取、产品的生产直到产品使用后的处置过程中，对环境有影响的技术和方法。按国际标准化组织定义：“生命周期评价是对一个产品系统的生命周期中输入、输出及其潜在环境影响的汇编和评价。”

作为新的环境管理工具和预防性的环境保护手段，生命周期评价主要应用在通过确定和定量化研究能量和物质利用及废物的环境排放来评估一种产品、工序和生产活动所造成的环境负载；评价能源、材料利用和废物排放的影响以及评价环境改善的方法。

(1) 生命周期评价步骤　ISO 1404 标准将生命周期评价的实施步骤大致分为目标和范围的确定、清单分析、影响评价和结果解释四个部分，如图 11-6 所示。

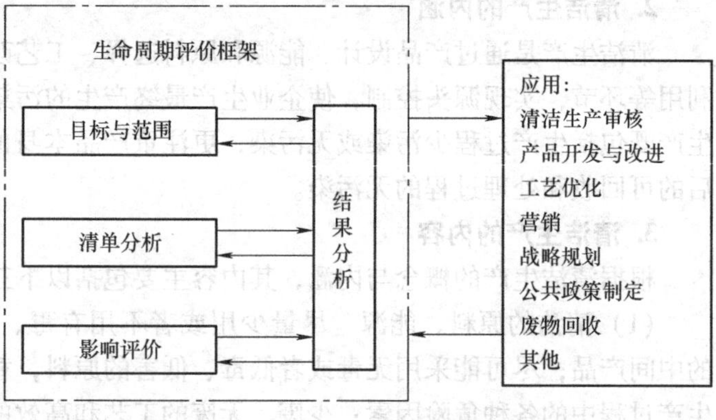

图 11-6　生命周期评价技术框架

1) 目标和范围的确定。目标定义是要清楚地说明开展此项生命周期评价的目的和意图，以及研究结果的可能应用领域。研究范围的确定要足以保证研究的广度和深度与要求的目标一致，涉及的项目有系统边界、系统的功能、功能单位、数据分配程序、数据要求、环境影响类型、假定的条件、限制条件、原始数据质量要求、对结果的评议类型、研究所需的报告类型和形式等。生命周期评价是一个反复的过程，在数据和信息的收集过程中，可能修正预先确定的范围来满足研究的目标，在某些情况下，也可能修正研究目标本身。

2）清单分析。清单分析是量化和评价所研究的产品、工艺或活动的整个生命周期阶段资源和能量使用及环境释放的过程。预测在产品的整个生命周期过程中输入和输出的详细情况，详细填写清单。整个生命周期过程包括原材料的获取、加工，产品的运输、销售、储存、使用、重复利用和使用后的最终处置。输入包括原材料和能源，输出包括废水、废气、废渣和其他向环境中释放的物质。这个过程被称为生命周期的清单分析。

3）影响评价。将清单分析所获得的资料用于考察生产过程对环境的影响，这个过程被称为生命周期的影响评价。它考察生产过程中使用的原材料和能源以及向环境中排放的废物对环境和人体健康实际的和潜在的影响。影响评价将清单分析所获得的数据转化成对环境的影响的一般描述，将清单数据进一步与环境影响联系起来，让非专业的环境管理决策者更容易理解。一般将影响评价定为一个“三步走”的模型，即分类、特征化和量化。

4）结果解释。根据规定的目的和范围，综合考虑清单分析和影响评价，从而形成结论并提出建议。如果仅仅研究的是生命周期清单，则只考虑清单分析结果。对影响评价的结果进行更进一步的分析，评估改善环境质量的可能性，其目的在于减少全生命周期过程中所造成的环境影响。这个过程被称为生命周期的改进评价。

（2）生命周期评价的应用

1）清洁生产审核。清洁生产审核是对企业的生产和服务实行预防污染的分析和评估，LCA 作为一种环境评估工具用于清洁生产审核，可以更全面地分析组织产品生产过程及其上游（原料供给方）和下游（产品及废物的接受方）的全过程资源消耗和环境状况，找出存在的问题和产生问题的原因，提出解决方案。

2）产品开发和改进。清洁产品开发采用生态设计方法，是 LCA 最重要的应用之一。它在产品开发中，充分考虑产品整个生命周期的环境因素，从真正的源头预防污染物的产生。在产品的比较和改进，如产品 1 和产品 2 的比较、老产品和新产品的比较、新产品带来的效益和没有这种产品时的比较等，可以得到比较产品的全面的环境影响。

3）工艺优化。生命周期理论是判断产品和工艺是否真正属于清洁生产范畴的基础，在这个方面，LCA 可以作为最有效的支持技术之一。目前，在中国判断清洁生产的标准往往局限于一定的生产过程，因而很难说是真正意义上的清洁生产。

4）废物回收和再循环管理。在 LCA 基础上，给出废物处置的最佳方案，制定废物管理的政策措施（如押金、偿还计划、再循环含量要求等），即所谓的生命周期管理。目前，在我国废物回收和再循环水平还比较低，已经造成重大的资源浪费和环境污染。推广生命周期管理，可以促进废物的资源化和再利用，从而在一定程度上有助于循环经济的发展。

2. 生态设计

生态设计（Eco Design）也称绿色设计或生命周期设计或环境设计，是指应用生态学的思想，在产品开发阶段综合考虑与产品相关的生态环境问题，设计出对环境友好，同时又能满足人的需求的一种新的产品设计方法。设计者应把环境问题看作和经济效益、产品质量、产品功能、产品外观、公司形象等同样重要，从而帮助确定设计的决策方向。生态设计要求在产品开发的所有阶段均考虑环境因素，从产品的整个生命周期减少对环境的影响，最终引导产生一个更具有可持续性的生产和消费系统。

（1）生态设计战略　生态设计的具体实施，就是将工业生产过程比拟为一个自然生态系统，对系统输入（能源与原材料）与产出（产品与废物）进行综合平衡。可以概括出以下七项实施原则：

1）选择环境影响低的材料。设计过程中选择低能源成分、可更新、可循环、利用率高的清洁原材料，降低产品对环境的最终影响。

2）减少材料使用。通过产品的生态设计，在保证其技术生命周期的前提下，尽可能减少使用材料的数量。

3）生产技术的最优化。生产技术优化是通过替换工艺技术、减少生产步骤、优化生产过程来减少辅助材料（无危险的材料）和能源的使用，从而减少原材料的损失和废物的产生。

4）营销系统的优化。采用更少、更清洁的和可重复使用的包装，采用节能的运输模式，采用可更有效利用能源的后勤系统，确保产品以更有效的方式从工厂输送到零售商和用户手中。

5）消费过程的环境影响。通过生态设计的实施尽可能减少产品在使用过程中可能造成的环境影响，具体措施包括降低产品使用过程的能源消费、使用环境友好的消耗品、减少易耗品的使用、减少资源的浪费。

6）初始生命周期的优化。产品设计考虑到技术生命周期、美学生命周期和产品的生命周期的优化，尽量延长产品的寿命，可以使用户推迟购买新产品，避免产品过早地进入处置阶段，提高产品的利用效率。

7）产品末端处置系统的优化。产品的设计考虑到产品的初始生命周期结束后对产品的处理和处置。产品末端处置系统的优化指的是再利用有价值的产品零部件和确保正确的废物管理，从而减少在制造过程中材料和能源的投入，减少产品的环境影响。

（2）生态设计的环境经济效益

1）可降低生产成本，包括原材料和能源的消耗及环保投入。

2）可减少责任风险。产品的生态设计要求尽量不用或者少用对环境不利的物质，可以起到预防的作用，减少企业潜在的责任风险。

3）可提高产品质量。生态设计提出高水平的环境质量要求，如产品的运行可靠性、实用性、耐用性及可维修性等，这些方面的改善都将有利于产品对环境的影响。

4）可刺激市场需求。随着消费者环境意识的提高，对环境友好产品的需求将越来越大，这是产品生态设计的一个市场。

3. 绿色化学

绿色化学（Green Chemistry）指的是设计出对环境没有或者只有尽可能小负作用的，并且在技术上和经济上可行的化学产品、化学过程及应用，以减少和消除各种对人类健康、生态环境有害的化学原料在生产过程中的使用，使这些化学产品或过程更加环境友好。绿色化学包括所有可以降低对人类健康与环境产生负面影响的化学方法、技术与过程。

（1）绿色化学的研究原则

1）预防环境污染。首先应当防止废物的生成，而不是废物产生后再处理。有意识地设计出不产生废物的反应，减少分离、治理和处理有毒物质的步骤。

2）原子经济性。原子经济性的目标是使原料分子中的原子更多或全部进入最终的产品中，最大限度地利用反应原料，最大限度地减少废物的排放。

3）设计安全化学品。使化学品在期望功能得以实现时，其毒性降到最低。

4）无害化学合成。尽量减少化学合成中的有毒原料和有毒产物，只要有可能，反应和工艺设计应考虑使用更安全的替代品。

5）使用安全溶剂和助剂。尽可能不使用助剂（如溶剂、分离试剂等），在必须使用时，采用无毒无害的溶剂代替挥发性有毒有机物作溶剂。

6）提高能源经济性。合成方法必须考虑合成过程中能耗对成本与环境的影响，最好采用在常温常压下进行的合成方法。

7）使用可再生原料。在经济合理和技术可行的条件下，选用可再生资源代替消耗资源。

8）减少衍生物。应尽可能减少不必要的衍生作用，以减少这些不必要的衍生步骤需要添加的试剂和可能产生的废物。

9）新型催化剂的开发。尽可能选择高选择性的催化剂，高选择性使反应产生的废物减少，在降低反应活化能的同时，使反应所需的能量降到最低。

10）降解设计。在设计化学品时就应优先考虑在它完成本身的功能后，能否降解为良性的物质。

11）预防污染中的实时分析。进一步开发可以进行实时分析的方法，实现在线监测。在线监测可以优化反应条件，有助于产率的最大化和有毒物质产生的最小化。

12）防止意外事故发生的安全工艺。采用安全生产工艺，使发生化学意外事故的危险性降到最低程度。

（2）绿色化学的发展方向　目前，绿色化学的研究重点包括：

1）设计对人类健康和环境更安全的化合物。

2）探求更安全的、更新的、对环境更友好的化学合成路线和生产工艺。

3）改善化学反应条件、降低对人类健康和环境的危害程度，减少废弃物的生产和排放。具体地说，绿色化学近年来的研究主要是围绕化学反应原料、溶剂、催化剂和产品的绿色化开展的。

4. 环境标志

环境标志（Environmental Symbol）是一种产品的证明性商标，它表明该产品不仅质量合格，而且在其生产、使用和处理处置过程中符合环境保护要求，与同类产品相比，具有低毒少害、节约资源等环境优势。

发展环境标志的最终目的是保护环境，它通过两个具体步骤得以实现：一个是通过环境标志向消费者传递一个信息，告诉消费者哪些产品有益于环境，并引导消费者购买、使用这类产品；另一个是通过消费者的选择和市场竞争，引导企业自觉调整产品结构，采用清洁生产工艺，使企业环保行为遵守法律法规，生产对环境有益的产品。

（1）环境标志的作用

1）为消费者建立和提供可靠的尺度来选择有利于环境的产品。一种产品在其整个生命周期中可能对环境产生各种影响，所以在说明一种产品比同类产品更符合“绿色要求”时，需要许多理由，环境标志系统可以确保多种环境因素被考虑进去。

2）为生产者提供公平竞争的统一尺度。产品在整个生命周期中对环境产生各种影响，因此可以根据产品的某一方面或生命周期的某一个阶段对环境产生的影响来说明它是相对

“绿色”的产品。但是，对每个生产者或者销售者来说，要完成这样大的研究和测试是不现实的，也是相当昂贵的。在对各种产品进行广泛的研究和测试后由中立的第三方建立的标志授予标准可为生产者提供一个公平竞争的平台。

3）提高消费者的环境意识。在选择产品类别和制定标志授予标准的过程中，多数经济合作与发展组织成员国的环境标志计划都鼓励消费者尽可能地参与。宣传工具也刺激消费者购买产品时的环境影响意识。产品的环境标志作为一种有力的工具，提醒消费者在货架前购买产品时，要考虑到环境问题。

4）鼓励生产绿色产品。通过市场供需原理，企业将尽一切力量满足消费者的需求，由此可通过增加销售量而获得更多利润。如果有相当多的绿色消费主义者把目光集中到有利于环境的产品上——足够使企业认为生产绿色产品是赚钱的——那么通过市场机制，更多的绿色产品将会占领市场。

5）改善标志产品的销售情况，改变企业形象。如果生产者的产品在获得环境标志后并没有增加销售量，那么生产者就不会去努力地争取标志，而在市场供需原则上建立起来的环境标志计划也就注定要失败。因此，增加标志产品的销售量是环境标志计划成功的关键因素。为了改善销售情况，消费者对环境标志的重视和信任是很重要的。从企业投资广告力争改变企业形象便可以证明这点，从同一企业生产出的各种产品都有环境标志这一事实，给消费者一个印象，这个企业已完全向“绿色产品”方向发展。

6）保护环境。环境标志的最终受益是通过鼓励生产和消费有利于环境的产品而减少对环境有害的影响。

（2）我国的环境标志策略　1993 年 8 月我国推出了自己的环境标志图形，并于 1994 年 5 月成立了中国环境标志产品论证委员会，它标志着我国环境标志产品认证工作正式开始。一方面，环境标志的发展依靠公众的环境保护意识；另一方面，由于标志产品在生产过程中要考虑产品环境因素，不能像普通产品那样只遵循成本最低原则，因此，标志产品一般要比普通产品价格高，这就要求消费者生活水平较高，有能力多付钱来购买标志产品。

限于经济及文化素质等方面的原因，我国公众整体的环保意识还比较差，购买倾向还是以产品质量和价格为主要选择因素，因此，选择标志产品的种类时，要充分考虑我国公众的环境意识水平，既要使标志产品有较好的环境性能，又能吸引消费者购买，保持其强劲的市场竞争力。

我国实施环境标志的策略如下：

1）分阶段、有步骤、逐步扩大环境标志产品的实施范围。环境标志的实行是一个逐步推进的过程，环境行为明显的产品要加强环境标志管理，对于环境行为不明显的，人们一般不考虑它的环境性能，现阶段不会引起消费者的兴趣，也将受到厂家抵制，对此类产品要逐步推行。

2）鼓励企业自愿申请标志产品认证。随着社会的进步、公众环保意识的提高，环境标志完全有可能与产品质量保证、安全保证、卫生保证一样，成为产品进入市场的必要前提、准入手段。由企业自愿申请可以调动企业参与环境保护的积极性，使企业由被动治理转变为主动防治，鼓励了环境行为优良的产品及其企业。

3）在出口产品中大力开展标志工作。环境标志在很多国家被当作贸易保护的有力武器，环境标志成为国际市场中的一张“绿色通行证”。因此，在出口商品中使用环境标志，对于增强产品竞争力，打破贸易保护壁垒，扩大我国环境标志的国际影响力有着十分现实的意义。

4）加强与人们切身利益相关的产品的环境标志工作。在我国公众总体环境意识不高的情况下，标志产品的类型显得非常重要。选择与人们切身利益密切相关的产品中实施环境标志将受到消费者的欢迎。

11.2.4　企业清洁生产审核

企业是实施清洁生产的主体。通过清洁生产审核可以提高生产技术水平、强化组织管理、节约资源和综合利用，从而实现“节能、降耗、减污、增效”的目标。实施清洁生产审核是实现污染物达标排放和完成污染物排放总量控制指标，保证企业走可持续发展道路的重要手段。

1. 清洁生产审核定义

根据国家发展和改革委员会、国家环境保护总局 2004 年 8 月 16 日发布的《清洁生产审核暂行办法》，清洁生产审核是指“按照一定程序，对生产和服务过程进行调查和诊断，找出能耗高、污染重的原因，提出减少有毒有害物料的使用、产生，降低能耗、物耗以及废物产生的方案，进而选定技术经济及环境可行的清洁生产方案的过程”。

清洁生产审核是对污染来源、废物产生原因及其整体解决方案的系统化分析和实施过程，其目的是通过实行污染预防分析和评估，寻找尽可能高效率利用资源（如能源、原辅材料、水等），减少或消除废物的产生和排放的方法。清洁生产审核是组织实行清洁生产的重要前提，也是其关键和核心。持续的清洁生产审核活动会不断产生各种清洁生产方案，有利于组织在生产和服务过程中逐步地实施，从而实现环境绩效的持续改进。

2. 清洁生产审核原则

《清洁生产审核暂行方法》确定了清洁生产审核的四原则：

1）以企业为主体。清洁生产审核的对象是企业，是围绕企业开展的，离开了企业，所有工作都无法开展。

2）自愿审核与强制审核相结合。对污染物排放达到国家和地方规定的排放标准以及总量控制指标的企业，可按照自愿原则开展清洁生产审核；而对于污染物排放超过国家和地方规定的标准或者总量控制指标的企业，以及使用有毒、有害原料进行生产或者在生产中排放有毒、有害物质的企业，应依法强制实施清洁生产审核。

3）企业自主审核与外部协助审核相结合。

4）注重实效、因地制宜、逐步开展。不同地区、不同行业的企业在实施清洁生产审核时，应结合本地实际情况，因地制宜地开展工作。

3. 清洁生产的思路

清洁生产审核的思路可以概括为：判明废物产生的部位，分析废物产生的原因，提出方案以减少或消除废物。图 11-7 简单表述了该审核思路。

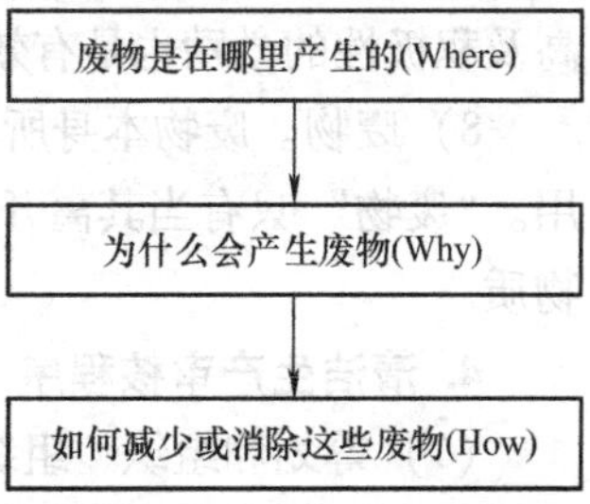
废物是在哪里产生的(Where)
为什么会产生废物(Why)
如何减少或消除这些废物(How)
图 11-7　清洁生产审核思路

废物是在哪里产生的？通过现场调查和物料平衡找出废物的产生部位并确定产生量，这里的废物包括各种废弃物和排放物。为什么会产生废物？一个生产过程一般可以用图 11-8

简单地表示出来。如何消除这些废物？针对每种废物产生的原因，设计相应的清洁生产方案，通过实施清洁生产方案来消除这些废物产生，以达到减少废物的目的。

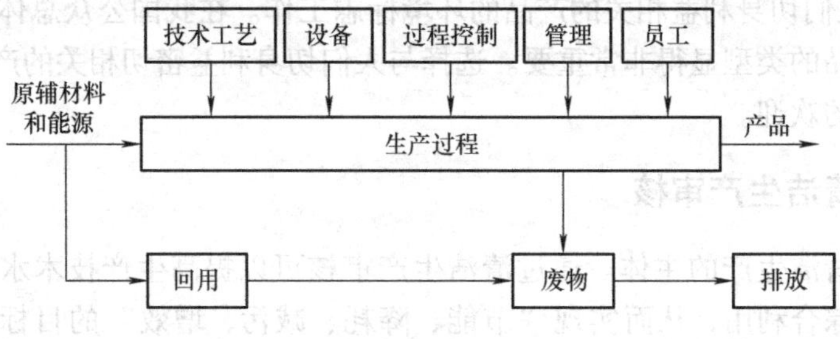

图 11-8 生产过程

从图 11-8 可看出，对废物的产生原因分析要针对八个方面进行：

1）原辅材料和能源。原材料和辅助材料本身所具有的特性，如毒性、纯度、难降解性等，在一定程度上决定了产品及其生产过程对环境的危害，因而选择对环境无害的原辅材料是清洁生产所要考虑的重要方面。同样，作为动力基础的能源，也是每个企业必需的，有些能源在使用过程中直接产生废物，节约能源或使用二次能源、清洁能源有利于减少污染物的产生。

2）技术工艺。生产过程的技术工艺水平基本上决定了废物的产生量和存在状态，先进而有效的技术可以提高原材料的利用率，从而减少废物的产生。

3）设备。设备作为技术工艺的具体体现在生产过程中也具有重要作用，设备自身的功能、设备的搭配、设备的维护保养等均会影响到废物的产生。

4）过程控制。过程控制对生产过程十分重要，反应参数是否处于受控状态并达到优化水平，对产品的获得率和废物产生数量具有直接影响。

5）产品。产品的要求决定了生产过程，产品性能、种类和结构等的变化往往要求生产过程作出相应的改变和调整，因而也会影响到废物的产生。另外，产品的包装、体积等也会对生产过程及其废物的产生造成一定影响。

6）管理。加强管理是企业发展的一个永恒主题，任何管理上的松懈均会严重影响到废物的产生。

7）员工。任何生产过程，无论自动化程度多高，均需要人的参与，因而员工素质的提高及积极性的激励也是有效控制生产过程和废物产生的重要因素。

8）废物。废物本身所具有的特性和所处的状态直接关系到它是否可现场再用和循环使用。“废物”只有当其离开生产过程时才称其为废物，否则仍然是生产过程中的有用材料和物质。

4. 清洁生产审核程序

（1）筹划和组织　组织清洁生产审核的发动、宣传和准备工作，取得组织高层领导的支持和参与是清洁生产审核准备阶段的重要工作。审核过程需要调动组织各个部门和全体员工积极参加，涉及各部门之间的配合，需要投入一定的财力和物力，需要领导的发动和督促，这些首先都需要取得高层领导对审核工作的大力支持。这既是顺利实施审核工作的保证，也是使审核提出的清洁生产方案切合实际、实施起来容易取得成效的关键。从实际来看，越是领导支持的组织，审核工作的进展越是顺利，审核成果也越是明显。

（2）预评估 选择审核重点，设置清洁生产审核目标。审核工作虽然是在组织范围内开展，但由于时间、财力等因素的限制，必须将主要力量集中在某一重点上。怎样从各车间、各生产线确定出审核的重点，是预评估阶段的工作内容。预评估阶段要在全厂范围内进行调研和考察，得出全厂范围内废物（包括噪声、废水、废气、废渣、能耗等）的产生部位和产生数量，列出全厂的污染源清单，然后定性地分析污染源产生的原因，并针对这些原因发动全体员工（特别是一线技术人员和操作工人）提出清洁生产方案（特别是无低费方案），这些方案一旦可行和有效就立即实施。

（3）评估 建立审核重点的物料平衡，进行废物产生原因的分析。在摸清组织产污排污状况和同国内外同类型组织比较之后，初步分析出产生污染的原因，并对执行环保法律法规和标准的状况进行评价。评估阶段针对审核重点展开工作，此阶段的工作主要包括物料输入输出的实测、物料平衡、废物产生原因的分析三项内容。物料输入输出实测和平衡的目的是准确判明物料流失和污染物产生的部位和数量，通过数据反复衡算准确得出污染源清单（预评估阶段更多的是经验和观察的结果），针对每一个产生部位的每一种污染物仍然要求全面地分析产生的原因。

（4）方案产生和筛选 针对废物产生原因，提出相应的清洁生产方案并进行筛选，编制组织清洁生产中期审核报告。第三阶段针对审核重点在物料平衡的基础上分析出了污染物产生的原因，接下来应针对这些原因提出切实可行的清洁生产方案，包括中高费和无低费方案。审核重点清洁生产方案既要体现污染预防的思想，又要保证审核的成效性和预定清洁生产目标的完成，因此，方案的产生是审核过程的一个关键环节，这一阶段要尽可能地多提方案，其可行性将在第五阶段加以研究。

（5）可行性分析 对筛选出的中高费清洁生产方案进行可行性评估是在结合市场调查和收集与方案相关的资料基础上，对方案进行环境、技术、经济的一系列可行性分析和比较，对照各投资方案的设备、技术工艺、运行、资源利用率、环境健康、投资回收期、内部收益率等多项指标结果，以确定最佳可行的推荐方案。

（6）方案实施 实施方案，并分析、跟踪验证方案的实施效果。推荐方案只有经实施后，才能达到预期的目的，获得显著的经济和环境效益，使组织真正从清洁生产审核中获利，因此方案的实施在整个审核过程中占有相当重要的分量。推荐方案的立项、设计、施工、验收等，都需按照国家、地方或部门的有关程序和规定执行。在方案可分别实施，且不影响生产的条件下，可对方案实施顺序进行优化，先实施某项或某几项方案，然后利用方案实施后的收益作为其他方案的启动资金，使方案进行滚动实施。

（7）持续清洁生产 制订计划、措施在组织中持续推行清洁生产，编制组织清洁生产审核报告。

【案例】

循环经济园区带动煤化工产业转型

近日出台的《2012年山西煤炭工业发展报告》提出，山西能源工业转型，要以循环经济为手段，实现资源的循环利用。煤炭工业要大力发展现代煤化工业，建设具有明显循环经济特色的煤化工精品园区，并以循环经济园区为载体，布局产业项目，实现由煤炭大省向煤化工大省的转变。

据悉，“十二五”期间，山西煤化工产业总投资将超过5000亿元，要把煤化工建设作为山西转型发展的重要支柱产业。煤化工产业是以煤炭为主要原料，生产化工和能源产品的行业，具有资金、技术和资源密集型特征，涉及煤炭、电力、石化等领域，对能源、水资源的消耗较大，对资源、生态、安全、环境和社会配套条件要求较高。煤化工产业分为传统煤化工和现代煤化工。传统煤化工主要包括合成氨、甲醇、焦化、电石等子行业；现代煤化工则是以生产石油替代产品为主的产业，主要包括二甲醚、煤制油、煤制烯烃、煤制天然气等产品。目前，山西省煤炭行业已投资640亿元，建设了循环经济园区20个。“十二五”期间，山西将重点建设晋北、晋东和晋西沿黄区域三个煤化工基地。晋北重点发展煤制烯烃、煤制天然气、煤制乙二醇、粗苯加工；晋东则以煤基合成油、甲醇制汽油为侧重点；晋西沿黄煤化工基地，以现有煤化工产业为基础，发展新型特色煤化工产业。从1982年开始，山西就把甲醇燃料和甲醇汽车作为煤炭综合利用的研究方向，制造了中国第一辆甲醇型灵活燃料汽车中国一号。数据显示，目前，山西煤制甲醇年产能已达到405万t，在建项目产能400万t。推广应用更加清洁的甲醇，已成为山西节能减排的一项重要举措。全省已累计改造以出租车为主的乘用车3.54万辆，拥有低比例甲醇汽油M15加注站达1000多座，高比例甲醇汽油M100加注站40多座，甲醇汽油调配中心6个，省级技术中心1个。据了解，到“十二五”末，山西省现代煤化工产业产值占全省化工产值的比重将达80%以上，形成以“苯、油、烯、气、醇”为主链的现代煤化工产业链，煤化工产业年产值将达到2000亿元，年转化煤炭9000万t，煤炭的化工转化率由目前的2.2%提高到10%以上，实现全省煤化工产业的跨越式发展。

——资料来源：生意社，http://www.100ppi.com/forecast/detail-2012-04-01-20474.thml

思考与练习

1. 名词解释：循环经济、循环型企业、循环型产业园区、循环型社会、清洁生产、生命周期评价、生态设计、绿色化学、环境标志、清洁生产审核。
2. 循环经济的产生有什么样的时代背景？
3. 实行循环经济有哪些理论基础？需要坚持哪些原则？
4. 试分析实行循环经济的战略意义。
5. 产业园区应怎样发展循环经济？
6. 联系自己的实践，谈谈创建循环型社会的步骤及意义。
7. 清洁生产的意义和内容分别是什么？
8. 怎样进行生命周期评价？生命周期评价有哪些方面的应用？
9. 谈谈你对绿色化学的理解。
10. 清洁生产审核的原则有哪些？审核有哪些程序？

12

第12章 绿色GDP与可持续发展

本章摘要

随着工业化进程的推进和人类认识程度的不断加深，人类越来越认识到资源生态环境在经济发展与社会进步中的重要作用，并力求寻找一条新的可持续发展之路。如今，绿色GDP正在并将以不可阻挡的态势，逐步成为世界各国制定和实施可持续发展战略的重要依据。本章将从环境承载力及其评价、绿色GDP、绿色消费等几个方面来阐述“绿色”观念在可持续发展中的作用。

12.1 环境承载力

将承载力的概念引入到环境生态学中，体现了人类社会对自然界认识的不断深化。在环境污染、资源短缺不断加剧的情况下，提出环境承载力的概念具有特别的意义，环境问题就是人类活动与环境承载力之间出现冲突的表现。环境承载力是一个很重要的概念，它反映了环境与人类的相互作用关系，是衡量人类社会与环境协调程度的一个重要指标，逐渐得到了广泛应用。

12.1.1 环境承载力的含义

环境承载力是指在一定时期内，在某种环境状态下，环境资源所能容纳的人口规模和经济规模的大小，也可表述为环境对人类社会、经济活动支持能力的限度。

环境承载力强调的是环境资源系统对其中生物和人文系统活动的支撑能力，主要表现为生态系统所提供的资源和环境对人类社会系统良性发展的一种支持能力。这种支持能力也称为人类活动的阈值，通常用环境人口容量来表示。

简单地说，环境人口容量就是环境所能持续供养的最大人口数量。联合国教科文组织对环境人口容量的定义是：一个国家或地区的环境人口容量，是在可预见到的时期内，利用本地资源及其他资源和智力、技术等条件，在保证符合社会文化准则的物质生活水平条件下，该国家或地区所能持续供养的人口数量。我国的环境人口容量位于世界人均水平最低的国家行列，到目前，我国人均可耕地不足世界值的1/3，人均淡水占有量仅为世界的1/4。有研究表明，我国环境人口容量最高应控制在16亿左右。影响环境人口容量的要素有自然环境要素、科技发展水平、社会经济发展水平、文化和消费水平等。

12.1.2 环境承载力的评价

1. 环境承载力评价概述

环境承载力评价是在一定的环境质量要求下，在不超出生态环境系统弹性限度条件下，对环境可支撑的人口、经济规模和容纳污染物的能力进行定性和定量分析，从而确定各区域的环境承载能力和承载水平。环境承载力的研究对象是社会经济与资源环境的复合体，进行环境承载力评价是把社会、经济及环境三方面结合起来，以量化手段表现出评价对象的现状和未来各个系统之间的协调关系。

环境承载力评价包括对承载能力和承载水平的评价。承载水平是当前承载量和承载能力的比较，承载水平越高，表明该区域环境压力越大。对承载水平的评价是制定一个区域环境政策的主要依据。在环境承载力评价中，可以根据环境各要素承载水平的高低，设置不同的预警和响应措施。

2. 环境承载力评价的技术路线

首先，调查区域经济、社会、环境状况，进行环境质量评价，这是评价环境承载力的重要基础。通过资料收集和现状调查，全面掌握区域经济状况、社会环境、自然环境，以及环境质量现状资料（包括水、空气、土壤、固废等）。利用技术手段进行区域生态和土地利用现状调研，全面了解区域土地利用和产业规划、国民经济和社会发展规划等。在此基础上，分析存在的主要环境问题，进行区域环境现状评价。

其次，在对环境和社会状况调查的基础上，分析社会经济发展、资源利用和环保的现状，确定与社会经济发展关系最为密切的环境和资源问题。如以区域的社会经济现状为基础，以区域城市规划、国民经济和社会发展规划等现行政策为依据，分析区域未来社会经济发展的规划情景。对区域规划情景下的环境与资源承载状况进行分析研究，分析未来制约区域社会经济发展的主要环境资源约束，并提出问题的解决方案。

最后，评价环境承载力的核心是构建环境承载力评价指标体系，根据评价指标体系，采用合适的评价方法来评价区域的环境承载状态，得到区域环境质量、环境容量等成果，据此进行环境适宜性分析。所以根据不同的需要，构建各种环境承载力评价指标体系是环境承载力评价的关键。

3. 环境承载力评价的方法

环境承载力评价是判断区域能否可持续发展的重要技术手段之一。环境承载力的综合评价方法主要有需求差量法、相对剩余率法、环境承载率法、向量-承载剩余率法等，更多的研究者采用直接比较压力（承载量、生态足迹）和承载力的思路判断环境承载力是否超载，也有综合应用数值模型模拟、信息技术和情景分析的方法对环境承载力进行定量描述和分析。这些评价方法的应用促进了区域承载状态及可持续发展状态的分析与评价。

12.1.3 途环境指标体系

指标是反映客观存在的社会经济与自然现象的概念和数量，是评价和控制社会经济活动的一种工具。指标一般由名称和数值组成，是一种可以帮助人们理解事物是如何变化的信息。指标体系是指由一系列互相联系、互相补充的指标所组成的统一整体的指标集合，指标体系能够反映分析对象全部或整体的状况，从而评价对象的本质。由于环境系统、经济系统和社会系统是一个错综复杂的综合体，我们必须使用一系列相互联系、相互补充的指标体系从多个方面说明经济再生产过程与自然再生产过程的物质变换的状况及影响的规律，为正确协调社会经济发展与环境保护提供科学合理的依据。

环境指标是反映社会经济发展与环境保护协调状况的工具。环境指标体系是用以体现环境-经济-社会系统的一套相互联系、相互补充的指标集合，它是对社会、经济、环境三个系统的信息进行系统分析，综合平衡后所确定的环境发展目标和计划，并加以具体化的结果。与社会、经济指标体系相关联的环境指标体系可以有效地揭示社会、环境、经济三个系统相互作用的规律，确定环境质量对社会经济发展的促进与约束功能，并能转换为统一的社会经济信息，定量地描述彼此的协调关系。

1. 环境指标体系的作用

环境指标体系在解决经济发展与环境保护这个重大课题上起到了很好的计划、控制和约束作用。环境指标体系在我国经济和社会活动中起到的作用主要表现在以下几个方面：

1）环境指标体系能反映环境系统运行状况，也能反映计划的执行情况，是对环境系统进行科学管理的一种重要工具，它是把环境保护切实纳入国民经济与社会发展计划的必不可少的桥梁。

2）环境指标体系可以将发展经济与保护环境，经济管理与环境管理紧密联系起来，促进经济建设、环境建设同步规划、同步实施、同步发展，确保社会效益、经济效益、环境效益的统一，使发展经济与保护环境真正做到协调统一。

3）环境指标体系可以使环境保护工作有一个明确具体的指标标准来衡量，从而使各国、各地区、各部门都有一个近期的努力方向和长远的奋斗目标，把环境保护工作由“软任务”变成“硬指标”，更有利于加强环境与资源管理工作。

4）环境指标体系把环境管理工作由单纯的定性管理，提高到更加有效的定性管理和科学的定量管理，为实行环境保护责任制，考核评比，公众参与环境保护工作创造了条件。

2. 环境指标体系的制定原则

（1）环境指标的设置原则　设置环境指标就是设置一种特殊的测量系统，它的作用在于帮助人们了解环境系统过去和当前是什么状况、发展趋势和实现目标的情况。一个科学合理的环境指标可以在环境系统发展的不同阶段，具有清晰的反映结果。环境指标设置需要遵循以下基本原则：

1）指标名称和含义明确化。环境指标是对区域环境现象、状况等进行有代表性的描述，因此，指标的概念必须明确，指标的名称应该简明、易于理解。随着环境保护公众参与力度的不断加强，有些指标是需要面向广大非专业的公众，因此，指标的名称与含义更要强调明确、直接。

2）计量单位和方法标准化。环境指标应具有统一可量性，指标的计算方法应一致，以利于纵横向比较。为使环境指标具有可比性，指标的量纲应以国家标准或达成有效共识的计量单位为基础。测量与计算应该采用比较成熟或获得公认的方法，具有较强的通用性，尽量减少主观因素的影响。

3）指标适用空间和时间确切化。环境指标有其明确的适用时空范围，指标的内容和范围要有明确的界限，此外，还应制定一个阈值或参考值，可以进行比较，以便能够对指标数值所描述现象的水平作出判断。环境指标的设置还需同环境保护政策、环境保护目标及环境保护标准一致。

（2）环境指标体系的构建原则　环境指标体系体现环境保护的目标和任务，反映发展与环境的相互关系，对社会经济和环境协调发展具有重要的指导作用。环境指标体系的构建应符合以下原则：

1）要符合规律，发挥作用。环境指标体系要符合自然规律、经济规律和社会发展规律，体现国家建设发展的方针政策，对各部门、各地区的社会经济发展和环境保护工作具有监督作用、指导作用、考核作用。

2）要反映经济、社会和环境的关系。环境指标体系要能反映社会、经济和环境之间的相互作用、动态状况，以利于综合平衡协调经济、社会发展和环境保护的关系，保证环境资源的有续利用，促进环境质量的不断改善。

3）要反映环境损益状况。环境指标体系要能反映环境质量与环境资源的水平变化，能反映出环境影响与危害，以及采取措施后取得的经济效益、环境效益和社会效益。

4）要体现综合管理的要求。环境指标体系应体现环境管理与经济管理的要求，把经济管理与环境管理有机结合起来。

5）要科学、简洁。应合理划分指标的范围、层次、边界及功能，设计的指标概念明确、科学合理、数量适中，使指标体系具有应用的可行性，同时方便、有效、经济。

3. 环境指标体系的分类

对环境指标体系分类要依据科学客观的分类方法，充分表示环境指标体系中环境的内涵和外延，揭示环境保护的目的。科学、系统地通过环境指标体系分析环境的特点，以及环境与经济、社会的相互关系，结合环境的内容和特点，对环境进行分类。一般通过涉及系统的情况、使用层次、研究的对象和功能等对环境指标体系进行分类。

（1）按涉及系统的情况分类　随着人们对环境与经济、社会的关系越来越深入的认识，对于联结经济、社会和环境的指标研究更注重符合可持续发展的要求，更注重全面反映发展的科学性，而多系统的联结指标体系可以科学地度量可持续发展。从环境保护角度说，这种联结系统的指标可分为以下四种：

1）单一环境系统指标。

2）社会与环境系统二重交叉部分指标，如环境社会指标。

3）经济和环境系统二重交叉部分指标，如环境经济指标。

4）经济、社会、环境系统三重交叉部分指标，如可持续发展指标。

（2）按使用层次分类

1）基层环境指标体系，表现为企业管理性指标的微观指标，由基层环境保护部门和企业掌握，是管理当地环境污染及其防治的重要依据，也是企业防治环境污染的重要依据。

2）中层环境指标体系，表现为部门或行业性指标的中观指标，由对各种环境污染和破坏及其防治进行分析评价的指标构成，是部门及行业政策制定、工作指导的依据。

3）高层环境指标体系，表现为国家或区域性的宏观指标，是反映环境、环境保护总体状况的综合性分析评价指标体系，也是国家或区域环境保护和社会经济发展的决策依据。

（3）按研究的对象分类　最为典型的反映环境与社会经济间关系的指标是由经济合作与发展组织（OECD）提出的压力-状态-响应指标体系。它以自然资源和环境为研究对象，为人们提供环境和自然资源变化状况，以及环境与社会经济系统之间相互作用方面的信息。

1）压力指标，表征人类活动给环境造成的压力。

2）状态指标，表征环境质量与自然资源的状况。

3）响应指标，表征人类对环境问题采取的对策。

压力-状态-响应指标体系具体可应用于污染防治与资源保护指标体系和环境经济分析与效益评价指标体系等。在污染防治与资源保护指标体系中，常见的有环境污染防治系统标体系、自然资源系统指标体系、生态环境系统指标体系等。

（4）按功能不同分类

1）环境计划类指标，是纳入国民经济预算、决算的决策指标，如在一定的国民经济发展规模下相应的环保投资比例。

2）环境评价类指标，是由环境经济分析的三要素，即环境损失、环保投资、环保投资效益及其相互间的关系构成。

3）环境控制类指标，是指环境损失控制指标、环境污染控制指标、资源保护控制指标等。

4）环境约束类指标，是对经济系统与环境经济系统进行综合平衡，按若干决策变量形成若干约束指标，作为系统规划的约束条件。

另外，环境指标及其指标体系还有其他多种分类，如指标实际值越大，在分析评价中所起的正面效应也越大的指标称为正指标，如国内生产总值等指标；指标数值越小，其反映的正面效应越好的指标称为逆指标，如环境损失等指标。另外，环境指标还可分为分量指标、总量指标、绝对指标、相对指标等。

12.2 综合型经济总量指标

综合性经济总量指标是反映一个国家或地区总的经济成果及生产能力，衡量经济政策效果，分析经济行为的一个全面性的量度。它在国民经济统计和国民经济核算中占有非常重要的地位。分析综合性经济总量的指标有多种，如国内生产总值、国民生产总值等。

12.2.1 国内生产总值

1. 国内生产总值概念

国内生产总值（Gross Domestic Product，GDP）是综合性经济总量指标中的核心指标，是反映一国或一个地区的生产规模及综合实力的重要的总量指标。

GDP是一个国家或地区的常驻单位在一定时期内所生产和提供的最终货物和服务的总价值，是一个综合性的经济总量，是对最终产品的一种统计。

（1）国内生产总值是一个综合性的经济总量　国内生产总值的统计范围包含了货物及服务，采取了综合性的生产观。货物是对其有某种社会需求而且能够确定其所有权的有形实体；服务是指生产者按照消费者的需求进行活动而实现的消费单位状况的变化，但是和货物相比，服务最大的特点是不可储存性和消费的同时性。在国内生产总值的统计过程中，它所认定的生产是指生产者利用投入生产产出的活动。也就是说，国内生产总值基本上采用经济生产的概念，即在机构单位控制和负责下，利用资本、劳动、货物和服务的投入生产货物和服务的活动。所以国内生产总值的统计范围以广义的生产概念为基础，这是它最显著的特点。

（2）国内生产总值是对最终产品的统计 在国内生产总值的统计中，为了避免重复计算，提出了最终产品的概念。最终产品是指本期生产，本期不再加工，可供社会最终使用的产品。与最终产品相对的是中间产品，中间产品是指本期生产，但在本期还要进一步加工的产品。最终产品与中间产品共同组成了总产品。国内生产总值是最终产品的价值总和，所以国内生产总值衡量的是当期内新创造的价值，不包含中间消耗的部分。但有时确定一个产品的最终产品属性是很困难的，因为有些产品同时具有中间产品和最终产品的双重属性。对最终产品的分析只能根据它的去向来确定，从价值构成的角度来分析，即通过对每一生产环节的“增加性”加和的方法来估计最终产品的总量。

2. 国内生产总值的表现形态与计算

GDP 有三种不同的表现形态，即价值形态、产品形态和收入形态。从价值形态来讲，GDP 表现为一个国家所有常住单位在一定时期内生产的全部货物和服务价值与同期投入的中间产品的价值的差额，即所有常住单位的增加值之和。从产品的形态来讲，GDP 表现为所有最终产品的价值的总和，这里的产品包括有形的货物，也包括无形的服务，而最终产品是指那些不再被用于生产过程，或虽被用于生产过程，但不会被一次性消耗或一次性转移到新产品中去的产品。从收入形态来讲，GDP 表现为一个国家的所有常住单位在一定时期内直接创造的原始收入之和，包括常住单位因从事生产活动而对劳动要素的支付，对政府的支付，对固定资产的价值补偿，以及所获得的盈余。

GDP 的计算基于“三方等价原则”。所谓的三方等价原则，指的是社会产品的生产、分配和使用的总量应该是恒等或平衡的。从不同的计量角度，就产生了不同的 GDP 计算方法，即生产法、分配法和支出法。

生产法是从生产的角度计算 GDP 计算的基本公式为

$$\text{GDP} = \text{各部门增加值之和} = \text{各部门的总产出} - \text{各部门的中间消耗} \tag{12-1}$$

分配法也称为收入法，在收入法中主要有四部分收入，其基本公式为

$$\text{GDP} = \text{劳动者报酬} + \text{固定资产折旧} + \text{生产的进口税净额} + \text{营业盈利} \tag{12-2}$$

支出法也称为最终使用法，是将全社会最终使用的支出汇总起来求得 GDP 的一种方法，其基本公式为

$$\text{GDP} = \text{全社会总消费} + \text{资本形式总额(总投资)} + \text{货物和服务净出口} \tag{12-3}$$

3. 国内生产总值的作用

GDP 是目前世界通行的国民经济核算体系的核心指标，它甚至成为衡量一个国家发展程度的唯一标准。国内生产总值指标的核心作用主要表现在：

1）国内生产总值指标能综合反映国民经济活动的总量，表明国民经济发展全貌，而且能反映这个国家的产业结构。

2）国内生产总值指标是分析经济结构和宏观经济效应的基础数据。

3）国内生产总值指标是衡量国民经济发展规模、速度的基本指标。

4）国内生产总值指标有利于分析、研究社会最终产品及服务的生产、分配和最终使用情况，能较全面地反映国家、企业和居民个人三者之间的分配关系。

总之，国内生产总值是经济总量指标的核心指标，其核心地位表现在：只有计算了国内生产总值指标，才能进行资金流量核算、投入产出核算、资金负债核算及国际收支核算；国

内生产总值的统计是计算其他国民经济总量指标的条件，国民经济总量的一系列指标的计算都以国内生产总值的计算为前提。

12.2.2 国民生产总值与国民总收入

除了国内生产总值，还有其他一些重要的国民经济总量指标，其中最为重要的是国民生产总值，即国民总收入。

1. 国民生产总值

国民生产总值（Gross National Product，GNP）是反映常住单位全部收入（国内与国外）的指标，是指一定时期内本国的生产要素所有者所占有的最终产品（货物）和服务的总价值。

由于国际经济交流的扩大，经济活动主体的跨国流动性也就增大，本国的常住居民可能到国外从事经济活动，而国外非常住居民也可能会到本国从事经济活动。这些经济活动会引起相应的本国收入变化，即本国人有可能从国外获得某种要素的收入，而国外单位也可以从国内获得某种收益。如何核算这些经济活动显然已超出国内生产总值的统计范围，需要设立另外的指标，这就是国民生产总值。

在20世纪90年代以前，有很多国家，包括中国、美国等把国民生产总值作为经济统计的一个核心指标。但有关采用国民生产总值还是国内生产总值作为经济统计核心指标的争论很多，直到20世纪90年代初，国际上才就国内生产总值在统计中的核心指标地位达成了共识。美国在1991年11月前以国民生产总值作为产出指标的基本测量指标，之后才转向国内生产总值；我国在1993年以前是以国民生产总值为核心指标的，到了1994年国内生产总值才正式取代国民生产总值成为统计年鉴的首要指标。

2. 从国民生产总值到国民总收入

国民生产总值是一个收入指标，但它却被冠以“生产”的定语，这样会引起歧义。所以，1993年联合国统计委员会通过国民经济核算体系的修订稿正式提出了国民总收入（Gross National Income，GNI）的概念，强调要以这个新名词来取代原有的国民生产总值的概念。

在国家统计局2001年的《中国国民经济核算体系（征求意见稿）》中，提出“各结构部门的初次分配总收入之和就等于国民总收入，即国民生产总值”。这说明国民总收入的概念被引入到我国国民经济核算体系中，也就是说，用国民总收入取代了国民生产总值的提法。

12.2.3 国民经济总量统计的其他指标

国内生产总值是国民经济总量统计中的核心指标，但仅有这一个指标是不够的。为了更完整地反映国民经济总体的各个方面，还需要计算分析其他的一些总量指标，如国民净收入、国内生产净值、国民可支配总收入及国民可支配净收入等。

（1）国内生产净值　国内生产净值（Net Domestic Product，NDP）是指从国内生产总值中扣除固定资本消耗后的净增加值，所有国内的净增加值之和就是国内生产净值。由于国内生产总值是常住单位的增加之和，增加值是由总产出减去中间消耗计算出来的，而中间消耗并不包括资本的消耗，即固定资本消耗（折旧），所以国内生产总值所指的增加值是指总增加值，而真实的增加值要用国内生产净值分析。

（2）国民净收入　国民净收入（Net National Income，NNI）同样是由国民总收入减去固定资本消耗以后的余额来表示的。

（3）国民可支配总收入　国民可支配总收入（Gross National Disposable Income，GNDI）是指全国可以最终支配，用作消费和积累的全部收入。需要说明的是，国民总收入和国民净收入还不是常住单位最终用于消费和储蓄的全部收入来源，因为它们只是国民经济成果初次分配的结果，只有经过再分配的过程，才能形成常住单位最终的可支配收入，以形成最终消费和总储蓄，最终消费和总储蓄就是国民可支配总收入。在国民收入的再分配过程中还涉及一些转移支付问题，这些转移支付有一部分可能是在常住单位和非常住单位之间进行的，这种转移会影响一国常住单位的最终消费和总储蓄，也就是说使国民可支配收入受到影响。

（4）国民可支配净收入　国民可支配净收入（Net National Disposable Income，NNDI）也是由国民可支配总收入减去固定资产消耗的余额来表示的。

12.3 绿色 GDP

12.3.1 国内生产总值的局限性

GDP 这个总量指标好比一把尺子、一面镜子，衡量着所有国家与地区的经济表现，这是三百多年来诸多经济学家、统计学家共同努力得出的成果。20 世纪 50 年代国内生产总值初步成型，后于 1968 年和 1993 年在联合国的主持下，对国内生产总值统计上的技术缺陷进行了两次重大修改。但是现行的国内生产总值核算体系仍然存在缺陷，这些缺陷表现在：GDP 不能反映经济发展对资源与环境造成的负面影响；GDP 不能非常准确地反映一个国家财富的变化；GDP 不能反映某些重要的非市场经济活动；GDP 不能全面地反映人们的福利状况。GDP 最主要的局限性是在实现可持续发展战略方面的缺陷。

经济产出总量增加的过程，必然是自然资源消耗增加的过程，也是环境污染和生态破坏的过程。国内生产总值反映了经济的发展状况，但是没有反映经济发展对环境与资源的影响，也就是说，它仅仅侧重于反映经济增长的数量，而在衡量经济总量的质量方面有较大缺陷。因为环境污染和生态破坏也增加国内生产总值，而现行的国内生产总值核算体系对人类经济活动的外部不经济性不进行考虑，由于没有将环境和生态因素纳入其中，在经济发展中，看不出环境和生态成本有多大，使得国内生产总值核算体系不能全面反映国家真实的经济情况。GDP 是单纯的经济增长概念，它只反映出国民经济收入总量，它不统计环境污染和生态破坏产生的经济损失，所以不能合理地反映经济增长的状况。

美国著名经济学家萨谬尔森（Paul A. Samuelson）提出纯经济福利（净经济福利）的概念，他认为福利更多地取决于消费而不是生产，纯经济福利是在国内生产总值的基础上，减去对福利有副作用的项目，如生态破坏、环境污染及都市化等的影响；同时萨谬尔森认为纯经济福利还要减去那些不能对福利作出贡献而没有计入的项目，要加上闲暇的价值等。据有关资料显示：印度尼西亚 1971 年到 1984 年 GDP 增长率为 7.1%，除去木材减少、石油耗损、水土流失后，年均增长率只有 4%；日本 1973 年 GDP 增长率为 8.5%，扣除污染费只有 5.8% 的增长率；澳大利亚 1950—1996 年 GDP 增长率只有官方公布的 70%。

我国的“环境欠账”也是很严重的。据有关资料分析，整个20世纪90年代中国国内生产总值GDP中至少有3%~7%的部分是以牺牲自身生存环境（自然资源和环境）取得的，属“虚值”或者说“环境欠账”。如果按年均GDP增长率为9.8%计，20世纪90年代中4%~6%是以牺牲自身生存环境换取的，这些损失仅仅代表20世纪90年代“绿色GDP”与GDP的差额，而没有包含我国长期的累积性损失。

国内生产总值统计存在着一系列明显的缺陷，这些缺陷已被人们更深刻地认识到了。但是由于多种原因，国内生产总值核算体系还没有得到修正，对于这方面的研究工作在积极进行，并且在不断深入。

12.3.2 绿色GDP的提出

1. 绿色GDP的含义

20世纪中叶，随着环境保护运动的不断发展和可持续观念的逐渐兴起，一些经济学家和统计学家，尝试将环境要素纳入国民经济核算体系，以发展新的国民经济核算体系，即绿色GDP。

绿色GDP（也被缩写为GGDP），即绿色国内生产总值，是对GDP指标进行相关调整后的、用以衡量一个国家财富的总量核算指标。简单地讲，绿色GDP就是从现行统计的GDP中扣除环境成本（包括环境污染、自然资源退化等）因素所引起的经济损失成本，从而得出较为真实的国民财富总量。绿色GDP是一个国家或地区在考虑自然资源与环境因素之后经济活动的最终成果，它是在GDP的基础之上计算出来的。

所以，绿色GDP指的是在不减少现有资本资产水平的前提下，一个国家或一个地区所有常住单位在一定时期所生产的全部最终产品和劳务的价值总额，或者说是在不减少现有资本资产水平的前提下，所有常住单位的增加值之和。这里的资本资产实质上是自然资本资产，如森林、矿产、土地等自然资源和水、大气等环境资源。

绿色GDP不仅能反映经济的增长水平，而且能够体现出经济增长与环境保护和谐统一的程度，可以很好地表达和反映可持续发展的思想和要求。一般来讲，绿色GDP占GDP的比重越高，表明国民经济增长的正面效应越高，负面效应越低。

目前，许多国家都在研究绿色GDP，有一些国家已开始试行绿色GDP。早在1981年挪威首次公布并出版了“自然资源核算”数据报告和刊物；美国也于1992年开始从事自然资源卫星核算方面的工作；荷兰建立和发表了以实物单位编制的1989—1991年每年包括环境核算的国民经济核算矩阵。他们都对传统的国民经济体系进行了修正，从GDP中扣除了自然资源耗减价值与环境污染损失价值。但是迄今为止，全世界还没有一套公认的绿色GDP核算模式，也没有一个国家以政府的名义发布绿色GDP结果。

2. 绿色GDP提出的意义

提出绿色GDP的意义在于，通过核算过程和对结果中有关数据、信息的分析，为综合环境与经济决策提供参考依据，推动粗放型增长模式向高利用率、低消耗、低排放的集约型模式转变。

绿色GDP核算的实际应用意义主要表现为：第一，绿色GDP是人们在经济活动中处理经济增长、资源利用和环境保护三者关系的一个比较综合、全面的指标，具有引导社会经济良性发展的导向作用；第二，通过绿色GDP核算，可以让我们了解资源消耗、环境污染和生态破坏的“高强度区”在哪些地区、哪些部门，这样就可以制定有针对性的科学政策，促进地方经济、部门经济的可持续发展；第三，绿色 GDP 核算为环保投资规模的确定提供了科学依据；第四，根据绿色 GDP，可以为区域发展定位、产业污染控制、产业结构调整和环境保护治理提供政策建议；第五，通过核算结果，可以分析出环境污染对人类生活和生命健康的危害程度，从而制定出“以人为本”的环境保护政策。

3. 绿色 GDP 核算存在的困难

目前绿色 GDP 核算还有相当大的困难，存在许多重大难题。

(1) 技术障碍　绿色 GDP 核算还存在许多重大的技术难题。一是自然资产的产权界定及市场定价较为困难。许多自然资产同时具有生产性和非生产性属性，因此其产权界定非常困难，如何界定自然资产产权并为其合理定价，一直是绿色 GDP 核算研究领域的一个主要的难点，也是绿色国民经济核算不能取得实质性进展的一个重要原因。二是环境成本的计量比较难处理。环境成本是指某一主体在其可持续发展过程中，因进行经济活动或其他活动而造成的资源耗减成本、环境降级成本以及为管理其活动对环境造成的影响而支出的防治成本总和。环境成本计量是绿色 GDP 核算的基础，但确定环境成本的概念比较容易，实现环境成本的计量却是困难的。三是市场定价较为困难。绿色 GDP 与 GDP 不太一样，GDP 有一个客观标准，即市场交易标准，所有的交易都有市场公认的价格，买卖双方认可的价格是客观存在的，但绿色 GDP 对资源耗费的估计没有标准，不同的人得出的结论不同。

(2) 观念障碍　实施绿色 GDP 核算必然对基于传统核算的发展理念形成巨大冲击，在把资源消耗环境破坏成本全部计入发展成本后，绿色 GDP 的核算结果有可能从根本上改变一个地区社会经济发展的评价结论。一些靠资源和环境的不可持续发展的真实状况将会暴露出来，其结果与人们的传统认识可能形成巨大反差。在追求短期效益和直接经济效益理念的现实社会中，绿色 GDP 核算所蕴涵的以人为本、协调统筹、可持续发展的理念要得到全社会的普遍认同和接受，还需要一个相当长的过程。

(3) 体制障碍　实施绿色 GDP 核算还意味着政绩观和干部考核体系需要进行重大转变，在扣除资源和环境成本后导致传统 GDP 统计结果的调整，这可能是一些政府部门或领导干部不愿意见到的事实，因而实施过程中遇到各种各样的体制障碍和阻力是可以预见的。强调政绩已经导致传统 GDP 统计中呈现出种种体制性弊端和缺陷，绿色 GDP 核算会遭遇相当大的障碍，但这是相关政府部门应当考虑的关键问题。

(4) 组织障碍　绿色 GDP 核算与传统 GDP 核算的最大区别就在于一些与资源管理和环境保护有关的政府部门要切实参与到具体的统计与核算过程中，这就需要对传统的统计与核算组织框架进行根本性的改造。只有围绕绿色 GDP 核算工作形成有效的衔接机制、组织架构和运作程序，才能够确保核算工作结果准确、可靠、迅速。虽然我国已开始针对绿色 GDP 核算试点工作，但针对绿色 GDP 核算需求进行相关的组织架构建设还没有真正开始。

4. 绿色 GDP 的局限与扩展

绿色 GDP 概念的提出是非常重要的，但并不是绿色 GDP 可以解决可持续发展的所有问题。因为绿色 GDP 只反映了经济与环境之间的部分影响，而没有反映经济与社会、环境与社会之间的相互影响，所以绿色 GDP 只是可持续发展的指标之一。

英国的一个智囊组织提出了一个新的国内发展指标 MDP（Measure of Domestic Progress)，用来衡量一个国家和地区在经济、社会和环境等多方面的协调发展。MDP比GDP和绿色GDP考虑的因素更多，如能源消耗、政府投资、环境污染、犯罪率等多种因素。MDP能更好地反映人们在生活质量方面的发展，因为它考虑了经济增长带来的社会和环境成本，以及一些不拿报酬的工作，如家务劳动和义工等。

一些学者提出了实现三个GDP的协调增长，即经济GDP、绿色GDP和人文GDP。实现三个GDP的协调增长，就是要树立全新的发展观，用经济GDP来衡量经济的增长，用绿色GDP来衡量社会的可持续发展，用人文GDP来衡量人的自身健康和全面发展。人文GDP是为了保障人的全面发展而投入财富的增长指标，包括医疗卫生、文化教育、体育娱乐等多方面。人文GDP是经济GDP和绿色GDP的保证，是科学发展观的重要内容之一。推进三个GDP的协调增长，才能树立既重增长，也重发展的思维模式，促进自然、经济、人文社会的协调发展。

由此可见，理想的GDP应是在不减少现有资本资产水平的前提下，一国或一个地区所有常住单位在一定时期所生产的全部最终产品和劳务的价值总额。这里，资本资产是非常广义的，它不但包括人造资本资产，如建筑物、机器设备及运输工具等；也包括人力资本资产，如知识和技术等；还包括自然资本资产，如森林、土地、矿产、水及大气等，以及社会资本资产，如社会制度、经济体制、民俗、文化等。

此外，在国际上又出现了另一个标准，叫做GNH（Gross National Happiness），即国民幸福总值。近年来国际学术界的多项研究表明，很多东西不能用GDP衡量，这其中就包括幸福。一般说来，经济增长确实能够给人民带来幸福感，但两者之间的关系非常复杂，绝不是简单的正相关。在经济发展水平很低的情况下，收入增加能相应带来一定的快乐。但是，人均GDP达到一定水平（3000~5000美元）后，快乐效应就开始递减。一个方面，收入提高，期望值也在提高，幸福感在一定程度上被抵消；另一个方面，像环保这样的公共物品，由于环境污染的负外部性、环境保护的正外部性、环境资源的公共性等特征，环境资源的配置往往存在“市场失灵”。若由个人选择，几乎人人都选择赚更多钱、多进行消费，从而导致更多污染，结果谁都变得不快乐了。在经济得到一定的发展之后，如果不走全面、协调、可持续的发展道路，那么，GDP虽然在增长，但由于没有兼顾社会公平，人们的痛苦指数也在增长。GNH最早是由不丹国王日热米·辛耶·旺查克提出的。GNH由四个方面组成：政府善治、文化发展、经济增长和环境保护。任何政策的变革都不能破坏这四个方面的平衡。如果经济增长能够产生正面的效果，对稳定性和其他三方面的影响减至最小，那么，这样的经济增长是应受到鼓励的。实际上，GNH在鼓励人们重新思考在国民生活中什么才是真正重要的。一个国家的成功与否是根据其生产和消费的能力来判断，还是根据国民的生活质量来判断，如果说GDP体现的是以物质为本、以生产为本的话，那么GNH体现的就是以人为本。

12.3.3 绿色GDP的计算

1. 绿色GDP的计算类别

根据资源耗减成本中的不同资源构成要素和环境退化成本中的不同环境构成要素，在实际核算过程中，就形成了不同内容资源耗减成本和环境退化成本，并由此形成了反映不同内容、不同层次的绿色GDP结构。

以环境防护成本进行扣减得到“经环境防护调整的绿色 GDP”；
以资源耗减成本进行扣减得到“经资源耗减调整的绿色 GDP”；
以环境退化成本进行扣减得到“经环境退化调整的绿色 GDP”。

环境成本是环境防护成本和环境退化成本之和，环境防护成本是维护环境而实际发生的成本，环境退化成本体现在环境保护之外应该发生的虚拟成本。

（1）绿色 GDP 结构

绿色 GDP = 绿色 $GDP_{资源}$ + 绿色 $GDP_{环境}$

绿色 $GDP_{环境}$ = 绿色 $GDP_{环境保护}$ + 绿色 $GDP_{生态建设}$

绿色 $GDP_{资源}$ = 绿色 $GDP_{土地}$ + 绿色 $GDP_{森林}$ + 绿色 $GDP_{矿产}$ + 绿色 $GDP_{水}$ + 绿色 $GDP_{海洋}$

（2）绿色 GDP 总值与绿色 GDP 净值

绿色 GDP 总值 = 国内净产值(NDP) − 自然资源损耗 − 环境资源损耗(环境污染损失)

其中：国内净产值(NDP) = GDP − 固定资产折旧

绿色 GDP 净值$_1$(EDP_1) = 国内净产值(NDP) − 资源实际耗减成本 − 环境实际退化成本绿色 GDP 净值$_2$ (EDP_2)

= EDP_1 − 折旧性资源耗减虚拟成本 − 环境退化虚拟成本

由此可见，绿色 GDP 核算在 GDP 核算的基础上，主要是从 GDP 中扣除了自然资源耗减价值与环境退化（污染）损失价值后的价值，所以计算绿色 CDP 的关键是估算资源的损耗和环境污染的损失。

2. 绿色 GDP 的计算方法

在国民经济核算基础上，就可以得到绿色国内生产总值的计算公式：

绿色 GDP = 国内生产总值(GDP) − 固定资产折旧 −
自然资源损耗 − 环境资源损耗(环境污染损失)　　(12-4)

更广义地说，绿色 GDP 不但应扣除自然资源耗减价值与环境退化（污染损失价值）后的价值，还应扣除预防支出、恢复支出，以及调整费用，即

绿色 GDP = GDP − 固定资产折旧 − 自然资源损耗价值 − 环境污染损失价值 −
(预防支出 + 恢复支出 + 非优化调整费用)　　(12-5)

绿色 CDP 核算是在 GDP 核算的基础上，通过相应的调整而得到。这种调整包括：扣除当期自然资源耗减和环境退化货币价值的估计，当期环境损害预防费用支出（预防支出），当期资源环境恢复费用支出（恢复支出），当期由于非优化利用资源而进行调整计算的部分。绿色 GDP 不仅能够反映经济增长水平，而且能够体现出经济增长与自然保护和谐统一程度。绿色 GDP 占 GDP 比重越高，表明国民经济增长对自然的负面效应越低，经济增长与自然保护和谐度越高，反之亦然。而人均绿色 GDP 更体现了以人为本的经济增长与自然保护和谐统一程度。

绿色 GDP 的计算公式也可以表示为

绿色 GDP = GDP − 生产中使用的非生产自然资产　　(12-6)

式中，生产中使用的非生产自然资产 = 经济资产中非生产自然资产耗减 + 环境中非生产自然资产降级。

自然资产是指所有者由于在一定时期内对它们具有所有权，能有效使用、持有或处置，并可以从中获得经济利益的经济资源。自然资产分为生产性自然资产和非生产性自然资产，

其中，所有权已经界定，所有者能够有效控制并可从中获得预期经济收益的自然资源称为生产性自然资产。

非生产性自然资产指的是不属于任何具体单位，或即使属于某个具体的单位但不在其有效控制下，或不经过生产活动也具有经济价值的自然资产。具体来说，非生产性自然资产是指未经过生产活动的具有经济价值的资产，如水体、原始森林、土地、地下矿藏等。同时那些能在可预见的将来获得经济利益的，不经过生产过程的自然资源，如空气、公海海域资源、非培育生物中的不能为人类所控制的野生动植物，以及在可预见的将来不具有商业开发价值的地下矿藏等，这些都不能视为经济资产，而是属于非经济资产的自然资源。

自然资源耗减是指由于人类生产活动过程中，使用和消费自然资源，使自然资源减少，也就是自然资产耗减。

环境降级是指由于环境质量恶化引起的经济损失，包括：水污染、空气污染、噪声污染、废弃物污染等。

12.4 绿色消费

12.4.1 绿色消费概念的兴起

自工业革命以来，人们长期坚持和追求“高消耗、高污染、高消费”的非持续发展模式，到了20世纪后半叶，随着人口剧增和经济发展，逐渐超越人类赖以生存的资源基础所能承载的极限。生态恶化、环境污染、资源匮乏、气候异常和灾害频发，由此，产生了一系列人类生存的危机。此时，人类认识到，应当实行“低消耗、低污染、适度消费”的可持续发展模式。绿色消费的概念就此兴起，它提倡一种以简朴、方便和健康为目标的生活方式，这种生活方式，既有益于人类自身和社会的健康发展，又有益于自然生态保护，是人类可持续发展战略具体到个人、家庭的实践。

12.4.2 绿色消费的含义

简单地来讲，绿色消费就是进行消费时，既注意对自身健康是否有益，又要有利于环境保护，有利于生态平衡。所以，在今天，塑料包装已很难进入国际市场，一次性用品的消费也不再时髦，大吃大喝更会遭到谴责。许多国家都颁布行政命令，要求政府购买的写字纸和复印纸含有至少20%的再生纸成分。

12.4.3 绿色消费的特征

1. 绿色消费是一种生态化消费方式

绿色消费是一种更充分更高质量的新的消费方式，人们不再为消费而消费，为虚荣而消费，在这种消费观的指导下人们渴望回归自然、返璞归真，在绿色消费方式下，生态观念深入人心，绿色环保产品广泛受到青睐。消费经济学认为，人们的消费需要，不仅包括物质需要和精神文化需要，而且还应包括生态需要在内，而生态需要对人的生存和发展，对满足人的消费需要，都具有极其重要的意义。发展绿色消费正是满足人们生态需要的重要内容。生态需要得到满足，正如马克思所说的，反映“人的复归”，是人与自然之间、人与人之间的矛盾的真正解决，体现了可持续发展的社会大趋势。

2. 绿色消费是一种适度性消费方式

绿色消费主张人的生活形态由高消费、高刺激，重返简单朴素。这里重返“简单朴素”并非与过去“生存型”的农业社会的消费方式一样，而是主张适度消费的一种表述。适度消费包含着不可分割的两个方面：从人类个体角度上说，适度消费原则不脱离人的正常需要，除此之外的无意义消费和有害消费，即对人类健康生存无益甚至有害的消费应该尽量避免；从人类总体角度上说，绿色消费提倡适度消费原则要求人类把消费需要的水平控制在自然资源和地球承载能力范围之内。以“人的健康生存”为下限，以“资源和地球的承载能力”为上限，两者共同构成适度消费的“度”。

3. 绿色消费是一种理性消费方式

首先，绿色消费的主体是具有环保意识、绿色意识的绿色消费者。绿色消费者不仅对当今社会资源短缺、能源匮乏、物种灭绝、生态破坏、环境污染等情况有一个明确的认识，而且能正确认识人在自然界中的地位和作用，自然生态对人类的影响，从而科学地认识人与自然的关系。其次，绿色消费者能够认识到绿色消费的客体是对环境无害或少害的绿色产品或劳务，绿色产品或劳务是渗入了生态文明新观念的产品或劳务，它是经过国家有关部门严格审查的符合特定环境保护要求的、质量合格的产品。对于绿色消费者来说，他们会倾向于选择绿色产品和劳务。最后，绿色消费者能够深刻体会到绿色消费的结果是对自己、对他人、对社会、对环境的无害或少害，在绿色消费过程中从主体、观念、客体到结果都把环境保护放到优先考虑的战略地位，时时处处关注对环境的影响和作用，这最终也可以收到预期的效果，实现生态，经济、社会的协调发展。

4. 绿色消费是一种健康型消费方式

绿色消费要求消费者消费什么、消费多少，必须出于实际需要，并且有利于人的身心健康。在消费过程中，要反对美味佳肴动则满盘满桌，暴饮暴食，吃不了就随意倒掉，既浪费资源又破坏营养平衡，导致各种富贵病流行等行为。绿色消费还主张人们尽可能地向大自然开放，改善和扩大亲近、接触自然的范围和机会。闲暇时间，要多出去散步、爬山、游泳、旅游，享受阳光、清风、秀水等，欣赏大自然幽雅、和谐与美妙的神韵。在这样一种自由、积极的状态下，人们不仅能够更有效的恢复精力和体能，忘却内心的忧愁和烦恼，还能陶冶情操、培养审美能力。

12.4.4 绿色消费的发展

绿色消费已成为世界的大趋势。很多国家的绿色消费发展很快，根据联合国统计署提供的数字，早在1999年，全球绿色消费总量已达3000亿美元。欧共体的一项调查显示，德国82%的消费者和荷兰67%的消费者在超市购物时，会考虑环保问题。在欧洲市场上，40%的人更喜欢购置绿色商品。在美国，有77%的人表示，企业的绿色形象会影响他们的购置欲望。77%的日本消费者愿意购买符合环保要求的商品。

在我国，绿色消费虽然起步较晚，但发展劲头也颇为不弱。以食品而言，截至2001年6月底，全国就有1057家企业开发出绿色食品2000余种，生产总量超过1000万t，销售额突破400亿元，出口创汇超过2亿美元。

12.4.5 绿色消费的意义

1. 有利于促进可持续发展

建构绿色消费模式，可以促进经济的持续发展。建构绿色消费模式，通过消费结构的优化和升级，进而促进产业结构的优化和升级，推动经济的增长，形成新的经济增长点，形成生产和消费的良性循环；构建绿色消费模式，一定程度上可以使不可再生资源和自然物种得以保存；随着科技的进步，促使生产者放弃高能耗、粗放型的生产经营模式，努力节约资源，推动清洁生产，采取措施对资源及废弃物进行回收利用，提高资源的利用率和开发价值，减少对环境的污染。

2. 提高生命质量，促进人的全面发展

绿色消费作为人的价值观念和生活方式的根本变革，不仅可以满足人的生理需要，保障人的身体健康，而且可以满足人的心理需要，增进人的身心健康，满足人的自由、全面发展的需要。一方面，绿色消费倡导人们适度的物质消费，同时鼓励人们精神生活的丰富和满足。它要求克服传统高消费只追求物质享受，丧失精神家园造成的人的价值和精神的扭曲，使人达到物质消费和精神消费的和谐统一，有利于人的自由、全面发展。另一方面，绿色消费不仅倡导消费对自己健康生存有利的绿色产品，而且同时也要求不对别人和后代造成不利的影响，有利于人的思想道德素质的提高，从而有利于人的精神境界的全面提升，因而有利于人的自由、全面发展。

3. 绿色消费有利于实现社会文明的进步

在人类社会发展史上，人类主要经历了原始的采集与狩猎文明、农业文明和工业文明三种文明形态。在一定意义上讲，工业化的成就是以资源的牺牲和环境的破坏为代价换取的。时代呼唤人与自然和谐发展、共存共荣的新文明——生态文明的诞生。生态文明是指人们在改造客观物质世界的同时，不断克服改造过程中的负面效应，积极改善和优化人与自然、人与人的关系。建设健康的生态运行机制和良好的生态环境所取得的物质、精神、制度成果的总和，是社会文明在人类赖以生存的环境领域的扩展和延伸，是社会文明的生态表现。

绿色消费所倡导的消费观念、消费结构、消费行为和消费方式适应了文明形态演进的历史要求，为生态文明奠定了坚实的根基，因而可以促进人类社会的文明进步。

12.4.6 绿色消费对社会的影响

1. 绿色消费是人类生活方式的更新

过去，人们以占有大量高档商品和奢侈品为荣耀，这种奢侈的生活远远超出了合理的需要。现在，人们的消费观念和消费方式发生了很大变化，越来越多的人，抛弃过度消费，抵制恶性消费，以返璞归真的心理追求“简朴、小型化”的生活。这种生活就是按生态保护的要求，以满足基本需要为目标。在这种观念的指导下，人们不再以大量消耗资源、能源求得生活上的舒适，而是在求得舒适的基础上，力求最大限度地节约资源和能源。

西方绿色消费者提出：不购买污染环境的产品，包括过多包装，用后会变成污染物，生产时会制造污染，或者使用时会造成浪费或污染的产品；不购买经过多重转售或代理的产品，因为当产品辗转到达使用者手中时，除了价钱昂贵外，在运输方面也会耗用大量能源，间接影响环境；减少购买由发展中国家人民承担原材料供应及生产工序的产品，因为生产这些产品不仅破坏了发展中国家人民的居住区及其周围的自然环境，同时也破坏了全球资源。

1999 年，世界地球日（4 月 22 日），中华环保基金会向全国发出了“绿色志愿者行动”倡议书，提出了中国绿色消费的观念和行动纲领：

1）节约资源，减少污染。如节水、节纸、节能、节电、多用节能灯，外出时尽量骑自行车或乘公共汽车，减少尾气排放等等；

2）绿色消费，环保选购。选择那些低污染低消耗的绿色产品，像无磷洗衣粉、生态洗涤剂、环保电池、绿色食品，以扶植绿色市场，支持发展绿色技术；

3）重复使用，多次利用。尽量自备购物包，自备餐具，尽量少用一次性制品；

4）垃圾分类，循环回收。在生活中尽量地分类回收，像废纸、废塑料、废电池等等，使它们重新变成资源；

5）救助物种，保护自然。拒绝食用野生动物和使用野生动物制品，并且制止偷猎和买卖野生动物的行为。

2. 绿色消费引导绿色市场出现

随着绿色消费、绿色产业浪潮在发达国家乃至全世界的兴起，也出现了一种新的经济发展趋势：绿色消费引导绿色市场的出现。由此，出现了绿色食品、生态时装、绿色冰箱和空调、绿色汽车、生态房屋、生态列车、生态旅游等名词，这些“绿色”、“生态”称谓的兴起，显示出人们“绿色消费”的需求。这种消费需求引导一个新的市场方向，加速绿色产品渗透市场和占领市场，并逐步形成一种新的市场——“绿色市场”。绿色市场的竞争，反过来又引导绿色产品的生产。

现代绿色技术，为绿色产品和绿色市场的不断扩大提供物质技术支持，满足了人们对绿色产品不断高涨的需求。

3. 绿色消费推动企业的经济转变

环境保护不是作为一种包袱被企业接受，而是作为企业发展的目标主动实现，这是正在形成的新的经济发展趋势。这不仅是来自企业自身的经济动力，即通过减少废料提高资源利用率，削减经营开支，避免环境污染导致的高额开支。更重要的是来自“绿色市场”的压力。在“绿色消费”的浪潮中，绿色产品颇受消费者青睐。适应这种形势，让自己的产品具有更广大的用户，企业家把生产绿色产品作为企业发展方向。从产品设计，原材料选择、购买和使用，产品生产和产品包装，到产品使用后回收，在所有生产环节都要考虑对环境安全有利，使自己的产品贴上“绿色标志”。同时提高生产过程中物质和能量的利用率，减少废弃物排放，达到节约开支和提高企业的生产效率，从而增加产品在世界市场的竞争力。正是在激烈的市场竞争中，有些厂家提高产品的环保标准，成为推广销售量的优胜因素；有些公司以绿色环保来改变公司的形象，结果大受消费者欢迎。

环境保护问题从经济压力变为企业“经济转变”的契机。美国可口可乐公司、壳牌石油公司、道氏化学公司等，都把环境保护列为公司发展战略，由公司总裁直接过问环境保护问题，或者聘请专职“环境经理”和“生态经理”，使生产朝“绿化”的方向发展。

在我国，家电、食品行业等领域，不少企业也在研究、开发和采用绿色技术。随着我国经济增长方式的“两个根本转变”的展开和深化，企业的“绿化”步伐将不断加快。

【案例】

可持续的消费模式

消费模式在可持续发展中起着举足轻重的作用，传统的消费模式在把自然资源转化为产品和货币以满足人们提高生活质量的需求时，把用过的物品当作废物抛弃。这种模式本质上是一种耗竭性消费，不仅造成资源的浪费，而且会带来自然景观的破坏和环境的污染，使生产和消费不具有可持续性。可持续消费模式应做到以下几点：

（1）节约型消费。这里的“节约”是主张适度消费，反对奢侈和浪费。它与经济不发达时期的“节约型”消费不同。后者生活水平低，缺乏生活情趣，而且需耗费更多的时间和资源，因此在本质上并不节约。合理的节约型消费是在基本不降低消费本身的质量的条件下，排除由于非经济因素造成的多余的、不适当的消费。可持续发展的节约型消费以明智的、理性的消费观为指导。

（2）共同富裕型消费。这种消费模式追求的是贫富差距最小。这就要求在消费的供给上尽量面向广大公众，多种层次兼顾，这样才有可能在创造更多社会总福利时，减少资源耗费，从根本上保证消费的可持续性。

（3）文明、科学型消费。消费者选择的产品应该考虑产品从生产原料到生产条件和过程不产生或尽量不产生污染，尽可能地节约和综合利用资源，不破坏生态环境。产品使用中不带来污染或造成环境其他形式的破坏，报废后尽可能得到回收再利用，无法再利用也不应造成环境的持久性破坏。这里指的产品既包括物质性产品，也应包括服务性产品。消费引导生产，促进经济发展，提倡“绿色消费”是可持续发展中非常重要的一环。

——资料来源：姚志勇，《环境经济学》，中国发展出版社，2002

思考与练习

1. 名词解释：环境人口容量、环境承载力评价、环境指标体系、GDP、GNP、GGDP、绿色消费。
2. 环境指标体系的制定需要遵循哪些原则？怎样对环境指标体系进行分类？
3. GDP有什么作用？存在那些缺陷或者局限性？
4. 绿色GDP的提出具有什么意义？绿色GDP核算存在哪些困难？
5. 绿色消费具有哪些特征？普及绿色消费观念具有哪些意义？谈谈自己在生活中怎样进行绿色消费。
6. 通过本章学习，谈谈你是怎样理解“绿色”观念与可持续发展之间的联系的。

参考文献

[1] 左玉辉．环境经济学［M］．北京：高等教育出版社，2003.
[2] 董小林．环境经济学［M］．北京：人民交通出版社，2011.
[3] 张真，戴星翼，等．环境经济学教程［M］．上海：复旦大学出版社，2007.
[4] 张开远．环境经济学［M］．北京：中国环境科学出版社，1993.
[5] 李克国．环境经济学［M］．北京：中国环境科学出版社，2007.
[6] 林肇信，等．环境保护概论（修订版）［M］．北京：高等教育出版社，1999.
[7] 沈满洪．环境经济手段研究［M］．北京：中国环境科学出版社，2001.
[8] 蔡继明．微观经济学［M］．北京：人民出版社，2002.
[9] 蔡继明．宏观经济学［M］．北京：人民出版社，2002.
[10] 曼昆．经济学原理［M］．梁小民，译．北京：机械工业出版社，2004.
[11] 黄恒学．公共经济学［M］．北京：北京大学出版社，2002.
[12] 王玉庆．环境经济学［M］．北京：中国环境科学出版社，2002.
[13] 王全南．环境经济学——理论·方法·政策［M］．北京：中国环境科学出版社，1994.
[14] 霍斯特·西伯特．环境经济学［M］．蒋敏元，译．北京：中国林业出版社，2001.
[15] 莱斯特·布朗．环境经济革命［M］．余幕鸿，等译．北京：中国财政经济出版社，1999.
[16] 斯蒂格利茨．经济学［M］．北京：中国人民大学出版社，2000.
[17] 柏菊，刘碧云．环境要素禀赋的国际贸易效应分析［J］．经济视点，2006（4）：1-2.
[18] 黄蕙萍．环境要素禀赋和可持续贸易［J］．武汉大学学报：社会科学版，2001，54（6）：668-674.
[19] 李悦，等．产业经济学［M］．大连：东北财经大学出版社，2002.
[20] 李宝娟．环保产业及市场发展的初步分析［J］．环境保护，2002（8）：32-35.
[21] 李金昌，等．资源产业论［M］．北京：中国环境科学出版社，1991.
[22] 杨建国．论我国环保产业的发展［J］．世界有色金属，2006（10）：22-24.
[23] 焦若静．对“十一五”期间加快环保产业结构调整的有关思考［J］．中国环保产业，2005（5）：18-21.
[24] 张象枢，等．环境经济学［M］．北京：中国环境科学出版社，1999.
[25] 吴宝华，刘庆山．自然资源经济学［M］．天津：天津人民出版社，2002.
[26] 李业．投入产出分析［M］．广州：广东科技出版社，1985.
[27] 姚建．环境经济学［M］．成都：西南财经大学出版社，2001.
[28] 姚志勇，等．环境经济学［M］．北京：中国发展出版社，2002.
[29] 蔡守秋．环境法案例教程［M］．上海：复旦大学出版社，2009.
[30] 王金南，等．中国与 OECD 的环境政策［M］．北京：中国环境科学出版社，1997.
[31] 吕忠梅．环境法［M］．北京：高等教育出版社，2009.
[32] 金瑞林．环境与资源保护法学［M］．北京：高等教育出版社，2006.
[33] 苏明，等．中国环境经济政策的回顾与展望［J］．经济研究参考，2007（27）：2-23.
[34] 李克国．中国的环境经济政策［J］．生态经济，2000（11）：39-43.
[35] 杨金田，葛察忠．环境税的新发展：中国与 OECD 比较［M］．北京：中国环境科学出版社，2000.
[36] 国家环境保护总局．排污收费制度［M］．北京：中国环境科学出版社，2003.
[37] 吴健．排污权交易［M］．北京：中国人民大学出版社，2005.
[38] 曹东，等．中国工业污染经济学［M］．北京：中国环境科学出版社，1999.

[39] 马传栋．可持续发展经济学［M］．济南：山东人民出版社，2002.

[40] 郑元，张天柱．从理论到实践的美国排污交易［J］．上海环境科学，2000，19（11）：505-508.

[41] 程发良，孙成访．环境保护与可持续发展［M］．北京：清华大学出版社，2009.

[42] 曲向荣．环境保护与可持续发展［M］．北京：清华大学出版社，2010.

[43] 解振华．关于循环经济理论与政策的几点思考［J］．环境保护，2004（1）：6-9.

[44] 韩宝平．循环经济理论的国内外实践［J］．中国矿业大学学报，2003（1）：58-65.

[45] 叶一林．如何推行企业清洁生产审核［J］．特区经济，2007（8）：301-302.

[46] 蒋志华．我国绿色 GDP 核算存在的问题及其对策［J］．现代财经，2005（7）：301-302.

[47] 沈满洪．绿色制度创新论［M］．北京：中国环境科学出版社，2005.

[48] 廖明球．国民经济核算中绿色 GDP 测算探讨［J］．统计研究，2000（6）：17-21.

[49] 王树林，李静江．绿色 GDP 国民经济核算体系改革大趋势［M］．北京：东方出版社，2001.